U0340306

中国海相碳酸盐岩油气勘探开发理论与技术丛书

中国海相碳酸盐岩
气藏开发理论与技术

贾爱林　闫海军　李建芳　著

石油工业出版社

内 容 提 要

近年来我国碳酸盐岩气藏勘探开发呈现出快速发展态势，碳酸盐岩气藏已经成为我国陆上开发最具前景的气藏类型之一。我国碳酸盐岩气藏的开发实践初步形成了相适应的开发理论与开发关键技术，这将有力地推动我国碳酸盐岩气藏的有效开发，提高我国碳酸盐岩气藏的开发水平。本书论述分为碳酸盐岩气藏概述、我国碳酸盐岩气藏开发地质特征、碳酸盐岩气藏开发理论、碳酸盐岩气藏开发关键技术、碳酸盐岩油气藏开发关键工程技术、我国碳酸盐岩气藏开发研究进展和碳酸盐岩气藏开发技术发展趋势七个主要章节，论述了碳酸盐岩气藏开发的相关理论与技术。

本书可作为从事碳酸盐岩气藏勘探开发科研人员及高等石油院校相关专业师生的参考用书。

图书在版编目（CIP）数据

中国海相碳酸盐岩气藏开发理论与技术／贾爱林，闫海军，李建芳著．
北京：石油工业出版社，2017.1
（中国海相碳酸盐岩油气勘探开发理论与技术丛书）
ISBN 978-7-5183-0347-2

Ⅰ．中…
Ⅱ．①贾…②闫…③李…
Ⅲ．碳酸盐岩油气藏－气田开发－中国
Ⅳ．TE344

中国版本图书馆 CIP 数据核字（2014）第 191330 号

出版发行：石油工业出版社
　　　　（北京安定门外安华里 2 区 1 号　100011）
　　　　网　　址：http://www.petropub.com
　　　　编辑部：(010)64523543　图书营销中心：(010)64523620
经　　销：全国新华书店
印　　刷：北京中石油彩色印刷有限责任公司
2017 年 1 月第 1 版　2017 年 1 月第 1 次印刷
787×1092 毫米　开本：1/16　印张：18.75
字数：480 千字
定价：160.00 元

前　言

在世界范围内已经发现的气藏中碳酸盐岩气藏占有重要地位，世界最大的十个气田中有 5 个为碳酸盐岩气田，世界上第一大和第二大气田都为碳酸盐岩气田。全球发现的 370 个大型气田中，碳酸盐岩气藏占总个数的 26%，其可采储量为 $72.4 \times 10^{12} m^3$，占到整个气藏可采储量的 46%。近年来，我国的碳酸盐岩气藏勘探开发呈现出快速发展态势，特别是在塔里木盆地、鄂尔多斯盆地和四川盆地，碳酸盐岩气藏已经成为最具前景的气藏类型之一。截至 2013 年底，我国碳酸盐岩气藏累计探明储量达到 $2.71 \times 10^{12} m^3$，累计生产天然气 $3843.44 \times 10^8 m^3$，剩余可采储量 $1.25 \times 10^{12} m^3$，表明碳酸盐岩气藏是我国最具潜力的增储上产领域。

由于储层成因、岩性、成岩作用及构造作用的复杂性，碳酸盐岩储层和碎屑岩储层在储集空间形态、分布、稳定性以及储集体规模、产状等方面存在很大差异。碳酸盐岩储集空间形态多样、大小不同、分布不均，储渗空间小到几个微米大到几十米；流体在储渗空间的分布非常复杂；平面和纵向上存在强烈的非均质性；气井的产能差异悬殊，不同区块采气指数相差数百倍。这些特征决定了碳酸盐岩气藏开发过程中面临储集空间描述、渗流机理、储渗单元刻画、储量计算、开发方式以及防水治水等问题，这些问题与碎屑岩气藏开发相比具有较强的特殊性。只有抓住碳酸盐岩气藏的这些本质特征，针对其开发过程中面临的特殊问题，开展碳酸盐岩气藏开发理论攻关，形成开发关键技术和配套技术，才能实现碳酸盐岩气藏的科学、高效开发。

我国碳酸盐岩气藏主要分为风化壳型碳酸盐岩气藏、缝洞型碳酸盐岩气藏、礁滩型碳酸盐岩气藏以及层状白云岩型碳酸盐岩气藏四种类型。不同类型碳酸盐岩气藏有着不同的开发地质特征，同时在开发过程中面临着不同的关键技术问题。(1) 风化壳型碳酸盐岩气藏受构造和溶蚀作用控制，其储集空间为溶蚀孔隙。气藏规模一般较大，受非均匀溶蚀作用控制，储层非均质性较强，同时由于构造相对平缓，地层水不活跃，该类气藏开发过程中主要面临储层的精细刻画以及气田的稳产挖潜等问题。(2) 缝洞型碳酸盐岩气藏储层发育受构造和溶蚀作用控制，其主要储集空间是裂缝和多尺度溶洞。气藏分布受缝洞单元控制，不同规模的缝洞单元呈条带状展布，气、水关系复杂。该类气藏开发主要面临缝洞单元和流体的精细刻画，稳产难度大以及储量的规模动用等问题。(3) 礁滩型碳酸盐岩气藏储层发育受沉积和成岩作用控制，其主要储集空间是孔隙和小尺度溶洞。气藏分布受礁滩体规模控制，不同规模礁滩体呈条带状展布，礁滩体规模差异较大，气、水分布复杂。该类气藏开发面临礁滩体规模、尺度刻画，流体分布描述，储量落实等问题。(4) 层状白云岩型碳酸盐岩气藏储层发育受构造和成岩作用控制，主要储集空间是溶蚀孔隙。气藏规模适中、薄层状，受构造控制的边水型气藏，地层水影响严重，储层非均匀白云石化。气田开发面临复杂断层的精细刻画，低效储量的规模动用以及地层水影响等问题。

针对我国不同类型碳酸盐岩气藏开发特征，经过多年的技术攻关以及开发实践积累，初步形成了碳酸盐岩气藏储层描述方法、碳酸盐岩气藏多孔介质模拟方法、碳酸盐岩气藏高效布井以及碳酸盐岩气藏开发模式及对策等碳酸盐岩气藏开发基础理论方法，为碳酸盐岩气藏的科学认识奠定了理论方法基础。针对碳酸盐岩气藏精细描述问题，初步形成了针对礁滩型碳酸盐岩缝洞体描述以及礁滩型碳酸盐岩气藏储渗单元描述的缝洞单元划分与评价技术；针对碳酸盐岩气藏流体分布复杂、气藏开发受地层水影响严重、气藏储量难以准确评价等问题，初步形成了以试井分析、生产动态分析以及物质平衡原理为核心的复杂气藏综合动态评价技术；针对碳酸盐岩气藏开发后期，气藏稳产及挖潜难度大等问题，综合配套形成了老气田稳产技术。这些关键技术的突破和发展为我国不同类型碳酸盐岩气藏关键问题的解决提供了重要的技术支撑。

本书还简要阐述了碳酸盐岩气藏开发的关键工程技术，包括钻完井技术、储层改造技术以及排水采气技术。同时以靖边风化壳型碳酸盐岩气藏、塔中Ⅰ号缝洞型碳酸盐岩气藏、龙岗礁滩型碳酸盐岩气藏和五百梯层状白云岩型碳酸盐岩气藏为例，阐述我国碳酸盐岩气藏的开发研究进展，对在研究实践中应用的技术、思路、方法做了较系统的介绍。

由于碳酸盐岩气藏开发是一个较新的研究领域，很多方面还处于探索阶段，再加上编者水平所限，在编著过程中一定存在很多遗漏之处，有些观点和认识可能存在不成熟之处，敬请读者批评指正。

目　　录

第一章 绪 论

碳酸盐岩气藏在世界范围内已经发现的气藏中占有重要地位，近年来我国的碳酸盐岩气藏勘探开发呈现出快速发展态势，特别是在塔里木盆地、鄂尔多斯盆地和四川盆地，碳酸盐岩气藏已经成为我国陆上开发最有前景的气藏类型之一。不同于常规碎屑岩气藏，碳酸盐岩气藏储层及流体分布特征更加复杂，该类型气藏在开发过程中面临着各种各样的问题。针对这些问题，我国碳酸盐岩气藏的开发实践初步形成了与之相适应的开发理论与开发关键技术，这些将有力地推动我国碳酸盐岩气藏的有效开发，提高我国碳酸盐岩气藏的开发水平。

第一节 中国碳酸盐岩气藏开发的基本特点

截至 2002 年底，在全球范围内共发现大油气田 877 个，这些大油气田集中分布于 27 个地区（Mann 等，2003），其中，中东地区的波斯湾盆地和扎格罗盆地发现的大油气田最多，达到 202 个；其次是俄罗斯的西西伯利亚盆地，该盆地内共发现大油气田 93 个。

在已经发现的 877 个大油气田中，油田有 522 个，占总个数的 59.52%，它们的可采储量为 1520×10^8t 油当量，占总油气可采储量的 53.81%；气田有 355 个，占总个数的 40.48%，其可采储量为 1305×10^8t 油当量，占总油气可采储量的 46.19%。

就发现的大油气田而言，其中 283 个大油气田以碳酸盐岩为储层。尽管碳酸盐岩大油气田的个数仅占 32.27%，但是其石油可采储量却达到 48.66%，天然气可采储量占 45.26%，以油气当量计算，碳酸盐岩油气藏油气可采储量占 47.09%。世界上十大油田中有 6 个为碳酸盐岩油田，这其中包括世界最大的油田——盖瓦尔油田；世界十大气田中 5 个为碳酸盐岩气田，世界上第一大和第二大气田都为碳酸盐岩气田（白国平，2006）。另外储量规模大、产量高的油气藏多为碳酸盐岩油气藏，其产量约占总产量的 65%，这些数字充分说明碳酸盐岩油气藏对于全球石油产业的重要性。

我国海相地层分布范围广，据有关资料显示，我国海相地层面积超过 455×10^4km²，其中陆上海相盆地 28 个，面积 330×10^4km²；海域海相盆地 22 个，面积 125×10^4km²。同时，碳酸盐岩油气藏正成为我国油气开发中的后起之秀。第三轮全国油气资源评价资料显示，我国碳酸盐岩油气资源量约 385×10^8t 油当量，平均探明率约 11%，待勘探领域非常广阔。目前，我国已在四川、塔里木、鄂尔多斯、柴达木、苏北等盆地获得碳酸盐岩油气藏发现，且具有较高的产能，这对我国的石油发展战略具有重要意义。

随着近年来我国碳酸盐岩储层勘探不断取得重大突破，相继发现了一批整装储量接替区，在当前国内主力油田开发进入中后期，原油稳产面临重大挑战的情况下，加强此类油藏开发理论和技术研究，对于推动我国石油工业发展、保障国家能源安全具有十分重要的意义。

碳酸盐岩油气藏的储渗系统主要是由大小不等的孔、缝、洞等单元组成。油气藏埋深大都在 5000m 以上，其油气水关系复杂，储层非均质性严重，油气藏类型以及储层中孔、缝、洞分布特别复杂，形成由不同储渗系统组成的、平面及纵向上相互叠置的多套储渗单元体。

由于储层成因、岩性、成岩作用及构造作用的复杂性，碳酸盐岩气藏储层和碎屑岩储层在储集空间形态、分布、稳定性以及储集体规模、产状等方面都存在很大差异。碳酸盐岩储集空间形态多样，大小不同，分布不均，储渗空间小到几个微米大到几十米，流体在储渗空间的分布非常复杂，平面和纵向上存在强烈的非均质性，造成气井的产能差异悬殊，不同区块采气指数相差数百倍。

第二节 碳酸盐岩气藏开发研究的主要技术难点

碳酸盐岩气藏的开发迄今仍是"世界级"难题，储层存在强烈的非均质性、流体分布的复杂性导致认识气藏和开发气藏的难度都很大。虽然不同类型碳酸盐岩气藏的研究取得了很多实质性进展，但是目前的研究还不能满足油气储量、产量快速增长的需要。总体上说，碳酸盐岩气藏开发研究存在以下四个技术难点（李海平等，2010）。

一、气藏描述技术研究难度大

碳酸盐岩气藏描述不同于碎屑岩气藏描述，碳酸盐岩气藏储层存在比碎屑岩储层更加强烈的非均质性以及流体分布的复杂性，造成碳酸盐岩气藏描述技术的研究难度比碎屑岩气藏要大得多。目前，气藏描述技术在储层预测、含气性预测、储集空间类型及展布、缝洞体预测、压力系统划分、地层流体分布模式、动态描述缝洞系统和产能评价方面已经做出了有益的探索并取得很多成果。这些研究成果对处于开发早期阶段储层评价和开发中后期阶段气藏稳产和挖潜起了一定的指导作用，但还不能满足碳酸盐岩气藏科学的开发部署和确定合理开发技术对策等方面的要求。碳酸盐岩储集体规模和储集空间分布及其非均质性描述是碳酸盐岩气藏描述技术攻关的重点方向（贾爱林，2011；贾爱林等，2007，2010；裴怿楠等，2000）。

二、气藏开发方式和开发技术对策难度大

碳酸盐岩油藏的开发有利用天然能量开发、人工注水、先利用天然能量后进行注水开发等多种开发方式，而对于碳酸盐岩气藏更多的是采用天然能量开发。开发方式的选择是由地下地质体的特点和技术经济评价结果决定的，但是什么样的地质体、什么样的技术经济条件、选择什么样的开发方式还不清楚。另一方面，由于储层的强烈非均质性和流体分布的复杂性，造成气藏布井难度大，开发井产能差异和稳产难度也大。碳酸盐岩气藏的高效开发还缺乏明确的针对不同类型碳酸盐岩气藏特征的开发技术对策。因此，优化匹配碳酸盐岩气藏开发方式，建立合理的不同类型气藏的开发技术对策是提高碳酸盐岩气藏开发效果的重要措施。这方面的研究需要进一步的深化和提高。

三、高效井布井和储量分布预测难度大

随着早期评价阶段碳酸盐岩气藏（如塔中、龙岗、普光等）的开发实践，越来越发现由于对碳酸盐岩储层和流体分布认识不清造成高效井布井难度大，钻井成功率低，气藏开

发面临极大风险。虽然早期阶段的储层预测、含气性检测、储层评价、储层发育控制因素、压力系统、流体分布模式等的研究提高了对高效井分布状况的认识，有效地指导了高效井的布井，但是尚未形成针对不同类型碳酸盐岩气藏，不同孔、缝、洞组合的储渗空间的高效井布井对策。另一方面，开发早期阶段气藏储量的计算存在较大的不确定性，开发中后期阶段气藏剩余储量的分布预测难度大。这些问题都加大了碳酸盐岩气藏开发的不确定性。目前，建立不同类型储层、不同储集空间、不同流体分布模式气藏的高效布井对策，研究早期阶段气藏储量的不确定性和开发中后期阶段气藏的剩余储量分布规律和可动用性是未来高效井布井技术和储量分布预测研究的重点。

四、流体渗流机理研究难度大

碳酸盐岩气藏通常裂缝、孔洞发育，具有双重孔隙介质，甚至三重孔隙介质，在开发过程中存在严重的非均质性、采油速度敏感性、裂缝系统与基质系统这两个驱油系统难以耦合、裂缝网络具有多重性这四个方面的重要问题。目前，需要在孔缝洞定量描述的基础上，研究多重介质系统中流体的渗流规律和渗流机理，继而形成行之有效的碳酸盐岩气藏流体渗流模拟软件，实现对碳酸盐岩复杂介质流体流动规律的模拟是研究的重点。

总之，碳酸盐岩开发存在气藏描述、气藏开发方式和开发技术对策、高效井布井及储量分布、流体渗流机理四个方面的难点。在未来的开发实践及科学研究中，需要多资料多手段相互结合，重点研究储层非均质性、流体分布、储渗单元划分、开发方式优化、高效井布井和复杂介质流体渗流机理等关键问题，形成碳酸盐岩气藏高效开发理论，针对关键问题形成碳酸盐岩气藏有效开发关键技术，提高我国碳酸盐岩气藏的开发水平。

第三节　碳酸盐岩气藏开发研究现状

中国碳酸盐岩油气勘探经历了 20 世纪 70 年代的初始发现期（任丘油田的发现），直到近几年进入发现的高峰期，相继发现了陕中气田、塔里木塔河—轮南油田、塔中油气田、四川川东北大气田等大型油气田。经过几十年的开发攻关研究，取得了大量的成果，配套了开发技术，为油气藏的快速发展提供了技术支持，形成了一系列特色技术。

一、建立并完善了碳酸盐岩储集体识别预测技术

碳酸盐岩岩性相对比较均质，地震剖面一般为规则反射或无反射，当存在缝洞储集体或断裂时，会出现地震反射异常特征，通过正演模拟、物理模拟与地震剖面反射特征的综合分析，缝洞储集体在地震剖面上多表现为"串珠"、"杂乱"等反射特征。塔河油田经过多年的探索、实践，逐渐形成了以地震反射特征分析和振幅变化率技术为主体的地震综合识别和预测缝洞技术方法（焦方正等，2008；莫午零等，2006；李培廉等，2003）。

针对碳酸盐岩风化壳储层埋藏深、横向变化大、非均质性强、成藏条件复杂等特征，应用地震属性综合分析、三维地震相干分析、频谱分解、三维可视化等多种技术，北京大学莫午零和吴朝东教授通过分析塔里木盆地碳酸盐岩风化壳储层的各种属性，探索出一套预测碳酸盐岩风化壳储层分布规律的方法（莫午零等，2006）。

基于小波变换谱分解原理的低频伴影与储层中流体性质有密切关系，它可以作为流

体识别的重要标志，从而确定储层在横向上的展布，但是难以有效识别顶底界限。波阻抗反演技术可以利用测井纵向分辨率高的优点，很好地分辨储层的顶底界限，成都理工大学张志伟等综合利用这两种方法预测礁滩体储层，精细刻画礁滩型碳酸盐岩储层的分布范围（张志伟等，2010），取得很好的效果。

二、初步建立了碳酸盐岩储层描述技术

针对塔河油田储集体多以溶洞为主、发育裂缝和溶蚀孔洞、空间展布复杂等问题，为更科学地描述缝洞储集体发育规律，通过岩溶缝洞成因和流体连通性研究，逐步提出了针对岩溶缝洞型碳酸盐岩油气藏不同研究层次的基础理论概念——缝洞系统和缝洞单元，初步建立了碳酸盐岩缝洞型描述技术。该技术首先应用以三维可视化技术和趋势面分析技术描述每一构造层顶面局部残丘的变化特征；其次在构造裂缝研究的基础上，以已钻井的溶洞和储集体的地震反射特征为"点"，充分运用三维地震属性在平面上的变化特征，进行缝洞体的平面展布研究。同时利用动静态结合的方法，对不同规模和深度的缝洞体连通关系开展研究（即缝洞单元的划分），采用波形分析技术、能量体分析技术和地震测井联合反演技术，以三维可视化的解释手段，开展了缝洞体的追踪标定和几何外形描述，最终刻画缝洞体的三维空间展布形态。

依据储层描述的结果，2005—2006 年塔河油田将奥陶系已投入开发的井区划分为 42 个多井单元，110 个孤立或相对定容的单元，共计 152 个缝洞单元。2006—2007 年利用波形、分频分析、三维地震反射能量技术进行了缝洞单元边界的刻画和空间雕刻。同时利用注水和示踪剂分析结果，深化油井间对储集体连通性的认识，进一步对缝洞单元进行了细分，把前期 152 个缝洞单元进一步整合为 137 个缝洞单元。塔河油田的成功研究经验表明，波形分析技术、三维地震反射能量体技术能够描述地震分辨率可识别尺度范围内缝洞体的三维空间展布特征（焦方正等，2008）。

针对礁滩体的刻画，建立了礁滩体精细刻画技术。该技术根据控制储层尤其是高渗储层的关键因素（成因单元、关键等时界面、地质模式和物理响应特征）进行逆向追踪，然后进行等时单元格架内，储层属性反演和特征表征。应用该项技术，在单井成因分析的基础上，应用井—震结合，对塔中 I 号坡折带良里塔格礁滩体的储层成因演化和等时成因格架进行刻画，首次获得三期礁滩复合体的空间分布和时空演化规律，有效地指导了塔中 I 号油气藏的开发。

三、初步建立了碳酸盐岩缝洞型气藏动态描述技术

缝洞型碳酸盐岩气藏埋藏深、缝洞系统分布复杂、流体类型更加复杂、开发难度大，采用一种方法认识和描述这一类型的气藏非常困难，迫切需要针对这类碳酸盐岩气藏开展相应的动态描述方法和技术研究。中国石油天然气集团公司通过"十一五"重大专项攻关，确定了以试井技术、生产动态分析技术以及物质平衡相结合的气藏综合动态描述方法。

气藏综合动态描述方法是结合地质认识，以气井试井过程录取到的高精度压力数据以及试采、生产过程中压力、产量等动态数据为依据，以生产动态分析方法、物质平衡方程和试井分析方法等为主要手段，对储层进行评价。评价参数主要包括储层渗透率、气井表皮系数、动态储量、泄气半径等。基于评价结果建立气藏的动态描述模型，从而对井或者

气藏指标进行预测。利用气藏综合动态描述方法，可以评价储层参数和单井动态储量，指导生产动态预测和合理配产。实践证明，该方法能准确评价储层参数，气藏综合动态描述方法评价结果更加符合生产实际。

四、发展和完善了风化壳型碳酸盐岩气田稳产技术

风化壳岩溶型储层一般物性较差，储集类型多样，非均质性强。针对这些特点，在开发过程中，以保持气田稳产和提高采收率为目标，坚持技术攻关，经过多年的不懈努力，形成了以气藏精细描述技术、加密调整技术、数值模拟跟踪评价预测技术、动态分析评价技术、动态监测技术、气藏精细管理技术、排水采气工艺技术、喷射引流工艺技术、储层重复改造技术为主要内容的气田稳产技术系列，保证了气田稳产。通过对剩余储量、低效储量分布和可动用性分析，对低效储量可动用性进行评价，提出低效储量的开发技术对策，为气田的稳产接替提供了技术支持，发展和完善了风化壳型碳酸盐岩气田稳产技术。

五、初步建立了孔缝洞多尺度多流态数值模拟方法

碳酸盐岩油气藏流体流动是一个复杂的耦合流动组合，以渗流力学为基础的理论不完全适应油藏工程研究的需要，必须建立一套适应油气藏特征的新的流体流动机理研究方法、手段和数学表征方式。但是，该项研究是一项具有挑战性和开拓性的工作，在碳酸盐岩流体渗流机理方面的研究还处于探索阶段。研究成果主要包括：根据碳酸盐岩油气藏的地质特征和典型组合类型，总结了各种复杂介质流动特征和概念模型；针对靖边气田溶孔与基质孔隙发育的特点，研究了基质孔隙与溶孔的流态特征，建立了考虑管流和紊流的双重介质气水两相数学模型；针对龙岗礁滩型碳酸盐岩储集空间发育特征，研究了基质孔隙、裂缝和溶洞的流态特征，建立了连续多重介质气水两相流动的数学模型；针对塔中坡折带缝洞型凝析气藏，建立了孔缝洞多尺度多介质多流态的数学模型；确定了碳酸盐岩孔缝洞多尺度多介质一体化数学模型的求解方法；同时展开边界条件、流体界面高度、溶洞高宽比及采气速度对溶洞单元流场及界面的影响等问题的研究。

六、发展了高温高压酸性气井采气工艺技术

碳酸盐岩孔缝洞分布复杂、流体及油藏的特殊性造成气井防腐、完井方式及试油管柱优化和排水采气方面都面临极大挑战。通过几年的技术攻关，明确了气井以硫化氢腐蚀为主的腐蚀规律，建立了塔中低成本有效防腐措施；创新发展了孔洞型储层井壁稳定性评价技术，完善了水平井井壁稳定性评价技术，首次系统分析了塔中水平井井壁稳定性，为筛选合理完井方式提供了技术支持；设计了具有分层改造、合层开采及测试等功能的完井和试油管柱，筛选应用水平井裸眼分段完井管柱，应用效果较好；深层高温抗蚀排水采气技术取得重大突破，设计了国内第一套高温高压泡沫评价装置，研制了高温深井泡排剂配方 KY-1，设计加工了高含硫深井气举阀和工作筒，适应井深 6000m、高酸性环境，耐温 170℃。该项技术填补了我国深层高温排水采气技术空白。

七、创新形成了碳酸盐岩储层酸压改造技术

由于储层的特殊性，碳酸盐岩气藏储层酸压改造面临以下技术难点：（1）储层温度高，

酸岩反应速率较快，酸液的深穿透能力有限；（2）微裂缝和小溶洞的发育造成酸液漏失严重；（3）由于储层较厚，缝高很难控制；（4）残酸返排困难，容易对储层造成二次污染。针对这些问题，主要形成"黏性指进前置液酸压"、胶凝酸（稠化酸）酸压、缓速酸、泡沫酸、乳化酸、地下交联酸、多级注入酸压和多级注入酸压＋闭合裂缝酸化等工艺技术；同时形成闭合裂缝酸化、水力喷射酸化冲击、清洁自动转向酸、振动—酸压、混氮气酸压和固体酸酸压新工艺技术。为实现深穿透，酸液体系已由单一型向复合型发展，已经逐步成为降漏失、缓速、缓蚀、降阻和助排的多功能酸液体系。同时，酸液的注入工艺已发展为不同酸液体系的交替单级注入或多级交替注入。

第二章 碳酸盐岩气藏概述

第一节 世界碳酸盐岩气藏概况

一、世界碳酸盐岩大油气田概述

大油田指最终石油可采储量超过 5×10^8 bbl（6820×10^4t）的油田，大气田指最终天然气可采储量超过 3×10^{12} ft^3（850×10^8m^3）的气田（Halbouty，2003）。若石油的储量超过天然气，则该大油气田归类为大油田，反之则归类为大气田（Mann *et al.*，2003）。截至 2002 年底，全球范围内共发现大油气田 877 个，这些大油气田集中分布于 27 个地区（Mann 等，2003）。中东地区的波斯湾盆地和扎格罗斯盆地发现的大油气田最多，达 202 个；其次是俄罗斯的西西伯利亚盆地，该盆地发现大油气田 93 个。在发现的 877 个大油气田中，油田有 522 个，占总数的 59.52%，它们的可采储量为 1520×10^8t 油当量，占 53.81%。在 877 个大油气田中，碳酸盐岩油田 188 个，可采储量为 739.71×10^8t 油当量，占 48.66%；碳酸盐岩气田 95 个，可采储量 590.63×10^8t，占总天然气可采储量的 45.26%，若以油气当量计算，其油气可采储量占油气总可采储量的 47.09%。世界十大油田中的六个为碳酸盐岩油田，这其中包括世界最大的油田——盖瓦尔油田（表 2–1）；世界十大气田中的五个为碳酸盐岩气田，世界第一和第二大气田都是碳酸盐岩气田（表 2–2）。

表 2–1　世界十个最大油田基本特征（据 Halbouty，2003b，白国平整理）

序号	油田名称	所在国家	盆地	可采储量			圈闭类型	主力储层	
				油（10^4t）	气（10^8m^3）	油当量（10^4t）		层位	岩性
1	盖瓦尔	沙特	波斯湾	1659600	56633	2114400	背斜	上侏罗统	碳酸盐岩
2	大布尔干	科威特	波斯湾	819900	12035	916600	背斜	下白垩统	砂岩
3	萨法尼亚	沙特	波斯湾	477500	1444	489100	背斜	下白垩统	砂岩
4	马伦	伊朗	扎格罗斯	259200	21917	435200	背斜	中新统	碳酸盐岩
5	南和北鲁迈拉	伊拉克	波斯湾	327400	4531	363800	背斜	下白垩统	砂岩
6	阿瓦士	伊朗	扎格罗斯	300100	6796	354700	背斜	中新统	砂岩
7	加奇萨兰	伊朗	扎格罗斯	272900	9016	345600	背斜	中新统	碳酸盐岩
8	扎库姆	阿联酋	波斯湾	290900	3681	320500	背斜	下白垩统	碳酸盐岩
9	马尼法	沙特	波斯湾	233300	1356	244200	背斜	下白垩统	碳酸盐岩
10	基尔库克	伊拉克	扎格罗斯	219600	1133	228700	背斜	渐新统	碳酸盐岩

表 2-2　世界十个最大气田基本特征（据 Halbouty，2003b，白国平整理）

| 序号 | 油田名称 | 所在国家 | 盆地 | 可采储量 | | | | 圈闭类型 | 主力储层 | |
				油（10^4t）	气（10^8m³）	凝析油（10^4t）	油当量（10^4t）		层位	岩性
1	诺斯	卡塔尔	波斯湾	—	283166	354700	2628500	构造	上二叠统下三叠统	碳酸盐岩
2	南帕尔斯	伊朗	波斯湾	23200	130256	233300	1302400	构造	上二叠统下三叠统	碳酸盐岩
3	乌连戈伊	俄罗斯	西西伯利亚	14500	104035	51300	901200	构造	上白垩统	砂岩
4	扬堡	俄罗斯	西西伯利亚	500	67266	12500	553200	构造	上白垩统	砂岩
5	哈西鲁迈勒	阿尔及利亚	古达米斯	1100	29732	67300	307200	构造	上三叠统	砂岩
6	扎波利亚尔	俄罗斯	西西伯利亚	6400	36251	9600	307100	构造	上白垩统	砂岩
7	阿斯特拉罕	俄罗斯	滨里海	—	26334	65500	276900	礁	上石炭统	碳酸盐岩
8	卡拉恰加纳克	哈萨克斯坦	滨里海	18900	14332	71100	205000	礁	上石炭统	碳酸盐岩
9	拉格萨费德	伊朗	扎格罗斯	51800	16990	1400	189600	构造	中新统	碳酸盐岩
10	博瓦年科夫	俄罗斯	西西伯利亚	—	21634	—	173700	构造	下白垩统	砂岩

可采储量超过 500×10^8bbl（68.2×10^8t）的大油田称为巨型油田，而可采储量超过 50×10^8bbl（6.82×10^8t）的大油田称为特大型油田，可采储量超过 5×10^8bbl（0.682×10^8t）的大油田称为大型油田。在可采储量超过 5×10^8bbl 的 188 个碳酸盐岩大油田中，只有 1 个是巨型油田，24 个是特大型油田，剩余 84 个是大型油田。巨型和特大型虽然个数不多，但是它们的石油可采储量却分别占到碳酸盐岩大油田可采储量的 17.91% 和 49.14%。

对于天然气藏，可采储量超过 300×10^{12}ft³（85000×10^8m³）的气田是巨型气田，而可采储量超过 30×10^{12}ft³（8500×10^8m³）的气田是特大型气田，可采储量超过 3×10^{12}ft³（850×10^8m³）的气田是大型气田。在已经发现的 95 个碳酸盐岩大气田中，有两个巨型气田，9 个特大型气田，84 个大型气田，巨型气田和特大型气田分别占到碳酸盐岩大气田可采储量的 55% 和 22.89%。

二、世界碳酸盐岩大油气田特征

（一）碳酸盐岩大油气田区域分布特征

在已经发现的碳酸盐岩大油气田中，除去刚果的一个大油田外，所有的碳酸盐岩大油田都分布在北半球。截至 2002 年，在 19 个沉积盆地中发现了碳酸盐岩大油田，但是油田个数超过 10 个的沉积盆地只有 5 个，即中东的波斯湾盆地（84 个）和扎格罗斯盆地（27 个）、北美的南墨西哥湾盆地（16 个）和二叠盆地（14 个）以及北非的苏尔特盆地（13 个）。分布于波斯湾盆地和扎格罗斯盆地的碳酸盐岩大油田的个数占总个数的 59.04%，它们的可采储量占碳酸盐岩大油田总可采储量的 80.31%（白国平，2006）。

碳酸盐岩大气田地理位置分布特征类似于碳酸盐岩大油田，绝大部分的碳酸盐岩大气田也分布在北半球，只有在南半球赤道附近的印度尼西亚和巴西各发现了一个碳酸盐岩大气田。全球在 28 个沉积盆地中发现碳酸盐岩大气田，发现大气田最多的 3 个盆地依次是扎格罗斯盆地（25 个）、波斯湾盆地（16 个）和中亚的卡拉库姆盆地（11 个）。其中前两个盆地的碳酸盐岩大气田个数占总个数的 43.2%，其碳酸盐岩大气田的可采储量占天然气可采储量的 76.4%。

（二）碳酸盐岩大油气田层系分布特征

碳酸盐岩大油气田的层系分布相当广泛，除了志留系和三叠系之外各个层系都分布有大油田，发现大油田最多层系是白垩系和侏罗系，波斯湾盆地的众多大油气田都是以侏罗系和白垩系碳酸盐岩为主力储层。以这两个层系为储层的大油田分别为 72 个和 43 个，占总个数的 38.3% 和 22.9%，分布于这两个层系的石油储量占碳酸盐岩大油田石油总储量的 70.8%。

碳酸盐岩大气田也主要分布于二叠系—新近系中，但是气田在这些层系得分布比较均一，分布于白垩系、侏罗系、新近系和三叠系的大气田分别是 19 个、19 个、17 个和 16 个。尽管碳酸盐岩大气田主要分布在白垩系和侏罗系，但是储量却主要集中在三叠系和二叠系，分布在这两个层系中的天然气储量占碳酸盐岩大气田总储量的 70.13%。

（三）碳酸盐岩大油气田类型分布及其特征

碳酸盐岩大油气田主要以构造圈闭为主。在 188 个碳酸盐岩大油田中，构造型油田有 166 个，占总数的 88.3%，其石油储量占石油总储量的 95%，构造油田不仅个数多，而且储量丰富。生物礁油田 16 个，占总数的 8.5%，石油储量占总储量的 3.87%。地层型和地层—构造复合型油田有 5 个，占总数的 2.66%，石油储量占总储量的 1.04%。另有一个油田的圈闭类型不详。

在 345 个碳酸盐岩大气田中，构造气田有 295 个，占总个数的 83.1%，储量占天然气总储量的 87.7%。生物礁气田 11 个，占总个数的 3.1%，储量占天然气总储量的 4.22%。地层型和地层—构造复合型气田 39 个，占总个数的 10.99%，储量占总天然气储量的 7.24%。另有一个油田的圈闭类型不详。

（四）碳酸盐岩大油田储层埋深特征

碳酸盐岩大油田储层埋深分布范围比较大（130 ~ 5932m），但是主要集中在 1000 ~ 3500m，分布在这个深度范围的油田个数占碳酸盐岩油田总个数的 70.74%。碳酸盐岩大气田的储层埋深从 549 ~ 6057m 不等，但是在不同深度范围内分布的个数比较均一，相对集中分布在 2000 ~ 3500m 范围内，该深度范围内的大气田个数占碳酸盐岩大气田个数的 42.1%。

第二节　中国碳酸盐岩油气藏概况

一、中国碳酸盐岩油气藏可采储量分布

中国碳酸盐岩油气田在塔里木盆地、鄂尔多斯盆地、四川盆地、渤海湾盆地和珠江口地区广泛发育，相继发现了陕中气田、轮南—塔河油田、川东北大气区等大型油气田。

据谢锦龙（2008）统计资料显示，中国碳酸盐岩油田在塔里木盆地发现地质储量

88651.2×10⁴t，占中国整个碳酸盐岩油田地质储量的39.7%，可采储量10885.1×10⁴t，占整个可采储量的26%；鄂尔多斯盆地未发现石油地质储量；四川盆地发现石油地质储量8710.1×10⁴t，占中国碳酸盐岩油田地质储量的3.9%，可采储量544.7×10⁴t，占中国碳酸盐岩油田可采储量的1.3%；渤海湾盆地发现石油地质储量101190×10⁴t，占中国碳酸盐岩油田地质储量的45.3%，可采储量26486.7×10⁴t，占中国碳酸盐岩油田可采储量的63.2%；珠江口发现石油地质储量16054.1×10⁴t，占中国碳酸盐岩油田地质储量的7.2%，可采储量2713.7×10⁴t，占中国碳酸盐岩油田可采储量的6.5%（表2-3）。

中国碳酸盐岩气田在塔里木盆地发现天然气地质储量2697.4×10⁸m³，占中国碳酸盐岩天然气地质储量的13%，可采储量1312.9×10⁸m³，占中国碳酸盐岩天然气可采储量的9.6%；鄂尔多斯盆地发现天然气地质储量4834.2×10⁸m³，占中国碳酸盐岩天然气可采储量的23.3%，可采储量3164.1×10⁸m³，占中国碳酸盐岩天然气可采储量的23.2%；四川盆地发现天然气地质储量12159.8×10⁸m³，占中国碳酸盐岩天然气地质储量的58.6%，可采储量8657.9×10⁸m³，占中国碳酸盐岩天然气可采储量的63.6%；渤海湾盆地发现天然气地质储量1007.2×10⁸m³，占中国碳酸盐岩天然气地质储量的4.9%，可采储量467.2×10⁸m³，占中国碳酸盐岩天然气可采储量的3.4%；珠江口发现天然气地质储量13.9×10⁸m³，占中国碳酸盐岩天然气地质储量的0.07%，可采储量2.4×10⁸m³，占中国碳酸盐岩天然气天可采储量的0.02%（表2-3）。

总体上来看，塔里木盆地碳酸盐岩油气地质储量115625.2×10⁴t，占中国碳酸盐岩油气总地质储量的26.8%，碳酸盐岩油气可采储量24014.1×10⁴t，占中国碳酸盐岩油气可采储量的13.5%；鄂尔多斯盆地碳酸盐岩油气地质储量48341.6×10⁴t，占中国碳酸盐岩油气总地质储量的11.2%，碳酸盐岩油气可采储量31641×10⁴t，占中国碳酸盐岩油气可采储量的17.8%；四川盆地碳酸盐岩油气地质储量130308×10⁴t，占中国碳酸盐岩油气总地质储量的30.2%，碳酸盐岩油气可采储量87123.6×10⁴t，占中国碳酸盐岩油气可采储量的48.9%；渤海湾盆地碳酸盐岩油气地质储量111261.8×10⁴t，占中国碳酸盐岩油气总地质储量的25.8%，碳酸盐岩油气可采储量31158.9×10⁴t，占中国碳酸盐岩油气可采储量的17.5%；珠江口碳酸盐岩油气地质储量16192.7×10⁴t，占中国碳酸盐岩油气总地质储量的3.8%，碳酸盐岩油气可采储量2738×10⁴t，占中国碳酸盐岩油气可采储量的1.5%（表2-3）。

表2-3　中国四大石油公司矿权区块内碳酸盐岩油气探明储量分布状况（据谢锦龙，2009）

盆地	油公司	矿权面积（km²）	石油（10⁴t）		天然气（10⁸m³）		油气当量（10⁴t）		平均发现率（t/km²）
			地质储量	可采储量	地质储量	可采储量	地质储量	可采储量	
塔里木	中国石油	444702.0	18268.6	2583.7	1875.8	1095.3	37026.4	13536.4	833.0
	中国石化	153250.5	70382.6	8301.4	821.6	217.6	78598.8	10477.7	5129.0
鄂尔多斯	中国石油	212655.6	0.0	0.0	4834.2	3164.1	48341.6	31641.0	2273.0
	中国石化	25890.6	0.0	0.0	0.0	0.0	0.0	0.0	0.0
	延长石油	16470.2	0.0	0.0	0.0	0.0	0.0	0.0	0.0
四川	中国石油	162797.9	8600.1	536.5	8209.5	5729.6	90695.5	57832.1	5571.0
	中国石化	56702.9	110.0	8.2	3950.3	2928.3	39612.5	29291.5	6986.0

盆地	油公司	矿权面积（km²）	石油（10⁴t）		天然气（10⁸m³）		油气当量（10⁴t）		平均发现率（t/km²）
			地质储量	可采储量	地质储量	可采储量	地质储量	可采储量	
渤海湾	中国石油	76491.8	70450.5	20624.5	544.3	287.8	75893.3	23502.4	9922.0
	中国石化	69659.1	28039.8	5260.1	311.8	94.0	31157.8	6199.8	4473.0
	中国海油	44216.4	2699.8	602.1	151.1	85.5	4210.6	1456.7	952.0
珠江口	中国海油	270904.7	16054.1	2713.7	13.9	2.4	16192.7	2738.0	598.0
全国合计	中国石油	1919256.5	104455.9	24725.5	15504.3	10286.0	259499.0	127585.4	1352.0
	中国石化	1044328.6	99711.1	13728.3	5084.3	3240.2	150554.5	46129.9	1442.0
	中国海油	1391755.9	19312.3	3430.5	172.5	90.2	21037.2	4332.9	151.0

截至 2010 年底，中国石油海相碳酸盐岩气藏开发已动用地质储量近万亿方，年产量约 $190 \times 10^8 m^3$，占天然气总产量的 26%，累计生产 $3000 \times 10^8 m^3$ 以上，剩余可采储量 $4000 \times 10^8 m^3$。中国石油海相碳酸盐岩天然气生产主要集中在四川盆地和鄂尔多斯盆地。2010 年，塔里木盆地塔中地区已经建成 $10 \times 10^8 m^3$ 天然气产能。目前四川盆地除川东北高含硫气藏未动用外，其他海相碳酸盐岩气藏基本均已投入开发；老气田采出程度较高，部分气田面临快速递减，而新发现的龙岗气田由于目前评价程度低，有效开发还面临诸多难题；鄂尔多斯盆地靖边气田基本以 $50 \times 10^8 m^3$ 以上产量连续稳产了 8 年，采出程度 15%，通过不断技术改进与挖潜措施，预计该气田具备长期稳产的潜力。

二、中国碳酸盐岩油气藏分布

通过对中国碳酸盐岩油气藏探明储量、技术可采储量、已开发储量、未开发储量和油品性质等指标进行统计分析，从不同角度探讨中国碳酸盐岩油气藏分布特征。

（一）四大油公司碳酸盐岩油气储量分布特征

中国碳酸盐岩油气探明储量分布在中国石油、中国石化和中国海油三家油公司矿权内，延长石油没有发现碳酸盐岩油气藏探明储量。

中国石油碳酸盐岩油气探明石油地质储量 $104455.93 \times 10^4 t$，占全国的 46.74%；天然气地质储量 $15504.3 \times 10^8 m^3$，占全国 74.68%。中国石化碳酸盐岩油气探明石油地质储量 $99711.1 \times 10^4 t$，占全国的 44.62%；天然气地质储量 $5084.34 \times 10^8 m^3$，占全国 24.49%。中国海油碳酸盐岩油气探明石油地质储量 $19312.31 \times 10^4 t$，占全国的 8.64%；天然气地质储量 $172.49 \times 10^8 m^3$，占全国 0.83%。

从每平方千米矿区内平均发现探明储量统计分析（表 1-3）看，中国石油和中国石化相对较高且比较接近，分别为 1352t/km²、1442t/km²。按盆地分析，中国石油在渤海湾和鄂尔多斯盆地占优势，达到 9922t/km²、2273t/km²；中国石化在塔里木盆地和四川盆地占优势，达到 5129t/km²、6986t/km²。

（二）五大盆地碳酸盐岩油气藏分布特征

中国碳酸盐岩油气探明储量主要分布在塔里木、鄂尔多斯、四川、渤海湾和珠江口五个盆地，其中石油储量主要分布在渤海湾、塔里木和珠江口盆地，分别占总储量的45.28%、39.67%和7.18%；天然气储量主要分布在四川、鄂尔多斯和塔里木盆地，其储量分别占到总储量的58.57%、23.38%和12.99%。

依据探明地质储量动用程度，石油动用程度从高到低分别是四川盆地、渤海湾盆地、珠江口盆地和塔里木盆地，其动用程度分别是100%、87.5%、81.4%和30.6%；天然气动用程度从高到低依次是鄂尔多斯盆地、渤海湾盆地、四川盆地和塔里木盆地，其动用程度分别是75.4%、53.9%、49.6%和11.7%。塔里木盆地无论石油还是天然气其动用程度都是最低的，表明其未探明地质储量较多，勘探潜力巨大。

依据技术可采储量，石油技术可采储量从高到低依次是渤海湾盆地、珠江口盆地、塔里木盆地和四川盆地，其技术可采储量分别占总可采储量的26.2%、16.9%、12.3%和6.3%；天然气技术可采储量从高到低依次是四川盆地、鄂尔多斯盆地、塔里木盆地、渤海湾盆地和珠江口盆地，其技术可采储量分别占总可采储量的71.2%、65.4%、48.7%、46.4%和17.5%。

（三）碳酸盐岩油气藏层系分布特征

中国已经在从新近系至前寒武系的十个层系中找到了碳酸盐岩储层油气探明储量。已探明的石油储量主要分布在奥陶系、前寒武系、新近系、古近系及侏罗系五个层位，分别占储量的49.14%、25.49%、9.41%、9.4%和3.9%；已探明的天然气储量主要分布在奥陶系、三叠系、石炭系、二叠系和前寒武系等层位，分别占总储量的36.57%、34.58%、13.54%、9.42%和2.25%。

（四）碳酸盐岩油气藏埋深分布特征

按照储量规范标准，对油气藏来说，埋深小于500m定义为浅层，500～2000m为中浅层，2000～3500m为中深层，3500～4500m为深层，大于4500m为超深层（白国平，2006）。

中国碳酸盐岩油气藏在浅层中分布很少，仅占1.34%，深层和中浅层分布一般，分别占8.22%和16.87%，在中深层和超深层中储量分布较大，分别占33.38%和40.19%。从各个盆地的石油探明储量情况看，渤海湾盆地以中深层和深层为主，塔里木盆地以超深层为主，珠江口盆地以中浅层为主。在天然气探明储量中，以中深层和超深层占优势，分别为总储量的42.63%和36.86%，深层和中浅层分布一般，分别占14.14%和6.34%，浅层极少分布。从各个盆地的天然气探明储量情况来看，四川盆地从超深层至中浅层均有分布，鄂尔多斯盆地以中深层为主，塔里木盆地以超深层和深层为主（白国平，2006）。

（五）碳酸盐岩油气藏油品性质分布特征

按照储量规范标准，对油气藏来说，原油密度小于$0.87g/m^3$定义为轻质油，$0.87～0.92g/m^3$为中质油、$0.92～1.0g/m^3$为重质油，大于$1.0g/m^3$为超重质油。根据中国碳酸盐岩油藏原油密度统计表明轻质油、中质油、重质油和超重质油地质储量比例分别占总地质储量的28.61%、32.54%、28.27%和10.58%，中质油比例最高，超重质油比例最低。

第三章 中国碳酸盐岩气藏开发地质特征

受复杂的沉积环境、多样的成岩后生改造作用以及多期构造运动的影响，碳酸盐岩气藏开发地质特征与常规碎屑岩气藏开发地质特征存在很大的差别。弄清中国碳酸盐岩气藏的开发地质特征对于解决不同类型碳酸盐岩气藏开发面临的问题、制订科学合理的开发技术对策、实现天然气高效开发有十分重要的意义。

第一节 中国碳酸盐岩气藏类型划分

一、碳酸盐岩气藏分类研究现状

针对油气藏的分类，前人已经做过深入和系统的研究，但对碳酸盐岩油气藏的分类研究较少。

张厚福（1989）在油气藏分类科学性和实用性原则的基础之上将油气藏分为构造、地层、岩性、水动力和复合五大类油气藏类型。冈秦麟从影响气藏开发效果和布局的地质因素着手，从生产实践和理论分析方面考虑圈闭、储层、驱动、压力、相态和组分六个方面的因素，并以这些方面的主要因素为依据进行气藏分类。如依据储层因素将气藏分为砂岩气藏和碳酸盐岩气藏，考虑储层形态特征砂岩气藏又细分为块状砂岩气藏和层状砂岩气藏，碳酸盐岩气藏又细分为块状碳酸盐岩气藏和层状碳酸盐岩气藏（冈秦麟，1996）。胡见义将非构造油气藏分为岩性圈闭油气藏、地层圈闭油气藏、混合圈闭油气藏和水动力圈闭油气藏。潘钟祥将油气藏类型分为构造圈闭油气藏、地层圈闭油气藏、水动力圈闭油气藏和复合圈闭油气藏。

国外在油气藏的分类方面也做出了深入研究。克拉普（1929）将油气藏分为背斜构造、向斜构造、均斜构造、穹状构造、不整合、透镜状砂岩、不考虑其他构造的裂缝和洞穴、断层引起的构造八种类型。威尔逊（1934）将油气藏分为闭合油气藏和开放油气藏。莱复生（1967）将油气藏分为构造圈闭、地层圈闭与流体圈闭、复合圈闭及盐丘三种类型油。布罗德（1937）将油气藏分为层状油气藏、块状油气藏和不规则油气藏三种类型。米尔钦科（1955）将油气藏分为构造油气藏、地层油气藏和岩性油气藏三种类型。

国内外对油气藏的分类做出了深入系统研究，但是对碳酸盐岩油气藏分类的研究相对较少。冈秦麟将中国碳酸盐岩气藏分为碳酸盐岩气驱气藏、碳酸盐岩底水气藏、碳酸盐岩非均质含硫气藏、碳酸盐岩多裂缝系统气藏（岗秦麟，1996）。刘传虎根据中国发现碳酸盐岩油气藏储层分布几何形态，将中国碳酸盐岩油气藏分为碳酸盐岩滩油气藏、不整合岩溶油气藏、生物礁油气藏和成岩油气藏（刘传虎，2006）。谢锦龙等根据中国已发现碳酸盐岩油气藏特点，采用生储组合法进行分类，主要根据沉积相、生储条件以及组合关系来进行分类。该分类方法对于研究碳酸盐岩油气生储关系意义重大（谢锦龙等，2009；中国标准局，2005；徐向华等，2004）。中国石油勘探开发研究院罗平主要从储层角度将中国海相碳酸盐岩储层分为四类：（1）礁滩型储层，包括川东北塔礁和塔中台地边缘的礁滩复合体。

（2）岩溶型储层，可分为三种类型：表生成岩作用期、以大规模构造运动形成的区域不整合为特征的岩溶风化壳储层和沉积期海平面升降引起的短暂小幅度大气暴露的层间岩溶以及埋藏后由地下流体活动引起的局部溶蚀的深部岩溶。根据岩溶储层的母岩类型、构造演化的特点，总结出稳定抬升型、挤压抬升型和伸展断块型三种类型的岩溶储层。（3）白云岩储层。在中国陆上海相地层中，形成具有经济规模的白云岩储层主要有三种，即蒸发台地白云岩、埋藏白云岩和生物成因白云岩。（4）台内滩储层。碳酸盐岩台内滩灰岩一般较为致密，经过适当的岩溶作用、白云石化作用和构造断裂作用的改造，可以成为良好的储层（罗平等，2008）。

概括起来，碳酸盐岩油气藏的分类方案多种多样、各具特色，有的按照油气藏成因进行分类，有的按照孔隙结构和流体产状进行分类，有的按照开采方式和驱动机理进行分类，还有的按照流体性质进行分类等。每一种分类方案都有其自己的优点和使用范围，例如油气藏成因分类主要用于勘探阶段，便于研究成藏规律和成藏模式；按照孔隙结构和流体产状进行分类主要用于油气藏评价和开发生产阶段，便于开采储量标定、开发方案制订等；按照开采方式和驱动机理研究分类主要用于油气藏评价和开发生产阶段，便于可采储量标定、开发方案制订和开发井间井网部署等。总之，这些分类方法要么适用范围有限，要么过于繁琐。因此有必要站在碳酸盐岩油气藏开发的整个过程对其进行分类，增强中国碳酸盐岩气藏研究的理论性和系统性，从而有效地指导中国碳酸盐岩气藏的开发。

二、中国碳酸盐岩气藏类型划分依据

碳酸盐岩气藏开发效果的好坏受综合开发地质特征等多种因素制约，而不是受单一因素的影响，因此在进行碳酸盐岩气藏划分的过程中不能以单一因素作为划分依据。由于沉积作用、成岩作用、构造作用和成藏过程中的复杂性，造成储集空间、孔隙结构、流体分布及产状、驱动类型和流体相态等多性质的复杂性，并最终导致碳酸盐岩气藏开发特征的复杂性。在这一因果关系中，沉积、成岩、构造和成藏过程的复杂性是碳酸盐岩气藏复杂性的根本原因，多性质特征的复杂性是碳酸盐岩气藏复杂性的直接原因，而整个气藏开发特征的复杂性是碳酸盐岩气藏复杂性的表现形式。在对碳酸盐岩气藏开发分类的过程中以单一的任何一个或两个因素作为分类依据都不能完全体现该类型气藏的特征，更不能有效指导该类型气藏的开发实践。

因此，中国碳酸盐岩气藏开发类型必须依据目前中国碳酸盐岩气藏开发特征与所面临的关键技术难题进行划分。不同类型碳酸盐岩气藏具有不同的开发特征、不同的核心问题。只有这样，中国碳酸盐岩气藏的类型划分才具有实际意义。

三、中国碳酸盐岩气藏类型划分原则

目前中国发现的碳酸盐岩气藏数量众多，类型各异。类似于普通气藏的分类，碳酸盐岩由于复杂的沉积环境、成岩作用和后期的构造动力作用导致了碳酸盐岩气藏表现出更加强烈的非均质性，碳酸盐岩气藏的开发更易受到圈闭、岩性、相态、驱动类型、压力和组分等因素的影响，如果以某一因素为主要分类因素进行分类，然后以次要特征进行亚类划分，虽然具有科学分类的严谨性，但是往往在生产实践中缺乏实用性。为了深入认识碳酸盐岩气藏的开发特征，更有效地指导相同类型气藏的开发，我们主张碳酸盐岩气藏开发的分类一定要遵守以下三条基本原则。

（1）实用性。即碳酸盐岩气藏的分类应该能有效地指导气藏的开发，并且碳酸盐岩气藏的分类应该简单实用，不把"科学、系统、合理"作为分类追求的首要原则，而是以实用性为首要原则。这要求分类不能过于繁琐。

（2）针对性。即碳酸盐岩气藏的分类应该针对中国碳酸盐岩气藏开发的实际情况，根据已有碳酸盐岩气藏不同的开发特征进行分类，有针对性地制订碳酸盐岩气藏的分类方案。

（3）科学性。即碳酸盐岩气藏的分类必须是科学、合理的，既反映出碳酸盐岩气藏形成的基本条件，又能反映出不同类型碳酸盐岩气藏之间存在区别和联系。这就要求碳酸盐岩气藏的分类要科学合理。不能随意命名，引起混乱，难以鉴别。

需要重点强调的是三条划分原则不是等同的，而是有其重要次序的，我们主张在进行碳酸盐岩气藏划分的时候其"实用性"是最重要的，划分的针对性和科学性为次要原则。

四、中国碳酸盐岩气藏类型划分方案

基于中国碳酸盐岩气藏开发时间较晚，根据上述三条基本划分原则和研究现状，将中国碳酸盐岩气藏分为缝洞型气藏（塔中、塔河—轮南）、礁滩型气藏（龙岗、普光）、岩溶风化壳型气藏（靖边）和层状白云岩型气藏（四川石炭系老气田）四种类型。

（1）缝洞型碳酸盐岩气藏是指由不同规模大小的缝洞系统组成的气藏，储层主要受层间及顺层岩溶作用控制，该类气藏有效开发面临的主要问题是对缝洞系统的描述和开发方式的优选。这类气藏以塔中气田、塔河—轮南气田为典型代表。

（2）礁滩型碳酸盐岩气藏是由不同规模礁滩储渗体组成的气藏，储层主要受沉积作用控制，该类气藏面临的主要问题是储渗体与非均质性以及流体分布特征的描述。这类气藏以四川龙岗气田和普光气田为典型代表。

（3）岩溶风化壳型碳酸盐岩气藏是由不同岩溶发育程度的优劣储层组成的气藏，储层主要受岩溶作用控制，该类气藏面临的主要问题是弄清受岩溶作用控制的不同类型储层分布特征。这类油气藏以靖边气田为典型代表。

（4）层状白云岩型碳酸盐岩气藏是指由不同白云化发育程度的优劣层状储层组成的边底水型气藏，储层主要受白云化作用控制，该类气藏面临的主要问题是弄清不同类型层状白云岩储层在平面及纵向上的分布特征，同时分析地层水对气藏开发影响。这类气藏以四川石炭系气田为典型代表。

第二节　不同类型碳酸盐岩气藏开发地质特征

碳酸盐岩气藏由于在储层成因等方面存在差异，导致不同类型的碳酸盐岩气藏在储集空间、岩性、气藏特征、气藏生产特征等方面也存在差异。

一、缝洞型碳酸盐岩气藏开发地质特征

缝洞型碳酸盐岩气藏以塔里木盆地塔中气藏为典型代表。以下以塔中Ⅰ号气田为例来介绍缝洞型碳酸盐岩气藏开发地质特征。

（一）气藏地质特征

1. 地质概况

塔里木盆地是在前震旦纪结晶变质岩基底之上发育起来，并由古生代克拉通盆地和中—新生代前陆盆地叠合而形成的大型复合沉积盆地。受区域构造活动和海平面升降的影响，形成三个沉积旋回：震旦—泥盆纪海相沉积期、石炭—二叠纪海陆交互相沉积期、中—新生代陆相沉积期，在盆地内沉积了巨厚的地层。

塔中 I 号气田构造位置位于塔里木盆地塔中低凸起北部斜坡带北边缘，从东部 TZ26 井区延伸到西部 TZ45 井区，长约 200km，宽约 2 ~ 8km，面积约 1100km²，为整体向西倾伏的斜坡，东西高差超过 2000m。

塔中 I 号气田断裂较为发育，发育的大规模断裂可分为三级，第一级为塔中 I 号断裂，第二级为塔中 I 号断裂的伴生断裂，第三级为与塔中 I 号断裂垂直或斜交的走滑断裂，各级断裂的活动时间、强度、应力方向在各区存在差异。

2. 区域构造背景

塔里木盆地的构造演化主要分为两个阶段。古生代克拉通盆地发展阶段和中新生代前陆盆地演化阶段，由于周缘山系剧烈隆升，并向盆内推覆，盆地边缘形成了挤压、推覆、牵引等多种构造类型。

古生代盆地北部沙雅隆起的阿克库勒凸起以抬升为主，加里东中—晚期活动使阿克库勒地区形成一个向东北抬升，向南西倾没的鼻凸雏形，志留系超覆在奥陶系之上。加里东晚期—海西早期运动表现为泥盆统东河塘组与下伏志留系或奥陶系的角度不整合。海西早期和晚期的构造运动使隆起多次抬升，造成志留—泥盆系和上石炭统及二叠系缺失，奥陶系遭受不同程度风化、淋滤和岩溶剥蚀，形成大型凸起潜山构造，并在局部形成残丘。中—新生代时期，盆地内以沉降活动为主，沉积了巨厚的地层，不同层位地层超覆在奥陶系潜山之上，使潜山得以保存。

3. 储层特征

1）岩性及储集空间类型

塔中 I 号气田西部地区中下奥陶统主要岩石类型为亮晶砂砾屑灰岩、白云质砂屑灰岩（图 3-1）。亮晶砂屑灰岩通常砂屑含量达 65% ~ 75%，其中包括有少部分生屑，含量小于 15%。颗粒间主要为亮晶胶结，缺乏灰泥。亮晶砂屑灰岩通常发育溶蚀孔洞、裂缝等，主要分布于中高能的砂屑滩。白云质砂屑灰岩通常砂屑含量为 55% ~ 70%，可见有少部分砾屑、生物碎屑及藻砂屑，局部有风暴扰动或花斑状白云岩化的假角砾结构，可见溶蚀孔洞及裂缝，多为方解石半—全充填，常见层孔虫、介形虫和绿藻等碎屑，主要形成于粒屑滩。

对塔中 I 号气田西部地区奥陶系岩心、铸体薄片分析认为，该区碳酸盐岩储集空间类型主要有孔、洞、缝三大类，按大小和成因可分为宏观储集空间和微观储集空间两大类。

研究区的宏观储集空间主要包括洞穴、孔洞和裂缝。洞穴为直径大于 500mm 的空隙，主要由溶蚀作用形成；孔洞是指一般肉眼可见的中小型溶蚀孔洞，孔洞直径 2 ~ 500mm，在下奥陶统鹰山组较发育。孔洞形态各异，有蜂窝状、串珠状等，未充填至全充填，充填物多为方解石、泥质，或见热液成因的萤石、天青石等；裂缝为直径小于 2mm 的空隙是碳酸盐岩气藏重要的储集空间，也是主要的渗流通道。微观储集空间主要有粒内溶孔、铸模孔、粒间溶孔、晶间溶孔和微裂缝，其中粒内溶孔为本区重要的孔隙类型之一。

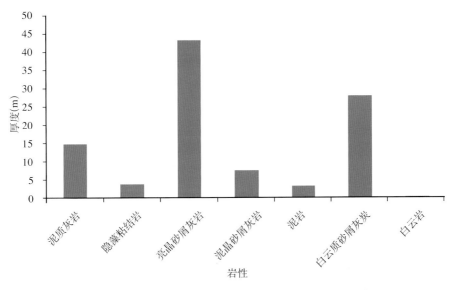

图3-1 塔中83区块储层不同岩性所占储层厚度百分比柱状图

2）孔隙结构特征

塔中 I 号气田西部地区奥陶系碳酸盐岩基块中常见的喉道类型有三种：管状喉道（图3-2a）、孔喉缩小部分喉道（图3-2b）及片状喉道（图3-2c）。

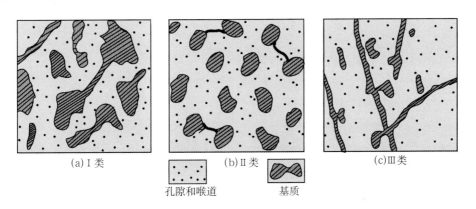

图3-2 塔中孔喉结构示意图

孔喉结构分为四类，孔隙度和渗透率较高的为 I 类，以较大的孔喉半径和较低的中值压力为特征。最大的连通孔喉半径可达38μm，平均喉道半径0.65μm。中值压力在0.25～32.5MPa之间，平均为9.841MPa；第 II 类孔喉结构最大的连通孔喉半径变化较大，从0.59μm到37.5μm不等，平均12.5μm，平均喉道半径为0.026～2.544μm。排驱压力和中值压力均高于第 I 类；第 III 类和第 IV 类孔喉结构以较小的孔喉半径和较高的中值压力为特征，最大的连通孔喉半径分别小于15.6μm和7.5μm。

毛细管压力典型的形态可划分为四类（图3-3）：第 I 类为分选较好的略细歪度型；第 II 类为分选中等的细歪度型；第 III 类为分选差的细歪度型；第 IV 类为分选差的极细歪度型。

3）物性特征

通过对研究区中下奥陶统鹰山组24口井732块实测孔隙度样品和273块渗透率样品进

行统计，结果表明：孔隙度最大为 11.13%，最小仅 0.17%，平均 0.911%。实测渗透率分布范围为 0.004 ～ 153mD，平均为 3.776mD。

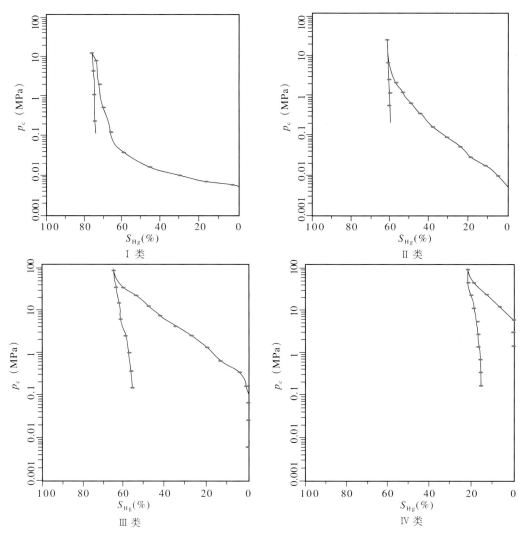

图 3-3 塔中 I 号气田西部地区奥陶系碳酸盐岩储层毛细管压力曲线类型图

从分布直方图（图 3-4）可以看出：鹰山组 24 口井的样品中，孔隙度小于 1.8% 的样品占 91.94%；孔隙度大于 4.5% 的样品仅占 0.41%；孔隙度在 1.8% 和 4.5% 之间的样品占 7.65%。渗透率小于 0.01mD 的样品占样品总数的 3.30%；在 0.01mD 和 5mD 之间的样品占样品总数 90.12%；大于 5mD 的样品占样品总数的 6.59%。由此可以看出，研究区储层为低孔、低渗储层，部分孔渗异常值可能为裂缝影响。

4）裂缝特征

裂缝是碳酸盐岩气藏重要的储集空间，也是主要的渗流通道之一，裂缝主要有三种类型：即构造缝、溶蚀缝和成岩缝。该区以构造缝、成岩缝为主。

构造缝与区域构造活动有关，在裂缝中占总数的 43.43%。构造缝以水平缝和斜交缝为主。扩溶现象较明显，常见沿缝分布有溶孔、溶洞，缝内无充填至半充填。

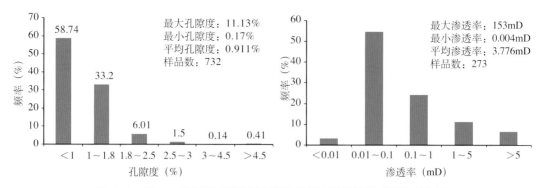

图 3-4 塔中 I 号气田西部地区下奥陶统鹰山组物性频率分布直方图

在取心中常见溶蚀缝或与溶蚀有关的裂缝，宽度较大，多在 0.2 ～ 5mm。在潜流带溶蚀缝以低角度—水平为主，溶蚀常沿构造缝或缝合线发生。

较常见的成岩缝为缝合线，是压溶作用的产物。缝宽 0.2 ～ 0.5mm，被泥质和溶蚀残余物充填，有的可见沥青；镜下可见沿缝合线发生扩溶现象。

5）储层类型

中古 5-7 井区鹰山组储层类型中，主要包括裂缝型储层、孔洞型储层、裂缝—孔洞型储层以及洞穴型储层（图 3-5）。其中，孔洞型储层占 47.46%，裂缝—孔洞型储层占37.46%，裂缝型储层占 15.07%；塔中 86 井区鹰山组储层类型中，裂缝—孔洞型储层占47%，孔洞—洞穴型储层占 38%，裂缝型储层占 15%，其中，中古 171 井、塔中 452 井储层以孔洞型储层为主，而中古 17 井储层以裂缝—孔洞型储层为主（图 3-6）。

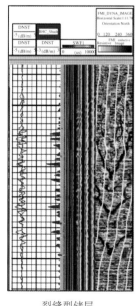
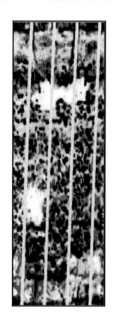

裂缝型储层　　　　　孔洞型储层　　　　　裂缝—孔洞型储层　　　　洞穴型储层

图 3-5　塔中 I 号气田不同储层类型

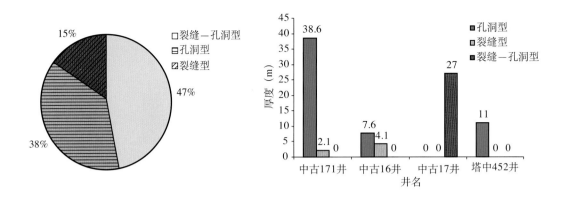

图 3-6 塔中 86 井区鹰山组单井储集空间类型厚度及厚度比例图

4. 储层综合评价

1）储层评价标准

根据塔中Ⅰ号气田西部地区奥陶系碳酸盐岩储层特征和储层参数下限研究结果，结合碳酸盐岩储层评价标准，确定塔中Ⅰ号气田西部地区奥陶系储层评价标准（表 3-1），根据该标准将储层划分为四级进行评价。

Ⅰ类储层：储渗性能最好的储层，主要为台地边缘滩及部分台内高能滩，测井解释孔隙度不小于 4.5%，裂缝孔隙度不小于 0.3%，储层类型属孔洞型或裂缝—孔洞型。溶蚀孔洞发育，储层品质最好。

Ⅱ类储层：主要是台缘内侧滩和礁主体部分障积灰岩，测井解释孔隙度 2.5%～4.5% 或裂缝孔隙度为 0.1%～0.3%，孔渗性能较好。Ⅰ类和Ⅱ类储层为经过现有工艺改造后能获得工业产能的储层。

Ⅲ类储层：是储渗性能较差的台缘斜坡灰泥丘、丘翼滩。测井解释孔隙度 1.8%～2.5%，裂缝孔隙度为 0.04%～0.1%。储层孔渗性能较差。储层类型属微裂缝—孔隙型、微裂缝及孔隙发育。

Ⅳ类储层：主要集中在致密泥晶灰岩层段或致密颗粒灰岩段，测井解释孔隙度小于 1.8%，裂缝孔隙度小于 0.04%，孔洞和裂缝均不发育，属非储层。

表 3-1 塔中Ⅰ号气田西部地区奥陶系碳酸盐岩储层评价标准

类别	孔隙度（%）	裂缝孔隙度（%）	渗透率（mD）	沉积微相	储层类型
Ⅰ	≥ 4.5	≥ 0.3	≥ 3.0	台缘滩体、台内滩	洞穴型、孔洞型、裂缝—孔洞型
Ⅱ	2.5～4.5	0.1～0.3	0.1～3.0	台内滩、灰泥丘	孔洞型、裂缝—孔洞型、裂缝型
Ⅲ	1.8～2.5	0.04～0.1	0.01～0.1	低能滩、灰泥丘	孔隙型、裂缝型
Ⅳ	< 1.8	< 0.04	< 0.01	台内洼地、滩间海	孔、洞、缝不发育

2）储层分布特征

由塔中Ⅰ号气田西部地区中下奥陶统鹰山组储层分类评价预测图（图 3-7）可知：塔中Ⅰ号气田西部地区中下奥陶统鹰山组储层非均质性较强，优质储层多呈分散状分布。Ⅰ类储层主要分布于中古 18-塔中 86 井、中古 5 井、中古 203 井、中古 8 井、中古 21 井、中古 15 井等区域，多呈斑团状和短条带状，Ⅰ类储层的分布受岩溶发育有利带、断裂活动及台缘滩等高能相带综合控制，总体上沿平行塔中Ⅰ号坡折带断续分布，部分受走滑断裂控制而垂直于塔中Ⅰ号坡折带方向分布。Ⅱ类储层为研究区主要的有利储层，分布区域与Ⅰ类储层类似，但范围较Ⅰ类储层广，连片性好。

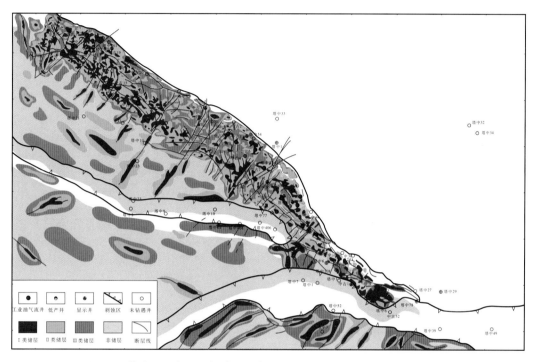

图 3-7　塔中Ⅰ号气田西部地区下奥陶统鹰山组储层分类评价平面预测图

（二）气藏开发特征

缝洞型碳酸盐岩气藏以塔中Ⅰ号气田为典型代表。储层内不同规模溶洞、裂缝系统随机分布，导致储层非均质性严重，油、气、水关系复杂从而形成由多个缝洞单元组成的在三维空间上相互叠置的多油气水系统气藏。

1. 试气特征

1）Ⅰ类储层区试气产量高，生产压差小

试气结果表明 O Ⅰ 气层组塔中 82 井区、塔中 62-2 井区、塔中 622～621 井块产量较高：气井日产气（23～72）×10⁴m³，油井日产油 131～180t，生产压差为 0.69～9.32MPa。

2）Ⅱ类储层区试气产量低，生产压差大

气井日产气（3.5～18）×10⁴m³，多数小于 10×10⁴m³，油井日产油小于 20t，生产压差达 26.97～42.78MPa。如表 3-2 所示。

2. 试采特征

塔中Ⅰ号气田试验区总体试采特征表现为：受储层类型控制，缝洞型储层初期产量高、压差小，基本无稳产期；裂缝—孔洞型储层初期产量低、压差大，但具有低产稳产的能力。总体上来说，地层压力下降幅度较大，产量递减较快。

表 3-2 塔中 I 号气田试油气特征数据表

区块	井号	气层组	产能分类	井段(m)	油嘴(mm)	日产量(m³)			压力(MPa)	流压(MPa)	生产压差(MPa)
						油	气	水			
塔中 82	TZ82	OI	I 类	5440 ~ 5487	9.53	265	395357		63.26	62.57	0.69
	TZ821	OI	I 类	5212.64 ~ 5250.20	7.94	119.82	280993		61.41	58.71	2.70
	TZ823	OI	I 类	5369.00 ~ 5490	8	88.8	332641		62.24	60.31	1.94
塔中 62	TZ62-2	OI	I 类	4773.53 ~ 4825	7	77.68	230099		55.64	52.03	3.61
	TZ62	OI	II 类	4700.5 ~ 4758	7.94	38.2	36824	17.22	57.84	23.36	34.47
	TZ44	OI	II 类	4857 ~ 4888	9	3.48	48710	15.6	57.90	10.69	33.07
	TZ242	OI	II 类	4470.99 ~ 4622		20.7	35792	液 28.6	55.40	12.63	42.78
	TZ24	OI	II 类	4461.10 ~ 4483.48		0.056	1083	0.582	50.67	23.70	26.97
	TZ621	OI	I 类	4851.10 ~ 4885	7	179.69	89399		57.25	50.17	7.09
	TZ62-1	OI	I 类	4892.07 ~ 4973.76	5	131.49	37471		57.17	56.89	0.29
	TZ622	OI	II 类	4913.52 ~ 4925	5	8.26	44270	0.89	55.08	24.37	30.71
塔中 83	TZ83	OIII	I 类	5666.1 ~ 5684.7	7	12.2	305760		60.99	60.258	0.735
		OIII	I 类		11	10.6	639177		60.99	54.13	6.863
	TZ721	OIII	I 类	5355.5 ~ 5505	6	43.2	266480		62.00	61.28	0.72
		OIII	I 类		8	54.7	381336		62.00	55.86	6.14
		OIII	I 类		12	126	720352		62.00	52.68	9.32

1）地层压力下降快

结合单井地层压力变化图（图 3-8）分析，单井原始地层压力在 57.3 ~ 53.3MPa 之间，目前地层压力在 48 ~ 38.6MPa 之间，地层压降 9.1 ~ 17.1MPa。

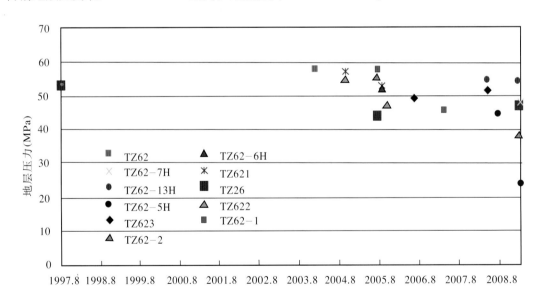

图 3-8 塔中 I 号气田单井地层压力变化图

2）受控于不同的储集空间类型，试采过程分段特征明显

塔中 I 号气田储层类型主要以缝洞型、裂缝—孔洞型为主，不同的储集空间类型影响着单井初期产量、弹性产率和递减率变化。

缝洞型储层如 TZ82、TZ823、TZ821 井，这些井钻井过程中有钻具放空及大量钻井液漏失现象，试井解释储层物性好，从而使井初期产能较高（表 3–3）。裂缝—孔洞型储层区储层物性较差，造成单井生产压差较大（在 26.97 ~ 42.78MPa 之间）、产量低，多口直井未达经济极限产量。各井累计产量均不高，这主要是由于多数井的单井控制储量都比较低。其中，平均日产油 57.9t，稳定日产油 48t；缝洞型储层气区平均日产气 18×10⁴m³，稳定日产气（11 ~ 20）×10⁴m³。裂缝—孔洞型油区平均日产油 19t，稳定日产油 18.9t；裂缝—孔洞型储层气藏平均日产气 3.5×10⁴m³，稳定日产气 2.8×10⁴m³。

另外，缝洞型储层区的井弹性产率较大，裂缝—孔洞型储层区的井弹性产率较小。缝洞型储层区气井投产初期压力高，大于 34MPa，压力下降幅度为 16.67% ~ 32.5%，目前井口压力较高，大于 12MPa，弹性产率较大，为（169.7 ~ 431.67）×10⁴m³/MPa。裂缝—孔洞型储层区气井投产初期井口压力小于 20MPa，下降极快，目前井口压力在 9MPa 左右，井底流压平稳，弹性产率较小，为（5.90 ~ 113.32）×10⁴m³/MPa。

表 3–3　塔中 I 号气田试采特征数据表

井区	井号	地质分类	累计产油量 (10⁴t)	累计产气量 (10⁸m³)	平均日产量		稳定日产量	
					油 (t)	气 (10⁴m³)	油 (t)	气 (10⁴m³)
塔中 82–828	TZ82	缝洞型	1.7346	0.4017	62.3	14.44	37.5	11.00
塔中 62–3	TZ62–3	裂缝—孔洞型	0.1093	0.0162	3.7	0.55	1.0	0.11
塔中 622	TZ622		2.3695	0.1558	19.0	1.12	18.9	1.13
塔中 62–1 ~ 621	TZ621	缝洞型	8.7815	0.4092	70.4	3.35	48.2	1.52
	TZ62–1		2.3936	0.2057	45.4	2.77	12.3	1.32
塔中 62–2	TZ62–2		1.2501	0.7817	42.0	21.61	38.6	20.20
塔中 44 ~ 242	TZ62	裂缝—孔洞型	1.4286	0.3125	11.1	1.90	4.0	2.32
	TZ623		0.2705	0.1661	15.4	9.46	15.4	5.80
	TZ242		2.1825	0.1805	30.1	2.95	15.6	3.30
TZ26	TZ26		0.8084	0.2726	7.8	2.58	7.0	2.30

按照对碳酸盐岩气藏单井开发阶段的划分方法来看，油井 TZ62–1 井缝洞段开发时间较短（图 3–9），但是累计产量高；裂缝—孔洞段开发时间长，但是累计产量低。

对 TZ621 油井的开发阶段进行划分（图 3–10），可以看出各阶段划分界限明显。缝洞段开发阶段产量较高，之后产量降低进入裂缝—孔洞段生产阶段。TZ621 井缝洞段生产 10个月，月自然递减 9.05%，缝洞段 + 裂缝—孔洞段生产 6 个月（加上缝洞段共 14 个月），月自然递减 1.63%，裂缝—孔洞段月度自然递减 0.13% ~ 4.15%。

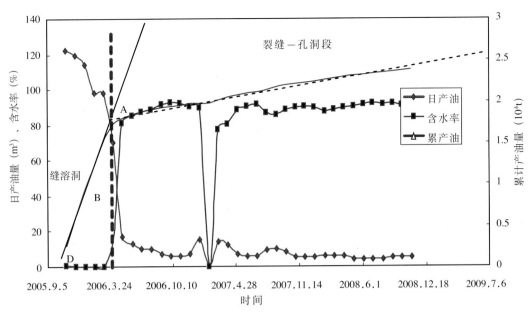

图 3-9 TZ62-1 井生产阶段划分图

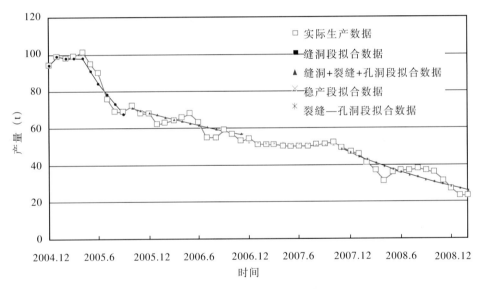

图 3-10 TZ621 井生产阶段划分

二、礁滩型碳酸盐岩气藏开发地质特征

以龙岗地区气藏为例来介绍礁滩型碳酸盐岩气藏开发地质特征

(一) 气藏地质特征

1. 地质概况及区域构造背景

龙岗地区位于四川盆地中北部,地理位置在仪陇以东、巴中以南、平昌以西、营山以北约 7000km² 的范围内。区内地貌为低山丘陵,地面海拔一般为 200 ~ 600m。该区全年气候温暖、水源丰富、交通及通信条件好,这些因素为天然气的勘探开发提供了有利条件。

区内龙岗构造位于四川省平昌县龙岗乡，向西北以鼻状延伸至四川省仪陇县阳通乡境内，地面为一个较平缓的北西向不规则穹隆背斜，在构造区域上属于四川盆地川北低平构造区。构造东北起于通江凹陷，西南止于川中隆起区北缘的营山构造，东南到川东南断褶带，西南抵苍溪凹陷。

龙岗地区从震旦纪到侏罗纪沉积了巨厚的地层，且地层发育齐全，长兴组生物礁和飞仙关组鲕滩是本区主要储层。综合研究表明，开江—梁平海槽的发展演化不仅控制了上二叠统生物礁的分布，还控制了下三叠统飞仙关组鲕滩的分布，环开江—梁平海槽分布的长兴组沉积期陆棚边缘礁相带和飞仙关组沉积期台地边缘鲕粒坝相带是礁、滩气藏最有利勘探相带。

2. 储层特征

1）储层岩石及储集空间特征

根据岩心描述、化学及薄片分析和录井资料综合分析，龙岗地区的储集岩以生物礁组合中的残余生物碎屑白云岩、中—细晶白云岩为主，其次为海绵骨架云质灰岩和生物碎屑云质灰岩、少量的残余海绵骨架白云岩、残余生物骨架白云岩等。龙岗地区飞仙关组储集岩在台地边缘主要以残余鲕粒云岩、残余鲕粒灰质云岩为主，在台地内部广泛发育溶孔鲕粒灰岩。

龙岗地区长兴组储集空间以粒间溶孔、晶间溶孔和溶洞为主，其次是粒内（生物内）溶孔，局部可见到角砾间溶孔、角砾内溶孔和铸膜孔（图3-11）。飞仙关组储集空间主要有三种类型，其中台缘主要是鲕粒白云岩粒间（晶间）溶孔型和云质鲕粒灰岩粒间（粒内）溶孔型，开阔台地主要是鲕粒灰岩铸膜孔型（图3-12）。

残余生屑白云岩，粒间溶孔

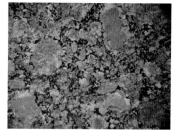
残余有孔虫—棘屑白云岩

生屑云质灰岩

图3-11　龙岗长兴组岩性及储集空间类型

鲕粒白云岩粒间（晶间）溶孔

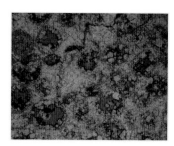
鲕粒灰岩铸模孔

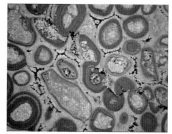
云质鲕灰岩粒间（粒内）溶孔

图3-12　龙岗飞仙关组岩性及储集空间类型

2）储层孔隙结构特征

长兴组孔喉结构分为四类。以龙岗2井为例，孔隙度和渗透率较高的Ⅰ类以较大的孔喉半径和较低的中值压力为特征，最大的连通孔喉半径可达 168.6μm，中值半径 7.09μm。第Ⅱ类最大的连通孔喉半径 62.8μm，中值半径 1.4μm，排驱压力和中值压力高于第Ⅰ类。第Ⅲ类最大的连通孔喉半径 2.57μm，中值半径 0.16μm。第Ⅳ类以小的孔喉半径和高的中值压力为特征，以龙岗 11 井为例，最大的连通孔喉半径 0.64μm，中值半径 0.02μm（图 3-13）。

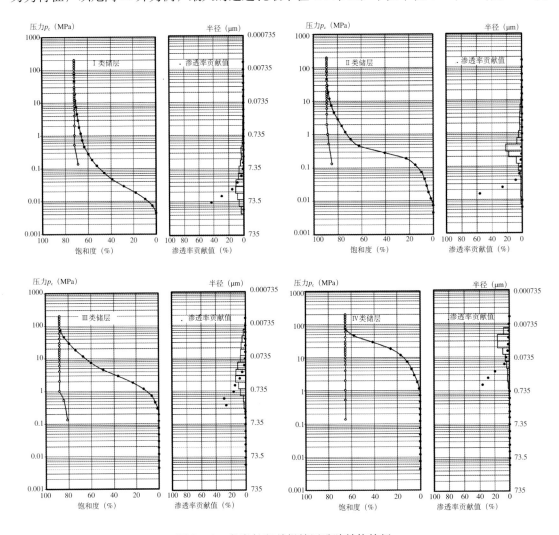

图 3-13 龙岗长兴关组储层孔隙结构特征

飞仙关组孔喉结构类似于长兴组。以龙岗 001-1 井为例，孔隙度和渗透率较高的Ⅰ类以较大的孔喉半径和较低的中值压力为特征，最大的连通孔喉半径达 100.76μm，中值半径 10.53μm。第Ⅱ类最大的连通孔喉半径 62.75μm，中值半径 1.8μm，排驱压力和中值压力高于第Ⅰ类。第Ⅲ类最大的连通孔喉半径 0.41μm，中值半径 0.13μm。第Ⅳ类以小的孔喉半径和高的中值压力为特征，以龙岗 9 井为例，最大的连通孔喉半径 0.25μm，中值半径 0.01μm（图 3-14）。

3）储层物性特征

从 6 口井 143 块样品（包括岩塞、全直径和井壁取心样品）实测物性统计表中可以看出，长兴组单井平均孔隙度在 3.53%～9.1% 之间，总平均孔隙度 5.8%。3 口井 97 块样品实测气体渗透率在 0.00033 ~ 76.97mD 之间，各井平均渗透率为 1.64 ~ 11.84mD，总平均渗透率为 3.54mD。3 口井储层层段 98 块岩心样品含水饱和度最大为 68.64%，最小为 6.05%，各井含水饱和度平均值为 15.51% ~ 31.35%，总平均含水饱和度为 23.7%，总体上含水饱和度较低。

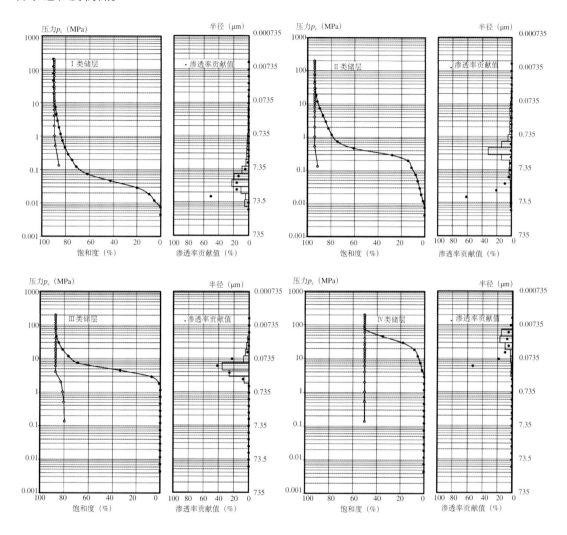

图 3-14　龙岗飞仙组储层孔隙结构特征

飞仙关组岩心样品孔隙度分布范围较广，低的可以小于 1%，高的可以达到 19%，所统计的 298 个岩心孔隙度样品，其平均孔隙度为 4.73%。渗透率从低于 0.001mD 到 1000mD 均有分布，所统计的 282 个岩心渗透率样品，其平均渗透率为 8.08mD。对于含水饱和度，所取样品有两个峰值，一个是 20%，另一个是 60%，表明样品取自气层段和水层段。

4）裂缝孔洞特征

总体来说，长兴组和飞仙关组均不同程度发育裂缝和溶洞，但是裂缝和溶洞发育表现出极大的差异性。如长兴组龙岗 2 井裂缝密度为 8.89 条 /m，而龙岗 11 井只有 0.26 条 /m，同时这两口井岩心观察没有发现溶洞，而龙岗 001-1 井不发育裂缝，而不同程度发育溶洞（表 3-4、表 3-5）。

表 3−4　长兴组岩心缝洞统计表

井号	岩心长度（m）	裂缝条数（条）	裂缝密度（条/m）	洞		
				大洞（个）	中洞（个）	小洞（个）
龙岗 2 井	6.19	55	8.89			
龙岗 11 井	72	19	0.26			
龙岗 001−1 井	—	—	—	14	12	82

表 3−5　飞仙关组岩心缝洞统计表

井号	岩心长度（m）	裂缝			洞		
		总裂缝（条）	有效缝（条）	有效缝密度（条/m）	大洞（个）	中洞（个）	小洞（个）
龙岗 3 井	9	0	0	0			
龙岗 8 井	8.92	26	1	0.04		9	12
龙岗 9 井	17.47	10	0	0			
龙岗 001−1 井	29.7		16	0.54	7	5	84
龙岗 001−2 井	29	55	5	0.17			
龙岗 001−3 井	14.6		3	0.21	3	87	1014

5）储层类型

长兴组储层类型可以分为裂缝孔隙（洞）型、低孔裂缝型和孔洞型三种类型。（1）裂缝孔隙（洞）型。长兴组大部分储层为裂缝孔隙（洞）型储层，岩性是白云岩，如龙岗 2、龙岗 11 井取心资料发现溶蚀孔洞发育，并见裂缝。当溶洞较大时，储层类型为裂缝孔洞型，当溶洞较小时可以近似看作孔隙，可认为储层类型是裂缝孔隙型储层。一般高产气井的储层都属于该类型。（2）低孔裂缝型。长兴组少数井储层为低孔裂缝型储层，岩性为白云岩和石灰岩。该类储层孔隙度极低，而裂缝发育增大其渗流能力，产量也相对较高。（3）孔洞型。长兴组个别储层是孔洞型储层，岩性是云质灰岩。

对取心等资料研究发现，飞仙关组储层类型相对复杂，根据岩性可以分为石灰岩和白云岩两类储层；根据储集空间可以把飞仙关组储层类型分为低孔—裂缝型、孔隙型、孔洞型和裂缝孔隙型四类。（1）低孔裂缝型。龙岗地区台内滩部分井的飞仙关组储层为低孔裂缝型储层，岩性为灰岩。该类低孔裂缝型储层主要分布在飞仙关组中上部的石灰岩储层内，中下部也有发育，但发育较少，对于此类储层完井测试显示基本为干层。（2）孔洞型。飞仙关组绝大部分鲕滩储层都是孔洞型储层，岩性为白云岩，孔隙型白云岩在后期由于溶蚀作用造成溶孔发育，导致溶蚀孔洞与孔隙同时存在，但是裂缝不发育。（3）孔隙型。飞仙关组储层岩性主要是石灰岩和白云岩两类，对于白云岩储层，大部分是孔洞型储层，孔隙和溶洞同时存在，在溶蚀孔洞不发育或溶蚀孔洞较小的情况下，可以看作为孔隙型储层，如龙岗 001−1 井；对于石灰岩储层，一些井钻遇储层为孔隙型储层，如龙岗 9、龙岗 22 井。（4）裂缝孔隙型。飞仙关组部分井钻遇储层为裂缝孔隙型储层，该类储层主要分布在龙岗地区东部，如龙岗 6、龙岗 27 井。

总体上说，龙岗地区长兴组和飞仙关组储层类型较多，飞仙关组 70% 以上的井储层是孔隙（洞）型，龙岗东部少数气井属低孔裂缝型储层；长兴组将近 90% 的气井储层为裂缝孔洞型储层，极个别为低孔裂缝型和孔洞型储层。

3. 储层综合评价

1）储层评价标准

根据龙岗地区礁滩型碳酸盐岩储层特征和储层参数下限研究结果，确定了龙岗礁滩型储层评价标准（表 3–6），将储层划分为四级进行评价。

Ⅰ类储层：储渗性最好的储层，测井解释孔隙度不小于 12%。

Ⅱ类储层：测井解释孔隙度 6% ～ 12%，储层孔渗性能较好。

Ⅲ类储层：测井解释孔隙度 2% ～ 6%。储层孔渗性能较差，经过工艺改造能获得工业产能的储层。

Ⅳ类储层：测井解释孔隙度小于 2%，属非储层。

表 3–6　龙岗礁滩型碳酸盐岩储层评价标准

类别	孔隙度（%）	渗透率（mD）	储层类型
Ⅰ	≥ 12	≥ 10	裂缝孔洞型、孔洞型
Ⅱ	6 ～ 12	1 ～ 10	孔洞型、裂缝孔隙型
Ⅲ	2 ～ 6	0.1 ～ 1	低孔裂缝型、孔隙型
Ⅳ	< 2	< 0.1	孔、洞、缝不发育

2）储层分布特征

飞仙关组储层厚度大、物性好，含气性特征明显；长兴组储层溶蚀孔洞发育，但是非均质性强。飞仙关组基质孔隙度分布范围为 2.53% ～ 11.65%，平均孔隙度为 11.03%；含水饱和度为 6.00% ～ 27.6%，平均含水饱和度为 7.21%。飞仙关组Ⅰ＋Ⅱ类储层占总储层的 89.55%，物性较好。长兴组基质孔隙度分布范围为 2.61% ～ 6.1%，平均孔隙度为 4.78%，含水饱和度范围为 3.41% ～ 17.80%，平均含水饱和度为 8.33%，长兴组一般不发育Ⅰ类储层，与飞仙关组相比，储层物性相对较差，但是由于其裂缝和溶洞比较发育，气井产量也很高。

（二）气藏开发特征

由于龙岗气田储层非均质性严重，气水系统和储层溶孔、裂缝系统分布复杂，形成由不同规模和连通程度的气水单元组成的在三维空间随机分布的多气水系统气藏。

1. 非均质性强

1）储层岩性分布的非均质性

岩心观察表明龙岗礁滩型气藏飞仙关组和长兴组主要发育白云岩、灰质云岩、石灰岩和云质灰岩四种岩石类型，其中白云岩和灰质云岩为较好的储集岩，主要分布在台地边缘。岩石类型的分布初步体现了沉积作用对岩性乃至优质储层的控制作用，岩石类型的分布初步揭示了龙岗礁滩型储层分布的非均质性。

2）储集空间分布的非均质性

岩心描述结果表明长兴组储集空间为晶间溶孔、溶洞和裂缝，但是裂缝和溶洞在井间存在很大差异。其中龙岗 2 井裂缝密度达到 8.89 条 /m，龙岗 11 井裂缝密度仅为 0.26 条 /m，龙岗 001-1 井在长兴组不发育裂缝，而发育大小不等的溶洞 108 个，裂缝和溶洞的发育表现出强烈的非均质性（表 3-4）。飞仙关组主要储集空间为粒间（粒内、晶间）溶孔，同时发育裂缝，但是作为良好渗流通道的裂缝在平面上发育极度不平衡，一些气井裂缝达到 55 条（龙岗 001-2 井），其中有效裂缝 16 条（龙岗 001-1 井）；而有些气井不发育裂缝（龙岗 3 井）（表 3-5）。

3）储层物性分布的非均质性

岩心分析表明长兴组储层孔隙度值介于 2.81% ~ 13.23% 之间，高渗透区域在台地边缘呈间隔状分布；同飞仙关组一样，长兴组台地内部和台地边缘东西两侧为低渗透区。飞仙关组孔隙度值介于 2.85% ~ 10.13% 之间，平面上分布不均，高渗透井主要分布在台地边缘上，而低渗透储层主要分布在台地内部和海槽内。

4）储层发育规模的非均质性

礁滩型碳酸盐岩由于复杂的沉积、成岩和构造作用导致储层岩性、物性和储集空间发育的非均质性，而储层非均质性的一个重要表现形式就是储层发育规模大小不一。不同沉积相的储层其储集体规模、尺度等宏观性质差异较大，即使是相同沉积相的储层其储集体规模也相差甚远，甚至是数量级的差异（1 ~ 10km）。对龙岗储层对比研究发现，台地边缘储层储集体规模、厚度、连续性、连通性要好于台地内部，而台地边缘储集体的规模大小也不相同（图 3-15）。

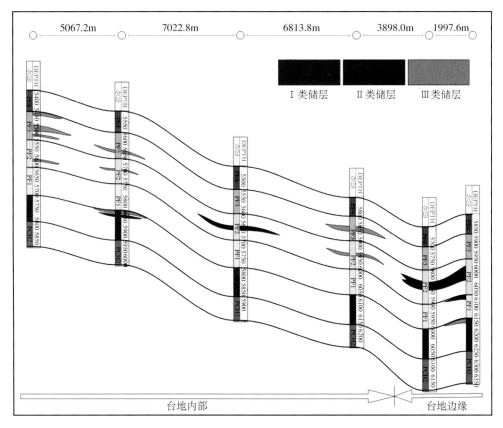

图 3-15　龙岗礁滩型气藏台内—台缘相储层剖面图

2. 气藏气水关系复杂，部分试采井受地层水影响严重

静态研究结果表明，龙岗地区各个气井均不同程度发育水层，气水关系分布非常复杂（图3-16）。动态上，试采区气井受地层水影响严重，不同类型试采井表现出不同的生产特征。

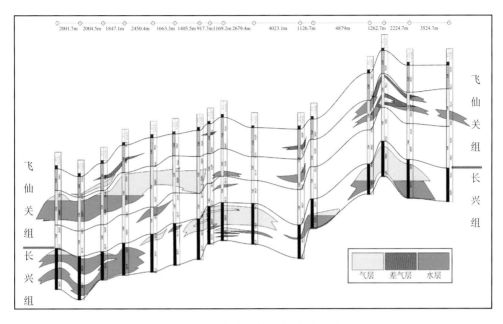

图 3-16　龙岗主体区气藏剖面图

1）水气比小于0.3的气井生产特征

试采区试采井水气比小于0.3的气井共9口（龙岗001-1、001-11、001-7、1、6、001-8-1、001-2、001-23、001-28），这一类型气井总体上生产稳定（表3-7）。

表 3-7　龙岗试采井生产数据表（水气比＜0.3）

井号	配产	投产初期		2010.5			备注
		产水量（m³/d）	水气比	产气量（10⁴m³/d）	产水量（m³/d）	水气比	
001-1	80	9.5	0.11	75.8	4.4	0.06	生产稳定
001-11	8	0.0	0.00	1.1	0.1	0.00	新井投产，低渗区
001-7	60	9.3	0.16	63.9	4.3	0.07	生产稳定
1	80	17.9	0.21	79.7	14.3	0.18	生产稳定
6	10	0.0	0.00	10.0	1.2	0.12	生产稳定
001-8-1	60	6.0	0.1	59.5	5.7	0.1	生产稳定
001-2	25	0.0	0.00	32.3	6.0	0.19	酸化作业，效果较好
001-23		2.1	0.11	25.3	1.8	0.07	新井投产
001-28		4.6	0.15	29.1	3.2	0.11	新井投产

— 31 —

2）水气比大于 0.3 的气井生产特征

水气比大于 0.3 的气井共 6 口（龙岗 001-3、001-6、001-18、2、26、28 井），这一类型井随着试采进行，气井产量、压力快速下降，其中龙岗 2、26、001-3 和龙岗 28 井 4 口气井受地层水影响严重，产量递减较快（表 3-8）。

表 3-8　龙岗试采井生产数据表（水气比＞0.3）

井号	投产初期		2010.5		
	产气量（10⁴m³/d）	产水量（m³/d）	产气量（10⁴m³/d）	产水量（m³/d）	水气比
001-3	13.7	54.6	3.0	37.2	12.48
001-6	47.7	27.0	3.0	37.2	1.63
001-18	10.3	52.7	26.1	54.1	2.07
28	29.1	8.6	22.8	38.4	1.69
2	90.0	11.7	本月未生产		
26	15.5	15.3	5.9	14.9	2.51

这一类型气井以龙岗 2 井最为典型，龙岗 2 井位于台地边缘主体区，气井初期保持高产，8 月 2 号突然暴性水淹，产水量急剧上升，产气量急剧下降。综合研究发现龙岗 2 井位于气水界面以上，同时发育裂缝。在生产早期裂缝的高导流能力导致气井在产气初期成为导流气体的主流通道，当气井距离气水界面较近时，很容易造成底层水沿裂缝高导进井筒，堵塞井筒附近渗流通道，从而使气井产量急剧下降甚至停产（图 3-17）。

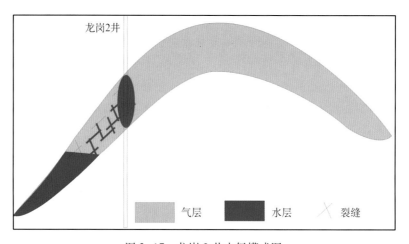

图 3-17　龙岗 2 井水侵模式图

3. 不同区块、不同层位井控储量差异较大

利用试采井生产动态数据，采用 RTA 方法，计算 15 口气井动态储量和井控范围，计算结果如表 3-9 所示。飞仙关组 8 口气井动态储量介于（0.67 ～ 25.7）×10⁸m³ 之间，井控半径介于 176.8 ～ 1348.2m 之间，试采井之间井控储量及井控半径之间差异较大。长兴组 6 口气井动态储量介于（4.24 ～ 7.46）×10⁸m³ 之间，长兴组气井动态储量差异较小，而井控半径介于 176.8 ～ 682.6m 之间，差异较大。

表 3-9 龙岗部分井动态储量计算结果

序号	井号	产层	动态储量（10^8m^3）	井控半径（m）
1	001-3		0.67	176.8
2	001-6		16.78	673.8
3	001-7		14.97	1140.8
4	001-1	飞仙关组	25.7	1080.2
5	1		25.54	1142.9
7	6		4.87	659.5
8	27		5.88	1348.2
小计			94.41	
9	001-18		6.21	570.3
10	001-8-1		6.81	512.9
11	001-2	长兴组	5.62	498.1
12	28		7.46	682.6
13	001-23		6.74	176.8
14	001-28		4.24	678.2
小计			37.08	
15	26	合层	0.65	213
合计			132.14	

总体上说，试采井动态储量控制范围为（0.65 ~ 25.7）×10^8m^3，15 口试采井动用地质储量 132.14×10^8m^3，其中飞仙关组 8 口井动用地质储量 94.41×10^8m^3，长兴组 6 口井动用地质储量 37.08×10^8m^3。

4. 不同类型气井生产特征差异大

1）气井分类标准

依据动态资料对气井进行分类，分类结果如表 3-10 所示。综合研究表明，不同类型试采井之间生产动态表现出极大的差异性。

表 3-10 龙岗气田试采井分类

分类标准	开发层系			按近期产气量大小（10^4m^3/d）				按产水量大小（m^3/d）	
	飞仙关组	长兴组	合层	高产（≥50）	中产（20 ~ 50）	低产（5 ~ 20）	小产（<5）	<10	≥10
早期投产井（11口）	1、6、27、001-3、001-6、001-7	28、001-2	2、26	1、001-1、001-7	27、28、001-6、001-2	6、26	2、001-3	1、6、001-1、001-2、001-7	2、26、27、28、001-3、001-6
	6 口	2 口	2 口	3 口	4 口	2 口	2 口	5 口	6 口
近期投产井（5口）	001-11	001-18、001-8-1、001-23、001-28		001-8-1	001-18、001-23、001-28		001-11	001-11、001-8-1、001-23、001-28	001-18
	1 口	4 口		1 口	3 口		1 口	4 口	1 口

2）高产井生产特征

根据试采井产气特征和气井分类标准，龙岗1井、龙岗001-1井、龙岗001-7井和龙岗001-8-1井为高产气井。4口高产井均分布在台地边缘，其中3口气井产层为飞仙关组，1口为长兴组。4口高产气井日产气$278.96 \times 10^4 m^3$，累计产气$7.81 \times 10^8 m^3$。累计产气量占整个气藏产量的59.84%，是气藏产量的主要贡献者，这一类型的气井生产保持稳定（图3-18）。

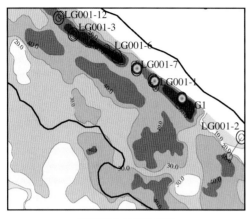

高产气井井位分布图

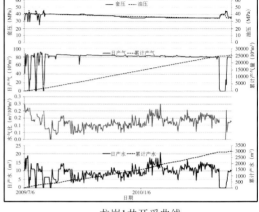

龙岗1井开采曲线

图3-18　高产井分布和生产动态特征

3）中产井生产特征

根据试采井产气特征和气井分类标准，龙岗27井、龙岗001-6井、龙岗001-2井、龙岗001-18井、龙岗001-23井和龙岗001-28井为中产气井。这一类型气井主要分布在龙岗1井区边缘和龙岗27井区，7口中产气井中有5口为长兴组气井。7口中产气井平均日产气$206.47 \times 10^4 m^3$，累计产气$4.33 \times 10^8 m^3$，累计产气量占总产气量的33.16%。受单井控制储量的影响，这一类型的气井配产较高时，产量和压力下降明显（图3-19）。

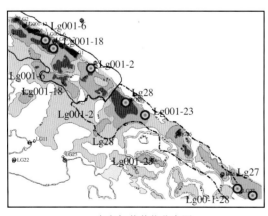

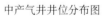

中产气井井位分布图

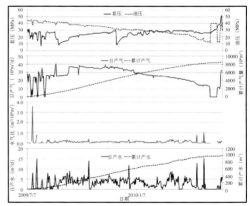

龙岗001-2井开采曲线

图3-19　中产井分布和生产动态特征

4）低产小产井生产特征

根据试采井产气特征和气井分类标准，龙岗6井、龙岗26井为低产气井，龙岗2井、龙岗001-3井、龙岗001-11井为小产井。这一类型气井主要分布在构造边部或者是储集体规模相对较小的构造部位。

龙岗试采区目前共有低产小产井 5 口，其中龙岗 2 井由于出水严重已经停产开展治水措施。低产小产井日产气 $20.06 \times 10^4 m^3$，累计产气 $0.91 \times 10^8 m^3$，累计产气量占总产气量的 7%。

低产小产井低产小产的原因各不相同。其中龙岗 6 井由于储层相对较差，气井产量较小，但是在较低的配产条件下产量能够保持稳定；龙岗 2 井由于地层水影响，造成气井产量大幅度下降；龙岗 26 井和龙岗 001−3 井一方面储层质量较差，另一方面位于构造较低位置，容易受地层水影响造成气井产量不高（表 3−11）。

表 3−11　龙岗低产小产井投产初期与目前生产情况对比表

区块	井号	生产层位	投产初期			累计生产			
			Q_g ($10^4 m^3/d$)	Q_w (m^3/d)	Q_g ($10^4 m^3/d$)	Q_w (m^3/d)	累计产气 ($10^4 m^3$)	累计产水 (m^3)	水气比
主体区	001−11	飞仙关组	8.6	0	1.1	0	361.2	131.9	0.37
	001−3		13.7	54.6	3	37.2	2009.1	9747.8	4.85
	2	合采	90	11.9	0	0	2344.7	28095.4	11.98
东区	26		15.5	15.3	5.9	14.9	1428.3	6148.8	4.30
	6	飞仙关组	2.6	0	10	1.2	2992.5	384.9	0.13

三、岩溶风化壳型碳酸盐岩气藏开发地质特征

以靖边气田为例来介绍岩溶风化壳型碳酸盐岩气藏特征。

靖边气田所在的区域构造表现为西倾单斜构造。发育由溶蚀作用形成的东西向古潜沟，其中充填铁铝岩或泥岩形成气藏的良好盖层；西侧为区域地层剥蚀，东侧由于差异成岩作用，存在岩性致密带。整体上来说，该气藏属古地貌（地层）—岩性复合圈闭的定容气藏（图 3−20）。气藏埋藏深度为 2960 ~ 3765m，各区原始地层压力为 26.78 ~ 31.92MPa，平均 30.24MPa。平均压力系数 0.91。压力分布总趋势是西部高、东部低，南部高、北部低，由北向南平均值依次变小。另外，气藏地温梯度为 3.05℃/100m。

（一）气藏地质特征

1. 区域地质构造背景

鄂尔多斯盆地是中国第二大沉积盆地，横跨陕、甘、宁、蒙、晋五省，东临吕梁山，南接秦岭，西与六盘山相临，北与阴山接壤，是一个多构造体系、多旋回演化、多沉积类型的大型盆地，盆地面积 $25 \times 10^4 km^2$。盆地古生界、中生界蕴藏有丰富的石油天然气资源。

鄂尔多斯盆地目前构造总体是一个东翼宽缓、西翼陡窄的不对称南北向巨型盆地。盆地边缘断裂、褶皱较发育，而盆地内部构造相对简单，地层平缓，一般倾角不足 1°。盆地目前构造格架始于燕山运动中期，发展完善于喜马拉雅运动期。早白垩世末，盆地内部是西倾的斜坡与其西侧的天环向斜相连的特征。盆地边缘深部构造活跃，盖层内部的深部构造趋于稳定，盖层构造不太发育。根据目前构造及演化历史，区域构造可划分为六个一级构造单元。盆地中部是陕北（或伊陕）斜坡，向东为晋西挠褶带，向西依次为天环坳陷、西缘冲断构造带，北部为伊盟隆起，南面为渭北隆起。

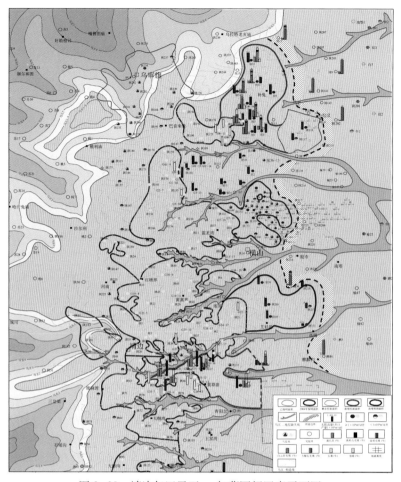

图 3-20　靖边气田马五 $_{1+2}$ 气藏圈闭因素平面图

靖边气田构造位于鄂尔多斯盆地中部伊陕斜坡,目前构造面貌为区域性西倾大单斜,坡降 7～10m/km,倾角不足 1°。在极其平缓的构造背景上发育有两个方向的小幅度褶皱,以北东向为主,北西向为后期叠加的褶皱。利用钻井和物探资料绘制微构造图表明在极其平缓的单斜背景上发育一系列复式鼻褶,其鼻轴走向为北东向、北东东向,呈雁列式排列。自北向南明显的鼻状构造有 18 排,其中北区和中区隆起幅度较大,为 5～50m,南区隆起幅度较小,一般为 5～20m。鼻状隆起向北东向或北东东向翘起并开口,不具备圈闭和分隔气藏的能力,但对天然气的储渗条件有一定的控制作用。在含气层存在的情况下,正向构造部位有利于气井高产,是开发井部署的主要依据之一。

2. 地层特征

靖边气田奥陶系马家沟组属华北海型沉积,马家沟组沉积时期经历了三次海进、海退旋回,依据古生物特征、沉积旋回性和区域性标志层,在纵向上将马家沟组从上往下划分为六个岩性段:马一至马六岩性段。马家沟组的六个岩性段地层可划分为"三云三灰"六段,其中马一、三、五段岩性以白云岩、膏岩为主,马二、四、六段岩性以石灰岩为主(表3-12)。马五 $_1$ 段为本区的主要工业气层段,位于奥陶系风化壳顶层。由于受古侵蚀沟槽切割的影响,该区面积内马五 ^{4} 段以下地层保留齐全,马五 $_1^{1~3}$ 段地层均有不同程度缺失。

表 3-12　靖边气田奥陶系地层划分简表

组段		主要岩性	厚度（m）
马家沟组	马六段	泥质灰岩（零星分布）	0 ~ 9
	马五段	白云岩、泥质白云岩、膏云岩加膏盐岩及泥晶灰岩	310 ~ 360
	马四段	泥晶灰岩加白云岩	160 ~ 170
	马三段	白云岩、泥质白云岩、膏云岩加膏盐岩及泥晶灰岩	100 ~ 150
	马二段	泥晶灰岩加白云岩、膏云岩	约 45
	马一段	泥质白云岩、泥质岩、膏云岩加膏盐岩	30 ~ 90

3. 储层特征

1）储层岩性特征

靖边气田主要储层段为马五$_{1+2}$段，其主要储层岩性为细粉晶白云岩，马五$_1^3$段岩性较纯，白云岩含量达 90% 以上，含少量方解石，是主力产气层段。统计不同岩性见孔率，细粉晶白云岩达到 82.4%，孔隙度达到 6.59%（图 3-21、图 3-22）。

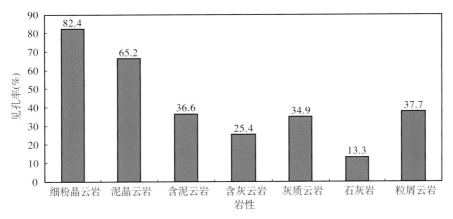

图 3-21　不同岩性见孔率统计图

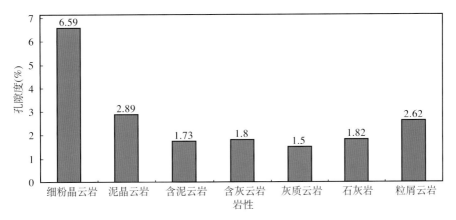

图 3-22　不同岩性孔隙度统计图

2）储层储集空间类型

靖边气田风化壳储层储集空间以溶蚀孔为主，其次有晶间孔、铸模孔及微裂隙（图3-23）。溶孔（洞）是马五$_1^1$—五$_1^3$气层的主要储集空间，经多期溶蚀充填作用，充填程度达70%～90%，充填物以白云石、方解石为主。马五$_{1+2}$储层发育构造破裂缝和风化破裂缝（表3-13），马五$_1^1$储层发育垂直裂隙、斜裂隙，马五$_1^2$段储层发育水平裂隙、斜裂隙，马五$_1^3$段储层发育网状裂隙，马五$_1^4$段储层多发育水平裂隙。裂隙对储集空间贡献极小，但极大地改善了储层导流能力，有助于提高气井产能。

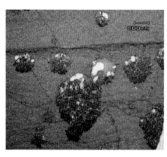
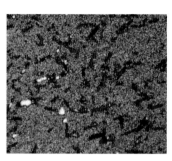

| 榆3井，晶间孔 | G50-6井，溶蚀孔 | 陕30井，膏模孔 |

图3-23 不同孔隙类型

表3-13 马五$_{1+2}$储层裂缝孔、渗参数统计评价表

项目	测井识别	岩心裂缝	试井解释	综合评价
裂缝孔隙度 （%）	0.002～0.048 平均0.0132	0.0124～0.387 平均0.1631	0.0008～0.1078 平均0.411	0.034
裂缝渗透率 （mD）	0.0062～2997.0 平均4.815	9.01～11797.37/2 平均816.44	0.0363～29.953 平均4.074	一般在 1～30

3）孔隙结构特征

根据878块压汞资料统计研究成果表明，喉道直径在0.5～0.04μm之间的小喉比例为50.4%，喉道直径小于0.04μm的微喉比例为16.6%。因此靖边地区储层以小喉为主，同时微、中、大喉也占有一定的比例（图3-24）。

根据孔隙空间类型和各类孔隙的配置关系，将储层孔隙结构分为两大类共七亚类（表3-14）。

表3-14 储层孔隙结构分类表

类别	亚类	中值压力p_{c50} （MPa）	喉道半径p_m （ϕ）	分选系数 （SP）	K （mD）	ϕ （%）
A	A Ⅰ	< 1.5	< 10.23	2.11～3.83	> 0.12	> 6.0
	A Ⅱ	1.5～4.0	1.031～11.39	2.31～3.32	> 0.10	4.0～6.0
	A Ⅲ	4.0～20	10.45～12.71	2.06～3.45	> 0.10	> 2.50
	A Ⅳ	—	13.0～14.24	0.19～2.4	< 0.01	< 2.05
B	B Ⅰ	< 1.40	< 9.80	1.4～2.3	> 0.60	> 6.0
	B Ⅱ	1.4～3.6	9.8～11.3	1.23～2.49	> 0.04	6～4.5
	B Ⅲ	4.0～21.5	11.63～13.24	0.92～2.57	0.015～0.34	2.5～5

A 类：分选差，裂缝发育，排驱压力小于 0.1MPa。细分为四个亚类：AI、AII、AIII、AIV（非有效储层）。

B 类：分选好，裂缝不发育，排驱压力高，细分为三个亚类：BI、BII、BIII。

其中：AI、AII、BI、BII 为马五$_{1+2}$储层主要孔隙结构特征（图 3-24）。

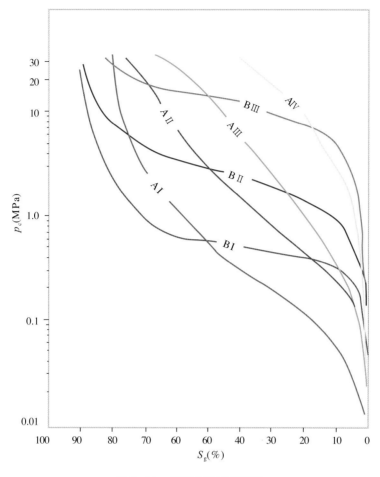

图 3-24　储层孔隙结构特征

4）储层物性特征

以马五$_{1+2}$储层孔隙度为例，其孔隙度一般为 2% ~ 10%，平均孔隙度 5.3%，分布频率主要集中在 2% ~ 8%，其储层非均质性较强（图 3-25）。马五$_{1+2}$储层渗透率一般为 0.1 ~ 10mD，平均 1.81mD（图 3-26）。在低孔低渗背景上存在相对中、高渗透率的储层。同时裂缝对储层的渗透性有很大的影响。

5）储集类型

根据孔隙和裂缝的发育程度及其组合形式，马五$_{1+2}$段白云岩储层可分为三种储集类型：

（1）裂缝—溶孔型：以成层分布的溶蚀孔洞为主要储集空间，网状微裂缝为渗滤通道，以 AI、AII 类型孔隙结构为主，占马五$_{1+2}$储层的 35% 以上。该类储层以中、高产能为主。

（2）孔隙型：以晶间孔和晶间溶孔为主要储集空间，以 BI、BII 类孔隙结构为主，占马五$_{1+2}$储层的 20% 以上。该类储层以中、低产能为主。

（3）裂缝—微孔型：以分散晶间孔、铸模孔为储集空间，角砾间缝和微细裂缝为其渗滤通道，以 AⅢ 和 BⅢ 类型孔隙结构为主，占马五$_{1+2}$段储层的 35% 以上。该类储层产能较低。

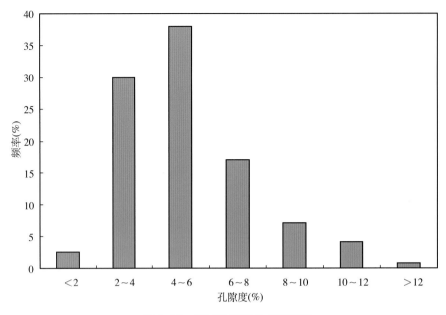

图 3-25　不同孔隙度分布频率图

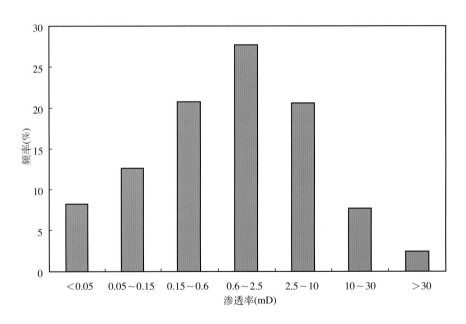

图 3-26　不同渗透率分布频率图

4. 储层分布特征

1）分类评价标准

结合测井解释结果、储层特征分析和气井生产特征，基于长庆气田多年沿用的储层分类标准，对储层进行类型划分（表 3-15）。

表 3-15　靖边气田马五储层分类综合评价标准

分类评价参数	Ⅰ类	Ⅱ类	Ⅲ类	层位	
孔隙度（%）	6.3 ~ 12	4.0 ~ 6.3	2.5 ~ 4.0	马五$_1^{1~3}$	
	6.3 ~ 12	4.0 ~ 6.3	2.5 ~ 4.0	粗粉晶云岩	马五$_1^4$
	8 ~ 12	6.0 ~ 8.0	2.5 ~ 6.0	细粉晶云岩	
测井渗透率（mD）	> 0.2	0.04 ~ 0.20	0.01 ~ 0.04	马五$_{1+2}$	
含气饱和度（%）	75 ~ 90	70 ~ 80	60 ~ 75		
声波时差（μs/m）	165 ~ 188	160 ~ 165	155 ~ 160		
泥质含量（%）	< 5	< 5	< 5		
压汞曲线类型	AⅠ、BⅠ	AⅡ、BⅡ	AⅢ、BⅢ		
无阻流量（$10^4m^3/d$）	> 20	5 ~ 20	< 5		

2）分布特征

Ⅰ类储层主要发育在马五$_1^3$段小层，以溶斑云岩为主，溶孔可达 3 ~ 5mm，弱充填，发育裂缝；Ⅱ类储层也以溶斑云岩为主，溶孔相对不发育，充填程度较高；Ⅲ类储层主要为高充填程度的溶斑云岩、针孔云岩、粗粉晶云岩，见微裂缝发育。依据储层划分标准，对单井进行储层分类。总体上，有效储层厚度较小，分布区间主要在 1 ~ 5m，其中多数层有效厚度为 3m 左右。一、二类储层厚度分布趋势一致，三类储层厚度小于 1m 的比例明显增加（图 3-27）。从剖面上看，有效储层分为上下两套，有效层之间隔层发育。上部有效储层层数较多，以连续性最好的马五$_1^3$层为核心，其他小层连续性变差；下部有效储层单一，主要发育在马五$_4^{1a}$小层，连续性略差。

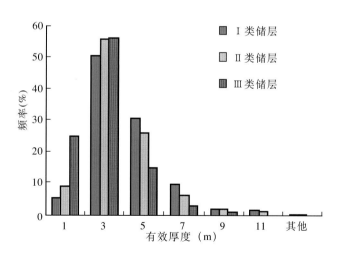

图 3-27　三种类型有效储层厚度统计图

（二）气藏开发特征

靖边气田发现于 1989 年，以陕参 1 井和榆 3 井相继试出无阻流量 28.3×$10^4m^3/d$ 和 13.6×$10^4m^3/d$ 的工业气流为标志，气田先后经历了勘探（1989—1993 年）、开发前期评价

（1993—1995 年）、试采（1996—1998 年）和正式大规模开发（1999 年至今）四个阶段。

靖边气田属于古地貌（地层）—岩性复合圈闭的定容气藏。气藏无边底水，弹性气驱，压力正常，具有低渗、低丰度的特征。探明地质储量 $4699.96 \times 10^8 m^3$，可采储量 $2995.16 \times 10^8 m^3$；已动用地质储量 $4258.33 \times 10^8 m^3$，可采储量 $2708.10 \times 10^8 m^3$；剩余可采储量 $2566.29 \times 10^8 m^3$。目前已钻井近 1000 口，井距在 $1 \sim 3km$ 之间。下古碳酸盐岩气藏气井总数 643 口，平均单井产量 $3.2 \times 10^4 m^3/d$，累计产气 $428.87 \times 10^8 m^3$，相当于 $55 \times 10^8 m^3$ 规模稳产 7.8 年（图 3-28、图 3-29）。

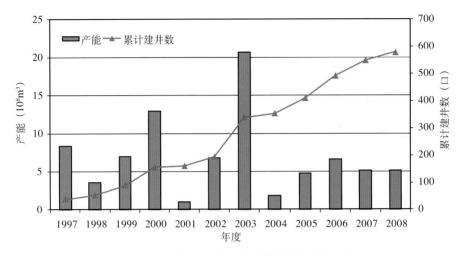

图 3-28　靖边气田历年建产及累计建井直方图

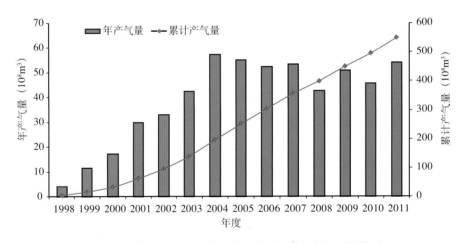

图 3-29　靖边气田下古生界碳酸盐岩气藏年产气量柱状图

靖边下古生界碳酸盐岩气藏自 2003 年规模开发至今，气藏日产气量稳定在 $(1200 \sim 1600) \times 10^4 m^3$，井口压力下降速度减缓，气藏生产状况稳定。由于气藏储层岩溶规模和发育程度有较大差异，储层平面及纵向上非均质性严重，形成了由不同规模大小的岩溶储集体组成的在三维空间上相互连通的气藏，因此气田开发具有以下特征。

1. 储层非均质性强，气田储量动用不均衡

根据靖边气田岩心渗透率分析数据统计显示，马五 1+2 段储层各层的层内变异系数都远大于 0.7，说明各小层层内非均质性强；储层内小层之间物性差异明显，渗透率级差在 50

以上，孔隙度级差一般在 5 左右，表明层间非均质性也较强；变异系数均值为 1.37，突进系数均值为 8.98，级差系数均值为 699.9，说明平面非均质性十分强。因此，开发中动用差异将十分显著。

储量动用程度不均衡主要表现在中、高产区主力气层储量动用程度高，非主力气层储量动用程度低。通过对单井动态储量进行综合评价，单井控制动态储量最高超过 $10.0 \times 10^8 m^3$，最低不足 $0.5 \times 10^8 m^3$。动态储量大于 $2.0 \times 10^8 m^3$ 的气井占总井数的 42.78%，主要分布在储层物性较好、采出程度较高的中、高产区域，动态储量小于 $0.5 \times 10^8 m^3$ 的气井占总井数的 15.98%，主要分布于气藏周边储层相对致密的低产区、含水区等。根据 2000—2006 年间 71 口井、368 层次分层测试资料统计显示，主力气层马五$_3$段气层厚度动用达到 96.8%，非主力产层马五$_2$气层厚度动用比例只有 62.2%。储层致密区气井泄流半径小，储层渗流能力差，剩余储量相对富集，如陕 106 区块北部。沟槽边部布井地质风险较大，井网完善难度大，气藏边缘以及沟槽边部分布一定剩余储量，动用难度大。

受地质因素影响，微裂缝分布和发育不均衡，气层连通性差异较大，地层压力分布不均。受开采的影响，气田压力平面分布表现出较强的非均衡开采特征，地层压力大小与累计采出程度高低呈较好的相关性，生产时间长的井采气量多，压降大，形成了以投产时间长的气井为中心的压降漏斗；高产高渗区采气量多，形成以中高产井为中心的压降漏斗。非均衡开采特征在稳产期末最严重，在进入递减期后随采气速度减小，非均衡程度将有所减弱。

2. 受储层物性等因素影响，气井生产表现出不同的动态特征

根据气井和储层的动静态参数特征，将靖边气田下古气藏气井分为三类。三类气井生产表现出不同的动态特征。Ⅰ类气井单井控制储量大、产量高、稳产能力强。该类气井的储层位于剥蚀沟槽边沿或鼻隆部位，孔、洞、缝比较发育。Ⅱ类气井在较低配产条件下具有较强的稳产能力，产量相对较低，但生产稳定。该类气井多数位于鼻翼或斜坡部位，储层存在一定的微裂缝但发育程度较Ⅰ类气井差。Ⅲ类气井产量低、递减快、稳产能力较差。该类气井储层较致密，溶孔、裂缝均不发育。

3. 不同区块生产特征差异明显

在选取的研究区块中以南区、南二区、陕 106 区最为典型。南区为开发多年的老区，属于相对高产区，其主要特点为：投产时间早、单井累计产气量大、水气比低、储量动用程度高，区块内井网基本完善，储量得到有效控制。气井生产情况见表 3-16。

表 3-16　南区气井生产情况统计表

类别	井数	比例 (%)	动态储量 ($10^8 m^3$)	剩余动态储量 ($10^8 m^3$)	剩余动态储量比例 (%)	平均单井控制半径 (m)	井均累计产气 ($10^8 m^3$)	井均剩余动态储量 ($10^8 m^3$)
Ⅰ类	23	28.8	142.23	92.18	65.24	1477.31	2.18	4.01
Ⅱ类	37	46.2	57.02	36.58	25.89	723.46	0.55	0.99
Ⅲ类	20	25	16.91	12.54	8.87	504.5	0.22	0.66
合计/平均	80	100	216.16	141.3	100.00	885.45	0.94	1.79

南二区属于产水区块，产水量相对较高，其主要特点为：投产时间早、区块整体产水量大、水气比较高、但累计产水量主要由产水量较高的少数气井贡献，目前产水大于 1m³/d

的气井 15 口，其中产水量大于 3m³/d 的 7 口气井产水占累计产水量的 78.5%。气井生产情况见表 3-17。

表 3-17　南二区气井生产情况统计表

类别	井数	比例 (%)	动态储量 (10^8m^3)	剩余动态储量 (10^8m^3)	剩余动态储量比例 (%)	平均单井控制半径 (m)	井均累计产气 (10^8m^3)	井均剩余动态储量 (10^8m^3)
Ⅰ类	8	29.6	42.91	27.04	54.64	1770.12	1.98	3.38
Ⅱ类	13	48.2	26.31	19.17	38.74	1072.6	0.55	1.47
Ⅲ类	6	22.2	4.36	3.28	6.63	640.79	0.18	0.55
合计／平均	27	100	73.58	49.49	100.00	1183.31	0.89	1.83

106 区属于储量动用程度低的区块，为相对低产区。其主要特点为：投产时间较晚、单井累计产气量小、水气比较低；区块南部井网基本完善，北部井控制半径较小，井网控制不足；井区内低效井较多，区内有间歇井 7 口，积液井 2 口。气井生产情况见表 3-18。

表 3-18　陕 106 区气井生产情况统计表

类别	井数	比例 (%)	动态储量 (10^8m^3)	剩余动态储量 (10^8m^3)	剩余动态储量比例 (%)	平均单井控制半径 (m)	井均累计产气 (10^8m^3)	井均剩余动态储量 (10^8m^3)
Ⅰ类	9	23.7	31.57	21.89	51.87	1393	1.07	2.43
Ⅱ类	16	42.1	23.07	18.06	42.80	859.11	0.31	1.13
Ⅲ类	13	34.2	2.88	2.25	5.33	321.97	0.05	0.17
合计／平均	38	100	57.52	42.2	100.00	801.8	0.4	1.11

4. 间歇井和产水井增多，制约气藏高效开发

随着气田开发程度的加深，气藏地层压力逐渐降低，间歇井和产水井增多；部分气井产量低、携液能力差，造成气井无法连续生产，2008 年间歇井已经达到 113 口，这类气井井均日产气量 $0.58 \times 10^4m^3$，井均累计产气量 $0.12 \times 10^8m^3$，单井平均控制动储量只有 $0.43 \times 10^8m^3$。至 2009 年 8 月，共有产水气井 86 口，其中有 12 口井日产水大于 $5.0m^3$，多数产水气井日产水小于 $2.0m^3$。气井产水动态表明，地层水分布范围有限，水体能量弱，不会发生大面积的水体侵入。与此同时，中、高产气井井口压力下降明显，制约气藏继续稳产和高效开发。

四、层状白云岩型碳酸盐岩气藏开发地质特征

以下以五百梯气田为例来介绍层状白云岩型碳酸盐岩气藏特征。

（一）气藏地质特征

1. 区域概况

五百梯气田位于四川省开江县和重庆市开县境内的五百梯—义和场一带，包括义和、中和、讲治、南雅等乡镇辖区。

五百梯构造属于川东大天池高陡构造带北倾末端东翼断层下盘的一个局部构造，为一

短轴状背斜，剖面形态为箱形，长约24km，东西最宽处约6.5km。东与南门场构造相望，西隔大方寺向斜与沙罐坪构造相邻，北为温泉井构造，南为同属大天池构造带的白岩山构造。

2. 构造、断层及地层特征

1）构造特征

五百梯气田阳新统底界构造形态为短轴状背斜，轴向为北东向，轴部被断层复杂化形成多高点短轴状潜伏背斜。构造东北端舒展而西南端收敛，东南翼倾角8°～20°，倾角向东南缓慢下倾至南雅向斜。构造西北翼下倾至大方寺向斜。

2）断层特征

五百梯气田断层均为逆断层，大部分断层平行构造轴线方向，断层走向可分为北东向和北西向两个组系。主要断层组系为北东向，为走向倾轴逆断层，特点是断距大（160～940m）、延伸长（10～30km）；构造西南端断距大（900m），向东北端断距逐渐变小，直至消失。北西走向断层多发育于北西鼻凸或鼻状构造西翼，一般为倾轴逆断层，规模较小，延伸不远。区内主要分布有四条大断层和数条零星小断层，四条大断层基本控制了五百梯气田格局（图3-30）。

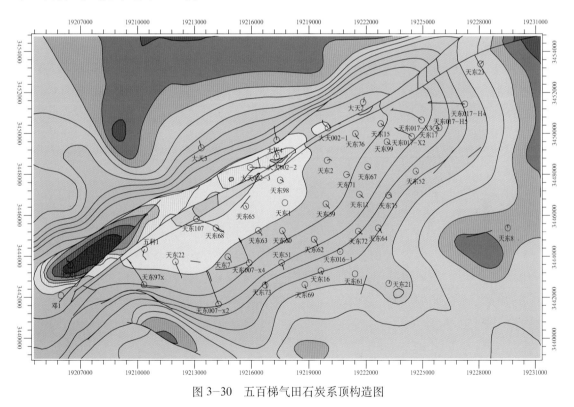

图3-30 五百梯气田石炭系顶构造图

3）地层特征

五百梯气田石炭系气藏地层主要为咸化潟湖相的碳酸盐岩沉积，岩石类型主要有粒屑云岩、细粉晶云岩、角砾云岩、角砾灰岩及去膏去云化灰岩等，底部假整合于志留系风化壳之上，顶部因黔桂运动遭受剥蚀，仅残存上石炭统部分黄龙组，与上覆二叠系也呈假整合接触，见表3-19。电性主要表现为高电阻率、低自然伽马值特征，与下伏志留系灰绿色泥质粉砂岩、粉砂质泥岩及上覆的二叠系黑色页岩的高自然伽马、低电阻率电性特征分界明显，这与川东地区其他构造具有相似性和可比性。

表3-19　五百梯气田石炭系顶底接触关系表

界	系	统	组	岩性	厚度（m）
上古生界	二叠系	上统	长兴组	深灰黑色石灰岩、含燧石	114.5
			龙潭组	黑色页岩夹石灰岩及煤	173.5
		下统	茅口组	深灰及黑色石灰岩	175.5
			栖霞组	浅灰褐及黑灰色石灰岩	108.0
			梁山组	黑色页岩夹煤	15.5
	石炭系	上统	黄龙组	灰褐色白云岩、石灰岩	30.5
下古生界	志留系	中统	韩家店组	灰绿色泥岩	292.5
		下统	小河坝组	深灰色泥岩夹页岩	390.5
			龙马溪组	深灰、灰黑色页岩	300.0

五百梯气田位于开江古隆起边缘，地层沉积厚度较薄，且后期侵蚀严重，局部残厚变化较大，呈残丘状分布。地层实钻厚度多在35m以下，个别残厚不足10m。地层厚度总体表现为由南东向北西减薄的变化趋势，且在构造北西翼及西南倾没端存在大面积石炭系缺失区（地震预测地层厚度小于10m区）。在非缺失区内，地层厚度一般在25～35m之间，气区内以构造西南端地层最薄，其次为北东端（图3-31）。

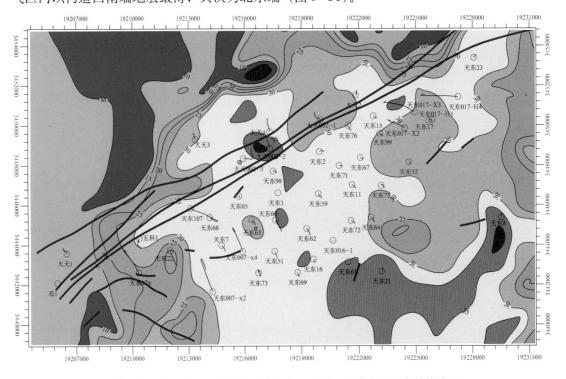

图3-31　五百梯气田石炭纪地层（地震反演＋井约束）厚度等值线图

3. 储层特征

1）储层岩性及电性特征

五百梯气田石炭系纵向上埋深一般在 4200m 以下，最深超过 5200m。地层自下而上可细分为 C_2hl^1、C_2hl^2 和 C_2hl^3 三段。

（1）C_2hl^1 段：钻厚 1.8 ~ 8.26m。岩性为石灰岩与含陆源石英砂的砂屑云岩。上部为褐灰色细—粗晶次生灰岩，石灰岩中一般见角砾，下部砂屑云岩与石灰岩互层，云岩中少见零星针孔，本段储层在石炭系三段中最不发育。电性特征表现为深、浅侧向呈块状高阻，自然伽马测井曲线呈高值，与下伏志留系泥质岩类的低电阻率和高自然伽马值分界明显。

（2）C_2hl^2 段：钻厚 19.7 ~ 27.8m，局部残厚仅 4m，岩性以虫、砂屑细粉晶云岩，细、粉晶云岩，角砾云岩为主。本段为石炭系气藏的主要储渗层，溶孔、溶洞发育，局部密集形成溶孔层。生物以有孔虫、介形虫、棘皮、蓝藻为主，其次为瓣鳃、腹足、珊瑚、鲢等。云岩中间夹薄层去云化石灰岩。电性特征表现为深、浅侧向电阻率比 C_2hl^1 和 C_2hl^3 段都低，呈锯齿状。自然伽马测井曲线上部有一高值段，中下部呈齿状低值。

（3）C_2hl^3 段：残厚最大 7.5m，部分井区已被剥蚀殆尽。岩性为细粉晶灰岩，角砾灰岩，细粉晶云岩，角砾云岩，局部夹亮晶灰岩。本段孔洞发育相对较差，储渗性能远次于 C_2hl^2 段。电性特征表现为深、浅侧向呈明显的厚层状高阻，自然伽马测井曲线呈齿状低值。

五百梯气田石炭系气藏储层主要发育于 C_2hl^2 段，储层主要岩石类型为粒屑云岩、细粉晶云岩、细粉晶角砾云岩等。

2）储层储集空间类型

根据岩心薄片资料分析，五百梯气田石炭系气藏储层的储集空间包括孔隙、洞穴、喉道和裂缝四大类。孔隙包括粒间孔、粒间溶孔、角砾内溶孔、粒内溶孔、晶间孔、晶间溶孔等十种；洞穴包括孔隙性溶洞、砾间孔洞及裂缝型溶洞三类；喉道常见管状喉道和片状喉道两种，连接粒间溶孔、粒内溶孔、角砾内溶孔的喉道主要为管状喉道，而连接晶间孔、晶间溶孔的喉道主要为片状喉道；裂缝有构造缝、溶蚀缝、压溶缝等七种，以构造缝为主。

3）孔隙结构特征

五百梯气田石炭系气藏储集岩主要为粒屑云岩、细粉晶云岩、角砾云岩等。根据五百梯气田石炭系气藏储层岩心压汞资料分析，孔隙结构主要有以下四种：

（1）粗孔大喉型：排驱压力低（约 0.03MPa），粗歪度、分选好，主要岩石类型为粒间溶孔亮晶粒屑云岩及砾间孔洞角砾云岩。

（2）粗孔中喉型或细孔中喉型：排驱压力较低（约 0.2MPa），歪度较粗、分选较好，岩石类型主要是溶孔云岩、粒间溶孔亮晶粒屑云岩及砾间孔洞角砾云岩。

（3）粗孔小喉型或细孔小喉型：排驱压力较高（约 0.8MPa），歪度、分选中等。岩石类型主要是溶孔云岩、晶间孔云岩及砾间孔洞角砾云岩、晶间孔次生灰岩。

（4）微孔微喉型：排驱压力很高（约 8MPa），细歪度、分选中等。岩石种类很多，主要为石灰岩和致密白云岩类。

4）物性特征

（1）孔隙度特征。

通过对五百梯气田石炭系储层有效孔隙度统计分析（结合岩心分析数据及测井成果）表明，各井的平均有效孔隙度变化较大，在 3.3% ~ 8.75%。其中孔隙度在 6% 以下的井 25 口，占总井数的 64.1%，孔隙度在 6% ~ 8.76% 的井 14 口，占总井数的 35.9%，气藏各井平均孔隙度为5.62%，五百梯气田气藏储层属于中—低孔隙度储层。

（2）渗透率特征。

各井平均基质渗透率变化较大，在0.028～8.25mD之间，平均渗透率为3.79mD，从五百梯气田石炭系储层渗透率分布频率图（图3-32）可以看出，五百梯气田石炭系储层渗透率主要在10mD以下，占到了总样品数的91.42%，反映出五百梯气田石炭系储层基质渗透率较低的特征。

（3）含水饱和度特征。

各井含水饱和度变化不大，气藏储层范围内所钻井含水饱和度最低为16.41%，最高为32.58%，平均为22.64%，含水饱和度总体较低。

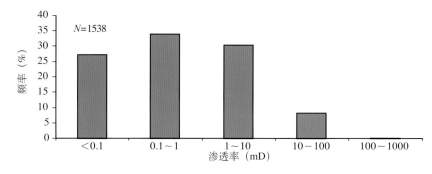

图3-32　五百梯气田石炭系气藏储层基质渗透率频率分布图

5）裂缝特征

五百梯气田石炭系气藏裂缝类型按成因可分为构造缝、溶蚀缝和成岩缝等（图3-33）。构造缝是五百梯石炭系气藏最主要的裂缝类型，主要形成于喜马拉雅运动期，多数为未被充填或半充填的有效缝，它们是五百梯石炭系气藏天然气渗流的主要通道。

| 深灰色白云岩，裂缝发育，多组交叉 | 灰色白云岩，泥质充填缝发育 | 多组裂缝切割、岩心破碎 | 网状充填缝 |

图3-33　五百梯岩心裂缝发育照片

根据五百梯气田石炭系气藏各井取心资料统计，其各类裂缝都十分发育，通过对五百梯气田碳系气藏各井共607.34m岩心统计，裂缝总条数多达6099条，平均裂缝密度10.04条/m。平面分布特征来看，尽管气藏裂缝总体发育较好，但井间裂缝发育程度差异大，从单井裂缝密度看，最高达40.18条/m，最低的却只有0.64条/m，见表3-20。这点也表明了五百梯气田石炭系气藏具有较强的非均质性。

纵向上，裂缝的发育特征同样具非均质性，根据各井岩心裂缝分层统计，纵向上裂缝在C_2hl^2段相对较发育，各井平均裂缝密度为9.71条/m，而C_2hl^3段和C_2hl^1段相对差些，平均裂缝密度分别为8.15条/m和8.87条/m。各井间的差异很大，见表3-21。

表 3-20　五百梯气田石炭系气藏岩心裂缝统计

井号	岩心长度（m）	总裂缝 条数（条）	总裂缝 平均密度（条/m）	井号	岩心长度（m）	总裂缝 条数（条）	总裂缝 平均密度（条/m）
大天1井	2.30	26	11.3	天东51井	25.89	141	5.45
大天2井	29.12	276	9.48	天东52井	19.8	118	5.96
大天3井	25.8	55	2.13	天东60井	30.97	308	9.95
天天1井	26.11	218	8.35	天东62井	23.81	383	16.09
天天2井	30.24	518	17.13	天东63井	25.95	117	4.51
天东7井	28.08	73	2.60	天东64井	24.41	151	6.19
天东8井	32.83	222	6.76	天东65井	29.57	446	15.08
天东15井	25.18	796	31.61	天东67井	25.88	174	6.72
天东16井	27.33	249	9.11	天东69井	28.65	531	18.53
天东17井	18.35	54	2.94	天东71井	27.04	306	11.32
天东21井	32.18	416	12.93	天东72井	25.34	151	5.96
天东22井	12.39	89	7.18	邓1井	6.62	266	40.18
天东23井	23.50	15	0.64	合计	607.34	6099	10.04

表 3-21　五百梯气田石炭系气藏各井岩心裂缝分层统计表

井号	裂缝总数（条）	各段岩心长度（m） C_2hl^3	各段岩心长度（m） C_2hl^2	各段岩心长度（m） C_2hl^1	总裂缝（条） C_2hl^3	总裂缝（条） C_2hl^2	总裂缝（条） C_2hl^1	总裂缝密度（条/m） C_2hl^3	总裂缝密度（条/m） C_2hl^2	总裂缝密度（条/m） C_2hl^1
大天1井	26			2.30			26			11.30
大天2井	276	1.99	22.67	4.46	14	262		7.04	11.56	
天东1井	218		21.98	4.13		171	47		7.78	11.38
天东2井	518	1.84	24.57	3.83	18	366	134	9.78	14.89	34.99
天东7井	73	1.80	22.73	3.55	5	68		2.78	2.99	
天东8井	222	3.24	26.50	3.09	36	166	20	11.11	6.26	6.47
天东51井	141		23.05	2.84		131	10		5.68	3.52
天东52井	118		14.57	5.23		90	28		6.18	5.35
天东60井	308	0.86	26.45	3.66	2	276	30	2.33	10.43	8.20
天东62井	383		19.25	4.56		296	87		15.38	19.08
天东63井	117	1.12	20.67	4.16	7	94	16	6.25	4.55	3.85
天东64井	151	0.19	20.63	3.59		128	23		6.20	6.41
天东65井	446	1.58	22.68	5.31	26	372	48	16.46	16.40	9.04
天东67井	174		20.86	5.02		152	22		7.29	4.38
天东69井	531		26.00	2.65		521	10		20.04	3.77
天东71井	306		23.82	3.22		283	23		11.88	7.14
天东72井	151	1.24	20.76	3.34	5	94	52	4.03	4.53	15.57
合计	4159	13.86	357.2	64.94	113	3470	576	8.15	9.71	8.87

对流体渗流起到通道作用的裂缝主要为有效缝，有效缝即为地层中未被充填或半充填的裂缝。五百梯气田石炭系气藏有效缝发育程度较高，根据25口井岩心裂缝统计，各井有

效缝总条数共计 5413 条，占总裂缝数的 88.75%；有效缝平均密度为 8.91 条 /m，单井平均有效缝密度在 0.64 ～ 31.61 条 /m 之间，见表 3–22。

表 3–22　五百梯气田石炭系气藏各井岩心有效缝统计表

井号	岩心长度（m）	总裂缝 条数（条）	有效缝		
			条数（条）	比例（%）	密度（条 /m）
大天 1 井	2.30	26	20	76.92	8.70
大天 2 井	29.12	276	255	92.39	8.76
大天 3 井	25.80	55	55	100	2.13
天东 1 井	26.11	218	177	81.19	6.78
天东 2 井	30.24	518	408	78.76	13.49
天东 7 井	28.08	73	60	82.19	2.14
天东 8 井	32.83	222	186	83.78	5.67
天东 15 井	25.18	796	796	100	31.61
天东 16 井	27.33	249	232	93.17	8.49
天东 17 井	18.35	54	54	100	2.94
天东 21 井	32.18	416	416	100	12.93
天东 22 井	12.39	89	89	100	7.18
天东 23 井	23.50	15	15	100	0.64
天东 51 井	25.89	141	122	86.52	4.71
天东 52 井	19.80	118	70	59.32	3.54
天东 60 井	30.97	308	283	91.88	9.14
天东 62 井	23.81	383	358	93.47	15.04
天东 63 井	25.95	117	63	53.85	2.43
天东 64 井	24.41	151	136	90.07	5.57
天东 65 井	29.57	446	428	95.96	14.47
天东 67 井	25.88	174	100	57.47	3.86
天东 69 井	28.65	531	513	96.61	17.91
天东 71 井	27.04	306	291	95.10	10.76
天东 72 井	25.34	151	131	86.75	5.17
邓 1 井	6.62	266	155	58.27	23.41
合计	607.34	6099	5413	88.75	8.91

6）溶孔溶洞特征

五百梯气田石炭系储层溶蚀孔洞相当发育，根据取心井岩心资料统计，18 口井共

442.61m 岩心共有各类溶洞 8514 个，平均洞密度高达 19.24 个/m，见表 3-23。

表 3-23　五百梯气田石炭系气藏各井岩心溶蚀孔洞统计表

井号	岩心长度 (m)	溶洞		有洞岩心		单块岩心洞密度 (个/m)		
		个数 (个)	密度 (个/m)	长度 (m)	比例 (%)	最大	最小	平均
大天 1 井	2.30	10	4.35	0.24	10.43	66.67	20	41.67
大天 2 井	29.12	902	30.98	9.83	33.76	442.86	5.88	91.76
天东 1 井	26.11	456	17.46	8.72	33.40	425	9.09	52.29
天东 2 井	30.24	344	11.38	8.55	28.27	150	7.14	40.23
天东 7 井	28.08	54	1.92	1.70	6.05	133.33	6.67	31.76
天东 8 井	32.83	210	6.40	7.05	21.47	125	5.26	29.79
天东 51 井	25.89	648	25.03	8.14	31.44	214.29	8.33	79.61
天东 52 井	19.80	1002	50.61	10.28	51.92	177.78	5.88	97.47
天东 60 井	30.97	1059	34.19	10.64	34.36	433.33	7.14	99.53
天东 62 井	23.81	145	6.09	2.91	12.22	214.29	7.69	49.83
天东 63 井	25.95	596	22.97	9.73	37.50	228.57	8.33	61.25
天东 64 井	24.41	111	4.55	4.41	18.07	72.73	6.67	25.17
天东 65 井	29.57	510	17.25	9.48	32.06	140	4.76	53.80
天东 67 井	25.88	934	36.09	11.34	43.82	675	7.69	82.36
天东 69 井	28.65	1141	39.83	12.33	43.04	525	7.14	92.54
天东 71 井	27.04	311	11.50	7.84	28.99	166.67	6.25	39.67
天东 72 井	25.34	28	1.10	0.78	3.08	100	7.14	35.90
邓 1 井	6.62	53	8.01	1.62	24.47	92.31	8.33	32.72
合计	442.61	8514	19.24	125.59	28.37	260.00	4.35	67.79

　　但是，溶洞在纵横向的发育都是极不均一的。首先是平面上各井平均洞密度差异很大，分布范围在 1.1 ～ 50.61 个/m 之间，而相对发育区主要集中在天东 60—天东 69 井区与天东 67—天东 52 井区；纵向上溶洞发育段占岩心总长的比例不高，平均溶洞发育段长度仅占岩心总长度的 28.37%，一方面说明纵向上溶洞发育的不均质性，而另一方面反映出溶洞的发育在纵向上相对集中。通过各井岩心孔洞统计，溶洞纵向上集中发育于地层的中、上部，其中 C_2hl^3 段平均洞密度为 25.54 个/m，C_2hl^2 段为 22.57 个/m，C_2hl^1 段几乎没有溶洞分布。

　　在各类溶蚀孔洞中，以洞径在 1 ～ 5mm 的小洞为主，共占总溶蚀孔洞的 78.14%；其次是洞径在 5 ～ 10mm 的中洞，平均占 17.18%；洞径大于 10mm 的大洞很少，仅占总溶蚀孔洞的 4.67%，见表 3-24。另外，五百梯气田石炭系气藏充填洞很少，仅占 6.31%，多为半充填，充填物主要为石英和方解石。

表 3-24 五百梯气田石炭系气藏各井岩心不同洞径溶蚀孔洞统计表

井号	岩心长度（m）	洞个数（个）				各类洞比例（%）		
		总数	大	中	小	大	中	小
大天 1 井	2.30	10	0	1	9	0.00	10.00	90.00
大天 2 井	29.12	902	55	161	686	6.10	17.85	76.05
天东 1 井	26.11	456	29	38	389	6.36	8.33	85.31
天东 2 井	30.24	344	9	35	300	2.62	10.17	87.21
天东 7 井	28.08	54	1	11	42	1.85	20.37	77.78
天东 8 井	32.83	210	7	16	187	3.33	7.62	89.05
天东 51 井	25.89	648	57	181	410	8.80	27.93	63.27
天东 52 井	19.80	1002	24	242	736	2.40	24.15	73.45
天东 60 井	30.97	1059	58	280	721	5.48	26.44	68.08
天东 62 井	23.81	145	0	11	134	0.00	7.59	92.41
天东 63 井	25.95	596	71	123	402	11.91	20.64	67.45
天东 64 井	24.41	111	3	18	90	2.70	16.22	81.08
天东 65 井	29.57	510	27	120	363	5.29	23.53	71.18
天东 67 井	25.88	934	17	76	841	1.82	8.14	90.04
天东 69 井	28.65	1141	27	98	1016	2.37	8.59	89.04
天东 71 井	27.04	311	12	43	256	3.86	13.83	82.32
天东 72 井	25.34	28	0	0	28	0.00	0.00	100.00
邓 1 井	6.62	53	1	9	43	1.89	16.98	81.13
合计	442.61	8514	398	1463	6653	4.67	17.18	78.14

4. 储层分布

1）储层评价标准

依据毛细管压力特征及孔渗分析数据将五百梯石炭系气藏分为四种储层类型：（1）Ⅰ类储层：粗孔大喉型或洞穴大喉型，排驱压力低（约 0.03MPa）；（2）Ⅱ类储层：粗孔中喉型或细孔中喉型，排驱压力较低（约 0.2MPa）；（3）Ⅲ类储层：粗孔小喉型或细孔小喉型，排驱压力较高（约 0.8MPa）；（4）Ⅳ类储层：微孔微喉型，排驱压力很高（约 8MPa）。

储层分类标准如表 3-25 所示，不同类型储层毛细管压力曲线特征如图 3-34 所示。

表 3-25 五百梯石炭系储层分类标准

储集岩级别	渗透率（mD）	孔隙度（%）	中值喉道宽度（μm）	排驱压力（MPa）	分选系数
Ⅰ	≥ 10	≥ 12	≥ 2	< 0.1	≥ 2.5
Ⅱ	0.1 ~ 10	12 ~ 6	2 ~ 1.5	0.1 ~ 1	2 ~ 2.5
Ⅲ	0.001 ~ 0.01	2 ~ 6	0.05 ~ 0.5	1 ~ 5	1 ~ 2
Ⅳ	< 0.001	< 2	< 0.05	≥ 5	< 1

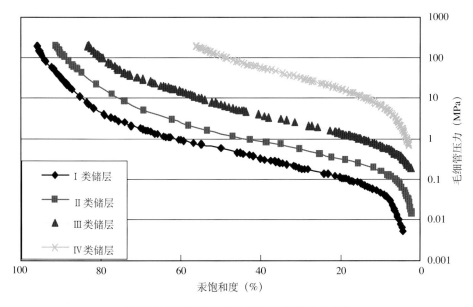

图 3-34 五百梯石炭系储层毛细管压力曲线

2）储层分布特征

五百梯气田石炭系储层发育于上石炭统黄龙组内，主要分布在 C_2hl^2 段（图 3-35）。其特点是分布较连续、成层性较好，与相邻各井有良好的对比性，该段成段解释为储层。而 C_2hl^1 段和 C_2hl^3 段很少发育储层。C_2hl^2 段储层厚度差异不大，大量发育Ⅲ类储层，Ⅰ＋Ⅱ类储层发育相对集中（图 3-36）。

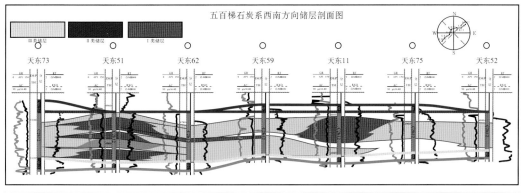

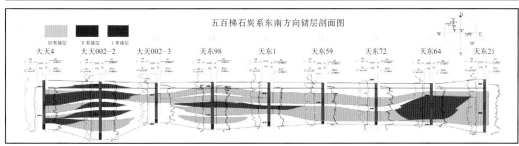

图 3-35　五百梯气田储层纵向分布特征

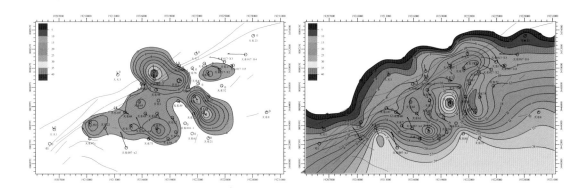

图 3-36 五百梯气田储层平面分布特征

（二）气藏开发特征

层状白云岩型碳酸盐岩气藏由于其沉积环境和白云化程度的差异，储层非均质性严重，同时流体分布受构造控制，形成由非均质层状白云岩组成的在三维空间上相互叠置的边水型气藏。

1. 生产井产量差异大，产量主要由中高产井贡献

按照日产气量对气井分类，现有高产井 13 口，已累计产气 $92.1 \times 10^8 m^3$，目前日产气 $195.58 \times 10^4 m^3$；中产井 3 口，已累计产气 $18.96 \times 10^8 m^3$，目前日产气 $21.82 \times 10^4 m^3$；低产井 18 口，已累计产气 $14 \times 10^8 m^3$，目前日产气 $34.22 \times 10^4 m^3$。可见中高产井贡献了气藏全部累计产气量的 88.8%，而占总井数 53% 的低产井仅贡献总产量的 21.2%，其次，中高产井目前的日产量之和是低产井日产气之和的 6.4 倍。

另外，按照产量气井分类与按照高低渗区分类吻合很好，中高产井均位于主、次高渗区，低产井位于南北低渗区，动态资料验证了气藏地质认识的可靠性。目前 78% 的气藏产量和 92% 的累计产量来自主、次高渗区，低渗区贡献很小。可见五百梯气田石炭系层状白云岩型碳酸盐岩气藏 18 年的生产主要依靠中高产井完成，并且在今后一定时间内还将主要依靠中高产井，目前亟待解决的问题在于如何增加低产井或低渗区的储量动用，减缓气田递减，稳定气田生产。

2. 部分气井压力和产量下降快，产气量不足

五百梯气田石炭系气藏非均质性较强，部分生产井位于气藏低渗区，这些井在投产后，由于地层供给不足，井口压力和产量下降较快，如五科 1 井。

五科 1 井 2004 年 4 月 1 日酸化后测试，在套压 33MPa 下产量 $10.77 \times 10^4 m^3/d$，折算无阻流量为 $20.7 \times 10^4 m^3/d$。2004 年 12 月 29 日开井，开井初期配产 $5 \times 10^4 m^3/d$，井口套、油压分别为 37.6MPa、35.8MPa。生产不到 10d，该井井口套、油压分别降到 14.63MPa、11.65MPa，产量降到 $3.9 \times 10^4 m^3/d$。持续生产至 2006 年 4 月底，井口油压降到 4.5MPa，日产量降到 $1.5 \times 10^4 m^3/d$。2006 年 5 月 22 日关井 5 个月进行压力恢复，2006 年 9 月 27 日油压恢复到 33.9MPa，以日产量 $1.5 \times 10^4 m^3$ 恢复生产，生产不到一年油压降到 17MPa，再到 2008 年 1 月，油压再次降到 6MPa 的低值。

3. 气井产水特征有差异，个别气井产水严重

五百梯气田是一个大型气藏，充满度达 100%，最大含气高度 1270m，在气藏范围内含

水的高低分异明显，属边水型气藏。十多年的开发已证实其为具有统一气水界面的大型整装气田。截至 2010 年，五百梯气田石炭系气藏全部气井均已产水，位于构造高部位的气井多产凝析水，只有构造外围边部气井，如天东大天 2、天东 61、天东 107 井等井产地层水。对气藏月产水进行统计，其产水过程呈现缓慢上升趋势，这个过程主要取决于气井产量增加，生产井数不断增多，凝析水产出缓慢增加，直到 2007 年 10 月，天东 107 井开始投产，此井投产即产出大量地层水，直接导致气藏产水量剧增，之后随着天东 107 井产水处于一个较稳定的水平，气藏总体产水又进入相对平稳的状态。根据所有气井统计分析，除个别气井如大天 2、天东 107 井，气井总体产水仍处于较低水平。

第三节　碳酸盐岩气藏开发面临的关键技术问题

一、缝洞型碳酸盐岩气藏

缝洞型碳酸盐岩气藏面临的关键问题就是对于缝洞单元及复杂流体的描述问题。在描述的过程中面临以下问题：缝洞雕刻及缝洞单元的划分问题；储量计算问题；流体渗流及开发方式的问题。（张厚福等，1989；冈秦麟，1996；马永生等，1999；刘传虎，2006；强子同，2007；易小燕，陈青，2010；陈金勇，2010）

（一）缝洞体精细刻画及缝洞单元划分

缝洞型碳酸盐岩气藏由于储层的非均质性，不可能完全采用砂岩原有的方法来确定碳酸盐岩储集体的大小。近年来在勘探中尝试采用三维地震属性雕刻方法确定碳酸盐岩储集体的大小和空间位置，但由于地震分辨率的限制和地震属性的多解性也使得这一便捷的方法在储量计算精度上大打折扣。因此这种方法也只能够应用于勘探阶段油气储量的初步估算上，而对于缝洞单元的划分实际上是对储层的连通性的评价与认识。目前，对于缝洞型碳酸盐岩气藏储集空间类型和展布、缝洞的沟通关系、分布模式、缝洞体内部属性、地层流体分布规律、地层水的规模及赋存状态等方面还处于定性或者是概念性分析阶段，虽然研究成果对气田开发部署起到了一定的指导作用，但还不能满足气田高效开发的要求。

（二）动静态结合储量计算

由于在缝洞型碳酸盐岩气藏静态储量评价方面，国内外还没有有效可行的评价方法，认识和评价该类气藏目前仍属世界性难题，目前在计算方法上碳酸盐岩气藏储量的评价主要还是借助于砂岩油气藏储量的评价方法进行评价。例如塔河油田和轮古油田碳酸盐岩储量计算仍采用类似砂岩的储量计算方法，即容积法进行计算，然后再用动态法进行验证。但碳酸盐岩气藏最突出的问题是极强的非均质性和双孔隙网络特征，塔中 I 号奥陶系碳酸盐岩气藏就属于这种类型的气藏。它是原生台缘礁滩体储层经多期构造破裂与风化岩溶共同作用形成的岩溶缝洞型复杂气藏，表现为储层形态不规则、分布不均匀、裂缝溶洞发育不均一、储层非均质性强等特点。其储层特征和流体流动机理与相对均质的砂岩储层有着很大差别，因此采用类似砂岩的储量评价方法就会存在许多问题。

（三）流体渗流机理研究

缝洞型碳酸盐岩气藏流体流动是一个复杂的耦合流动组合，除了骨架介质复杂外，流动类型也十分复杂，渗流由达西流、低速非达西流、高速非达西流组成。目前以渗流力学为基础的理论不能完全适应气藏工程研究的需要，必须建立一套适应于气藏特征的新的气藏流体流动机理研究方法、手段和模型，而这是一项具有挑战性和开拓性的研究工作。国内外在这些方面的研究还都处于探索阶段，没有形成成熟的渗流理论基础，尚不能有效指导缝洞型气藏的开发。缝洞型储渗介质流体渗流是该类气藏科学评价气藏动态特征的理论基础。

二、礁滩型碳酸盐岩气藏

龙岗气藏经过几年的开发评价，初步揭示了龙岗地区气藏的复杂性。目前气藏开发面临以下三个方面的技术问题（张宝民，2009）。

（一）礁滩体规模预测和储层特征

碳酸盐岩储层岩相复杂、储集空间类型多样，生物礁和碎屑滩的发育受多种因素的制约和影响。因此，储层的非均质性要比碎屑岩储层的非均质性复杂得多。复杂的沉积环境造成不同规模的礁滩体在纵向及平面上发育程度不同、发育规模差异较大（图3-37）。例如，龙岗001-1井距龙岗1井2km，飞仙关组测井解释储层厚47.65m，平均孔隙度8.5%，减薄15.65m，长兴组储层厚16.63m，平均孔隙度3.4%，减薄10.0m；龙岗001-2井距龙岗1井5km，飞仙关组和长兴组基本无储层（图3-38）。

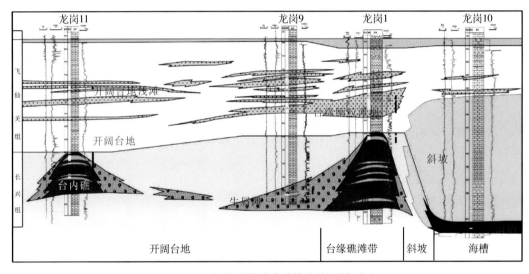

图3-37 龙岗礁滩型碳酸盐岩储层剖面图

因此，如何识别不同规模的生物礁和碎屑滩，研究有效储层在纵向及平面分布特征、演化规律，详细刻画基于气田高效开发基础上的储层非均质性研究是礁滩型碳酸盐岩气藏早期评价所面临的重要问题。

（二）流体分布的复杂性

储层分布的强烈非均质性造成不同规模、不同物性的储集体在三维空间有复杂分布，再加上裂缝发育及气源不足等问题，造成龙岗礁滩型碳酸盐岩气藏流体分布高度复杂。龙岗气藏动态评价结果表明，龙岗长兴组和飞仙关组除主体区块的几口井外，大部分井钻遇气藏表现出"一井、一层、一系统"的特征。甚至有些气井虽然处在同一压力系统之内，但是气、水界面并不一致，气藏开发受地层水影响严重。因此，如何弄清气水单元分布、气水分布模式及气水分布控制因素是龙岗礁滩型碳酸盐岩气田有效开发所面临的又一个重要问题。

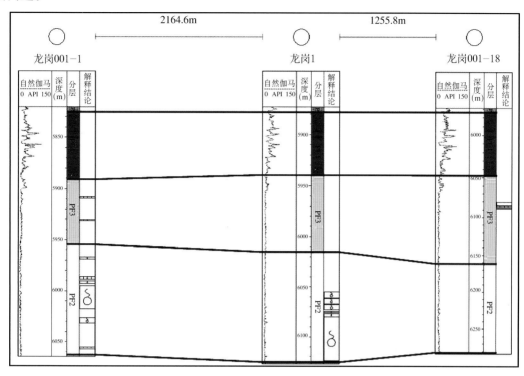

图3-38　龙岗储层横向展布图

（三）储量计算的不准确性

由于礁滩型碳酸盐岩气藏储层非均质性及气藏单一压力系统内流体分布的复杂性使单一气水单元内部储量的计算非常困难。再加上作为单一开发单元的"储集体单元"的规模、尺度及构造刻画的误差都将加剧这种不确定性的发生。因此，如何多资料、多手段相互结合评估龙岗气田储量规模及其可动用性是礁滩型碳酸盐岩气藏"规模建产、持续稳产"的关键因素。

整体上说，礁滩型气藏有效开发的关键就是储层和流体的问题，而储量和产能面临的困难究其根本原因是由于储层的非均质性和流体分布的复杂性造成的。另外，礁滩型气藏在储量计算方面不具有特殊性，常规的动静态储量计算方法对于该类气藏仍适用。对该类气藏来说，储层的精细刻画及流体的准确描述问题一旦解决，其他问题将会迎刃而解。

三、岩溶风化壳型碳酸盐岩气藏

目前靖边气田稳产面临的关键问题主要有以下三个方面。

（一）富集区块优选难度越来越大

靖边气田主体区目前井网基本完善，主体区生产井基本能够控制气藏储量。但是随着潜台扩边，储层物性变差，气藏建产难度增大。同时随着大量低效储量投入开发，在低效储量内部优选富集区块或者是优选高产井位的难度变得越来越大。

（二）气田稳产的研究难度大

随着气田开发程度的加深，气藏地层压力逐渐降低，间歇井和产水井增多，部分气井产量低、携液能力差，造成气井无法连续生产，气田稳产及提高采收率面临巨大挑战。

（三）提高低效储量动用程度的难度增大

目前气田弥补递减主要靠潜台扩边，但随着两侧储层质量变差，依靠潜台扩边进行产能建设的难度变得越来越大。同时气田主体区也存在大量的不同类型的低效储量，这些低效储量大部分都没有得到有效动用。气田主体区的低效储量和潜台边部的低效储量将是靖边气田保持长期稳产的重要接替资源。如何提高该类低效储量的动用程度是靖边气田未来研究的重点。气田稳产研究面临极大挑战。

四、层状白云岩型碳酸盐岩气藏

石炭系层状白云岩型碳酸盐岩气藏是四川盆地最早发现的大面积分布的整装气藏，从1977 年 10 月发现目前为止，川东石炭系层状白云岩型碳酸盐岩气藏大致经历了从发现、增储到上产稳产三个阶段。目前大多数气藏进入开发中后期，气藏开发面临以下三个方面的问题。

（一）高陡构造复杂，气藏细节不清

川东高陡构造地区地表地震地质条件差、地下构造复杂、断裂发育，地震激发、接收信噪比低，应用地震勘探技术要可靠查明地下构造形态存在一系列技术难题。另外，石炭系白云岩型碳酸盐岩气藏储层厚度小、变化大，埋深普遍超过 4000m，要掌握其变化规律，并可靠地预测白云岩型碳酸盐岩气藏储层厚度十分困难。这些因素导致川东石炭系主体构造认识以及储层发育与实际偏差较大，潜伏构造细节不清（图 3-39）。

（二）非均质性强，低渗储量动用程度低

碳系层状白云岩型碳酸盐岩储层以白云岩为主，具有低孔低渗特征，局部发育高孔隙储层，裂缝较发育，气井试井渗透率一般远大于岩石渗透率，为裂缝—孔隙型储层（表 3-26）。

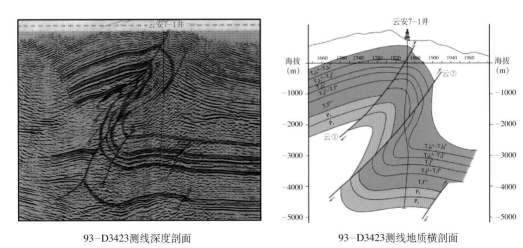

93-D3423测线深度剖面　　　　　　93-D3423测线地质横剖面

图 3-39　川东石炭系构造解释剖面图

表 3-26　川东石炭系气藏部分气井试井渗透率与岩心分析渗透率对比表

井　号	试井渗透率（mD）	岩心基质平均渗透率（mD）	试井 / 岩心（倍）
七里 7 井	4.3	0.23	18.5
七里 9 井	3.3	0.20	16.7
七里 17 井	2.0	0.16	12.2
七里 41 井	4.9	0.21	23.1
七里 42 井	7.5	0.25	30.1
天东 1 井	9.2	0.64	14.4
天东 2 井	6.9	0.71	9.8
天东 9 井	8.1	0.37	22
天东 15 井	3.6	0.23	15.5
平　均	5.53	0.33	18

石炭系 124 口井 17183 个样品中，孔隙度在 6% 以下的近 80%。孔隙度小于 2% 的占总数 31.46%，孔隙度在 2% ～ 6% 的占总数 48.05%。低渗储量 481.87×10⁸m³，采出程度仅为 9.95%，采气速度为 0.56%。低渗气藏直井平均单井产能（1 ～ 2）×10⁴m³/d，平均有效泄流半径 300 ～ 500m。因此，如何提高低渗储量的可动用性，提高低渗储量的动用程度是未来研究的重点。

（三）气藏中后期普遍产水，严重影响气藏采收率

不同于岩溶风化壳型气藏，由于受高陡构造控制，石炭系气藏往往受地层水侵扰，防水治水难度大。石炭系气藏普遍存在边水，气藏边水具有封闭性、水体小、能量不大等特点。对石炭系 42 个气藏进行统计发现，产水气藏 36 个，占总数的 86%，不产水气藏 6 个，占总数的 14%。依据 2009 年统计发现，36 个产水气藏中，出水井 75 口，目前日产水 1397m³，出水气井累计产水量 202.8×10⁴m³/d。2001—2009 年统计资料显示川东石炭系产水气藏和产水气井个数逐年上升，气藏开发后期普遍产水，严重影响气藏采收率，气田稳产面临严重挑战（图 3-40）。

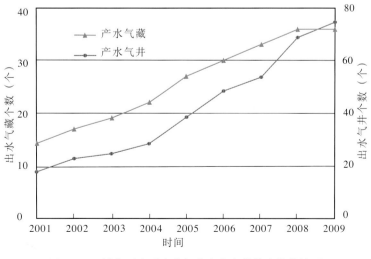

图 3-40　川东石炭系产水气藏和产水井数变化统计图

第四章　碳酸盐岩气藏开发理论

碳酸盐岩气藏的开发不同于碎屑岩气藏的开发，碳酸盐岩复杂的岩性、沉积环境、成岩作用及构造改造造成其具有更强烈的非均质性。针对目前中国不同碳酸盐岩气藏类型，经过近几年的开发实践，初步形成了以储层非均质性描述为核心的储层描述方法，以多孔介质流动为基础的数值模拟方法，以气藏高效布井为目标的气藏布井原则，以科学的开发模式和管理对策为气藏管理理念的复杂碳酸盐岩气藏开发理论，从而实现了碳酸盐岩气藏的有效开发。

第一节　碳酸盐岩气藏储层描述方法

一、碎屑岩储层描述

无论对于碎屑岩还是碳酸盐岩，储层非均质性是储层的基本性质，包括岩性、物性、电性、含油性以及微观孔隙结构等特征在三维空间上分布的不均一性。研究储层的非均质性就是要研究储层的各向异性，定性定量的描述储层特征及其空间变化规律，为气藏模拟研究提供精确的地质模型。储层非均质性研究对油气田勘探和开发具有指导作用，尤其是对弄清流体的分布及运动规律，提高气田采收率具有重要的意义。

（一）碎屑岩储层非均质性研究分类

1. 按储层非均质性的内容划分

按内容可以划分为储层岩石非均质性和流体非均质性两种。这两种是相互联系又相互制约的，但是岩石非均质性是首要的、占主导因素的。

2. 按储层非均质性的规模大小划分

1973 年由 Pettijohn 等提出了一个储层非均质性分类方案。这个分类方案是一个由大到小的储层非均质性类型谱系图（图 4-1），对于碎屑岩储层非均质性的研究比较实用。

这一分类由大到小把储层非均质性类型分为五级：Ⅰ级，油层（藏）组规模，油藏规模（1 ~ 10km）×100m；Ⅱ级，层间规模，层规模 100m×100m；Ⅲ级，层内规模，砂体规模 1 ~ 10m²；Ⅳ级，岩心规模，层理规模 10 ~ 100mm²；Ⅴ级，薄片规模，孔隙规模 10 ~ 100 μm²。这一分类首次提出了非均质性研究的层次和分类概念，同时便于结合不同的沉积单元进行成因研究，比较实用。

3. 按储层非均质性的规模及成因划分

在 Pettijohn 等（1973）划分的基础上，Weber 在 1986 年又提出了一个非均质性分类体系（图 4-2），根据这一体系的顺序，可以在油田评价和开发期间定量地认识储层非均质性。由大规模的构造体系造成的大规模非均质性比由沉积作用引起的小规模非均质性优先发挥作用。该分类将储层非均质性分为七类：（1）封闭、半封闭、未封闭断层；（2）成因单元边界，成因单元边界控制着较大规模的流体渗流；（3）成因单元内渗透层，在成因单元不

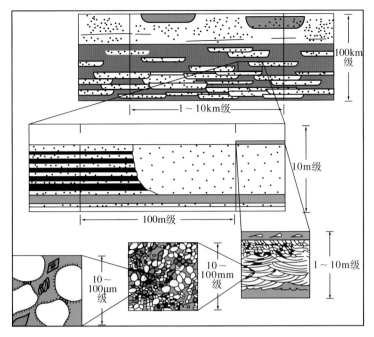

图4-1 Pettijohn 非均质性类型谱系图

同渗透性的岩层导致储层垂向非均质性；（4）成因单元内隔夹层，主要影响流体垂向渗流，也影响流体的水平渗流；（5）纹层和交错层理，影响注水开发后期残余油的分布；（6）微观非均质性，孔隙规模的储层非均质性；（7）封闭、开启裂缝，裂缝及其封闭和开启的性质亦可导致储层非均质性。Weber 的分类方案在考虑非均质规模的同时，特别注重储层非均质性对流体渗流的影响。

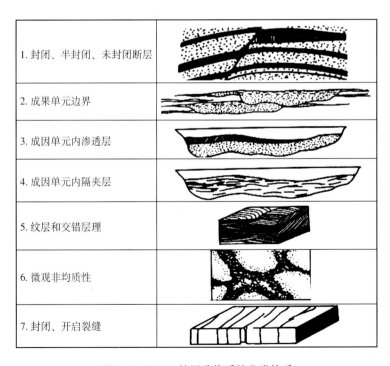

1. 封闭、半封闭、未封闭断层	
2. 成果单元边界	
3. 成因单元内渗透层	
4. 成因单元内隔夹层	
5. 纹层和交错层理	
6. 微观非均质性	
7. 封闭、开启裂缝	

图4-2 Weber 储层非均质性分类体系

4. Haldorsen 的分类

Haldorsen 把与孔隙平均值有关的体积分成四个级别：微观非均质性（microscopic，即孔隙和砂颗粒规模）；宏观非均质性（macroscopic，即传统的岩心规模）；大型非均质性（megascopic，即模拟模型中的大型网块）和巨型非均质性（gigascopic，即整个岩层或区域规模）（图 4-3）。

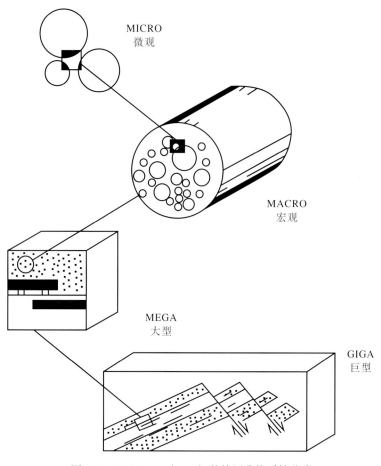

图 4-3　Haldorsen（1983）的储层非均质性分类

Hadorsen（1983）分类主要是根据储层地质建模的需要，按照与孔隙平均值有关的体积分布来划分储层非均质性的级别，对于碎屑岩储层的地质建模具有一定的意义。

（二）碎屑岩储层非均质性研究影响因素

整体上说，碎屑岩储层非均质性影响因素主要包括沉积、成岩、构造及人为等因素。

1. 沉积因素

影响储层非均质性的根本因素，岩石成分、粒度、分选性、磨圆度、排列方式、基质含量及沉积构造的不同导致储层的非均质性。

2. 成岩因素

对储层改造起重要作用，压实、胶结、交代作用使孔隙体积变小，压溶、溶蚀作用等使孔隙体积变大。

3．构造因素

对储层非均质性有重要影响，宏观上通过控制沉积、成岩作用影响储层非均质性。

4．人为因素

主要指在钻井、完井、开采修井、注水过程中人为改变油气藏原有性质及平衡特征，从而改变储层物性，造成储层物性变差。

（三）中国碎屑岩储层非均质性研究方法

中国碎屑岩储层非均质性研究方法主要是以储层非均质性研究方法为基础（裘亦楠，2010），从宏观（包括层间、平面、层内）及微观非均质性两种分类体系（表4-1）来评价碎屑岩储层的非均质性。既考虑了非均质性的规模，也考虑了开发生产的实践，将碎屑岩储层非均质性由大到小分成四类。

1．层间非均质性

层间非均质性主要指砂层之间的差异性，包括储层纵向分布的复杂程度、砂层间渗透率的差异、隔层分布、特殊类型层的分布、层组和小层划分等，主要通过分层系数、隔层数、层间渗透率非均质参数（突进系数、变异系数等）来表征。层间非均质性对开发的影响主要表现为层间干扰以及单层突进，形成层间矛盾从而影响驱油效率。

表4-1　中国常用碎屑岩储层非均质性分类

储层非均质性类型	分类	意义	研究内容
宏观非均质性	层间非均质性	纵向上多个油层间的差异性	层系的旋回、渗透率差异、隔层等
	平面非均质性	一个储集砂体平面上的差异	砂体连通程度、平面孔隙度变化及方向性
	层内非均质性	单砂层垂向上的差异	粒度韵律、层理、渗透率差异程度、夹层分布等
微观非均质性	孔隙非均质性	孔隙与喉道的相互关系	孔隙和喉道的大小、均匀程度以及两者的配置关系和连通程度
	颗粒非均质性	岩石颗粒大小、形状、分选、排列及接触关系	岩石碎屑的定向性及矿物学特性
	填隙物非均质性	填隙物的差异	填隙物的含量、矿物组成、产状及其敏感性特征

2．平面非均质性

平面非均质性主要指储层砂体平面差异性，包括砂体几何形态、规模、连续性、连通性及砂体内孔隙度和渗透率的平面变化及方向性。主要从砂体几何形态（席状、土豆状、带状等）、连续性（极好、好、中等、差、极差）、钻遇率、砂体连通性（砂体配位数、连通程度）、孔隙度渗透率平面变化及方向性来表征。

平面非均质性影响注入液体平面波及范围及注采关系和井网部署。

3．层内非均质性

层内非均质性主要指单砂层内储层性质的变化。包括渗透率各向异性、韵律性、夹层分布等。层内非均质性是控制和影响单砂层内注入剂波及体积的关键因素。主要通过砂体韵律性（正韵律、反韵律、均匀韵律以及复合韵律）、夹层（岩性、产状、分布、频率、密度）、层内渗透率非均质性程度、渗透率各向异性来表征。

层内非均质性对开发的影响主要体现在注入剂首先沿相对高渗透率条带突进，而同一层系其余部分不易被冲洗而成为"死油区"。此外，层内沉积构造造成的渗透率各向异性也影响注水效果，继而影响驱油效率。

4. 微观非均质性

微观非均质性主要指孔隙、颗粒、填隙物等性质的差异。主要通过排替压力（p_d）、最大孔喉半径（r_d）、饱和度中值压力（p_{c50}）和厚道半径中值（r_{50}）来表征。

微观非均质性对开发的影响主要表现为影响储层孔隙系统中油气水渗流、驱替效率以及剩余油分布。

二、碳酸盐岩储层描述内容

（一）碳酸盐岩与碎屑岩储层描述的区别

碳酸盐岩储层与碎屑岩储层相比由于其化学性质不稳定，容易遭受强烈的次生变化，通常经受更为复杂的沉积环境和沉积后成岩作用的改造。两者之间有如下四点区别。

（1）碳酸盐岩储层储集空间的大小、形状变化很大，其原始孔隙度很高而最终孔隙度却很低，次生变化对碳酸盐岩储层的影响很大。

（2）碳酸盐岩储层储集空间的分布与岩石结构特征之间的变化关系很大。以粒间孔等原生孔隙为主的碳酸盐岩储层其空间分布容易受沉积岩石的结构控制，而以次生孔隙为主的碳酸盐岩储层其储集空间分布与岩石结构特征没有关系或者是关系不密切。

（3）碳酸盐岩储层储集空间多样，且后生作用复杂，构成孔、缝、洞复合的孔隙空间系统。

（4）碳酸盐岩储层孔隙度和渗透率没有明显的相关关系，孔隙大小主要影响油气储量。

（二）碳酸盐岩储层影响因素

对于碳酸盐岩储层非均质性的控制因素类似于碎屑岩储层，都是受沉积作用、成岩作用以及构造作用的控制，不同的是碳酸盐岩储层的非均质性更多的受成岩作用的控制而不是像碎屑岩储层一样受沉积作用控制。

1. 沉积作用对碳酸盐岩储层的影响

沉积作用对碳酸盐岩储层的影响是不言而喻的，不同的沉积环境和沉积相下形成不同的岩石类型和储集空间类型，为后期成岩作用提供了物质基础。在研究沉积作用对储层非均质性影响的时候一个至关重要的因素就是碳酸盐岩沉积作用的复杂性，很难精确刻画和预测储层的沉积作用，这个时候需要引入层序地层学的概念，在等时地层格架下由已知井点处沉积特征预测沉积相在纵横向三维空间的展布，达到科学描述沉积作用的目的。因此，研究沉积作用对储层非均质性影响的最重要的内容是在层序地层学理论指导下建立等时地层格架，在等时地层格架下描述及预测沉积相在三维空间的展布，为研究成岩作用和构造作用对储层非均质性的影响奠定基础。

2. 成岩作用对碳酸盐岩储层的影响

对于碳酸盐岩储层来说，成岩作用能更强烈地影响储层非均质性。岩心观察发现碳酸盐岩储层颗粒大小并不能真实反映水动力作用的过程和能量，其重要原因就是碳酸盐岩储层沉积下来之后经历了复杂的碳酸盐岩成岩演化作用，有的甚至完全丧失掉原始沉积面貌。因此在不同成岩阶段和成岩环境下分析碳酸盐岩储层的成岩作用，研究不同成岩作用下碳酸盐岩储层岩石粒度、岩石类型、储集空间、孔喉特征的变化，研究建设性成岩作用和破坏性成岩作用对碳酸盐岩储层特征的影响，最终分析成岩作用对碳酸盐岩储层非均质性的影响。碳酸盐岩储层成岩作用的研究关键是对成岩阶段的划分和成岩环境的分析，随着层序地层学的不断发展和广泛应用，在研究成岩作用的时候有可能会把碳酸盐岩成岩作用和海平面变化的模式联系起来。这种海平面的变化既是控制碳酸盐岩层序的基本因素，同时也是控制碳酸盐岩成岩作用和类型的基本因素。因为气候、海水性质以及碳酸盐岩矿物学特性的变化。这些影响碳酸盐岩成岩作用的因素是与相对海平面的变化模式有关，这就有可能把成岩作用放到层序地层学的框架中来考虑，这样对碳酸盐岩储层成岩作用的了解以及随之而产生的孔隙的形成和演化更具有理论性和系统性。这种新的研究思路必将对碳酸盐岩储层孔隙预测起到一个有力的促进作用，国外在这些方面已经做了一些卓有成效的研究。

3. 构造作用对碳酸盐岩储层的影响

构造作用对储层的影响主要体现在两个方面，一方面是构造作用所产生的断层和裂缝对成岩的促进作用，间接导致储层非均质性的发生；另一方面就是构造运动产生的不同程度的裂缝和断层导致储层物性发育的非均质性，直接导致储层非均质性的发生。构造作用导致储层非均质性的研究重点是结合区域构造背景分析构造运动和构造演化的历史，分析构造所形成裂缝和断层的类型、填充物、裂缝密度、宽度等相关参数，同时结合成岩历史分析其对成岩作用的影响，统计裂缝发育密度和规模，分析及预测裂缝在平面及纵向分布特征，评价其对储层非均质性及对开发效果的影响。因此，结合构造运动和构造演化历史评价构造运动对成岩作用和储层物性的评价和预测是构造运动对储层非均质性控制作用的核心。

沉积作用、成岩作用和构造作用对储层非均质性的影响是相互的。建立层序地层格架是研究沉积作用对储层非均质性影响的重点，而预测沉积相在三维空间的分布及演化是核心；分析成岩环境和划分成岩阶段是研究成岩作用对储层非均质性影响的重点，其核心是描述成岩作用对储层岩性、储集空间、物性的影响，预测不同成岩相分布特征；对于构造作用对储层非均质性的影响，其研究的重点是分析构造运动和构造演化史，其核心是研究构造运动对成岩作用的影响并预测裂缝和断层在三维空间的分布特征。沉积作用、成岩作用和构造作用研究的核心都是对储层非均质性的影响，这是贯穿碳酸盐岩储层描述始终的一条红线。

（三）碳酸盐岩储层描述的研究内容

碳酸盐岩储层强烈的非均质性体现在受沉积作用、成岩作用和构造作用影响的储层岩性、储集空间、孔隙结构和物性分布的非均质性上。因此，对于碳酸盐岩储层描述的研究重点是储层岩性、储集空间、孔隙结构和物性的分布及特征，在储层非均质性研究的基础之上弄清流体在三维空间分布的规模及特征。

1. 储层岩性

碳酸盐岩根据矿物成分分为石灰岩和白云岩两大基本类型，他们都可以形成储集岩。世界上碳酸盐岩储层岩性的调查中，石灰岩储层要多于白云岩储层，据美国1983年统计资料显示，全美国碳酸盐岩储集岩中石灰岩占到74%，白云岩占到26%。碳酸盐岩储集岩的形成主要是在古生代，其次是中生代，新生代几乎没有。同时发现碳酸盐岩中方解石与白云岩的比率随着时代变老而降低，说明时间越长碳酸盐岩白云化的机会就越大，因而古生代碳酸盐岩储集岩主要是白云岩，晚古生代和中生代主要是石灰岩。同时在地下深处，有效地开放裂缝系统在白云岩中比石灰岩中更容易形成，因而随着埋藏深度增加，白云岩储集性能明显优于石灰岩。因此弄清不同类型岩性在平面及纵向分布特征，弄清岩性分布的非均质性为研究整个储层的非均质性奠定了基础。

2. 储集空间

碳酸盐岩的储集空间分为孔隙、裂缝和溶洞三种类型。一般说来，孔隙和溶洞是主要的储集空间，裂缝是主要的渗滤通道，也是储集空间。

碳酸盐岩储集空间的形成过程是一个复杂而长期的过程，它贯穿在整个沉积过程及其以后的各个地质历史时期。碳酸盐岩的储集空间除了受沉积环境的控制外，地下热动力场、地下或地表水化学场、构造应力场等因素均对它的形成和发展有巨大的影响。碳酸盐岩的特殊性（易溶性和不稳定性），使碳酸盐岩储集空间的演化相当复杂，孔隙类型多、变化快，往往在同一储层内存在着多种类型的孔隙，各种孔隙又往往经受几种因素共同作用和改造。因此，对碳酸盐岩储集空间分类时，既要考虑它的原始成因，又要考虑它在整个地质历史过程中的改造和变化。关于碳酸盐岩孔隙类型的划分方案较多。根据碳酸盐岩孔隙的形成时间及成因，将其分为原生孔隙和次生孔隙两大类。

1）原生孔隙

碳酸盐岩的原生孔隙主要是指在沉积时期形成的与岩石组成结构有关的孔隙。它们在成岩期可以发生一些变化。原生孔隙包括粒间孔隙、粒内孔隙、生物骨架孔隙、生物体腔孔隙、遮蔽孔隙、鸟眼孔隙和生物潜穴等。遮蔽孔隙、鸟眼孔隙和生物潜穴作为储集空间一般意义不大。

2）次生孔隙

碳酸盐岩的次生孔隙是指在沉积期后发生的，受成岩后生作用控制的孔隙，它包括晶间孔隙、溶孔和溶洞。次生孔隙是碳酸盐岩储层重要的储集空间。晶间孔隙是指碳酸盐矿物晶体之间的孔隙。晶间孔隙主要是通过白云石化作用、重结晶作用而形成的，尤以白云石化作用形成的晶间孔隙最为重要，它是碳酸盐岩储层的重要孔隙类型之一。溶蚀孔隙是指碳酸盐矿物或伴生的其他易溶矿物被水溶解后形成的孔隙。溶解作用在沉积过程中就开始了，它可以一直延续到成岩以后，直到表生作用阶段。溶蚀孔隙是碳酸盐岩储层的主要孔隙类型之一，它包括以下四种主要类型。（1）粒内溶孔和溶模孔：粒内溶孔是指由于选择性溶解作用，颗粒内部部分被溶解所形成的孔隙，如鲕内溶孔、介内溶孔等。当溶解作用继续进行时，把颗粒全部溶蚀，并形成与颗粒形态、大小完全相似的孔隙，称为溶模孔，如鲕模孔（又称负鲕）、介模孔、晶体溶模孔等。（2）粒间溶孔：粒间溶孔是指溶蚀颗粒之间的灰泥基质或胶结物而形成的孔隙，其溶蚀范围可以部分涉及周围的颗粒。（3）晶间溶孔：指选择性溶蚀矿物晶体之间的物质所形成的孔隙。（4）其他溶孔和溶洞：和岩石组构无关的溶孔，这类溶孔呈不规则的等轴状。溶洞和溶孔之间没有严格的区别，一般孔径大于 5mm 者称溶洞，小于此者称溶孔。溶洞多半发育在厚层质纯的石灰岩和白云岩中。古岩溶分布的地区和层段可作为良好的储层。川东南的高产井约 80% 与古岩溶有关。

3）裂缝

碳酸盐岩岩性脆、易破裂、裂缝发育。碳酸盐岩储层中的裂缝既是储集空间，又是重要的渗滤通道。世界上主要的碳酸盐岩产油气层均与裂缝的发育有着密切的关系。碳酸盐岩中裂缝的类型很多，按成因可分为：构造裂缝和非构造裂缝两大类。非构造裂缝又可分为成岩裂缝、风化裂缝和压溶裂缝三类。(1) 构造裂缝，指在构造应力作用下，构造应力超过岩石的弹性限度，岩石发生破裂而形成的裂缝。它的特点是边缘平直、延伸远、成组出现，具有明显的方向性。构造裂缝往往发育在一定的岩层中，它的发育程度与岩性密切相关，岩性越脆越易产生裂缝。一般说来，构造裂缝在白云岩中最发育，石灰岩中次之，泥灰岩中发育最差。构造裂缝往往发育在一定的构造部位上，它与岩石所承受的构造应力强度和自身的形变有关。背斜构造的顶部、轴部以及箱状背斜的肩部裂缝最发育，背斜倾没端次之。此外，断层附近及其消失部位也是构造裂缝发育的有利部位。(2) 成岩裂缝，指沉积物在石化过程中被压实、失水收缩或重结晶等情况下形成的一些裂缝。裂缝一般受层理限制，不穿层，多数平行层面，裂缝面弯曲、形状不规则，有时有分枝现象。(3) 风化裂缝，又称溶蚀裂缝，它是指古风化壳由于地表水淋滤和地下水渗滤溶蚀所形成或改造的裂缝，此类裂缝大小不均、形态各异、缝隙边缘具有明显的氧化晕圈。这类裂缝发育深度视潜水面的深度而异。由于淋滤和溶蚀作用形成的裂缝网对液体流动不会产生太大阻力，因此，具风化裂缝的岩层渗透率比周围致密岩层要高得多。(4) 压溶裂缝，成分不太均匀的碳酸盐岩在上覆地层静压力作用下，富含二氧化碳的地下水沿裂缝或层理流动，发生选择性溶解而形成，常见的是缝合线。缝合线中常残留有许多泥质和沥青，其作为油气储集空间意义不大，但对油气的渗滤有一定的作用。

3. 孔隙结构

在许多情况下，碳酸盐岩储集岩同时具有孔隙、孔洞和裂缝，当基质的孔隙度不高时，常见的是由裂缝系统构成储层的主要渗滤通道，而被裂缝分割的岩块的孔隙、孔洞为流体提供了主要储集空间。实验室常规方法得出的孔隙度、渗透率参数都是岩块或者是基岩的，而不是具有各种裂缝的碳酸盐岩储层的。目前常用矿场地球物理方法和油气井试井方法来确定整个碳酸盐岩储层的孔隙度、渗透率及裂缝、岩块的孔隙度和渗透率。流体在没有裂缝参与的单一孔隙介质中的渗流是在由孔隙及喉道构成的复杂系统中进行的。喉道的大小及其连通方式对渗流有决定性作用。因此，孔隙结构的研究是指研究岩石所具有的孔隙和喉道的几何形状、大小、分布及相互关系。

1) 孔隙结构的研究方法

目前研究储集岩孔隙结构最常用的方法有测定毛细管压力法、岩石孔隙铸体薄片法及扫描电子显微镜法。

(1) 毛细管压力法。测定毛细管压力的方法有半渗透隔板法、离心机法、动力毛细管压力法、水银注入法等。目前最常用的方法是水银注入法，又叫压汞法。

压汞法研究孔喉结构主要是在不同压力下，把非润湿相的汞压入岩石孔隙系统中，根据所加压力与注入岩石的汞量，绘出压力与饱和度关系曲线，称为毛细管压力曲线或压汞曲线。按公式算出某一压力下的孔喉等效半径，结合岩石的总孔隙度资料，做出孔喉等效半径分布图。根据压汞曲线图和孔喉等效半径图，可以对岩石的孔隙结构进行定量评价。

(2) 岩石孔隙铸体薄片法。向岩石切片的孔隙中注入红颜色的胶体，做成薄片，在镜下观察其孔隙及喉道的类型、形状、大小等特征。用岩石孔隙铸体方法可以直接得到储集岩孔隙结构的立体模型。通常采用岩石显微镜和扫描电镜来观察岩石铸体薄片。岩石孔隙铸体薄片法可以识别岩石孔隙空间、定量描述岩石孔隙空间、对岩石孔隙结构特征进行岩石学解释及为储集岩孔隙结构模式的确定提供依据。

（3）扫描电子显微镜法。在薄片鉴定研究和 X 射线衍射黏土矿物分析基础上，主要研究内容包括：观察研究储层中孔隙发育和充填情况，分析孔隙结构类型、成因、组合特征，测量孔隙和喉道大小；研究颗粒大小、排列及白云岩的成岩演化特征；鉴定和研究胶结物的种类、大小、组合、分布、产状及其对孔隙和渗透性的影响；鉴定其他自生矿物的分布特征；确定成岩穴列等。

2）孔隙结构参数的定量表征

储层孔隙结构可用孔隙结构的直观写实图像（铸体薄片、扫描电镜图片）、实体模型（铸体模型），孔隙结构预测图件（毛细管压力曲线、孔隙喉道大小分布曲线等）及孔隙结构参数等来表征。

（1）孔隙喉道分选系数 S_p。S_p 是指孔隙喉道的均匀程度。S_p 越小，孔隙喉道越均匀，分选越好。在其他条件相同时，S_p 越小越好，这是因为同一岩石孔喉半径越相近，注入剂驱替越均匀。

（2）孔隙喉道歪度 S_{kp}。S_{kp} 用以度量孔隙喉道频率曲线的不对称程度，即非正态性特征。孔隙喉道曲线左侧陡，右侧缓为正歪度。曲线两侧陡缓差异越大，歪度绝对值越大。

（3）孔隙喉道峰态 K_p。K_p 可反映孔隙喉道频率曲线峰的宽度及尖锐程度。K_p 越大，峰越窄越尖，说明孔喉多集中于某一半径区间的小范围之内。

（4）均值系数 a。a 是指储集岩孔隙介质中每个喉道半径 r_i 与最大喉道半径 r_{max} 的偏离程度对汞饱和度的加权。a 值变化范围在 $0 \sim 1$ 之间，a 越大，孔喉分布越均匀，当 $a=1$ 时，孔隙分布极均匀。

3）反映孔喉连通性及控制流体运动特征的参数

（1）退汞效率 W_e。W_e 是指在限定的压力范围内，从最大注入压力降到最小注入压力时，从岩样内退出的水银体积占降压前注入水银体积的百分数，反映了非润湿相毛细管效应的采收率。

（2）孔隙喉道比。孔隙喉道比是指孔隙大小与喉道大小的比值，比值越高，渗透能力越低；比值越低，渗透能力越高。与之相适应的是，在开采时，前者在孔隙空间系统中残留的非润湿相流体多，后者则残留的非润湿相流体少，也就是说，当孔隙喉道比增高时，采收率降低。

（3）孔喉配位数。配位数指连通每一个孔隙的喉道数量，它是孔隙系统连通性的一种量度。

（4）孔隙弯曲系数。孔隙弯曲系数指在孔隙空间中，两点之间沿连通孔隙的距离与两点间直线距离的比值，它在一维空间表现孔隙结构特征。

（5）最小非饱和孔喉体积百分数 S_{min}。表示注入水银压力仪器达最高工作压力时，未被水银侵入的孔喉体积百分数，S_{min} 大，表明岩石小孔喉所占体积大。

（6）结构均匀度（$a \cdot W_e$）。表示岩石孔隙结构的均匀、连通程度的参数。完整地反映了注入曲线与退出曲线的特征。

从这些参数可以看出，岩石孔隙结构的非均质性决定了岩石储集和渗流特征，孔隙结构特征控制着流体微观渗流过程以及流体在微观孔隙系统中的分布特征。

4）孔隙结构的分类

（1）按孔隙与喉道大小组合分类。按照孔隙类型和孔隙组合类型分类如表 4-2 所示。

表 4-2　孔隙类型和孔隙组合类型表

类型	喉道分级界限半径（μm）	孔隙中值界限直径（μm）
孔隙类型	粗喉道（>7.5）	大孔型（>60）
	中喉道（0.62~7.5）	中孔型（30~60）
	细喉道（0.063~0.61）	小孔型（10~30）
	微喉道（<0.063）	微孔型（<10）
孔隙组合类型	A1 粗喉道—B1 大孔型	A1B1 型、A1B2 型
	A2 中喉道—B2 大孔型	A2B1 型、A2B2 型、A2B3 型
	A3 细喉道—B3 小孔型	A3B2 型、A3B3 型、A3B4 型
	A4 微喉道—B4 微孔型	A4B3 型、A4B4 型

（2）据孔隙、裂缝、溶洞大类孔喉组合分类。将孔隙、裂缝、溶洞看作三大类孔喉类型，并据此将储层孔隙结构分为单一、双重、三重孔隙结构类型。

（3）按孔隙结构的特点和对开发效果的影响分类。

按孔隙结构的特点和对开发效果的影响将碳酸盐岩孔隙结构分为以下四类（吴元燕，1996）。

①大缝洞型孔隙结构。以宽度大于 0.1mm 的裂缝为喉道，连通大中型溶洞所组成的孔隙结构，可以细分为三种类型：宽喉均质型、上喉下洞型和上洞下喉型（图 4-4）。

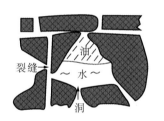 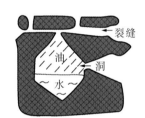 

　　　　宽喉均质型　　　　　　　　上喉下洞型　　　　　　　　上洞下喉型

图 4-4　大缝洞型孔隙结构划分图（据吴元燕，1996）

②微缝孔隙型孔隙结构。以微裂缝及晶间隙为喉道，连通各种孔隙和小型洞所组成的孔隙结构。主要分为三种类型：短喉型、网格型和细长型。

③裂缝型孔隙结构。储集空间和喉道均为裂缝，孔洞极不发育。若裂缝宽度大，密度大，分布均匀，则储集性能好。

④复合型孔隙结构。大裂缝、溶洞和微裂缝、小孔隙以不同形式和不同数量组成的孔隙结构。

4. 物性

储集岩的孔隙度、渗透率是最常用的表征储集性能特征的参数，饱和度对储层中流体的流动状态有重要影响。储层的基本特征是具孔隙性和渗透性，其孔隙渗透性的好坏、分布规律是控制地下油气分布状况、油气储量及产量的主要因素。

1）孔隙度

孔隙度是表征多孔介质即储层的重要几何标量。一般的孔隙度指的是有效孔隙度，指彼此连通的，且在一般压力条件下，可以允许液体在其中流动的超毛细管孔隙和毛细管孔隙体积之和与岩石总体积的比值。

2）渗透率

渗透率指在一定的压差下，岩石允许流体通过其连通孔隙的能力。对于储层而言，指在地层压力条件下，流体的流动能力。绝对渗透率指单相液体充满岩石孔隙，液体不与岩石发生任何物理化学反应，测得的渗透率为绝对渗透率。有效渗透率指储层中有多相流体共存时，岩石对每一单相流体的渗透率称为该相流体的有效渗透率。

3）饱和度

多孔介质中流体占总孔隙体积的百分数称为流体饱和度。储集岩中油、气、水饱和度的高低直接影响了它们在储层中的渗流状况。

4）相对渗透率

相对渗透率指对每一相流体局部饱和时的有效渗透率与全部饱和时的绝对渗透率的比值，称为该相流体的相对渗透率。实验研究结果表明，相对渗透率决定于相的饱和度、岩石的润湿性和岩石孔隙空间的结构。

对于碳酸盐岩储层，孔隙度与渗透率无明显的关系。孔隙大小主要影响孔隙容积。因为碳酸盐岩储集空间的分布与岩石结构特征之间的关系变化很大，不一定以原生孔隙为主，有时可以是次生孔隙占主要。

碳酸盐岩储层非均质性的表征最终体现在物性发育的非均质性上，储层岩性、储集空间、孔隙结构都是导致物性非均质性的原因，而物性的非均质性是储层岩性、储集空间以及孔隙结构非均质性的表现。因此，碳酸盐岩储层非均质性的研究就是对储层岩性、储集空间、孔隙结构以及物性非均质性的研究。

5. 碳酸盐岩储层的类型

任何一种类型的碳酸盐岩油气藏绝非仅有一种类型的储集空间，根据储集空间的划分可以将中国碳酸盐岩油气藏的储集层类型划分为以下四类。

（1）孔隙型储层（包括孔隙—裂缝型）。其岩性主要是颗粒石灰岩、鲕粒、碎屑、生物碎屑、粒晶灰岩及白云岩等。储集空间包括原生和次生的粒间、晶间孔隙、裂缝。

（2）溶蚀型储层。储集空间以溶蚀孔隙、洞为主，连成一个孔洞系统。主要分布在不整合面及大断裂附近，特别是古风化壳和古岩溶带附近。靖边气田和塔里木塔中鹰山组就是这一类型的储层。

（3）裂缝型储层。岩性主要是白云岩和白云岩化的石灰岩。储集空间以裂缝为主，尤其是纵横交错的裂缝网。其典型特征就是岩性测定其基质物性极低，与油气实际产能不相适应。

（4）复合型储层。储集空间为孔、缝、洞同时出现或者是任意两种同时出现。这一类型的储集层有利于形成储量大、产量高的大型气田。

（四）碳酸盐岩气藏描述阶段的划分及主要任务

气藏描述是对气藏各种特征在三维空间上的定量描述、表征和预测。气藏描述的最终成果是建立反映气藏圈闭集合形态及其边界、储集特征和流体渗流特征、流体性质及分布特征的三维或四维地质模型。在这一过程中要综合应用地质、地球物理、测井、测试、气藏工程等多学科相关信息，通过多种数学工具，以气藏地质学、构造地质学以及沉积学为理论基础，以储层地质学、层序地层学、地震地层学、地震岩性学、测井地质学、油藏地球化学、气藏工程学为方法，以数据库为支柱，以计算机为手段对气藏储层和流体进行四维定量化研究并进行可视化描述。

对于任何类型的气藏，储层和流体的认识是气藏有效开发的基础。气藏描述本身又是一个动态过程，因此要针对气田所处勘探开发的不同阶段，充分利用现有气藏静态、动态资料，对气藏类型、构造特征、储层特征和流体特征等做出当前阶段的认识和评价，建立气藏三维地质模型，为气田开发提供可靠的地质依据。

1. 气藏描述的任务

现代气田开发是以实现正确的气藏管理为标志，即用好可利用的人力、技术、财力资源，以最小的投资，通过优化开发方法，从气藏开发中获得最大的利润。为实现这一目标，必须正确预测各种开发方法下的气田生产动态，其研究内容包括：资料采集、气藏描述、驱替机理、气藏模拟、动态预测、开发战略。只有正确预测储层的分布特征和规律，才能做出正确的开发战略决策，优化开发方法。目前，气藏描述虽然取得了一些进步，但是从它的重要性和困难性来看很有可能还要经过相当长的时间攻关，才能得到很好的解决。对于碳酸盐岩气藏来说，气田开发工作成败的关键是对气藏的认识是否符合地下客观实际。因此，国内外均把气藏描述放在很重要的位置加以研究。

气藏地质特征很多，可以从不同的侧面来表征，不同勘探开发阶段由于目的、任务不同，所要重点把握的特征也会不同。进入开发阶段以后，气藏描述是为科学开发气藏服务，气藏描述的任务是正确地描述气藏的开发地质特征。气藏的开发地质特征应该以描述储层及流体的非均质性为核心，可以归纳为三个主要部分：

（1）气藏的构造和建筑格架的描述。储层由一个或多个储集体构成，以一定的构造形态存在。通过储集体各种形式的几何形态、规模大小、侧向连接和垂向叠加等建筑条件以及构造形态、断层、裂缝等构造条件，判定在地下构成一个或多个可供油气及其他流体在其内部储存和连续流动的连通体。圈定这一复杂连通体的外部边界，描述其几何形态和产状。通过构造和建筑格架的描述建立气藏的构造模型。

（2）气藏物性的空间分布。储层的物性反映储层质量好坏。从宏观的储集体到微观的孔隙结构，储层各个级次的物性参数在空间上都有不同程度的变化，储层内部还存在各种不连续的隔挡，构成储层复杂的非均质性和各向异性，很大程度上影响气藏的开发效果。通过物性的空间描述建立气藏的物性模型。

（3）储层内流体性质及其分布。气藏内一般存在油、气、水三种流体，以一定的相态、产状、相互接触关系和储藏量共生于气藏内。油气生成、运移、储存和埋藏的条件千差万别，使得不同的气藏之间和一个气藏内不同部位的流体性质及其空间变化也千差万别，极大地影响开发过程。通过储层内流体性质及分布的描述建立气藏的流体模型。

从上述气藏描述内容看，气藏开发地质特征仍离不开石油地质学的三个基本论题：构造、地层（储层）和流体（油、气、水）。进入开发阶段，所要研究的构造是储层的构造，流体分布是储层内油、气、水的分布，而储层本身的非均质性更是气藏描述的重点。但是，对于气藏的认识具有阶段性，因此气藏描述也有阶段性，不同阶段气藏描述的任务和目的不同。

2. 碳酸盐岩气藏描述阶段划分

气田所处开发阶段不同，气藏描述的研究内容在基本一致的情况下侧重点也有所差别。

碳酸盐岩气藏描述可以划分为两个主要阶段：即开发早期描述阶段和开发中后期描述阶段。开发早期阶段主要是指提交探明储量至实施开发方案前；而开发中后期阶段是指开发方案实施至油气藏废弃这一阶段。

3. 碳酸盐岩气藏描述开发早期阶段主要任务

该阶段气藏描述的主要任务是利用少数探井和评价井的钻井资料及地震信息资料，以地质理论为主导，进行气藏储层和流体评价，扩大探勘成果，估算气藏规模，计算评价区的探明地质储量和预测可采储量；布好评价井，取好各种开发设计参数资料；确定开发方式和井网部署，对采气工程设施提出建议；优化开发设计方案，估算可能达到的生产规模，并对设计方案做经济效益评价，保证开发可行性研究和开发设计方案不犯原则性错误。

由于气藏早期评价阶段的特殊性，借鉴气藏描述内容，碳酸盐岩气藏描述开发早期阶段应该注重区域构造断层发育状况、储层规模和连续性连通性、气藏流体分布及连通情况、气藏探明储量等。具体来说，碳酸盐岩气藏描述开发早期阶段研究任务和内容主要包括以下十个方面的工作：

(1) 构造形态、断层、裂缝分布及其发育程度；

(2) 储层的岩性、岩石结构、储集体的几何形态、侧向连续性及储层非均质性特征；

(3) 层序地层的划分和对比；

(4) 储层沉积相及成岩史研究；

(5) 隔层的类型、岩性、物性标准，确定隔层厚度及空间分布状况；

(6) 储层流体的规模大小、物理化学性质以及储层内油、气、水的分布及其连通关系；

(7) 气藏压力、温度场的变化；

(8) 估算气藏水体的大小、规模，分析驱动方式及其能量强弱；

(9) 计算探明地质储量；

(10) 解决与钻井、开采、集输工艺有关的其他气田地质问题。

除此之外，其他地质属性也会影响气藏开发决策和措施的实施。如易漏、易喷、易垮塌、易腐蚀、易膨胀等地层问题的存在，还有区域的压力场、温度场、地应力场等分布状况，都应该属于碳酸盐岩气藏描述早期阶段的附属内容。

碳酸盐岩气藏描述早期阶段应该以表征储层及流体的非均质性为核心，概括起来可以归纳为三个主要部分：储层的构造特征、储层的建筑格架及其物性的空间分布、储层内流体分布及其性质。因此从描述内容来看，早期阶段气藏地质模型主要包括构造模型、储层模型和流体模型等。

4. 碳酸盐岩气藏描述开发中后期阶段主要任务

该阶段气藏描述的主要任务是钻好开发井，取全取准气田静动态资料；利用开发井对气藏地质进行再认识，核准构造形态；落实具体断块，计算气藏可采储量；进行气藏动态监测、开发分析；结合气藏工程的生产动态分析、数值模拟、历史拟合，量化气藏能量和剩余储量分布；编制有关层系、井网等综合调整方案，并组织实施；确定挖潜、提高采收率措施，保证气田经济有效地生产。

具体来说，碳酸盐岩气藏开发中后期描述阶段研究任务和内容主要包括以下九个方面内容：

(1) 气藏断层参数确认，断层分布及其密封性、微构造及微裂缝解释；

（2）优劣质储层分布特征、规模及形态，单一储渗单元内储层非均质性研究；

（3）隔层的岩性、厚度及空间变化；

（4）单一压力系统内油、气、水的分布及相互关系；

（5）油、气、水物理化学性质及其变化；

（6）整个气藏压力、温度场分布及其变化；

（7）整个气藏范围内或单一压力系统内水体分布、大小、天然驱动方式及能量；

（8）计算剩余可采储量；

（9）解决与钻井、开采、集输工艺有关的其他地质问题。

开发中后期阶段气藏描述仍然以研究气藏开发地质特征、表征气藏非均质性为核心，最终是建立气藏精细的三维地质模型，为气藏开发调整、挖潜及提高采收率服务。

三、碳酸盐岩储层描述方法

碳酸盐岩储层描述同碎屑岩储层描述相比，既有相似之处也有自己的独特之处，同时碳酸盐岩储层非均质性的研究目前还处于比较初级的阶段，没有形成系统的碳酸盐岩储层非均质性描述体系。尽管碳酸盐岩储层储量丰富，但因其孔隙度、渗透率和其他储层特性之间的相互关系要么复杂要么根本没有相互关系，使碳酸盐岩储层非均质性描述非常困难。

（一）碳酸盐岩储层描述研究的指导思想

碳酸盐岩储层非均质性的描述可以用来预测动态岩石物理性质实际三维图像的结构，它涉及储层地质学、地球物理学、岩石物理学、测井、地质统计学和油藏工程专业的多个学科。但是由于取心和测井得到的岩石组分和岩石物理数据是一维的，需要一个地质构架来把这些数据分布于三维空间中。层序地层方法极大提高了井间相关的精确度，并提供了捕捉储层非均质性基本尺度的方法。层序地层学描述储层非均质性的最重要尺度是旋回尺度。层序地层学可以鉴别和校正井与井之间时间界面。这种方法对于鉴别气藏地质特征性至关重要，原因是一个油藏的每一口井中存在一种自然特性不同而形成的特定年代。因此在层序地层刻画等时地层界面建立地层格架的基础上研究储层的非均质性更具有科学性和合理性。

因此，由于碳酸盐岩储层非均质性非常复杂，需要遵循"在层序地层学分析所建立的层序等时地层格架下，主要从沉积、成岩和构造三个方面，在井眼和气藏两个规模内由粗到细、由大到小分级别研究储层非均质性"这一指导思想。在该思想指导下进行储层非均质性评价，从而，在井眼规模内，实现地层评价和完井优化；在气藏规模内，改进生产以及优化新井布井，从而提高气藏最终采收率，提升气藏综合管理水平。

（二）碳酸盐岩气藏非均质性描述要素和流程

碳酸盐岩储层描述的研究主要包括以下四个方面：（1）岩性分布的非均质性；（2）储集空间发育的非均质性；（3）孔隙结构的非均质性；（4）物性分布的非均质性。这四个方面非均质性的研究是相互统一相互制约的，这些方面均受沉积、成岩以及构造作用的制约，整个气藏非均质性的最终表现是这三方面因素综合作用的结果，对于不同的气藏类型，沉积、成岩和构造三方面作用程度和范围可能不同，造成在非均质性描述重点存在差异。整个碳酸盐岩气藏非均性的描述要素如表4-3所示。

表 4-3　碳酸盐岩气藏非均质性描述要素

指导思想	控制因素	研究内容	表现形式	描述目的
在层序地层学分析所建立层序等时地层格架下研究储层非均质性	1. 沉积作用； 2. 成岩作用； 3. 构造作用	1. 储层的非均质性：岩性，储集空间（孔隙、裂缝和溶洞），孔隙结构，物性； 2. 流体分布的非均质性	实现岩性、储集空间、孔隙结构、物性及流体在三维空间的预测	1. 井眼规模，完成地层评价和完井优化； 2. 油藏规模，帮助公司改进生产并优化新井位置

碳酸盐岩储层描述的流程如图 4-5 所示。

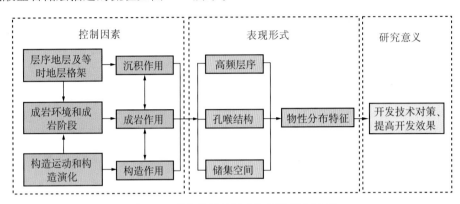

图 4-5　碳酸盐岩储层非均质性研究流程

（三）碳酸盐岩气藏储层非均质性描述重点

对于不同的碳酸盐岩气藏类型由于控制其非均质性的因素各有侧重，从而导致其非均质性的研究内容也各有侧重（表 4-4），而对于其描述目的却是一样的。

表 4-4　碳酸盐岩储层非均质性描述重点因素

气藏类型	典型气田	储集空间	主要特点	储层非均质性描述重点因素
缝洞型	塔中Ⅰ号	裂缝、溶洞	1. 气藏呈带状展布； 2. 不同规模的缝、洞错落分布； 3. 油气水关系复杂	构造作用、溶蚀作用
礁滩型	龙岗	孔隙、溶洞	1. 气藏呈带状展布； 2. 礁滩体规模差异较大； 3. 流体分布复杂	沉积作用、成岩作用
岩溶风化壳型	靖边	孔隙	1. 气藏规模大； 2. 非均匀性溶蚀； 3. 地层水不活跃	构造作用、溶蚀作用
层状白云岩型	五百梯	孔隙	1. 气藏规模适中，薄层状； 2. 非均匀白云化，非均质性严重； 3. 受地层水影响严重	成岩作用、构造作用

（四）碳酸盐岩气藏描述内容和技术方法

根据碳酸盐岩气藏开发过程中气藏描述的任务和目的不同，将碳酸盐岩气藏描述分为开发早期阶段和开发中后期阶段。开发早期阶段利用有限的动静态资料，在对气藏地质认识的基础上做出预测，为气藏开发方案的制定提供依据。而开发中后期阶段，随着钻井、岩心等静态资料以及生产动态、动态测试资料的增加，对气藏的地质认识更加深刻，同时检验开发早期阶段地质认识正确与否。如果出现过大的认识错误，则需要对原有的开发方案进行调整，以保证对气藏的科学合理开发。如果开发中后期阶段实践后的认识同开发早期阶段气藏地质特征做出的判断和预测符合程度越高，说明开发早期阶段对于气藏描述的工作效果越好。

不同开发阶段的气藏描述虽有其共同特点，但也有着很大的差别，主要表现在所拥有基础资料的质量、数量以及对气藏认识的程度不同，所要解决的开发问题、描述重点等也明显不同。碳酸盐岩气藏描述的主要任务内容和技术方法如表 4-5 所示。

表 4-5　气藏描述的主要任务、内容、技术方法

阶段	研究任务	描述内容	技术方法
开发早期阶段（开发方案实施之前）	从技术和经济上对气藏是否开发做出可行性评价；预测可能达到的生产规模；计算气藏可采储量；钻好开发井，取全取准气藏动静态数据；提出钻采、地面工程的轮廓设计	气藏的主要圈闭条件及形态；整个气藏小层划分与对比；开展沉积相及亚相研究；搞清主力储层的分布特征及其富集分布规律；宏观气水系统划分及其控制条件；建立储层静态模型	井震结合的构造解释技术；以层组为单元的地层划分与对比技术；沉积相及亚相分析技术；储层非均质性描述技术；储层综合评价及分类技术；储层静态地质模型建立技术
开发中后期阶段（开发方案实施之后）	气藏地质再认识，核准气藏构造形态；气藏正常生产管理，进行动态监测，开发分析；编制有关层系、井网等综合调整方案，并组织实施；结合气藏工程的生产动态分析、数值模拟等量化剩余储量三维空间分布；确定挖潜、提高采收率措施	油藏构造核准，沉积微相及微构造研究；储渗单元划分及对比；流体分布及动态变化；剩余储量空间分布；建立储层预测地质模型	微构造精细解释技术；以小层为单元的储层划分与对比技术；沉积微相及能量单元分析技术；动态监测分析技术；储渗单元研究技术；剩余储量评价技术；储层动态预测模型建立技术

四、中国碳酸盐岩储层描述实例

下面以川东石炭系五百梯气田层状白云岩气藏为例来论述碳酸盐岩储层描述。

（一）等时地层格架的建立

碳酸盐岩等时地层格架的建立相对于碎屑岩来说难度更大。在地震识别界面的基础之上，采用岩心、录井、薄片鉴定及测井曲线等资料，建立四川石炭系五百梯气田等时地层格架。

1. *层序界面的识别*

1）三级层序界面识别

整个石炭系黄龙组底界为 I 型层序界面不整合，黄龙组超覆在下扬子地区不同时代的地层上。据取心资料发现，黄龙组地层产状与下伏志留系产状也不相同，经过加里东运动及柳江运动之后，志留系有不同程度的倾斜和弯曲，形成志留系与黄龙组之间微小的角度

不整合或者是侵蚀不整合（SB1）。黄龙组顶界为Ⅱ型层序界面平行不整合（SB2），黄龙组和二叠系之间有过沉积间断，川东局部石炭系已经被剥蚀殆尽，但是大多数地又保留了几米到几十米厚度的地层。

顶底的两个不整合面（SB1、SB2）特征比较明显，黄龙组下部电性特征表现为深、浅侧向呈块状高阻，自然伽马呈高值，与下伏志留系泥质岩类的低电阻率和高自然伽马明显分界。上部电性特征表现为深、浅侧向呈明显的厚层状高阻，自然伽马呈齿状低值，与上覆的二叠系高自然伽马低电阻率明显分开（图4-6）。

2）四级层序界面识别

整个石炭系黄龙组为由两个不整合面限定的一个三级层序，整个三级层序为一个慢速海侵正常海退的过程。在岩心描述的基础上，经过对测井曲线的对比发现黄龙组下部发育一个相对齿状高伽马层段，上部发育一个高伽马齿状层段（图4-6）。经过层序地层分析表明两个高伽马值的层段分别对应于三级层序的初始海泛面（TS）和最大海泛面（MFS）。在初始海泛面和最大海泛面划分的基础上，将石炭系黄龙组三级层序划分为三个四级层序，分别对应于三级层序的低位体系域、海侵体系域和高位体系域。四级层序的界面识别比较明显。

3）五级层序界面识别

为了精细研究石炭系黄龙组主力层段（c_2hl^2），依据储层岩性、储集空间类型以及同测井曲线的反应关系发现hl^2段发育两个沉积旋回，两次不同的沉积旋回发育在不同的沉积环境下，导致沉积了不同的岩石类型及后期不同的成岩环境。

经过对全区所有井的对比发现，c_2hl^2两期不同的沉积旋回在电阻率曲线上表现出明显的阶段性，两段高电阻率，深浅电阻率差异明显的层段被一个齿状高电阻率，深、浅侧向差异较小的层段分割，这一个齿状高阻段可以在全区进行对比（图4-6）。

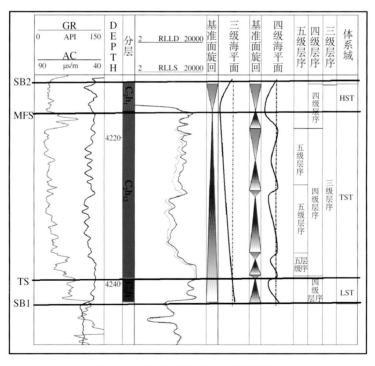

图4-6 五百梯气田单井地层格架图

2. 地层等时格架的建立

在单井等时地层格架建立的基础上，通过骨架井等时地层格架的划分与对比，建立目的层段的等时地层格架。研究结果表明五百梯石炭系纵向上埋深一般在4200m以下，最深超过5200m，地层自下而上可细分为 C_2hl^1、C_2hl^2 和 C_2hl^3 三段。

C_2hl^1 段：钻厚1.8～8.26m。岩性为石灰岩与含陆源石英砂的砂屑白云岩。上部为褐灰色细—粗晶次生灰岩，石灰岩中一般见角砾，下部砂屑白云岩与石灰岩互层，白云岩中少见零星针孔，本段储层在三段中最不发育。电性特征表现为深、浅侧向呈块状高阻，自然伽马呈高值，与下伏志留系泥质岩类的低电阻率和高自然伽马明显分界。平面上地层厚度分布差异较大，工区西部和东部地层厚度较厚，天东59—天东64井区地层厚度较薄。

C_2hl^2 段：钻厚19.7～27.8m，局部残厚仅4m，岩性以虫、砂屑细粉晶白云岩，细、粉晶白云岩，角砾白云岩为主。本段为石炭系气藏的主要储渗层，溶孔、溶洞发育，局部密集形成溶孔层。生物以有孔虫、介形虫、棘皮、蓝藻为主，其次为瓣鳃、腹足、珊瑚、鏇等。白云岩中间夹薄层去白云化灰岩。电性特征表现为深、浅侧向电阻率比 C_2hl^1 和 C_2hl^3 都低，呈锯齿状。自然伽马上部有一高值段，中下部呈齿状低值。平面上工区西部地层厚度薄，整个主体区地层厚度差异不大，地层发育相对稳定，厚度在22～28m之间。主体区天东60—天东16—天东61—天东69井区以及大天002-3井区地层厚度较厚。

C_2hl^3 段：残厚最大7.5m，部分井区已被剥蚀殆尽。岩性为细粉晶灰岩，角砾灰岩，细、粉晶白云岩，角砾白云岩，局部夹亮晶灰岩。本段孔洞发育相对较差，储渗性能远次于 C_2hl^2 段。电性特征表现为深、浅侧向呈明显的厚层状高阻，自然伽马呈齿状低值。平面上工区北、西、东部及天东76井区 hl^3 层段被剥蚀掉，整个工区东南端地层厚度较大，主体区内部底层厚度分布不均。

纵向上 C_2hl^2 段分布最稳定，厚度也最大，一般在20～27m，仅局部因受侵蚀厚度较薄；C_2hl^3 段因遭受侵蚀分布极不稳定，呈残丘状，多井处缺失，目前已有井最大钻厚仅7.5m；C_2hl^1 段厚度较薄，但分布较稳定，各井钻厚在1.8～10.4m之间，平均4.6m（图4-7、图4-8）。

等时地层格架约束为岩性、物性等非均质性特征在三维空间分布、为科学合理的评价碳酸盐岩储层的非均质性奠定了基础。

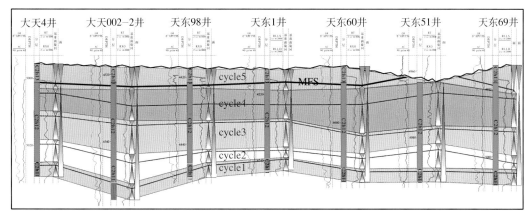

图4-7　垂直断层方向等时地层格架

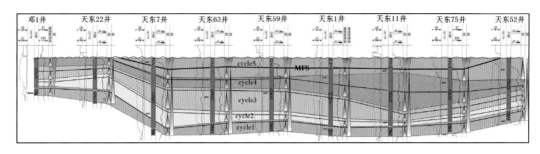

图 4-8　平行断层方向等时地层格架

（二）储层非均质性的控制因素

1. 沉积环境对储层非均质性的影响

沉积亚相对储层的分布具有控制作用。不同的亚相有着不同的沉积环境、不同的水动力条件，不同的沉积亚相同时也影响储层物性的好坏。石炭系纵向上相序频繁交替，不同时期的岩性岩相变化较大，因而不同沉积亚相内储层物性具有明显的差异，最终影响储层的纵横向分布。

1）区域沉积背景

从沉积作用的角度来看，川东石炭系发育潮坪沉积体系，主要受东北与西南两大潮坪体系的影响。潮汐沟道和粒屑滩发育，粒屑滩小面积叠合发育，局限发育于潮坪体系的潮沟之间，包括粒屑滩、砂屑滩、生屑滩和鲕滩。

2）沉积相纵向展布特征

五百梯气田 C_2hl^1、C_2hl^2 及 C_2hl^3 段自下而上发育蒸发膏湖相沉积、咸化潟湖相沉积和正常海湾相沉积三种沉积相，暴露蒸发微相、石英砂浅滩微相、膏湖微相微相、潟湖内浅滩微相、潟湖微相、暴露浅滩微相、生物滩微相和正常海湾微相八类沉积微相。

C_2hl^1 段沉积时期为三级层序的低位体系域，水体较浅，水体动能较弱，水体蒸发量大于水体供给量，发育蒸发膏盐湖相沉积，在构造高部位发育暴露蒸发，局部位置为石英砂浅滩沉积，沉积体规模尺度较小（图 4-9、图 4-10）。

C_2hl^2 段沉积时期为三级层序的海侵体系域，纵向上主要发育潟湖相沉积和潟湖内浅滩沉积，局部地区发育暴露浅滩沉积。这个时期地表坡度较缓，水体源源不断地突破障碍物的阻挡或者是沿着潮道进入潮坪相体系内，因此水体能量较足，主要发育潟湖内浅滩沉积。这个时候潟湖内浅滩沉积纵向上厚度较厚，平面上连续性较好，在局部构造较低位置发育潟湖相沉积，在局部构造高位置发育暴露浅滩沉积。潟湖相沉积和暴露浅滩沉积体规模尺度较小，纵向规模尺度较小，平面上连续性较差（图 4-9、图 4-10）。

C_2hl^3 段沉积时期为三级层序的高位体系域，纵向上主要发育正常海湾相沉积，工区东北、西北区及个别井区地层被剥蚀掉。整个 C_2hl^3 沉积期残留厚度较薄（图 4-9、图 4-10）。

3）沉积相平面展布特征

在单井相划分及纵向沉积相剖面划分的基础上，依据五个三级层序，在平面上描述不同类型沉积微相在平面上的分布，以此研究不同类型沉积微相对储层发育的影响。

C_2hl^1 段（Cycle1）沉积时期为三级层序低位体系域，潮坪体系内水体蒸发量大于供给量，这个时候主要发育膏湖相沉积，在五百梯东北端和西北端发育潟湖相沉积，中部天东15—天东71—大天4—天东59—天东69—天东72—天东75 井区古构造位置相对较高，发育暴露蒸发相沉积，靠近东北端水浸方向上（天东8井附近）发育潟湖内浅滩沉积。

C₂hl² 下段（Cycle2）沉积时期为三级层序海侵体系域初始阶段，这个时候东北端水体和西北端水体沿着继承性潮道或者是越过局部构造高部位水侵，大面积发育潟湖相沉积，在潟湖边缘发育潟湖内浅滩沉积，不发育暴露蒸发相沉积，暴露蒸发相内不构造较低位置发育继承下来的膏湖相沉积，同时局部地区可能还发育有暴露浅滩沉积。

C₂hl² 中段（Cycle3）沉积时期为三级层序海侵体系域中期阶段，由于水体缓慢上升，水体能量较足，盐度趋于正常，碳酸盐岩沉积速度大大增加，再加上这个时候整个川东石炭系由于填平补齐作用导致地层起伏不大，广泛发育潟湖内浅滩沉积，沉积物主要为白云岩，成为川东石炭系最有利的储层。东北端和西北端发育潟湖相沉积，潟湖内浅滩成为主要沉积微相，也是最有利微相。

C₂hl² 上段（Cycle4）沉积时期为三级层序海侵体系域末期，类似于 Cycle3 时期，这个时候水体同样缓慢上升，发育大面积的潟湖内浅滩沉积，东北端和西北端发育潟湖相沉积，个别地区（大天4井附近）由于地势较低，海水完全淹没该地区，为海湾相沉积。

C₂hl³ 段（Cycle5）沉积时期为最大海侵期，局部构造高位置发育潟湖相、暴露浅滩相和潟湖内浅滩相，有利沉积微相不发育。东北、北、西北、西南段被剥蚀（图4-11）。

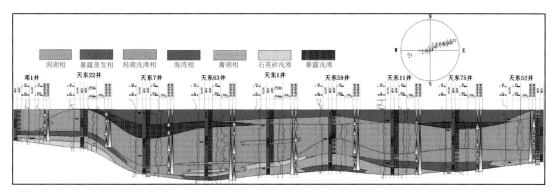

图 4-9　五百梯气田平行断层方向沉积微相剖面图

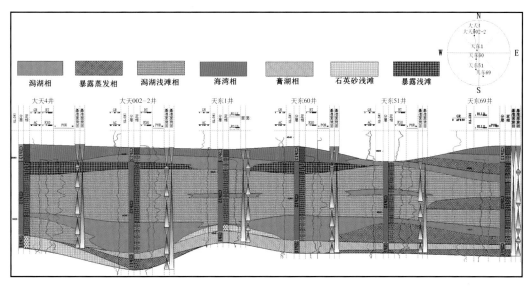

图 4-10　五百梯气田垂直断层方向沉积微相剖面图

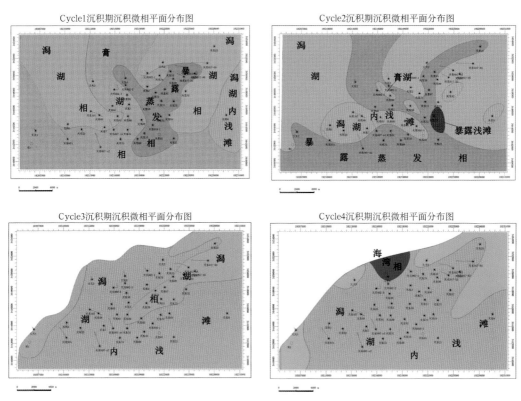

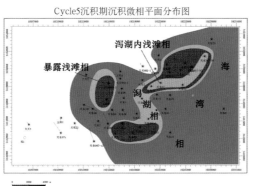

图 4-11 五百梯气田垂直断层方向沉积微相剖面图

对于碳酸盐岩储层来说，沉积环境对储层非均质性的影响是至关重要的，不同的沉积环境及沉积相为后期的成岩作用提供了最基本的岩石基础，不同的沉积环境和沉积相决定了原始的储渗空间、压实性和压溶性等，为成岩过程中流体在岩石中渗流从而发生成岩作用提供最基本的条件。因此可以说，沉积环境和沉积相是储层非均质性研究的基础。

2. 构造作用对储层非均质性的影响

构造作用对储集岩基质储集性能无明显的直接影响，主要是由于构造破裂作用形成了大量的裂缝，极大地改善了储集岩的渗透性能。石炭纪地层从其埋深以后经历了多期构造运动，发生了多期断裂。根据构造期次和裂缝充填物的研究分析，最主要的构造运动有燕山运动和喜马拉雅运动两期。印支—燕山运动期构造裂缝由于印支运动期在川东地区主要表现为整体抬升，褶皱作用弱，裂缝不是很发育，但形成有限的裂缝为油气运移进入石炭系储层或早期古圈闭提供了通道，但对石炭系储层改造作用不大。喜马拉雅运动期构造缝发育，喜马拉雅运动时期是四川盆地构造形成期，也是石炭系储层中裂缝（特别是有效裂缝）形成期。喜马拉雅运动为强烈的水平挤压运动，形成了断层和褶皱，伴生的张开缝为石炭系的主要渗滤通道。在寨沟湾气田石炭系裂缝以构造缝为主，虽然裂缝孔隙度远低于石炭系基质孔隙度，其储集性能可以忽略不计，但裂缝的发育增大了孔隙的连通性，改善了储集性能，裂缝成为流体的主要渗滤通道。其多发育在高点、长轴、扭曲、鼻突、鞍部等部位。因此喜马拉雅运动期形成的张裂缝对储层渗滤性有重要的改善作用。这一期裂缝最发育、有效性也最高，多为半充填或局部无充填，裂缝多为热液和天然气的主要运移通道。构造作用对渝东石炭系储层影响的另一个方面就是导致大量的石炭系剥蚀，形成石炭系侵蚀窗，直接剥蚀了储层。

3. 成岩作用对储层非均质性的影响

碳酸盐岩尤其是颗粒碳酸盐岩，原生孔隙很发育，但通常极易被方解石胶结物充填，因而，川东北石炭系碳酸盐岩储层总体特征是：低孔渗、小孔喉、储集空间以孔隙型为主，伴有裂缝。原生孔隙大多在埋藏时由于充填、压实及其他成岩作用逐渐减小并趋于消失，孔隙度大幅下降，从原生的50%下降到20%，再到最后的10%以下。表生期的溶蚀、淋滤和埋藏期的溶蚀及白云石化作用等，使次生孔隙和晶间孔隙发育。在同生期至早期成岩阶段，研究区处于海底和大气交替的环境，具有较大孔隙的碳酸盐岩沉积物经受淡水的淋滤、溶蚀作用和准同生白云石化等有利成岩作用，形成孔隙。同时也发生胶结作用，导致孔隙的破坏，使储集性能变差，但尚残存部分原生孔和晶间孔。在表生成岩阶段，由于云南运动的持续抬升（间断约25Ma），导致储层的长期裸露和剥蚀，一方面形成了大量的溶孔，同时也扩大了早期的溶孔。埋藏成岩环境下压实流体的白云石化作用也为烃的运移聚集提供了有效的晶间孔。印支、燕山及喜马拉雅等地质运动导致构造裂缝的形成，有利于天然气的聚集成藏。

川东北地区石炭系储集岩成岩作用包括溶蚀作用、泥晶化作用、胶结作用、压实作用、重结晶作用、白云石化作用、去膏化作用、去白云石化作用、硅化作用、破裂作用等。

1）溶蚀作用

溶蚀作用控制石炭系储层发育，形成了大量的溶蚀孔、洞，是储层最终形成的关键。溶蚀作用在古表生期和埋藏期均有发生，一方面增加了储集空间，另一方面也改善了渗透性。前人研究表明，石炭系主要溶蚀作用有：同生期淡水溶蚀作用、表生期的古岩溶作用和晚成岩阶段早期溶蚀作用，但以前两种溶蚀作用为主（图4-12）。

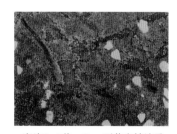 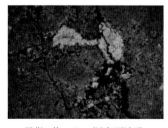 

寨沟3-1井，C₂，石英充填溶孔　　马鞍1井，C₂，沥青环溶孔　　复1井，C₂，沿裂缝有溶蚀

图4-12 不同期次溶蚀孔发育铸体薄片

同生期淡水溶蚀作用：淡水溶蚀作用在石炭系白云岩中十分发育，特别是在颗粒云岩

和部分角砾云岩中最常见，发生在同生阶段，沉积岩暴露地表受大气淡水淋滤而形成选择性溶蚀的粒内孔、生物体腔孔、鸟眼孔、生物钻孔及粒间孔。

表生期的古岩溶作用：海西期云南运动使本区整体抬升进入地表成岩环境，使石炭系黄龙组碳酸盐岩遭受风化剥蚀及地表淡水的淋滤、溶解产生大量溶蚀孔、洞。

晚成岩阶段早期溶蚀作用：石炭系碳酸盐岩进入深埋藏成岩环境后，由于石炭系烃源岩是不整合面之下的志留系泥岩、页岩，在晚三叠世印支运动时，进入液态烃形成高峰期。在烃类热演化过程中，排出含有大量有机酸和 CO_2 的成岩水。作为一种热流体，在浮力和压力作用下，沿断裂和其他通道向压力较低的隆起方向流动，进入石炭系白云岩中，并对岩石进行溶蚀，产生溶蚀孔，即有粒间的、有破坏岩石组构的、也可沿裂缝和压溶缝合线溶蚀，形成的溶蚀缝或串珠状溶孔。晚期溶蚀作用产生的次生孔隙，同石炭系的烃源层成油和排烃高峰期在时空上有一致性，孔隙逐渐被烃类充满而保存下来，成为主要的储集空间。

2）白云石化作用

渝东地区石炭系储层主要为白云岩，不同的白云岩类型其孔渗特征有一定的差别，但都与白云石化作用有关，白云石化作用控制了本区石炭系储层发育程度和分布特征。白云岩储层主要包括颗粒云岩、粉晶云岩和角砾云岩三大类，从岩心薄片鉴定成分与物性分析可见，白云石含量多少决定了孔隙的发育程度，白云石含量与孔隙度呈一定正相关关系。白云石化作用主要包括准同生期白云石化作用和早成岩期白云石化作用。

准同生白云石化作用在干燥气候条件和蒸发咸化条件下，沉积物尚未完全脱离沉积水体时，准同生成岩期所发生的蒸发白云石化作用和富镁盐水交代钙质沉积物所产生的白云石化作用，主要是咸化海水白云石化作用，常常形成一定量的白云石晶间孔。由于海平面的升降，成岩环境可暴露在水面之上，沉积物干涸形成干缩缝及同生干裂角砾白云岩，在潮上带环境发生准同生白云石化作用。结合川东研究成果，此阶段形成了重要的白云石晶间孔，同时还保留了沉积期选择性溶蚀的粒内孔、生物体腔孔、鸟眼孔、生物钻孔及粒间孔。

早成岩白云石化作用，指沉积物在早成岩阶段所遭受的白云石化作用，是本区极其重要的一次成岩作用，在成岩水和残余海水介质条件下所发生的白云石化作用和白云石化加强作用，该作用在很大程度上改变了原岩组构，使结构变粗，粒屑结构变为残余粒屑晶粒结构，产生一定量的白云石晶间孔。结合川东大量研究成果，这期白云化主要为混合水成因白云化，由于石炭系 C_2hl^1 到 C_2hl^2 段沉积期处于海侵初期，气候干旱，蒸发作用强烈，海水的盐度较高，在沉积物埋藏过程中，这种高盐度的海水具有较高 Mg/Ca 值，使得原始的灰泥或颗粒灰岩发生白云石化。白云石化的水介质则为原始海水，这种原始海水在埋藏过程中由于地温梯度、浓度和盐度的差别而进行扩散或弥散，形成了大区域的整体白云化。这种扩散白云石化是沉积物被埋藏之后发生，结晶速度十分缓慢，故其晶形多为粉晶或细晶，这种晶体有利于白云石晶间孔隙的发育，从而为以后的岩溶作用提供了有利的场所和空间，成为本区很好的主要储层类型（颗粒云岩、晶粒云岩类储层）。而 C_2hl^3 段沉积期整个川东地区海侵达到高峰，海水处于正常盐度，即使在埋藏过程中也达不到白云石交代所需的 Mg^{2+} 浓度，故在 C_2hl^3 段沉积期白云石化作用不强或基本上没有白云石化作用。

3）胶结作用

胶结作用是石炭系储层孔隙减少的主要原因，胶结作用充填原生孔隙，对储层起破坏作用。黄龙组储集岩早期胶结作用主要发生在各种颗粒岩的原生粒间孔及生物体腔孔中，在颗粒表面形成等厚环边。经白云石化作用后可见到纤状或叶片状幻影，表明它们是在海底—近地表环境中形成的文石或镁方解石胶结物。

黄龙组储集岩晚期胶结作用主要发生在各种次生溶孔中，胶结物成分较多：粒状—块状晶方解石、粒状晶白云石、石英、萤石等。以粒状—块状晶方解石最普遍，对孔隙充填作用最为强烈。它常集中发育于一些层段内使孔隙大幅降低。其他如石英、白云石等多为孤立状充填、半充填孔隙，对孔隙损失较小。

4）重结晶作用

重结晶作用使晶粒由小变大，作用强烈的地方一些颗粒的边界变得模糊不清，同时内部结构也被破坏。在石灰岩中由于重结晶作用，孔隙趋于消失。相反在白云岩中，由于重结晶作用，白云石晶形变好，使得晶间孔隙得以发育。

5）去白云石化作用

去白云石化作用也是影响石炭系黄龙组储层发育的重要成岩作用之一，石灰岩中孔隙极不发育，有些石灰岩是表生成岩环境中去白云石化作用形成的，次生灰岩目前还保存云石晶形。去白云石化作用主要集中于 C_2hl 段下部，表现为形成厚度不等的次生灰岩。去云化作用后重结晶形成的次生灰岩，方解石晶体粗大，为中—粗晶结构，成层状分布，岩性致密，物性差。

（三）气藏储量计算及可动用性分析

沉积、构造以及成岩作用对储层岩性、储集空间以及孔喉特征起控制作用，从而影响储层物性的非均质性，最终可为碳酸盐岩气藏的稳产和挖潜提供依据，提高气藏的开发效果。

1. 孔隙度分布特征

通过对五百梯气田石炭系气藏储层有效孔隙度统计分析（结合岩心分析数据及测井成果），各井的平均有效孔隙度变化较大，在 3.3% ～ 8.75% 之间。其中 6% 以下的井 25 口，占总井数的 64.1%，6% ～ 8.76% 的井 14 口，占总井数的 35.9%，气藏各井平均孔隙度为 5.62%。五百梯气田碳系气藏储层属于中—低孔隙度储层。

研究发现，一、二类储层发育区天东 007-X2、天东 007-X4、天东 63、天东 69 井处储层物性最好；三类储层发育区表现为三个高渗条带：大天 4—天东 98—天东 79 井区，天东 63—天东 16—天东 61 井去和天东 52 井区（图 4-13）。

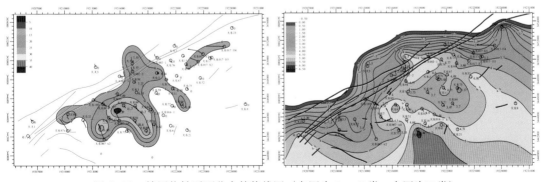

图 4-13　储层物性平面分布等值线图（左图为Ⅰ+Ⅱ类，右图为Ⅲ类）

2. 渗透率分布特征

各井平均基质渗透率变化较大，在 0.028 ~ 8.25mD 之间，平均为 3.79mD。五百梯气田石炭系气藏储层渗透率主要在 10mD 以下，占总样品数的 91.42%，反映出五百梯气田石炭系气藏储层基质渗透率较低的特征。

由于气藏非均质性强，气藏渗透率特征平面分布差异大，但高低渗区分布较为集中，主要形成了"两高两低"的分布特征（图 4-14）。主高渗区主要围绕在大天 2—天东 2—天东 1—天东 60—天东 65—天东 68—天东 63—天东 62 天东 16—天东 69 井区；次高渗区主要围绕在天东 67—天东 11—天东 64 弯月状井区；南低渗区主要在五科 1 井—天东 22—天东 7—天东 51—天东 73 井区；北低渗区主要在环天东 21—天东 61—天东 59—天东 71—天东 76 天东 15—天东 17—天东 52 井区。总体来说渗透率在气藏内部分布较复杂，不完全受构造影响，最高为天东 63 井，渗透率值 11mD，最低为天东 21 井，渗透率值 0.016mD。

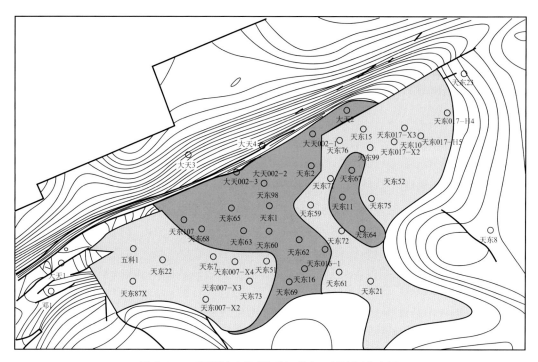

图 4-14　五百梯气田石炭系气藏高、低渗区分布图

3. 气藏储量计算及动用程度评价

将气藏划分为主高渗区、次高渗区、南低渗区和北低渗区。主高渗透区分布面积 36.49km²，用容积法计算储量为 132.46×10⁸m³，储量丰度为 3.63×10⁸m³/km²。次高渗透区分布在北低渗区内部，含气面积 7.57km²，容积法计算得储量为 24.29×10⁸m³，储量丰度为 3.21×10⁸m³/km²。南部低渗区分布面积为 37.5km²，用容积法计算储量为 47.36×10⁸m³，平均储量丰度为 1.26×10⁸m³/km²。北部低渗区分布面积为 60.35km²，用容积法计算储量为 145.86×10⁸m³，平均储量丰度为 2.42×10⁸m³/km²。

截至 2010 年 9 月气藏已陆续投产 34 口，累计产气 125.48×10⁸m³，累计产水 12.4×10⁴m³。目前生产井 32 口（天东 61、71 井已封闭），日产气 251.71×10⁴m³ 左右，日产水 54m³ 左右，按本次计算的容积法储量 349.96×10⁸m³，采出程度为 35.85%，采出程度仍较低，但气藏已于 2008 年进入递减期。为研究气藏剩余储量分布及低渗难动用储量挖潜，对五百梯气田石炭系气藏储量的动用情况进行分析。研究结果表明，目前气藏采气量主要由高渗区贡献，主，次高渗区采出程度分别达到 72.2% 和 83.1%，南北低渗区采出程度均低于 10%。气藏剩余静储量 $224.49 \times 10^8 m^3$，其中低渗区占 81.3%，剩余动储量 $116.44 \times 10^8 m^3$，低渗区仅占 14.9%，说明低渗区动用困难。动用程度差异性最根本的原因是气藏储层分布的非均质性，低渗区仍需加密布井或增产措施来增加储量动用。

第二节　碳酸盐岩气藏多孔介质模拟理论

油气藏数值模拟技术是编制油气田开发方案的核心技术之一，数值模拟效果的好坏往往关系到开发方案的成败。根据碳酸盐岩气藏储集空间类型的不同，可将碳酸盐岩储层划分为孔隙型碳酸盐岩储层、裂缝型碳酸盐岩储层及裂缝—孔隙型复合碳酸盐岩储层等。碳酸盐岩储层作为一种多重介质，其裂缝和基质系统的发育程度有所差异，这样就形成了具有不同渗流系统的储层，他们在油气开发过程中具有不同的表现。目前，对于孔隙型气藏，有相对系统的碎屑岩气藏开发理论与方法；对于裂缝—孔隙型油气藏，用双重连续介质理论，已形成开发理论与方法；针对缝洞型气藏，其开发理论还不成熟，目前对这类复杂介质气藏数值模拟研究还很少，商业软件还不能进行有效的模拟。

面对气藏数值模拟方面存在的问题，主要针对靖边气田溶孔发育气藏、龙岗礁滩型气藏、塔中 I 号缝洞型凝析气藏展开研究，针对碳酸盐岩存在不同尺度孔缝洞复杂介质气藏的特点，建立了针对碳酸盐岩孔缝洞多尺度复杂介质数学模型，并进行了数学求解，为碳酸盐岩孔缝洞多尺度复杂介质数值模拟技术奠定了理论基础。

一、碳酸盐岩储层地质及渗流特征

碳酸盐岩储层包括石灰岩、白云岩及它们的过渡岩性。碳酸盐岩的储集空间类型远比砂岩丰富多样，一般除了残留的原生孔隙外，更多的是次生孔隙、孔洞和发育的裂缝。因此它们的成因、结构、大小的变化和连通方式多样，其储集性质及渗流特征也复杂多变。

（一）碳酸盐岩储层的孔隙分类

碳酸盐岩储层孔隙类型多样，根据孔隙形成时期及其与成岩作用的关系，将其划分为原生孔隙和次生孔隙两大类。

1. 原生孔隙

在最后沉积作用结束时，沉积物或岩石中存在的任何孔隙都称为原生孔隙，包括沉积前孔隙和沉积期孔隙。原生孔隙形成于碳酸盐岩沉积质点及沉积过程中。碳酸盐岩的原生孔隙有以下几种。

（1）粒间孔隙：碳酸盐岩颗粒之间相互支撑形成的孔隙。颗粒的形状、大小、圆度和分选以及堆积方式直接影响其数量和连通性，是沉积时期形成的原生孔隙。粒间孔隙多以不同程度溶解扩大或胶结物充填的形式出现，胶结物完全充填时，该孔隙作为流体储集及渗流功能时失去作用。

（2）粒内孔隙：碳酸盐岩颗粒内部的孔隙。它是在颗粒沉积前就形成的孔隙，如生物体腔孔等，个别鲕粒内部也有这种孔隙。粒内孔隙的绝对孔隙度可以很高，但有效孔隙度不一定高，需要粒间孔隙或其他孔隙与之连通才比较有效。

（3）生物骨架孔隙：由原地生长的造礁生物的骨架支撑所形成的孔隙。各种生物礁灰岩均有发育生物骨架孔隙，具有很高的孔隙度和极高的渗透率是其主要特点。

（4）晶间孔隙：碳酸盐岩矿物晶体之间的孔隙。其孔隙大小与晶体粗细、晶体均匀程度及排列方式有关。晶间孔隙可以是沉积时期形成的，但更多则是成岩后生阶段由于重结晶作用、白云石化作用等形成的。晶间孔隙虽有较高的绝对孔隙度，但若无其他孔隙连通时，其有效孔隙度是很低的。

除此之外，碳酸盐岩中的原生孔隙还有生物钻孔、鸟眼孔隙等。

2. 溶蚀形成的次生孔隙

次生孔隙又称为溶解孔隙、溶蚀孔隙，它是碳酸盐岩被地下水溶蚀的产物。碳酸盐岩由于化学稳定性较差，易受到水流溶蚀形成发育的溶蚀孔隙。溶蚀孔隙既可以形成于成岩后生阶段，也可以产生在沉积晚期和成岩早期。

（1）粒内溶孔和溶模孔：粒内溶孔是各种颗粒内部由于选择性溶解所形成的孔隙，它常是初期溶解作用造成的。当溶解作用继续进行，粒内溶孔进一步扩大到整个颗粒或晶粒时，便称为溶模孔或印模孔。

（2）粒间溶孔：指各种颗粒之间的溶蚀孔隙，它是由胶结物或基质被溶解形成的。各种颗粒石灰岩都可以形成一定的粒间溶孔，其中灰泥含量较低的颗粒石灰岩在淋滤作用下易发育粒间溶孔。

（3）其他溶孔溶洞：除上述粒内和粒间两种溶孔之外，其余不受原岩组构控制，由溶解作用形成的孔隙，一般称为溶孔，孔隙较大的称为溶洞。

（二）碳酸盐岩储层裂缝分类

裂缝是碳酸盐岩的主要储集空间，并且常常是主要的渗流通道。许多毫无储渗价值的碳酸盐岩，仅仅由于裂缝发育才变得具有商业开采价值。另外，碳酸盐岩的裂缝中常被各种矿物充填，如方解石、白云石、硬石膏等，这是裂缝中流体运动的结果。碳酸盐岩裂缝的分类方法很多，从成因角度分析，可分为以下三种。

1. 构造裂缝

构造裂缝是指岩石受构造应力作用发生破裂形成的裂缝。碳酸盐岩由于脆性强，在构造应力作用下易形成裂缝，因此多数碳酸盐岩储层构造裂缝发育。构造裂缝的发育特点与相关应力作用下岩石发生构造变形的情况密切相关，它常常成组地出现在岩层变形单元的一定部位，具有一定的方向性，常连接成规则的网格状。依据形成裂缝的应力性质，构造缝又分为张裂缝和剪裂缝两种。张裂缝是岩石张应力超过岩石抗张强度时岩石破裂形成的裂缝。而剪裂缝是岩石中剪切应力超过岩石抗剪强度时形成的裂缝。

构造裂缝是碳酸盐岩储层裂缝中的主要类型，许多溶蚀洞缝常常是在构造裂缝的基础上形成、发展而成的。

2. 成岩裂缝

在成岩阶段，由于上覆地层的压力作用及沉积物本身的失水收缩、干裂或重结晶等作用，常可形成各种裂缝，这些裂缝称为成岩裂缝。成岩裂缝的特点一是分布受层理限制，不穿层，多平行于层面展布；二是缝面弯曲，形状不规则。

3. 风化淋滤裂缝

古风化壳上的碳酸盐岩，由于长期出露地表，遭受风化剥蚀和大气淡水淋滤，形成的裂缝风化淋滤裂缝。风化淋滤裂缝的发育分布与距风化壳界面的深度密切相关。在风化壳顶面以下一定深度范围，裂缝十分发育；当超过一定深度，其风化壳裂缝大为减少，而在风化壳顶面附近，由于土壤化，裂缝多被充填。

（三）碳酸盐岩气藏流体渗流物理特征

从碳酸盐岩气藏的宏观分析来看，其构造成因、气藏类型、水动力特征十分复杂；从微观孔隙结构分析来看，它是由十分复杂的孔洞和裂缝网络所组成，气藏中的流体就沿着这些网络运动，具有与一般流体所不同的运动形态和规律。由于裂缝系统和基质系统是共存于碳酸盐岩气藏的两个相互联系、相互制约的裂缝—孔隙网格系统，因而油、气、水在裂缝和基质两套介质系统中的渗流十分复杂。因此，从孔缝洞系统中找出控制碳酸盐岩气藏储集和渗流的关键因素对于碳酸盐岩气藏数值模拟模型的建立至关重要。

1. 碳酸盐岩气藏裂缝孔隙度和渗透率

碳酸盐岩气藏的孔隙度和渗透率是评价储层储渗能力的重要物性参数，依赖于静态和动态资料的综合研究而确定。

1）孔隙度

碳酸盐岩气藏具有两种孔隙系统：第一类是岩石颗粒之间的孔隙空间构成的粒间系统，第二类是裂缝和孔洞的孔隙空间形成的系统。对于裂缝孔隙度的计算，现在有体积法、开度法、面积法以及曲率法四种方法。

一般情况下，碳酸盐岩储层中裂缝孔隙度很低，绝大多数情况下都低于1%。在孔隙型碳酸盐岩储层中，天然气主要储存在粒间孔隙和溶洞中，裂缝孔隙度可以忽略不计。在纯裂缝型储层中，天然气主要储存在裂缝和与裂缝有关的孔洞中，此时裂缝孔隙度起着重要作用，有时基质孔隙度几乎无效。在裂缝—孔隙型碳酸盐岩气藏中，裂缝孔隙度和基质孔隙度都十分重要，但起着储气作用的主要是基质孔隙度，并且在渗流过程及流体交换方式和程度方面，裂缝—基质渗透率的影响极大。

2）渗透率

如何评价碳酸盐岩气藏中裂缝的渗透率是一个重要问题。一般来说裂缝的渗透率远远大于基质的渗透率。岩石的总渗透率等于基质渗透率和裂缝渗透率之和。在实际取心过程中很难获得带有裂缝的岩心，实验测定的渗透率大多只是基质渗透率，往往不能真实反映地下储层的裂缝渗透率特征。因此，在实际应用中，可采用试井方法来计算储层的裂缝渗透率。

2. 碳酸盐岩气藏的压缩系数

碳酸盐岩气藏在投入开发之前，处于上覆岩层压力和孔隙流体压力的相互平衡状态。投入开发之后压力平衡受到破坏，孔隙流体压力的下降会导致储层骨架有效应力的增加，使裂缝和孔隙变形，孔隙体积缩小；裂缝和孔隙中流体也会因压力的降低而产生体积膨胀，从而产生岩石和流体的综合膨胀作用。

1）孔隙体积压缩系数

孔隙体积压缩系数是指上覆压力恒定不变时，由于孔隙压力的变化导致孔隙体积的变化率。对于裂缝型气藏，裂缝和基质的孔隙体积压缩系数可表示为：

裂缝孔隙体积压缩系数：

$$C_f = \frac{1}{V_{pf}} \frac{dV_{pf}}{dp} = \frac{1}{V\phi_f} \frac{d(V\phi_f)}{dp} \tag{4-1}$$

基质孔隙体积压缩系数：

$$C_m = \frac{1}{V_{pm}} \frac{dV_{pm}}{dp} = \frac{1}{V\phi_m} \frac{d(V\phi_m)}{dp} \tag{4-2}$$

2）流体压缩系数

单相流体压缩系数是指单位体积的流体在压力改变一个单位时体积的变化率。对于饱和多相流体的裂缝型油藏，油、气、水的压缩系数可以分别表示为：

油：

$$C_o = \frac{1}{V_o} \frac{dV_o}{dp} = -\frac{1}{\phi_m S_{om} + \phi_f S_{of}} \frac{d(\phi_m S_{om} + \phi_f S_{of})}{dp} \tag{4-3}$$

气：

$$C_g = \frac{1}{V_g} \frac{dV_g}{dp} = -\frac{1}{\phi_m S_{gm} + \phi_f S_{gf}} \frac{d(\phi_m S_{gm} + \phi_f S_{gf})}{dp} \tag{4-4}$$

水：

$$C_w = \frac{1}{V_w} \frac{dV_w}{dp} = -\frac{1}{\phi_m S_{wm} + \phi_f S_{wf}} \frac{d(\phi_m S_{wm} + \phi_f S_{wf})}{dp} \tag{4-5}$$

3）碳酸盐岩气藏的综合压缩系数

在碳酸盐岩气藏中，其研究对象通常是多相流体在双重介质中的渗透，因此经常用到综合压缩系数，同时考虑裂缝、孔隙、及其流体的总压缩性的大小。

根据压缩系数的概念，在一定的压力改变量下，裂缝型气藏流体总排出量等于裂缝和基质孔隙体积的变量与孔隙内多相流体的体积改变量之和，因此可以得到裂缝型气藏的综合压缩系数：

$$C_t = \frac{\phi_m}{\phi} C_m + \frac{\phi_f}{\phi_f} C_f + \frac{\phi_m S_{om} + \phi_f S_{of}}{\phi} C_o + \frac{\phi_m S_{gm} + \phi_f S_{gf}}{\phi} C_g + \frac{\phi_m S_{wm} + \phi_f S_{wf}}{\phi} C_w \tag{4-6}$$

式中　C——压缩系数；

　　　V——体积；

　　　p——压力；

　　　S——饱和度；

　　　ϕ——孔隙度。

公式中下角标字母：

o——油相；

g——气相；

w——水相；

p——孔隙；

f——裂缝；

m——基质；

t——裂缝与基质的综合。

一般情况下，裂缝系统比基质孔隙的压缩性要大，即裂缝压缩系数比基质孔隙压缩系数大；裂缝型气藏初始状态时的压缩系数较大，在开采过程中随地层压力下降，有效应力增加，裂缝和基质孔隙受到压缩，其压缩系数将减小。

3. 碳酸盐岩气藏的毛细管压力

在碳酸盐岩气藏中，毛细管压力比在常规气藏中起着更大的作用。

1）基质和裂缝系统的毛细管压力

在孔隙介质中含有两种非混相流体时，由于两种流体分子间的作用力和两种流体分子与岩石表面作用力的关系，使得两种流体的压力不同，这种压力差就是毛细管压力。其大小和界面曲率 R、界面张力 σ 及两种流体在岩石面上的接触角 θ 有关，即：

$$P_c=P_n-P_w=\frac{2\sigma\cos\theta}{r} \tag{4-7}$$

对于裂缝系统，可以根据平行板原理，则裂缝宽度为 W 的毛细管压力可表示为：

$$P_c=\frac{2\sigma\cos\theta}{W} \tag{4-8}$$

式中　P_c——润湿相压力；

P_n——非润湿相压力；

P_w——润湿相压力；

σ——两相界面张力；

θ——润湿接触角；

r——孔隙毛细管半径；

W——裂缝宽度。

由此可见，裂缝宽度越小，毛细管压力越大；裂缝宽度越大，毛细管压力越小。因此，在裂缝型碳酸盐岩气藏数值模拟中，对于规模较大的裂缝系统，其毛细管压力可以忽略不计；但是对于微裂缝发育的气藏，同时裂缝呈网络状分布时，其毛细管压力不能忽略。

2）驱替与渗吸毛细管压力

毛细管压力曲线不仅是流体饱和度的函数，而且与多孔介质内流体的饱和顺序有关系，由此造成毛细管压力的滞后现象。产生毛细管压力滞后效应的原因可以从两方面解释：一是驱替和渗吸过程中存在润湿接触角滞后效应；二是岩石的孔隙结构复杂而不均匀，存在大量"瓶颈"似的孔喉。油气藏开发过程是一个排驱过程与渗析过程相结合的过程，若储层亲水，则用水驱油就是渗吸过程，而油气藏的生成时油气的运移过程就是排驱过程。

3）毛细管压力在基质和裂缝间流体交换中的作用

在碳酸盐岩储层中，基质和裂缝系统所含饱和的流体不同，则基质和裂缝间流体交换和驱替类型也不相同（表4-6）。

表4-6 基质和裂缝系统间的驱替类型（水驱）

基质	裂缝	驱替类型
油	水	渗吸
油	气	驱替
水	油或气	驱替
气	水或油	渗吸

在双重介质中一种流体驱替另一种流体时，裂缝中压力变化较快，驱替流体首先在裂缝中流动，而岩块压力变化慢，与裂缝中流体交换也慢。因此驱替流体占据了裂缝之后，被裂缝包围的岩块中仍有大量被驱替的流体，如果两种流体密度不同，重力就是促进岩块中被驱替流体进入裂缝的动力。而毛细管力的作用跟重力的作用不同，当润湿相驱替非润湿相时，毛细管力是有利因素，当非润湿相驱替润湿相时，毛细管力是阻碍因素，岩块中被驱替流体降到残余油饱和度以前，当重力和毛细管力达到了平衡，就会停止流动。采收率高低取决于密度差、毛细管压力和岩块高度等因素。

4. 碳酸盐岩气藏的相对渗透率

相对渗透率不仅是饱和度的函数，而且还受孔隙结构、润湿性和流体饱和顺序的影响。对于裂缝型气藏而言，由于裂缝与基质具有不同的孔隙结构特征和储渗配置关系，因而两者相对渗透率曲线的形态和端点值有很大的差别。

1）基质孔隙系统的相对渗透率

对于碳酸盐岩气藏而言，基质孔隙系统相对于常规孔隙型储层而言，两者相对渗透率曲线具有相似的特征。对于基质孔隙来说，高渗透、高孔隙岩石的两相共渗区范围大，束缚水饱和度低；而低渗透、小孔隙岩石的两相共渗区范围小，束缚水饱和度高。这说明大孔隙具有比小孔隙更大的渗流通道。

2）裂缝系统的相对渗透率

E.S.Romm 采用 10～20 条平行裂缝所组成的简化模型来测定相对渗透率曲线，结果表明毛细管压力不会对裂缝系统中的油水分布产生明显的影响，因而油水相对渗透率与含水饱和度的关系曲线接近直线，裂缝系统中不存在束缚水和残余油，端点相对渗透率达到 1.0。

前苏联 B.H. 迈杰鲍尔对两壁平直的单个裂缝和复杂的裂缝介质的相对渗透率做了大量的实验研究。研究结果表明，单个裂缝中相对渗透率与含水饱和度间为非线性关系，存在少量束缚水和残余油饱和度，而且端点相对渗透率小于 1.0。而对于复杂的裂缝介质，由于裂缝中两相流体特征不可能归结为单一裂缝，而裂缝网络的相互连通性可以完全改变流动的特性；同时由于裂缝表面的粗糙度和复杂的孔隙结构，特别是微裂缝发育的裂缝系统，其裂缝末端具有部分孔隙性质的特点，因而实际裂缝介质的油水相对渗透率曲线并非呈线性关系，在裂缝介质中存在的束缚水饱和度和残余油饱和度比单个裂缝高，而且端点相对渗透率比单个裂缝小。同时研究结果表明，裂缝发育程度不同的岩石也具有不同的相渗特征。在碳酸盐岩气藏中，随着裂缝发育程度的不同，裂缝—基质渗透率极差 K_f/K_m 也不同，裂缝—基质渗透率极差在渗流过程中的作用也就反映了相对渗透率在渗流过程中的作用。

通过碳酸盐岩气藏中裂缝系统和基质系统在储集空间以及渗流特征方面的分析发现：裂缝发育程度不同，裂缝—基质渗透率极差不同，裂缝系统和基质系统的压缩系数、毛细管压力、相对渗透率以及基质—裂缝间的流体交换程度也不同，并且渗透率极差越小，储层越表现为孔隙的渗流特征；渗透率极差越大，储层越体现裂缝的渗流特征。裂缝—基质的渗透率极差体现着碳酸盐岩气藏渗流特征之间的内在关联。

5. 影响碳酸盐岩气藏渗流的因素

在碳酸盐岩气藏中，双重介质结构的特殊性决定了流体在双重介质中的渗流特点。典型的碳酸盐岩气藏双重介质试井曲线显示压力导数出现下凹（图4-15），表明其流动过程可以分为以下三个阶段。

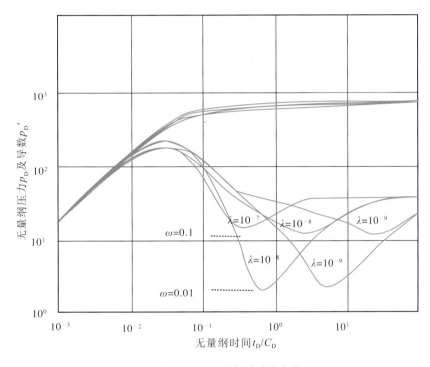

图4-15 双重介质试井曲线

第一个阶段为裂缝向井筒的渗流，当气井生产时，裂缝中流体首先流动，但基质中的流体还没有参与流动。该阶段气井产量完全来自于裂缝系统，此时井底压力反映裂缝系统的特征，出现裂缝径向流。

第二个阶段为两种介质之间的流动，当气井生产一段时间之后，由于裂缝中流体减少，裂缝压力降低，致使基质岩块系统和裂缝系统之间形成压差，基质系统中的流体参与流动，两种介质之间发生窜流。窜流时间发生的早晚和难易程度受两种介质储渗能力的差异性控制，通常由弹性储能比 ω 和窜流系数 λ 参数予以描述，其定义表达式为：

$$\omega = \frac{\text{裂缝系统弹性储能系数}}{\text{总弹性储能系数}} = \frac{\phi_f C_f}{\phi_f C_f + \phi_m C_m} \tag{4-9}$$

$$\lambda = \alpha r_w^2 \frac{K_m}{K_f} \tag{4-10}$$

式中　ϕ——孔隙度；

　　　C——压缩系数；

　　　K——渗透率，

　　　α——基质岩块的形状因子；

　　　r_w——井筒半径。

公式中下角标字母 f，m——裂缝和基质。

第三阶段为总系统的径向流，随着流体进一步流动，基质系统与裂缝系统中压力降落达到平衡，这个时候既有流体从基质中流到裂缝，又有流体从裂缝中流入井筒，渗流进入总体径向流动期。

储能比 ω 本质上表示存储在裂缝系统中的油或者是气所占的比例，裂缝孔隙度占总孔隙度的比例越大，裂缝弹性储能比就越大，ω 值也就越大。$\omega=1$，属于无孔隙的纯裂缝型气藏；$\omega=0$，属于常规的孔隙型气藏；$0<\omega<1$，属于孔—缝双重介质气藏。

λ 为窜流系数，表示流体从基质岩块向裂缝系统的能力，它由基质和裂缝渗透率比值决定，即 K_m/K_f。该参数控制着基质岩块的相应速度，因此也决定着过渡段所持续的时间；当 λ 较高时，基岩岩块的渗透率相对较高，因此当裂缝系统开始产出流体的同时，基岩也开始产出流体。反之，当 λ 较小时意味着基岩岩块渗透率非常低，在基岩明显产出流体之前压降主要来自裂缝系统，这个时候过渡段持续时间较长。当 λ 满足 $K_f \gg K_m$ 时，基岩内部的压力处处相同，窜流量只和基岩与裂缝之间的压差有关，过渡区窜流为拟稳态窜流；当 λ 不能满足 $K_f \gg K_m$ 时，基岩内部各点的压力不同，基岩内本身存在不稳定渗流，过渡区窜流为不稳态窜流。

从上面的分析可以看出，尽管碳酸盐岩储层的储集空间结构十分复杂，千变万化，但它们都与裂缝—基质渗透率极差之间存在着紧密的关联，即渗透率极差越小，储层越体现孔隙的特征；渗透率极差越大，储层越体现出裂缝的特征。裂缝—基质渗透率极差是碳酸盐岩气藏渗流的关键因素，可以作为判断各种不同储层类型的指标。

二、碳酸盐岩气藏数值模拟面临的难题

碳酸盐岩储层受沉积作用、成岩作用与构造作用这三种作用控制，形成礁滩类储层、缝洞型储层、白云岩储层以及岩溶储层四大类主要储气层类型，其主要储集空间为孔、缝、洞，表现出双重介质或三重介质特征。碳酸盐岩气藏在开发过程中存在的主要问题：（1）严重的非均质性，裂缝与基质的渗透率差异很大，裂缝本身因缝宽不同渗透率差异悬殊，而缝洞型气藏通常连通性差；（2）采油速度敏感性，大缝大洞采油速度可以很高，波及系数与驱油效率较高，中等缝洞采油速度也可以很高，但随采油速度的增加波及系数会降低，基质自吸排油却需要控制采油速度；（3）裂缝、基质和溶洞三个采油系统难以转换。开发中的这些现象反映出碳酸盐岩气藏流体流动规律的复杂，因此开发过程中可控性差。目前，国内外针对碳酸盐岩气藏地质特征的预测与描述已经取得了很大进步，但开发一直是世界性难题，有必要系统地开展碳酸盐岩气藏数值模拟研究，以提高碳酸盐岩气藏的开发效果。

通过大量的文献调研与研究，认为碳酸盐岩气藏数值模拟还存在许多亟待解决的问题。

（一）解决好介质多尺度，流态多样性问题

碳酸盐岩气藏是典型的复杂介质气藏，裂缝、溶洞和孔隙这三种主要的储集空间尺度变化大，不同尺度介质中流体的流动规律不同，气藏数值模拟首先要针对不同的介质尺度，确定相应的流动特征，建立相应的数学模型，才能进行数值求解。

勘探与开发划分孔、缝、洞尺度的标准不尽相同，油藏与气藏也不一样，开发上主要以流态特征作为分类标准，流体在不同尺度的孔、缝、洞介质组合中的流动特征不一样。在不同尺度裂缝中可以为渗流、管流、平板流、甚至高速非达西流；在不同尺度的孔洞中可以表现为渗流、管流、高速非达西流；在大溶洞中表现为空腔流（图4—16）。表4—7是塔河油田孔缝洞划分标准，裂缝与孔隙尺度划分参考柏松章所著的《碳酸盐岩潜山油田开发》。由于气藏流体流动性大，尺度分类标准还要小。总的来说，表4—7的尺度分类还是相对定性的，更为相对准确的尺度分类还有待对流动规律进行物理模拟与数值模拟。

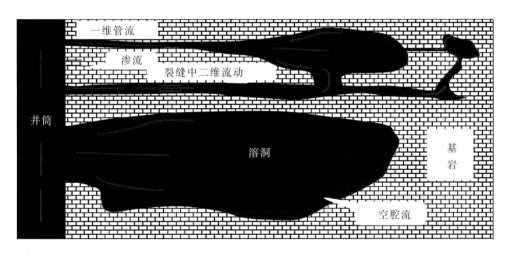

图4—16　缝洞型储层流态特征图

表4—7　孔、缝、洞多尺度油藏划分

介质	大尺度	中尺度	小尺度
孔洞（L：洞径）	$L > 100mm$	$100mm > L > 2mm$	$L < 2mm$
	洞穴	孔洞	孔隙
	空腔流或非达西流	管流	渗流
裂缝（L：缝宽）	$L > 0.1mm$	$0.1mm > L > 0.01mm$	$L < 0.01mm$
	大裂缝	中裂缝	小裂缝
	管流或非达西流	渗流	渗流

现有的商用数值模拟软件对裂缝与孔隙分布均匀，连通性好的基质—裂缝双重介质的问题研究比较成熟，但对离散裂缝，尤其存在溶洞这种介质的研究才刚刚起步。油藏工程师在进行孔缝洞复杂介质油藏数值模拟时，通常把溶洞看成大孔隙，采用增加孔隙度、增加渗透率的所谓等效连续介质方式处理，这种方法在洞不太大，流体流动速度不大时还是

有理论依据的。但当模拟气藏为高速非达西流、溶洞空腔流时，这种方法模拟计算是不准确的。(1) 流体在中尺度溶孔、大尺度洞穴中的流动不同于渗流，前者是管流或者高速非达西流，后者属空腔流，流动机理完全不一样，空腔流遵循 Navier—Stokes 公式。(2) 等效连续介质方式处理不能处理在大型洞穴中的情况。(3) 溶洞分布随机性强，往往连通性也差，用基于 Warren—Root 双重连续介质模型基础上的等效处理误差很大。

（二）溶洞单元两相流 Navier—Stokes 数值求解问题

现有气藏数值模拟均基于达西渗流理论，而溶洞内属空腔流，遵循 Navier—Stokes 公式，流动机理完全不一样，数值求解方法也不一样。渗流微分方程速度与压力呈显式关系，无须求解速度矢量，而溶洞流速度与压力呈非显式关系，每一时间步都需要解压力及三个方向的速度，采用传统气藏数值模拟提高计算稳定性所采取的联立隐式方程、隐式井底压力等方法求解，计算难度陡增，甚至不可能实现。因此，寻找稳定、快速的数值求解方法是面临的关键问题之一。实际上，溶洞内两相流数值计算是计算流体力学的难题之一，尤其可压缩流体的计算，国内的文献中还没有见到对两相流可压缩流体的处理方法。

（三）多尺度耦合方法

孔、缝、洞复杂介质数学模型是多尺度、多流态问题，如何将不同尺度、不同流态的数值计算耦合在一起是有难度的，需要寻找有效的耦合方法。这是因为，如果不同尺度的变量一起求解，为了保证计算精度，计算步长取决于最小尺度的变量，时间步长会很小，同时不同尺度变量求解时，网格边界存在非正常连接，计算收敛性变差。

三、碳酸盐岩复杂介质气藏流动概念模型

碳酸盐岩气藏孔、缝、洞三种主要储集空间尺度变化大，存在多种组合类型，按介质可分成单一介质、双重介质与三重介质，通过对国内外碳酸盐岩气藏地质特征、开发特点与数值模拟研究的文献调研，分析了碳酸盐岩复杂介质气藏流动特征，梳理并建立了不同介质组合类型储层数值模拟的概念模型。

（一）单一介质

已开发的油田单一介质类型主要有两种：单一孔隙介质和定容溶洞介质。

1. 单一孔隙介质

孔隙型碳酸盐岩气藏的储集空间类型就是单一孔隙介质，孔隙既是储集空间又是渗流空间，其主要流动特征为达西渗流，气藏井筒流动有的软件采用高速非达西渗流公式，其概念模型可以用砂岩气藏采用的网格模型（图4—17）。

2. 定容溶洞介质

中国石化在塔河、中国石油在塔北发现了大量的相对封闭溶洞储集空间，可以归为定容溶洞介质，溶洞既是储集空间又是流动空间，流体在溶洞中的流动不再遵循达西流动规律，而是遵循自由流体运动的 Navier—Stokes 公式，其概念模型可以假想为瓶子模型（图4—18）。

（二）双重介质

双重介质主要分裂缝—基质双重连续介质（即常说的双重介质）、裂缝离散基质连续双

重介质、溶孔—基质双重介质，可能还会有裂缝—溶洞双重介质。

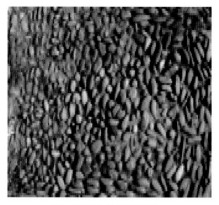
单一孔隙介质物理模型

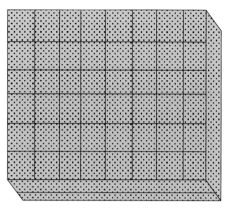
单一孔隙介质概念模型

图4-17　单一孔隙介质模型

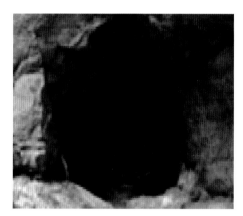
定容溶洞介质实际模型

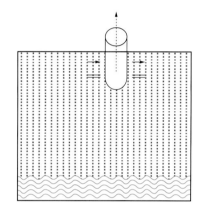
定容溶洞介质概念模型

图4-18　定容溶洞介质模型

1. 裂缝—基质双重连续介质

裂缝与基质分布均匀，连通性好，基质孔隙是主要储集空间，裂缝是主要渗流空间。目前，对裂缝—基质双重连续介质数学模型研究最成熟，又分成双孔双渗与双孔单渗模型。双重连续介质的概念模型就是 Warren—Root 模型，又称为糖块模型，该模型把实际裂缝型储层简化为连续且均匀的网格，其方向与渗透率的主方向平行（图4-19）。

2. 裂缝离散基质连续双重介质

实际的碳酸盐岩气藏还存在大量裂缝不均匀或连通性差的情况，像塔北油田，采用双重介质模型计算会不准确，需要建立新的双重介质数学模型。目前，数值模拟的处理方法是用裂缝片描述裂缝，其概念模型称为 DFM 模型，即离散裂缝网络模型（Discrete Fracture Model）（图4-20）。

3. 溶洞—基质双重介质

溶洞—基质结构是在粒间孔隙地层中分布着大小不等的溶洞，溶洞的尺寸超过毛细管大小（图4-21）。溶洞—基质结构与裂缝—基质结构一样，有双重介质特点，即双重孔隙度，双重渗透率，甚至服从两种流体力学规律，溶洞和基质是储集空间，溶洞是主要的流动空间。基质服从渗流规律，溶洞流动规律复杂，可能是管流，可能是高速非达西流，其概念模型类似与裂缝—基质的糖块模型，即将粒间孔隙间杂乱无章的洞穴模型转化为形状是球形、大小相同的洞穴，且均匀排列在地层中（图4-21）。

双重介质实际模型

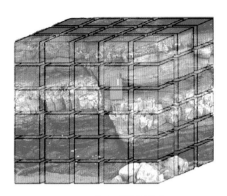

双重介质概念模型

图4-19 裂缝—基质双重连续介质模型

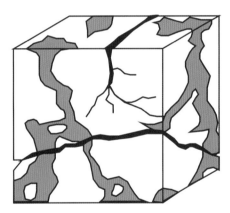

离散裂缝物理模型

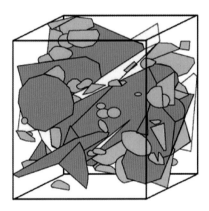

DFM概念模型

图4-20 裂缝离散基质连续双重介质模型

溶洞—基质实际岩心

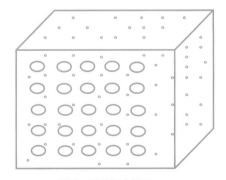

溶洞—基质概念模型

图4-21 溶洞—基质双重连续介质模型

（三）三重介质

主要有孔、缝、洞三重连续介质和孔、缝、洞多尺度三重介质。

1. 孔、缝、洞三重连续介质

类似于双重介质模型，将孔、缝、洞三种介质作为独立的系统建立渗流基本微分方程，基质系统、裂缝系统以及溶洞系统之间的相互作用是通过窜流系数来反映。Clossman（1975）建立了孔、缝、洞三重介质达西渗流模型。冯文光、葛家理在1985年建立了多重介质非达西高速渗流数学模型，即将粒间孔隙间杂乱无章的洞穴模型转化为形状是球形、大小相同的洞穴，且均匀排列在地层中（图4—22）。该方法是将糖块模型推广到三重介质模型中，其概念模型是MINC模型。在该模型的基础上，Pruess、吴玉树进行了推广（Pruess，1983）（图4—23），新的多重连续介质模型中，不限制裂缝系统要理想化正交，也不限制溶洞和溶孔的大小和分布要均匀，裂缝和溶洞不规则和随机的分布，可以按照已知的实际分布模式采用数值方法进行处理。在多重连续介质模型中，孔洞是储集空间，裂缝是流通空间，流体流动遵循达西渗流规律，改进的多重连续介质模型溶洞内可以是非达西流或者管流。龙岗气田可以采用改进的孔缝洞三重连续介质模型。

2. 孔、缝、洞多尺度三重介质

缝洞型碳酸盐岩气藏储集空间主要有三类：大型洞穴、溶蚀孔洞和裂缝。缝洞型碳酸盐岩气藏流体流动存在多种形式，既有渗流、又有管流，洞穴中还存在空腔流。孔、缝、洞多尺度介质不一定能处理为连续介质，为此提出多尺度一体化解决方案，首先将孔、缝、洞按尺度分成若干介质组合，不同区域的介质、流态、方程存在差异，采用区域分解方法对不同区域进行独立求解，再采用改进的FAC方法进行耦合模拟，概念模型如图4—24所示。塔中Ⅰ号凝析气田属多尺度三重介质。

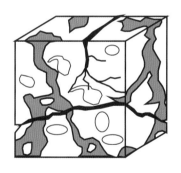
孔缝洞三重连续介质实际地层

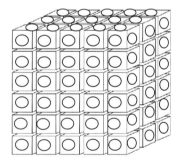
多重连续介质MINC概念模型

图4—22 孔缝洞多重连续介质概念模型

孔缝洞连续介质物理模型

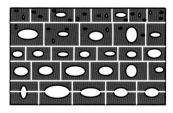
孔缝洞连续介质概念模型

图4—23 改进的孔缝洞多重连续介质模型

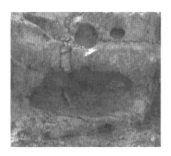
孔缝洞多尺度物理模型

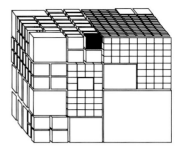
孔缝洞多尺度概念模型

图 4-24　孔缝洞多尺度介质模型

四、碳酸盐岩复杂介质气藏数学模型及求解方法

在地质特征研究、流动规律研究以及数值模拟方法研究的基础上，建立了相应的靖边气田、龙岗气田及塔中Ⅰ号气田数学模型，并给出了求解方法。

（一）靖边气田管流与紊流的气水两相双重介质数学模型

1. 数学模型

靖边气田的储集空间以溶蚀孔为主，晶间孔与膏模孔次之，发育少量微裂缝，溶孔孔径可达到 3 ~ 5mm（图 4-25）。根据靖边气田储集空间发育特点，建立了靖边气田溶洞管流和气井紊流的气水两相溶洞—基质双重介质数学模型。

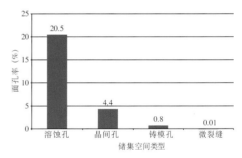

图 4-25　靖边气田储集空间类型

1）基质系统

$$\nabla \cdot \left[K \cdot \frac{K_{rw}}{\mu_w} \cdot \rho_w \cdot \nabla \phi_w \right]_m + q_{w,m} - q_w^* = \frac{\partial (\phi \cdot \rho_w \cdot S_w)_m}{\partial t} \tag{4-11}$$

$$\nabla \cdot \left[K \cdot \frac{K_{rg}}{\mu_g} \cdot \rho_g \cdot \nabla \phi_g \right]_m + q_{g,m} - q_g^* = \frac{\partial (\phi \cdot \rho_g \cdot S_g)_m}{\partial t} \tag{4-12}$$

2）溶洞系统

$$\nabla \cdot \left[K_{rw} \cdot \rho_w \cdot \frac{r^2}{8\mu_w} \cdot \nabla \phi_w \right]_v + q_{w,v} + q_w^* = \frac{\partial (\phi \cdot \rho_w \cdot S_w)_v}{\partial t} \tag{4-13}$$

$$\nabla \cdot \left[K_{rg} \cdot \rho_g \cdot \frac{r^2}{8\mu_g} \cdot \nabla \phi_g \right]_v + q_{g,v} + q_g^* = \frac{\partial (\phi \cdot \rho_g \cdot S_g)_v}{\partial t} \tag{4-14}$$

气井考虑紊流，即气体二项式公式：

$$p_f^2 - p_w^2 = aq_{g,v} + bq_{g,v}^2 \tag{4-15}$$

式中　K_{rg}，K_{rw}——气、水的相对渗透率；

　　　μ_g，μ_w——气、水的黏度；

　　　ρ_g，ρ_w——气、水的密度；

　　　ϕ_g，ϕ_w——气、水势函数；

　　　q_g，q_w——气、水产量；

　　　q_g^*，q_w^*——气、水在基质与溶洞间的窜流量；

　　　S_g，S_w——气、水的饱和度；

　　　t——时间；

　　　p_f——地层压力；

　　　p_w——井底流压；

　　　a，b——气井二项式系数；

　　　ϕ——孔隙度；

　　　r——溶孔半径。

公式中下角标字母 m，v 分别表示基质和溶洞。

2. 求解方法

溶洞—基质双重介质模型的求解方法与裂缝—基质的求解方法类似，只是将溶洞渗透率改成管流公式即可。

（二）龙岗气田管流与紊流的气水两相三重连续介质数学模型

1. 数学模型

龙岗气田的储集空间主要是晶间溶孔、溶洞及裂缝，属孔、缝、洞三重介质类型（图4-26）。针对龙岗气田孔、缝、洞发育的地质特征，研究了基质孔隙、裂缝和溶孔的流态特征，建立了管流和紊流多重介质气水两相流动的数学模型，中尺度溶洞流动规律为管流，大尺度流动规律为高速非达西流。

 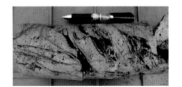

(a) 龙岗11井6065.9～6066.04m，溶孔　　　　(b) 龙岗2井，灰白色溶孔云岩中的缝洞系统

图4-26　龙岗气田储集空间类型

1）基质系统

$$\nabla \cdot \left[K \cdot \frac{K_{rw}}{\mu_w} \cdot \rho_w \cdot \nabla \phi_w \right]_m + q_{w,m} - q_{w,mf}^* - q_{w,mv}^* = \frac{\partial (\phi \cdot \rho_w \cdot S_w)_m}{\partial t} \tag{4-16}$$

$$\nabla \cdot \left[K \cdot \frac{K_{rg}}{\mu_g} \cdot \rho_g \cdot \nabla \phi_g \right]_m + q_{g,m} - q_{g,mf}^* - q_{g,mv}^* = \frac{\partial (\phi \cdot \rho_g \cdot S_g)_m}{\partial t} \tag{4-17}$$

2）裂缝系统

$$\nabla \cdot \left[K \cdot \frac{K_{rw}}{\mu_w} \cdot \rho_w \cdot \nabla \phi_w \right]_f + q_{w,f} + q_{w,fm}^* + q_{g,fv}^* = \frac{\partial (\phi \cdot \rho_w \cdot S_w)_f}{\partial t} \tag{4-18}$$

$$\nabla \cdot \left[K \cdot \frac{K_{rg}}{\mu_g} \cdot \rho_g \cdot \nabla \phi_g \right]_f + q_{g,f} + q_{g,fm}^* + q_{g,fv}^* = \frac{\partial (\phi \cdot \rho_g \cdot S_g)_f}{\partial t} \tag{4-19}$$

3）溶洞系统

$$\nabla \cdot \left[K_{rw} \cdot \rho_w \cdot \boldsymbol{u}_w \right]_v + q_{w,v} + q_{g,vm}^* - q_{w,vf}^* = \frac{\partial (\phi \cdot \rho_w \cdot S_w)_v}{\partial t} \tag{4-20}$$

$$\nabla \cdot \left[K_{rg} \cdot \rho_g \cdot \boldsymbol{u}_g \right]_v + q_{g,v} + q_{g,vm}^* - q_{g,vf}^* = \frac{\partial (\phi \cdot \rho_g \cdot S_g)_v}{\partial t} \tag{4-21}$$

中尺度采用管流：

$$\boldsymbol{u}_l = \frac{r^2}{8\mu_l} \cdot \nabla \phi_l \tag{4-22}$$

大尺度采用高速非达西流 Forchheimer 公式：

$$-\nabla \phi_l = \frac{\mu_l}{kk_{rl}} \boldsymbol{u}_l + \beta_l \rho_l \boldsymbol{u}_l |\boldsymbol{u}_l| \tag{4-23}$$

其中：

$$\beta_l = \frac{C_l}{k^{\frac{5}{4}} \phi^{\frac{3}{4}}} \quad l = g, w \tag{4-24}$$

式中　β_l——l 相的非达西渗流系数；

　　　C_l——l 相多孔介质固相材料和流体性质有关的参数；

　　　$\boldsymbol{u} = (g, v, w)$——三个方向的速度矢量。

公式中下角标字母 m，f，v 分别表示基质、裂缝与溶洞。

2. 求解方法

采用改进的多重连续介质模型的求解方法。空间采用有限体积法进行离散，时间采用向后一阶差分离散。离散化后单元 i 的方程为：

$$\left[(M_l)_i^{n+1} - (M_l)_i^n \right] \frac{V_i}{\Delta t} = \sum_{j \in \eta_i} F_{l,ij}^{n+1} + Q_{li}^{n+1} \tag{4-25}$$

式中　M——l 相的质量；

　　　n——前一时刻；

$n+1$——当前时刻；

V_i——单元（基质、裂缝或溶洞）的体积；

Δt——时间步长；

η_i——与单元 i 相连接的单元 j 的集合；

$F_{l,ij}$——单元 i 同单元 j 之间 l 相的质量流动项；

Q_{li}^{n+1}——单元 i 内 l 相的产量项，即质量流量。

1）达西渗流

式（4-25）中多重介质之间通过连接 (i, j) 的流动项 $F_{l,ij}$ 可表示如下：

$$F_{l,ij}=\lambda_{l,ij+1/2}\gamma_{ij}[\phi_{lj}-\phi_{li}] \tag{4-26}$$

$$\lambda_{l,ij+1/2}=\left(\frac{\rho_l k_{rl}}{\mu_l}\right)_{ij+1/2} \tag{4-27}$$

由有限差分法可得（Pruess $et\ al.$，1999）：

$$r_{ij}=\frac{A_{ij}K_{ij+1/2}}{d_i+d_j} \tag{4-28}$$

$$\phi_{li}=P_{li}-\rho_{l,ij+1/2}gh_i \tag{4-29}$$

单元 i 的汇点 / 源点项定义如下：

$$Q_{li}=q_{li}V_i \tag{4-30}$$

式中　$\lambda_{l,ij+1/2}$——l 相的流度；

K_{rl}——l 相的渗透率；

h_i——单元 i 中心的深度；

r_{ij}——传导系数；

A_{ij}——单元 i 和 j 的界面面积；

d_i——单元 i 中心点到单元 i 和单元 j 之间界面的距离；

$K_{ij+1/2}$——沿着单元 i 和 j 连通处的平均绝对渗透率。

2）非达西渗流

速度与压力关系由式（4-15）可得：

$$F_{ij}=\frac{A_{ij}}{2(k\beta_l)_{ij+1/2}}\left\{-\frac{1}{\bar{\lambda}_l}+\left[\left(\frac{1}{\bar{\lambda}_l}\right)^2-\bar{\gamma}_{ij}(\phi_{lj}-\phi_{li})\right]^{1/2}\right\} \tag{4-31}$$

其中：

$$\bar{\lambda}_l=\frac{K_{rl}}{\mu_l} \tag{4-32}$$

$$\bar{\gamma}_{ij}=\frac{4(K^2\rho_l\beta_l)_{ij+1/2}}{d_i+d_j} \tag{4-33}$$

（三）塔中Ⅰ号气田孔、缝、洞多尺度介质多流态的数学模型

1. 数学模型

塔中Ⅰ号气藏具有准层状特征，储集空间分缝洞型、裂缝—孔洞型两种，地震反射特征分别为串珠状杂乱反射和弱振幅杂乱反射，缝洞型实钻表现为放空漏失特征。针对塔中Ⅰ号气井储层特点，借鉴挥发油数学模型，建立了塔中Ⅰ号气田孔缝洞多尺度介质多流态的数学模型。

1）基质系统

$$\nabla\cdot\left[\rho_w\cdot K\cdot\frac{K_{rw}}{\mu_w}\cdot\nabla\phi_w\right]_m+q_{w,m}=\frac{\partial(\phi\cdot\rho_w\cdot S_w)_m}{\partial t} \tag{4-34}$$

$$\nabla\cdot\left[\rho_o^o\cdot K\cdot\frac{K_{ro}}{\mu_o}\cdot\nabla\phi_o\right]_m+\nabla\left[\rho_g^o\cdot K\cdot\frac{K_{rg}}{\mu_g}\cdot\nabla\phi_g\right]_m+(q_{o,m}^o+q_{g,m}^o)=\frac{\partial(\phi\cdot\rho_o^o\cdot S_o+\phi\cdot\rho_g^o\cdot S_g)_m}{\partial t} \tag{4-35}$$

$$\nabla\cdot\left[\rho_o^g\cdot K\cdot\frac{K_{ro}}{\mu_o}\cdot\nabla\phi_o\right]_m+\nabla\left[\rho_g^g\cdot K\cdot\frac{K_{rg}}{\mu_g}\cdot\nabla\phi_g\right]_m+(q_{o,m}^g+q_{g,m}^g)=\frac{\partial(\phi\cdot\rho_o^g\cdot S_o+\phi\cdot\rho_g^g\cdot S_g)_m}{\partial t} \tag{4-36}$$

2）裂缝系统

$$-\nabla\cdot\left[\rho_w\cdot\boldsymbol{u}_w\right]_f+q_{w,f}=\frac{\partial(\phi\cdot\rho_w\cdot S_w)_f}{\partial t} \tag{4-37}$$

$$-\nabla\cdot\left[\rho_o^o\cdot\boldsymbol{u}_o\right]-\nabla\cdot\left[\rho_g^o\cdot\boldsymbol{u}_g\right]_f+(q_{o,f}^o+q_{g,f}^o)=\frac{\partial(\phi\cdot\rho_o^o\cdot S_o+\phi\cdot\rho_g^o\cdot S_g)_f}{\partial t} \tag{4-38}$$

$$-\nabla\cdot\left[\rho_o^g\cdot\boldsymbol{u}_o\right]-\nabla\cdot\left[\rho_g^g\cdot\boldsymbol{u}_g\right]_f+(q_{o,f}^g+q_{g,f}^g)=\frac{\partial(\phi\cdot\rho_o^g\cdot S_o+\phi\cdot\rho_g^g\cdot S_g)_f}{\partial t} \tag{4-39}$$

小尺度裂缝渗流：

$$\boldsymbol{u}_l=-\frac{k_{rl}\cdot k}{\mu_l}\nabla\phi_l \tag{4-40}$$

中尺度裂缝管流：

$$\boldsymbol{u}_l=-\frac{k_{rl}\cdot r^2}{8\mu_l}\nabla\phi_l \tag{4-41}$$

中尺度裂缝平板流：

$$\boldsymbol{u}_l=-\frac{k_{rl}\cdot w\cdot b}{12\mu_l}\nabla\phi_l \tag{4-42}$$

大尺度裂缝高速非达西流：

$$-(\nabla P_l-\rho_l g)=\frac{\mu_l}{kk_{rl}}\boldsymbol{u}_l+\beta_l\rho_l\boldsymbol{u}_l|\boldsymbol{u}_l| \tag{4-43}$$

3）溶洞系统

$$-\nabla\cdot\left[\rho_{\mathrm{w}}\cdot\boldsymbol{u}_{\mathrm{w}}\right]_{\mathrm{v}}+q_{\mathrm{w,v}}=\frac{\partial(\,\phi\cdot\rho_{\mathrm{w}}\cdot S_{\mathrm{w}})_{\mathrm{v}}}{\partial t} \qquad (4-44)$$

$$-\nabla\cdot\left[\rho_{\mathrm{o}}^{\mathrm{o}}\cdot\boldsymbol{u}_{\mathrm{o}}\right]_{\mathrm{v}}-\nabla\cdot\left[\rho_{\mathrm{g}}^{\mathrm{o}}\cdot\boldsymbol{u}_{\mathrm{g}}\right]_{\mathrm{v}}+(q_{\mathrm{o,v}}^{\mathrm{o}}+q_{\mathrm{g,v}}^{\mathrm{o}})=\frac{\partial(\,\phi\cdot\rho_{\mathrm{o}}^{\mathrm{o}}\cdot S_{\mathrm{o}}+\phi\cdot\rho_{\mathrm{g}}^{\mathrm{o}}\cdot S_{\mathrm{g}})_{\mathrm{v}}}{\partial t} \qquad (4-45)$$

$$-\nabla\cdot\left[\rho_{\mathrm{o}}^{\mathrm{g}}\cdot\boldsymbol{u}_{\mathrm{o}}\right]_{\mathrm{v}}-\nabla\cdot\left[\rho_{\mathrm{g}}^{\mathrm{g}}\cdot\boldsymbol{u}_{\mathrm{g}}\right]_{\mathrm{v}}+(q_{\mathrm{o,v}}^{\mathrm{g}}+q_{\mathrm{g,v}}^{\mathrm{g}})=\frac{\partial(\,\phi\cdot\rho_{\mathrm{o}}^{\mathrm{g}}\cdot S_{\mathrm{o}}+\phi\cdot\rho_{\mathrm{g}}^{\mathrm{g}}\cdot S_{\mathrm{g}})_{\mathrm{v}}}{\partial t} \qquad (4-46)$$

中尺度溶洞管流：

$$\boldsymbol{u}_{\mathrm{l}}=-\frac{K_{\mathrm{rl}}\cdot r^2}{8\mu_{\mathrm{l}}}\nabla\phi_{\mathrm{l}} \qquad (4-47)$$

大尺度溶洞按尺度的大小又有两种处理方法。

（1）简化为高速非达西流：

$$-(\nabla P_{\mathrm{l}}-\rho_{\mathrm{l}}g)=\frac{\mu_{\mathrm{l}}}{kk_{\mathrm{rl}}}\boldsymbol{u}_{\mathrm{l}}+\beta_{\mathrm{l}}\rho_{\mathrm{l}}\boldsymbol{u}_{\mathrm{l}}|\boldsymbol{u}_{\mathrm{l}}| \qquad (4-48)$$

（2）严格采用 Navier-Stokes 公式：

$$\frac{\partial\rho_{\mathrm{w}}\boldsymbol{u}_{\mathrm{w}}}{\partial t}+\nabla\cdot\rho_{\mathrm{w}}\boldsymbol{u}_{\mathrm{w}}\otimes\boldsymbol{u}_{\mathrm{w}}=-\nabla P_{\mathrm{w}}+\rho_{\mathrm{w}}g+\nabla\cdot\left(\mu_{\mathrm{w}}\nabla\boldsymbol{u}_{\mathrm{w}}\right)+F_{\sigma} \qquad (4-49)$$

$$\frac{\partial\rho_{\mathrm{o}}\boldsymbol{u}_{\mathrm{o}}}{\partial t}+\nabla\cdot\rho_{\mathrm{o}}\boldsymbol{u}_{\mathrm{o}}\otimes\boldsymbol{u}_{\mathrm{o}}=-\nabla P_{\mathrm{o}}+\rho_{\mathrm{o}}g+\nabla\cdot\left(\mu_{\mathrm{o}}\nabla\boldsymbol{u}_{\mathrm{o}}\right)+F_{\sigma} \qquad (4-50)$$

$$\frac{\partial\rho_{\mathrm{g}}\boldsymbol{u}_{\mathrm{g}}}{\partial t}+\nabla\cdot\rho_{\mathrm{g}}\boldsymbol{u}_{\mathrm{g}}\otimes\boldsymbol{u}_{\mathrm{g}}=-\nabla P_{\mathrm{g}}+\rho_{\mathrm{g}}g+\nabla\cdot\left(\mu_{\mathrm{g}}\nabla\boldsymbol{u}_{\mathrm{g}}\right)+F_{\sigma} \qquad (4-51)$$

式中　$\rho_{\mathrm{o}}^{\mathrm{o}}$——油组分在油相中的部分密度，即油密度；

$\rho_{\mathrm{g}}^{\mathrm{o}}$——油组分在气相中的部分密度，即凝析油密度；

$\rho_{\mathrm{o}}^{\mathrm{g}}$——气组分在油相中的部分密度，即溶解气密度；

$\rho_{\mathrm{g}}^{\mathrm{g}}$——气组分在气相中的部分密度，即气密度；

$q_{\mathrm{o}}^{\mathrm{o}}$——日产油量；

$q_{\mathrm{g}}^{\mathrm{o}}$——日产凝析油量；

$q_{\mathrm{o}}^{\mathrm{g}}$——日产溶解气量；

$q_{\mathrm{g}}^{\mathrm{g}}$——日产自由气量；

F_{σ}——界面张力。

2. 求解方法

采用多尺度一体化方法求解。基质区域采用改进的挥发油模型，裂缝—基质区域主要采用改进的双重介质模型，缝洞组合区域主要考虑 N-S 方程，再采用改进的 FAC 方法进行耦合模拟，整个问题的难点在于溶洞内 N-S 方程的求解。两相微可压缩流体 Navier-Stokes

方程的数值求解是计算流体力学中的一个难题。采用 Level Set 界面追踪方法解决两相界面的计算，并与 SIMPLE 算法结合起来解决了两相流 N–S 方程的计算问题，同时把渗流微分方程数值计算的一些实用技巧引入到 N–S 方程的计算中，解决了 N–S 方程微可压缩流体的计算，在此基础上，确定了碳酸盐岩孔缝洞多尺度复杂介质数学模型的求解方法。

求解思路主要是先将孔缝洞按尺度分成若干介质组合，不同区域的介质、流态、方程存在差异，采用区域分解方法对不同区域进行独立求解，再采用改进的 FAC 方法进行耦合模拟。基本假设为：（1）气、水均为牛顿流体；（2）气、水进入溶洞中后瞬时分离；（3）流体微可压缩。

1）界面追踪方法

溶洞单元内流体界面的变化实际上是计算流体力学中的界面追踪问题。计算流体力学中界面追踪主要有三种方法：VOF 方法、Level Set 方法和 VOSET 方法。通过数值试验，我们优选了 Level Set 方法。

Level Set 方法的主要思路是选取连续光滑函数作为 Level Set 函数 α（x，y，z），在不同流体处（即两相界面处）Level Set 函数值不同，在一种流体处大于 0，另一种流体处小于 0，两种流体界面处为 0（图 4–27）。

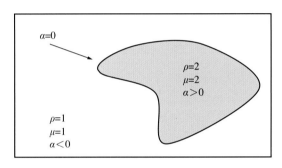

图 4–27　Level Set 方法二维界面函数定义

采用 Level Set 界面追踪方法后，溶洞系统两相流 N—S 方程求解转化成求以下方程：

（1）连续性方程：

$$-\nabla\cdot(\rho\boldsymbol{u})+q=\frac{\partial\rho}{\partial t} \tag{4-52}$$

（2）动量守恒方程：

$$\frac{\partial}{\partial t}(\rho u)+\nabla(\rho u\boldsymbol{u})=\nabla(\mu\nabla u)+S_\mathrm{u}-\frac{\partial p}{\partial x}+\rho\boldsymbol{F}_\mathrm{gx}+\boldsymbol{F}_{\sigma x} \tag{4-53}$$

$$\frac{\partial}{\partial t}(\rho v)+\nabla(\rho v\boldsymbol{u})=\nabla(\mu\nabla v)+S_\mathrm{v}-\frac{\partial p}{\partial y}+\rho\boldsymbol{F}_\mathrm{gy}+\boldsymbol{F}_{\sigma y} \tag{4-54}$$

$$\frac{\partial}{\partial t}(\rho w)+\mathbf{div}(\rho w\boldsymbol{u})=\mathbf{div}(\mu\nabla w)+S_\mathrm{w}-\frac{\partial p}{\partial z}+\rho\boldsymbol{F}_\mathrm{gz}+\boldsymbol{F}_{\sigma z} \tag{4-55}$$

（3）相界面函数方程（界面追踪方程）：

$$\frac{\partial\alpha}{\partial t}+\boldsymbol{u}\cdot\nabla\alpha=0 \tag{4-56}$$

（4）在进行数值计算的过程中，两相流不同于单相问题的一个关键之处就在于它的物性在界面附近变化大，不是连续的，容易引起计算的不准确，甚至导致发散。为了减少数值不稳定性，流体的物性参数如密度、黏度，借助 Level Set 函数 α 和 Heaviside 函数 H 来做光滑处理。

密度：

$$\rho_\varepsilon = \rho_1 + (\rho_2 - \rho_1)H_\varepsilon\ [\alpha\ (x,\ y,\ z,\ t)\ ] \tag{4-57}$$

黏度：

$$\mu_\varepsilon = \mu_1 + (\mu_2 - \mu_1)H_\varepsilon\ [\alpha\ (x,\ y,\ z,\ t)\ ] \tag{4-58}$$

重力：

$$\boldsymbol{F}_g = (\boldsymbol{F}_{gx},\ \boldsymbol{F}_{gy},\ \boldsymbol{F}_{gz}) = (0,\ 0,\ g) \tag{4-59}$$

界面张力：

$$\boldsymbol{F}_\sigma = \sigma k \delta(\alpha) \cdot \boldsymbol{n} \tag{4-60}$$

借助于相函数 α，相界面上的单位法向向量可表示为：

$$\boldsymbol{n} = \frac{\nabla \alpha}{|\nabla \alpha|} \tag{4-61}$$

界面曲率为：

$$k\ (x,\ y,\ z,\ t)\ = -(\nabla \cdot \boldsymbol{n}) \tag{4-62}$$

δ 是 Dirac Delta 函数：

$$\delta_\varepsilon(x) = \begin{cases} \dfrac{1 + \cos(\pi x / \varepsilon)}{(2\varepsilon)} & \text{当}\,|x| < \varepsilon \\ 0 & \text{当}\,|x| \geqslant \varepsilon \end{cases} \tag{4-63}$$

$$H_\varepsilon(x) = \begin{cases} 0 & \text{当}\,x < -\varepsilon \\ (x + \varepsilon)/(2\varepsilon) + \dfrac{\sin\left(\dfrac{\pi x}{\varepsilon}\right)}{(2\pi)} \leqslant \varepsilon \\ 1 & \text{当}\,x > \varepsilon \end{cases} \tag{4-64}$$

$$\frac{\mathrm{d}H_\varepsilon(x)}{\mathrm{d}x} = \delta_\varepsilon(x) \tag{4-65}$$

式中　g——重力加速度；

　　　σ——表面张力系数；

　　　k——相界面的曲率。

（5）涉及的边界条件有三类：①溶洞单元与双重介质耦合边界条件；②不发生流动的封闭边界条件；③井口内边界条件。

（6）初始条件：

气藏初始压力：$p(x, y, z, 0) = p_0$；

流体初始速度：$u(x, y, z, 0) = 0$，$v(x, y, z, 0) = 0$，$w(x, y, z, 0) = 0$。

初始界面相函数 $\alpha(x, y, z, t)$，根据气水界面的位置定义初始边界：

$$\boldsymbol{\alpha}(x, y, z, 0) = \begin{cases} > 0 & (x, y, z)\text{位于气区} \\ < 0 & (x, y, z)\text{位于水区} \end{cases} \tag{4-66}$$

2）离散化方法

采用交错网格进行控制体有限差分方法进行微分方程离散化。溶洞系统数学模型的求解，不仅涉及质量守恒方程，而且还涉及动量守恒方程，如果所有变量采用同一套网格，会导致动量方程无法检测出不合理的压力场。我们采用交错网格解决这一问题，即三个方向的速度 u、v、w 的控制容积与压力 p 主控制容积之间在 x、y、z 方向各差半个网格步长的错位（图 4-28）。

$$\frac{\partial(\rho \phi)}{\partial t} + \frac{\partial(\rho u \phi)}{\partial x} = \frac{\partial}{\partial x}\left(\Gamma_\phi \frac{\partial \phi}{\partial x}\right) + S_\phi \tag{4-67}$$

式中，ϕ 可以是压力 p，也可以是三个方向的速度，分别为 u，v，w；Γ_ϕ 为扩散系数，S_ϕ 为源项。

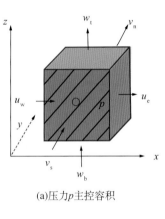

(a)压力p主控容积

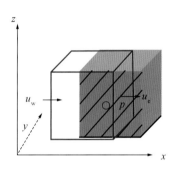

(b)速度u控制容积

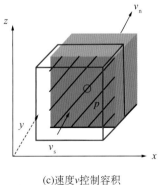

(c)速度v控制容积

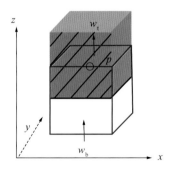

(d)速度w控制容积

图 4-28　交错网格示意图

采用控制体有限差分，稳态的离散化方程的通用形式：

$$a_{ijk}\phi_{ijk}+a_{i+1}\phi_{i+1,j,k}+a_{i-1,j,k}\phi_{i-1,j,k}+a_{i,j+1}\phi_{i,j+1,k}+a_{i,j,k+1}\phi_{i,j,k+1}+a_{i,j,k-1}\phi_{i,j,k-1}=b_{i,j,k} \qquad (4-68)$$

其中：

$$a_{i+1,j,k}=D_{i+1,j,k}+\max\left(-F_{i+\frac{1}{2},j,k},0\right) \qquad (4-69)$$

$$a_{i-1,j,k}=D_{i-1,j,k}+\max\left(-F_{i-\frac{1}{2},j,k},0\right) \qquad (4-70)$$

$$a_{i,j+1,k}=D_{i,j+1,k}+\max\left(-F_{i+\frac{1}{2},j,k},0\right) \qquad (4-71)$$

$$a_{i,j-1,k}=D_{i,j-1,k}+\max\left(-F_{i-\frac{1}{2},j,k},0\right) \qquad (4-72)$$

$$a_{i,j,k+1}=D_{i,j,k+1}+\max\left(-F_{i,j,k+\frac{1}{2}},0\right) \qquad (4-73)$$

$$a_{i,j,k+1}=D_{i,j,k-1}+\max\left(-F_{i,j,k-\frac{1}{2}},0\right) \qquad (4-74)$$

$$a_{i,j,k}=-a_{i+1,j,k}-a_{i-1,j,k}-a_{i,j+1,k}-a_{i,j-1,k}-a_{i,j,k+1}-a_{i,j,k-1}-S_{\mathrm{p}}\Delta x_i\Delta y_j\Delta z_k-\frac{(\rho\phi)_{ijk}^{n+1}}{\Delta t} \qquad (4-75)$$

$$F_{i+\frac{1}{2},j,k}=(\rho u)_{i+\frac{1}{2},j,k}\Delta y_i\Delta z_k \qquad (4-76)$$

$$F_{i-\frac{1}{2},j,k}=(\rho u)_{i-\frac{1}{2},j,k}\Delta y_i\Delta z_k \qquad (4-77)$$

$$F_{i,j+\frac{1}{2},k}=(\rho u)_{i,j+\frac{1}{2},k}\Delta y_i\Delta z_k \qquad (4-78)$$

$$F_{i,j-\frac{1}{2},k}=(\rho u)_{i,j-\frac{1}{2},k}\Delta y_i\Delta z_k \qquad (4-79)$$

$$F_{i,j,k+\frac{1}{2}}=(\rho u)_{i,j,k+\frac{1}{2}}\Delta y_i\Delta z_k \qquad (4-80)$$

$$F_{i,j,k-\frac{1}{2}}=(\rho u)_{i,j,k-\frac{1}{2}}\Delta y_i\Delta z_k \qquad (4-81)$$

$$D_{i+1,j,k}=\Gamma_{i+\frac{1}{2},j,k}\Delta y_i\Delta z_k/\Delta x_{i+1/2} \qquad (4-82)$$

$$D_{i-1,j,k}=\Gamma_{i-\frac{1}{2},j,k}\Delta y_i\Delta z_k/\Delta x_{i+1/2} \qquad (4-83)$$

$$D_{i,j+1,k}=\Gamma_{i,j+\frac{1}{2},k}\Delta x_i\Delta z_k/\Delta y_{j+1/2} \qquad (4-84)$$

$$D_{i,j-1,k}=\Gamma_{i,j-\frac{1}{2},k}\Delta x_i\Delta z_k/\Delta y_{j-1/2} \qquad (4-85)$$

$$D_{i,j,k+1}=\Gamma_{i,j,k+\frac{1}{2}}\Delta x_i\Delta y_j/\Delta z_{k+1/2} \qquad (4-86)$$

$$D_{i,j,k-1} = \Gamma_{i,j,k-\frac{1}{2}} \Delta x_i \Delta y_j / \Delta z_{k+1/2} \tag{4-87}$$

$$b_{i,j,k} = -S_{\phi ijk} \Delta x_i \Delta y_j \Delta z_k - \frac{(\rho \phi)_{ijk}^{n}}{\Delta t} \tag{4-88}$$

3）采用 SIMPLE 方法进行离散方程的求解

SIMPLE（Semi-Implicit Method for Pressure-Linked Equations）算法是求解压力耦合方程组的半隐式方法，SIMPLE 算法没有像传统的数值模拟方法一样对变量进行隐式求解，而是类似传统油藏数值模拟的 IMPES 方法，变量是依次迭代求解的。首先依次求解三个方向的动量守恒方程，质量守恒方程却不直接参加求解，只是作为压力修正的约束条件，逐次迭代逼近真解。SIMPLE 算法使得原本极其复杂的数值求解问题变得简单。SIMPLE 算法的求解步骤如下：（1）假设一个初始速度场 u^0，v^0，w^0，计算动量方程的系数；（2）假定一个压力场 p^*；（3）依次求解三个方向的动量方程，分别得到 u^*，v^*，w^*；（4）求解压力修正值方程，得到压力修正值 p'；（5）依据压力修正值 p'，改进速度值；（6）利用改进后的速度场重新计算动量离散方程的系数，用改进后的压力场作为下一步迭代的初值，重复前五步直至收敛。

4）可压缩流体的处理方法

经典的 SIMPLE 算法中只处理不可压缩流体的 Navier-Stokes 计算问题，因为只考虑压力随时间的变化，而不考虑密度与黏度随时间的变化，这样质量守恒方程只出现速度项，而没有出现压力项，因此，质量守恒方程对压力是非直接约束。实际气田开采过程中，弹性驱是主要的驱动方式之一，有必要考虑流体压缩性问题。如果考虑流体得压缩性，质量守恒方程中就必须考虑密度与黏度随时间的变化关系，即 $\rho = \rho_i [1+C_\rho (P-P_i)]$，$\mu = \mu_i [1+C_\mu (P-P_i)]$，这样质量守恒离散化后即出现压力变量又出现速度变量，是非线性方程组。我们参照油藏数值模拟处理微可压缩流体技术，采用 Newton-Raphson 迭代方法改进 SIMPLE 算法，得到考虑压缩性问题的 SIMPLE 算法。

以一维问题为例：

$$\frac{\partial(\rho \phi)}{\partial t} + \frac{\partial(\rho u \phi)}{\partial x} = \frac{\partial}{\partial x}\left(\Gamma_\phi \frac{\partial \phi}{\partial x}\right) + S_\phi \tag{4-89}$$

其离散方程可以表达为：

$$\frac{(\rho \phi)_i^{n+1} - (\rho \phi)_i^{n}}{\Delta t} + \frac{(\rho u \phi)_{i+1/2}^{n+1} - (\rho u \phi)_{i-1/2}^{n+1}}{\Delta x}$$

$$= \frac{(\Gamma_\phi)_{i+1/2}^{n+1} \frac{(\phi)_{i+1}^{n+1} - (\rho u \phi)_i^{n+1}}{\Delta x_{i+1/2}} - (\Gamma_\phi)_{i-1/2}^{n+1} \frac{(\phi)_i^{n+1} - (\rho u \phi)_{i-1}^{n+1}}{\Delta x_{i-1/2}}}{\Delta x} + S_{\phi i}^{n+1} \tag{4-90}$$

对 $n+1$ 时刻的压力与速度作为未知数，采用非线性方程组的牛顿迭代法。

两个时间步的差值：

$$\bar{\delta}x = x^{n+1} - x^n \tag{4-91}$$

两次牛顿迭代值的差值：

$$\delta x = x^{l+1} - x^l \tag{4-92}$$

当牛顿迭代收敛后 x^{l+1} 即为 x^{n+1}：

$$x^{n+1} \approx x^{l+1} = x^l + \delta x \tag{4-93}$$

$$\overline{\delta} x = x^l - x^n + \delta x \tag{4-94}$$

$$\frac{\left[(\rho\phi)^l - (\rho\phi)^n + \delta(\rho\phi)\right]}{\Delta t} + \frac{(\rho u\phi)^{l+1}_{i+1/2} - (\rho u\phi)^{l+1}_{i-1/2}}{\Delta t}$$

$$= \frac{(\Gamma\phi)^{l+1}_{i+1/2} \frac{(\rho u\phi)^{l+1}_{i+1} - (\rho u\phi)^{l+1}_i}{\Delta x_{i+1/2}} - (\Gamma\phi)^{l+1}_{i-1/2} \frac{(\rho u\phi)^{l+1}_i - (\rho u\phi)^{l+1}_{i-1}}{\Delta x_{i-1/2}}}{\Delta x} + S^{l+1}_{\phi i} \tag{4-95}$$

其中：

$$\delta(\rho\phi) = \frac{\partial\rho\phi}{\partial P}\delta P + \frac{\partial\rho\phi}{\partial\phi}\delta\phi \tag{4-96}$$

$$(\rho u\phi)^{l+1}_{i+1} = (\rho u\phi)^l_{i+1} + \frac{\partial\rho u\phi}{\partial P}\partial P + \frac{\partial\rho u\phi}{\partial\phi}\delta\phi \tag{4-97}$$

式中　x——求解变量；

　　　n——求解时间步；

　　　l——牛顿迭代步。

5）多尺度耦合方法

多尺度一体化数值模拟方法，将孔缝洞按尺度分成若干介质组合，不同组合区域的介质、流态、方程存在差异，采用区域分解方法对不同区域进行独立求解。然而，气藏在开采过程中，不同区域的压力、流体是随时间变化的，会相互影响，因此需要将不同区域的解耦合起来。通过研究，决定采用改进的全近似格式（Full Approximation Scheme，简称FAS格式）的快速自适应组合网格方法（Fast Adaptive Composite Grid，简称 FAC 方法）作为多区域多尺度耦合方法。

FAC 方法是在所研究的区域布一套相对较粗的基础网格，在基础网格上对需要取得更准确值的区域进行局部加密。为了避免大网格与最小网格相邻，FAC 方法对局部区域采取逐级细化，并且各级局部加密区域求解域也不一样，由未加密粗网格和各级局部加密细网格形成组合网格（图 4-29）。

该方法的好处是：（1）将组合网格的残差分配到不同尺度的区域独立迭代求解；（2）网格可以逐级细化；（3）组合网格可以是不规则的，但子区域可以是规则的（图 4-30）；（4）FAC 方法非常适合动态网格管理；（5）采用缺陷方程可以作为不同区域间耦合方程。

图 4-31 改进 FAC 方法用于孔缝洞不同尺度区域耦合的网格示意图。

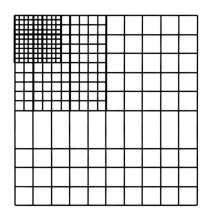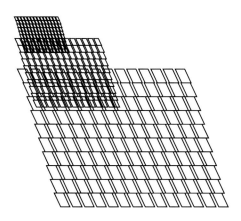

图 4-29　FAC 方法网格示意图

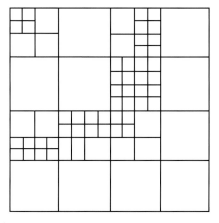

图 4-30　组合网格示意图

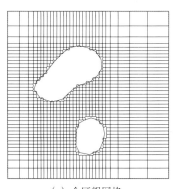　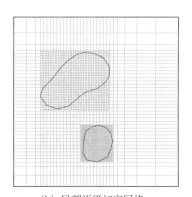　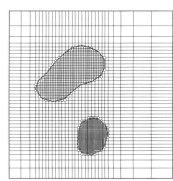

（a）全区粗网格　　　　　（b）局部逐级加密网格　　　　　（c）FAC组合网格

图 4-31　网格示意图

设组合网格的变量为 U_g，则：

$$U_g = \begin{bmatrix} U_f \\ U_{fl} \\ U_{uc} \end{bmatrix}$$

（4-98）

设组合网格，基础网格及局部加密网格上的离散方程分别为：

$$L_g U_g = f_g \qquad (4-99)$$

$$L_c U_c = f_c \qquad (4-100)$$

$$L_f U_f = f_f \qquad (4-101)$$

组合网格的余量为：

$$r_g = f_g - L_g U_g \qquad (4-102)$$

式中　U_f——最细网格上的变量；

　　　U_{f1}——除最细网格外的各级局部加密网格变量；

　　　U_{uc}——未加密粗网格的变量；

　　　L_g——组合网格的差分算子；

　　　L_c——基础网格的差分算子；

　　　L_f——细网格的差分算子；

　　　U_g——组合网格的求解变量；

　　　U_c——基础网格的求解变量；

　　　U_f——细网格的求解变量；

　　　f_g——组合网格差分方程的右端项；

　　　f_c——基础网格差分方程的右端项；

　　　f_f——细网格差分方程的右端项。

算法中还涉及函数值在组合网格与基础网格和局部加密网格间的转换算子。

设：I_g^c 为函数值从组合网格到基础网格的转换算子，即 $U_c = I_g^c U_g$；

I_g^f 为函数值从组合网格到局部加密网格的转换算子，即 $U_f = I_g^f U_g$；

I_c^g 为函数值从基础网格到组合网格的转换算子，即 $U_g = I_c^g U_c$；

I_f^g 为函数值从局部加密网格到组合网格的转换算子，即 $U_g = I_f^g U_f$。

用非线性全近似格式的方法去改进经典的 FAC 方法，并将粗网格缺陷方程作为粗细网格的动态耦合方程。得到的相应算法是：

（1）给定组合网格的初始假设 U_g^0 以及收敛条件 ε。

求组合网格的余量：$r_g = f_g - L_g U_g$，如果 $\|r_g\| < \varepsilon$，迭代终止，否则做②。

（2）在基础网格上求解缺陷方程。

求解：$L_c U_c = L_c I_g^c U_g + I_g^c r_g$，修正组合网格：$U_g \leftarrow U_g + I_c^g (U_c - I_g^c U_g)$。

（3）在各级局部加密网格上求解缺陷方程

求解：$L_f U_f = L_f I_g^f U_g + I_g^f r_g$，修正组合网格：$U_g \leftarrow U_g + I_f^g (U_f - I_g^f U_g)$。

（4）如果 $\|r_g\| < \varepsilon$，迭代终止，否则回到（2）。

式中，L_g、L_c、L_f 可以为线性算子也可以是非线性算子。

第三节　碳酸盐岩气藏高效布井

对于碳酸盐岩气藏来说，大多数储层具有双重介质特征，基质提供大部分的储存空间，裂缝提供重要的流通通道。这种双重介质性质使得碳酸盐岩气藏的有效开发变得异常困难。

因此，确定碳酸盐岩气藏的布井原则、布井方式对于气藏的高效开发至关重要。

一、气藏开发的布井

（一）布井原则及布井方式

1. 布井原则

布井方式要立足于提高储量控制程度、单井产量及采收率上，论证各开发层系的井型、井网及井距（中国石油勘探与生产公司，2007）。井型要根据气藏地质特点与开发要求以及地面条件，确定气藏合理井型。井网要根据气藏构造、储层物性与储层非均质性、储量丰度、流体分布等因素确定。

对于相对均质的气藏，采用均匀布井方式，而对于非均质性较强的气藏，一般采用非均匀布井方式，尽量使气井部署在构造、储层有利部位。井距要根据储层及储量分布特征、单井控制储量、试气、试井和试采资料，采用类比法、数值模拟等方法，结合经济评价，综合确定气藏的合理井距。低渗气藏应开展极限井距的研究。

2. 布井方式

碳酸盐岩气藏在气藏成因、储层结构、开发特征等方面与碎屑岩沉积的砂岩气藏相比存在较大差别，大量的油气勘探开发实践证明，碳酸盐岩气藏储集空间类型多、岩性变化大、储层结构复杂，使碳酸盐岩储层的非均质性增强，极强的非均质性是碳酸盐岩气藏勘探开发的难点，这对于碳酸盐岩气藏布井方式提出了更高的要求。

气藏布井方式一般有四种（张箭，2002）：按规则的几何形状均匀布井，环状布井或线状布井，气藏中心（顶部）地区布井和含气面积内非均匀布井。气藏一般采用非正规井网，普遍采用的是均匀井网或非均匀高点布井方式。

中国碳酸盐岩气藏中具有代表性的主要有碳酸盐岩非均质含硫气藏、碳酸盐岩多裂缝系统气藏、碳酸盐岩层状气驱气藏、碳酸盐岩底水气藏等几种类型（冈秦麟，1995）。对于碳酸盐岩非均质含硫气藏，布井方式主要采用高渗区轴线布井，通过高渗区气井采低渗区天然气。对于碳酸盐岩多裂缝系统气藏，气田产能上升阶段，按裂缝型气藏特征，采用"三占三沿"的布井原则，即"占高点、鞍部和扭曲，沿长轴、断裂和陡缓变化带"布井。对于碳酸盐岩层状气驱气藏，对于视均质条状气藏，宜采用沿轴线均匀布井方式，根据气藏存在边水的情况，开发井在构造的高部位适当集中一些更为有利。对于碳酸盐岩底水气藏，布井方式和井网密度不仅要考虑裂缝系统的特点、气藏非均质程度，还要考虑动态监测、修井和排水及井下作业的替补井。宜采用占高点沿轴线的布井原则。

（二）井网的选择、部署和调整

1. 井网的选择和部署

在气田开发初期，应该高度重视井网的选择和部署，因为初期开发井网不仅会对日后的生产产生很大影响，而且也会影响到后期的调整和加密。在现场生产中，井网形式主要受气田的地质特点控制。从井网的几何形态规则与否来说，井网形式一般分为规则井网和不规则井网两种。一般来说，对于储层相对均质的，适宜采用规则井网开采；而对于储层强烈非均质的，适宜采用不规则井网开采。因此，井网的选择和部署应该重点针对储层的地质特点和后期调整的方便性进行选择。

2. 井网的调整

气田开发过程是一个不断认识、不断调整的过程，随着开发时间的推移，新问题会不断出现。因此在气田开发中后期，对气田开发井网进行调整显得格外重要。由于气藏在开发初期，往往采用较稀的井网密度开发储量比较集中、产能比较好的层位，因此储量动用不充分，剩余气较多，因此常采用加密方法来维持气田的稳定生产。

1）加密可行性

气藏布井能否加密，主要考虑两方面因素：一方面，加密是否有必要，气藏目前井网控制范围是否合理，是否已充分动用储量。气藏相对高渗透、高产井区的实际泄流范围、动态储量、"储量动静比"较大，或部分井间明显相互干扰，表明目前实际井距较合理或偏小，这类井区不宜加密调整；相对低渗透、低产井区的泄流范围、动态储量、"储量动静比"较小，且井间无干扰，这类低渗、低产井区存在储量未动用或动用程度较低的相对高压区，表明当前实际井距偏大，是加密布井的重点区块（郝玉鸿等，2007）。另一方面，加密是否有效益，加密井是否满足经济井距界限值。对于单井，可根据盈亏平衡原理，求出加密井初期产量界限，即新钻开发井所获得的收益是否能弥补投资、采气成本并获得最低收益率时所应达到的最低产量，当加密调整井初期产量大于这一值时，在经济上是可行的（吴红珍等，2003）。

2）加密必要性

如果目前井网分布范围较大，没有完全动用优质储量，实际井距大于气井井控范围，至气藏衰竭时，井间仍存在部分未动用储量（形成死气区），需要部署加密井来动用这部分储量。

3）加密效益性

如果目前的实际井距已小于气井井控范围，说明所有储量都得到了动用，如果这时加密实质是要提高气藏采速，关键在于加密后是否具有经济效益。如经济极限井距小于目前实际井距，此时可加密；如经济极限井距大于加密井距，加密井没有效益，不可加密。不论哪种情况，加密可行性都应以经济效益为最终决策指标。气藏加密调整可行性研究实际上就是从经济、技术及与实际井网井距配置的合理性上寻找潜力，分析其加密可行性。

因此，气井是否加密要根据不同的地质特点、不同开发阶段和不同的加密目的综合考虑。

（三）井网密度的确定

气藏井多，气田采收率高，利润总值高，但同时投资增大，经济效益不一定高；反之，井少，投资少，投资收益率及短期经济效益可能高，但储量利用率低，采收率低，利润总值低，开发期拖得长，采气成本增高，最终的经济效益和社会效应不一定高。气藏布井首先要在满足产层的经济极限条件的基础上考虑，确保单井不亏本，其次井网密度要满足单井经济极限值。只有在满足这两条的基础上才有可能达到少井高产、高效开发并取得较好经济效益的目的（唐玉林等，2001）。

对于非均质性强、低丰度、薄层、面积大的低渗气藏，由于其单井产能低，要形成一定的产能规模或达到一定的开发速度，其井网密度必定大于常规气田。另一方面，气层薄、储量丰度低，单井控制储量要达到经济下限值以上，不允许密井距，在一定的开采时间内，低渗气藏有效的泄气范围有限，稀井网不利于储量动用和提高采收率。因此，寻求合理的开发井数（井网密度）是这类气田开发的关键（徐文等，1999）。在实际应用中，井网密度细分为技术合理井网密度和极限井网密度。

1. 技术合理井网密度

所谓技术合理井网密度就是从气藏本身具有的地质特点出发，使气井达到最大的排流面积和最大的控制储量，使气藏储量控制程度较高、采气速度合理、采收率较高、开发效果较好应具有的井网密度。

气藏合理井网密度研究关键在于气井泄气半径的准确确定，目前计算气井泄气半径最广泛的方法是根据较可靠的方法（如压降法）计算的单井动储量，结合储层参数反推气井泄气半径，这种方法操作性强、计算结果相对准确。泄气半径比较直接的研究方法有地层压力对比法和压力波探测半径法等。

1）地层压力对比法

气井泄气半径比较直接的研究方法是利用邻近新老井地层压力差来判断老井的泄气半径是否传播到新井的靶点。同时还可以利用新老井地层压力差来间接分析新老井间连通和干扰情况。新井的地层压力下降幅度越大，两井间的连通性越好。影响新老井地层压力差的主要因素是新老井的井距和老井的累计产量。总体上井距越小，累计产量越大，新井地层压力下降幅度越大；井距越大，累计产量越小，新井地层压力下降幅度越小。

2）压力波探测半径法

气井定产量降压稳产过程可近似地看作生产时间较长的压降试井，部分研究学者认为压力波传播的探测半径近似气井的泄气半径，其压降测试计算公式（马强，1996）：

$$r_i = 3.798 \sqrt{\frac{K_e t_p}{\phi \mu_g c_t}} \tag{4-103}$$

式中　K_e——基质有效渗透率，D；

　　　　t_p——生产时间，h；

　　　　ϕ——储层孔隙度，小数；

　　　　μ_g——黏度，mPa·s；

　　　　c_t——地层综合压缩系数，1/MPa；

　　　　r_i——探测半径，m。

影响气井探测半径大小的主要因素是气井生产时间和储层有效渗透率。

2. 经济极限井网密度

油气藏开发的原则是"少投入、多产出"，达到经济效益最优化。一般来说，井距越小，井网越密，开发效果越好，最终采收率越高，但井网太密，钻井过多，经济效益变差，甚至发现负经济效益。

因此，确定井网密度时必须进行经济评价。气田开发技术经济界限是指在现有开采技术水平和财税体制下，新钻井能收回投资和采气成本，并获得最低收益率时（12%）所应达到的最低产量或控制储量指标。具体的量化指标包括：单井初始产量界限、评价期累计产量界限、经济可采储量界限、控制地质储量界限、经济极限井网密度、经济极限井距。

经济极限井距的计算方法有动态法和静态法。动态法也称现金流量法，是指投入资金与产出效益进行折现后相平衡，动态法计算出的井距即净现值为零时的井网密度（井距）。

动态法从市场经济角度考虑了资金的时间价值及在目前经济条件下最低收益率为12%，净现值为0元时的各项经济界限指标。静态法是指投入资金与产出效益相同，即气田开发总利润为零时的井网密度（井距）。静态法只回收投入资金，没有进行折现计算。目前计算单井初期日产量经济极限、单井控制储量经济极限、经济极限井网密度、经济极限井距等参数，不同公司从不同角度考虑有时采用动态法计算结果，有时采用静态法计算结果。一般来说，当自主投资为主、投资回收期限较短时常采用静态法计算结果；当贷款投资为主、投资回收期限较长时常采用动态法计算结果。

总之，随着井网密度方法的不断增加，井网密度的研究应综合考虑各种因素，建立完整的数学模型，并且软件化；井网的选择、部署和加密要从系统角度出发，运用先进的方法，例如神经网络、系统辨识等，全面考虑各种因素的影响，综合评价气井井网密度。

二、碳酸盐岩气藏均匀井网布井

均匀井网适合于储层相对均质的气藏，这一类型的气藏以靖边气田岩溶风化壳型气藏为代表。靖边气藏虽然也有局部发育的裂缝和溶洞，但是整体上来说，气藏大部分的储渗空间是基质孔隙。因此，对于该类气藏的井网选择采用均匀布井的方式。

（一）靖边气田优化布井技术

1. 优化布井的技术思路

长庆优化布井技术是针对靖边气田下古生界气藏埋藏深、含气面积大、非均质性强等地质特点开展的包括地震、地质、测井和气藏工程等多学科为一体的综合布井技术，其核心思想是以多学科分专题研究为基础，以各学科分支点为切入点，最终达到微观和宏观结合、动静结合、多学科综合优化布井的目的（陈凤喜等，2009；高继按等，1997；马振芳等，1998）。靖边气田地震研究以识别侵蚀沟谷分布特征和储层厚度为指导思想，为井位优化奠定良好的物质基础；地质研究以下古生界岩溶风化壳型气藏形成机理为主，确定气藏控制因素，筛选出气藏富集区，为优化布井井区的选择指明方向；气藏工程以气藏动态资料为主，结合压力系统、测试资料等认识，准确分析各区块井距的设计，为井位优化提供技术保障；最后以各学科研究成果为基础，优化布井有利区，部署开发井位（图4-32）。

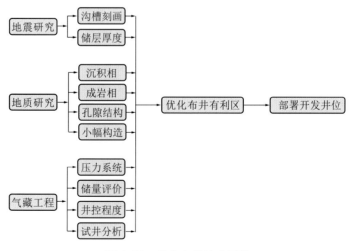

图4-32　优化布井技术思路

2. 优化布井技术系列

靖边气田在多年的开发实践及科学研究的基础上，根据气田地质特征和生产特点，通过分析提炼，总结出产能建设"五大"步骤：优选区块、优化部署、优选井位、跟踪分析和部署调整。根据气田内部和外部不同的地质特征，有针对性地开展了优化布井技术的研究，形成了靖边气田优化布井技术系列。该技术系列包括：压力评价技术、动储量评价技术、地震预测与构造识别技术、古地貌恢复评价技术、小幅度构造技术及沉积微相研究技术。

3. 合理井距论证

1）不同井区泄气半径评价

靖边气田平面非均质性较强，储量丰度差异大，不同井区气井泄气半径不同。气井折算泄流半径表明，Ⅰ类气井折算半径为1386m；Ⅱ类气井折算半径为831m；Ⅲ类气井折算半径为470m。

2）合理井距优化分析

运用实际地质模型进行数值模拟，确定单井指标，按此单井指标对整个气田排产，计算不同井网密度和生产规模下的累计折现现金流（图4-33）。生产规模和生产方式对井距优化结果影响不大；最优井距2.1～2.4km。

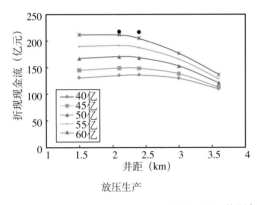

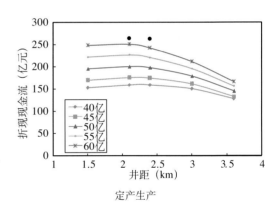

图4-33　井距与累计折现现金流关系图

同时，邻井压力干扰资料表明，Ⅰ、Ⅱ、Ⅲ类井井距分别小于2.5km、2km、1.2km时，存在井间干扰现象（表4-8）。

表4-8　邻井压力干扰情况统计表

分类	老井			邻近新井				
	井号	测压时间	地层压力(MPa)	井号	测压时间	地层压力(MPa)	井距(m)	压降(MPa)
Ⅰ	陕43	1999.1	32.79	G34-3	2005.11	32.37	2744	0.42
			32.79	G33-2	2003.11	30.09	2139	2.70
	陕12	1998.1	32.10	G35-9	2000.10	31.65	2664	0.45
			32.10	G35-7	2003.12	23.02	2237	9.08

分类	老井			邻近新井				
	井号	测压时间	地层压力(MPa)	井号	测压时间	地层压力(MPa)	井距(m)	压降(MPa)
II	G45—8	2002.12	31.04	G45—7	2003.11	27.27	1888	3.77
	陕93	1999.1	32.20	G45—5	2000.11	30.47	2595	1.73
			32.20	G46—3	2003.12	32.44	2738	−0.24
III	G34—13	2000.11	31.67	G35—13	2005.12	30.96	2049	0.71
			31.67	G36—13	2005.12	31.50	1828	0.17
	G34—11	2000.1	32.49	G34—11A	2005.12	28.83	1173	3.66

综合以上方法确定靖边气田平均合理井距为 2.1 ~ 2.4km。Ⅰ类（高产）气井合理井距 2.5 ~ 3km，Ⅱ类（中产）气井合理井距 2 ~ 2.5km，Ⅲ类（低产）气井合理井距 1.2 ~ 1.5km。

（二）靖边气田内部加密调整技术

靖边气田井位优化部署分气田内部和气田外围两大部分进行。首选对于气田内部采取加密调整措施，主要的技术攻关是加密井优选技术。通过内部加密调整，提高了储量动用程度。

为了提高气田内部低渗区、边缘区、现有气井未控制区的储量动用程度，加密区优选在沟槽边缘扩边，由于这些地方地层压力较高，储量动用程度低，因此布井时主要考虑构造是否落实等地质因素；而在气田内部致密区，储层基本落实，主要在区块地层压力、动用储量研究的基础上，用动态方法确定布井有利区。

1. 压力评价技术

压力评价技术以动态监测为基础，形成了压降曲线法、二项式产能方程法、拟稳态数学模型法、井口压力算法等不关井地层压力评价技术，结合区块整体关井测压和数值模拟，对靖边气田整体压力分布进行全面评价，为加密井部署提供依据（图 4—34）。

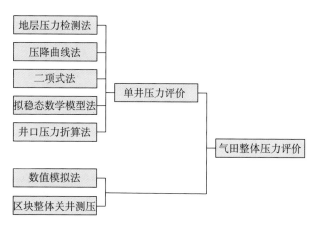

4—34 压力评价技术

通过分析靖边气田压力分布图发现（图4-35），靖边气田压力整体呈现"中间部分低，四周边部高"的分布特征，这是由于地层压降漏斗中心多分布在渗流能力强、投产时间长、累计产量大的区块，渗流能力差、投产时间晚、采气量少的区块则处于压力高值区域。由于气藏本身地质特征的差异及其开发过程的阶段性，靖边气田地层压力分布不均衡，因此，可以在地层压力相对较高的地方适当部署加密井。

2. 动储量评价技术加密调整

针对气田地层压力测试点少、气井工作制度不稳定等难点，根据气井不同的渗流特征和生产动态特征，形成了以"压降法、产量不稳定分析法"为主，多方法综合评价的低渗非均质气藏动用储量评价技术系列（图4-36）。分区块、分层位加强气藏动用储量评价，为全面追踪评价靖边气田单井动用储量及其变化特征提供了技术支持。

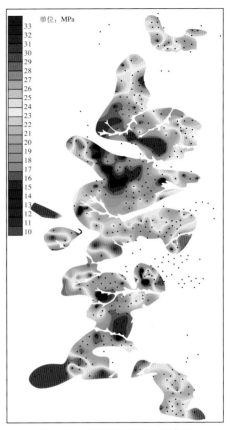

图4-35 靖边气田压力分布图

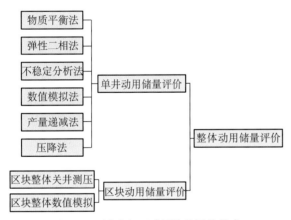

图4-36 靖边气田动用储量评价技术

随着评价低产井井数增多，单井平均动用储量下降，目前570口评价气井平均动用储量$2.37 \times 10^8 m^3$。同时，动用储量和累计产气量平面分布具有较好的对应关系，平面上动用储量分布不均衡，高值区主要为陕17井区、陕45井区等高渗、高产区块，约40%的面积内控制着近80%的动用储量（图4-37）。通过研究发现动用储量小于$2 \times 10^8 m^3$的低产井，控制半径$0.5 \sim 1.2km$，尚有一定加密布井余地，动用储量介于$(2 \sim 2.5) \times 10^8 m^3$的低产井，控制半径$1 \sim 1.5km$，在局部储量丰度较高的低产区有一定加密布井余地。

2007年靖边气田内部部署加密井22口，平均无阻流量$35.0 \times 10^4 m^3/d$，效果良好。2007年加密调整井经

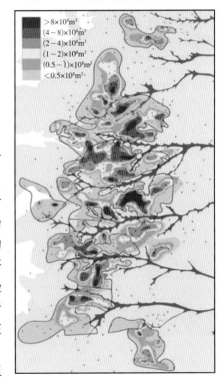

图4-37 靖边气田动储量平面分布图

实施后，完井地层静压平均值为 29.3MPa，相应的井区地层压力为 21.36MPa，各井的地层静压均高于井区目前地层压力，说明加密井优选技术的有效性。

（三）靖边气田外围低渗区布井技术

对于气田外围地区，针对外围地质特征和开发难点，进行了技术攻关包括地震预测与沟槽识别技术、古地貌恢复技术、低渗储量可动用性评价技术等。

针对靖边气田内部和外围存在较大差异的现状，在气田内部优化布井技术的基础上，调整开发策略，有针对性地加以攻关研究。通过地震技术预测储层厚度，刻画前石炭纪古地貌形态；通过沉积相研究，划分有利的沉积成岩微相；通过古地貌以及构造研究，揭示储层发育的主控因素；通过多方法压力评价，获得气田目前较为可靠的压力分布状况，为井位部署提供依据。

1. 地震预测与沟槽识别技术

前人对沟槽的研究是利用钻井、地震波形和古风化壳下地层的关系进行定性识别。由于气井的平均井距为 3.17km，次级沟槽多在井间，按照上述方法进行沟槽识别时，二级尤其是三级沟槽特征不明显，对调整井和加密井的部署意义不大（顾岱鸿等，2007）。顾岱鸿提出集成系统信息的沟槽综合识别方法，该方法以钻井、试井和生产数据作为验证和约束条件，建立沟槽与地震属性之间的关系，实现以地震属性分析为主导的沟槽综合识别方法。该识别方法为气藏外围布井提供依据。

1）钻井和地质宏观控制

在地质剖面上，奥陶系顶面出露层位每一个小层都以溶蚀带的形式出现，溶蚀带可分为内侧的溶蚀零线和外侧的开始溶蚀线，内侧的溶蚀零线即是下部小层的开始溶蚀线，外侧的开始溶蚀线即是上部小层的溶蚀零线。在某一沟槽内，小层的平面出露关系始终是连续的。出露厚度依沟槽的坡度而变，坡度缓则出露宽度大，坡度陡则出露宽度小；小层厚度大则出露宽度大，小层厚度小则出露宽度小（图 4-38）。

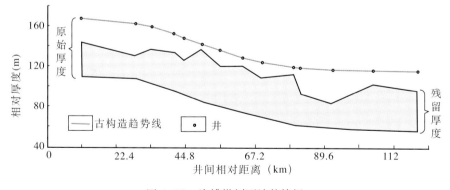

图 4-38 沟槽纵剖面地貌特征

2）地震波形识别

奥陶系顶部风化壳为致密的块状白云岩、石灰岩，其上部为石炭系含煤地层，二者之存在明显的波阻抗界面，由于沟槽部位奥陶系顶部层位的缺失，在某种程度上导致了地震反射同相轴的"小凹"、"不连续"和"相位增加"现象。根据这些认识对沟槽进行再认识。但顾岱鸿经过实践表明：该方法对描述一级沟槽侵蚀强度和走向效果较好，但是对于二级、三级沟槽的刻画，即使在 6km×8km 至 2km×4km 测网条件下，要精细识别也比较困难。因此利用地震资料的波形特征，只能达到定性和部分定量的解释效果。

3）弧长参数识别

为了进一步识别出沟槽形态，尝试运用地震特征反演，直接建立沟槽与地震道数据之间的对应关系。在 VSP 精确标定的基础上，对石炭系底部、马五$_3$底面进行追踪，提取反射强度、半时窗倾角、弧长等多种地震属性，并以钻井沟槽作为验证。结果表明弧长地震属性与沟槽边界存在良好的相关性，达到 85% 以上，其他地震属性的相关性较低，说明弧长地震属性对沟槽最敏感。因此，在弧长地震属性基础上，以钻井、试井资料作为验证和约束条件，将已知钻遇沟槽井揭示的沟槽部位的弧长地震属性值作为门槛值，勾绘出气藏沟槽识别图，从而实现沟槽的定量识别。

2. 外围低渗区储量及可动用性评价技术

在储层分类的基础上，对单井进行有效储层分类解释，勾画出有效储层连井对比剖面图，参照地质建模程序方法，建立地质模型，分析有效储层的空间分布规律。同时，根据不同类型储量分布特征采用不同数值模拟的手段对低效区布井及储量可动用性进行了评价（具体内容见第六章第一节）。

三、碳酸盐岩气藏不规则井网布井

不规则井网适合于强烈非均质性的气藏，这一类型的气藏分为三类：（1）由沉积作用造成强烈非均质性的气藏，如龙岗礁滩型气藏等，该类气藏以单一气水系统为布井单元进行不规则布井；（2）由构造作用造成强烈非均质性的气藏，如川东石炭系相国寺裂缝气藏，该类气藏以"稀井高产"为原则进行不规则布井；（3）由溶蚀作用造成的强烈非均质性的气藏，如塔中 I 号气藏，该类气藏以单一缝洞单元为布井单元进行不规则布井。下面以开发期较长的相国寺气田为例进行论述（徐文等，1999；张海勇等，2013）。

（一）相国寺气田石炭系气藏概况

相国寺气田位于重庆市江北县境内，区域构造位置属川东平行褶皱带华蓥山大背斜向南延伸的一个分支。构造长 60km，宽 9km。轴向北北东，为反"S"形扭曲的高陡背斜。相国寺石炭系气藏是川东地区典型的裂缝—孔隙型气藏，构造闭合面积 30.54km²，埋藏深度 2200～2600m，储层是一套潮坪相沉积，储层岩性以角砾云岩为主，气藏储层孔、洞、缝极其发育。储层平均有效孔隙度 6.55%，渗透率 2.5mD，以 I＋II 类储层为主。孔隙层分布均匀，横向变化不大。气藏原始地层压力为 28.734MPa，气藏温度为 64.02℃。气藏具边水，气水界面海拔 −1980m，气藏高度 746m，含气面积 28.08km²，边水不活跃，属弹性气驱气藏。气藏容积法储量以储层孔隙度下限 3% 计算，结果为 45.56×10⁸m³。

（二）气藏特征

1. 气藏构造及圈闭特征

1）构造为狭长的高陡背斜

相国寺石炭系气藏构造为狭长的高陡背斜，长轴长 29.2km，宽 1.45km，两翼倾角 24°～70°，总体是西翼略陡，闭合高度 760m。

2）纵向倾轴逆断层发育，并构成气藏不渗透边界

气藏范围内有六条逆断层，沿长轴分布于构造两翼的陡缓转折处，走向随构造轴线弯曲而弯曲，分别构成了西翼的含气和东翼含地层水的不渗透边界。

3）气藏圈闭主要以背斜圈闭为主

气水分布主要受局部构造控制，但气藏的具体边界情况比较复杂，整体上来说气藏圈闭是以背斜构造为主的断层、地层尖灭的复合圈闭类型。

2. 储层特征

1）石炭系薄，但有效储层所占比例高

气藏范围内石炭系厚 6.3 ～ 11.68m，平均 8.5m，但有效储层所占比例高，一般为地层厚度的 60% ～ 80%（表 4-9）。

表 4-9 相国寺气田有效储层分类统计表

储层类别	气井						
	10	14	30	18	25	16	13
钻井地层厚度（m）	15.4	9.7	7.6	12.3	9.8	13	9.1
地层真实厚度（m）	9.9	7.5	6.3		8.5	11.68	7.17
有效储层厚度（m）	7.33	4.9	3.77	9.7	4.33	9.52	5.75
有效储层百分比（%）	74	65	59.8		51	81.5	80.2
Ⅰ＋Ⅱ（m）	7.33	4.9	0.91	5.9	2.34	8.84	3.39
Ⅰ＋Ⅱ（%）	100	100	24	61	54	93	59

2）有效储层物性好，主要为Ⅰ、Ⅱ类储层

从表 3-8 可以看出Ⅰ＋Ⅱ类储层所占百分比一般都在 50% 以上，其中在相 10、14、16 井基本上为 100%。

3）石炭系储层次生溶蚀改造强烈，对改善储渗性能起到了很好的作用

石炭系储层岩性以角砾云岩为主，夹薄层生物灰岩、藻云岩、泥晶云岩及粉晶灰岩。属于潮上—潮间带沉积，藻架孔、晶间孔以及和角砾有关的砾缘孔都很发育，加之石炭系沉积后，因长期暴露地表，风化剥蚀作用强烈，几乎所有孔隙类型均被次生溶蚀扩大，显著改善了岩石的储集性能。

4）石炭系储层中的早期缝和构造缝构成了储层的主要渗流通道

石炭系储层裂缝发育，裂缝率平均达 0.347%。其中早期缝形成于角砾岩最后胶结以前，其特点是宽度小，密度大，仅分布于角砾中而不穿过角砾。另一种是构造裂缝，是构造褶皱的同生缝，除一组呈"×"交叉的共轭扭裂缝外，还有立张缝和平张缝。平张缝的特点是裂缝直而光滑，延伸远，但宽度只有 0.01 ～ 0.02mm；而立张缝则形状弯曲，缝壁粗糙，延伸较短，常见分支现象，但缝宽较大，约 0.02 ～ 0.05mm。以上两期缝构成了石炭系储层的主要渗流通道。

5）储层结构为裂缝—孔隙型

相国寺石炭系气藏储层平均孔隙度为 6.65%，而裂缝空间根据岩心薄片结果，最高只有

0.53%，即天然气主要储集于岩石孔隙中。然而岩石基质渗透率普遍很低，45 块样品结果分析，其中有 20 块渗透率都低于 0.01mD。单井平均一般都在 1mD 以下。因此储层的渗透性主要靠裂缝。由表 4-10 可以看出，试井计算渗透率远大于岩心基质渗透率，两者比达数十倍不等，这表明储层结构应该是裂缝—孔隙型。

表 4-10　相国寺基质渗透率与试井计算渗透率对比表

单位：mD

资料来源		气井					
		16	25	18	30	14	10
试井资料	径向流计算	97.6	23.9	99.34	38.3	47.87	
	压力恢复计算	93.86	24.22	86.8			
物性分析	岩石基质渗透率	0.56				2.69	0.48

6) 储层孔—缝搭配良好，整个气藏为统一水动力系统

由以上资料可以看出，气藏范围内岩性基本相同，各井孔隙发育，加之裂缝网与基质孔隙搭配良好，使气藏形成了统一的储渗体。1980 年气藏干扰试验中，以相 18 井为激动井，其他井关井观察。结果相 18 井采气对气藏各井都有明显干扰，受影响时间最短为 40h（相 30 井），最长为 496h（相 10 井）。以后开发动态也显示出各井间连通好，压力降均衡，气藏高孔、高渗的视均质特点明显。

（三）气藏开发布井

气藏布井方式和生产井数直接影响地下渗流，不同的开发井网将产生不同的开发效果和经济效益。结合相国寺气藏特征，经过对比论证发现沿轴线高部位的不规则布井比较适合相国寺这样的裂缝—孔隙型储层。这表现在稳产期长、稳产期末的采出程度高、总开发时间短。

气藏 1977 年 11 月投入试采，1980 年编制开发方案井进行正规开发，稳产至 1987 年，稳产期长达 8 年，稳产期平均日产 $90 \times 10^4 m^3$，采气速度 8.06%。1989 年开始编制调整方案，方案日产气 $45 \times 10^4 m^3$，稳产 3 年，3 年后又降至日产气 $15 \times 10^4 m^3$，又可稳产 3 年。1990 年开始实施，日产气（$15 \sim 22$）$\times 10^4 m^3$。气藏 1994 年累计采气 $36 \times 10^4 m^3$，采出程度 90.66%。

虽然气藏有气井 7 口，但长期生产井仅有 5 口，其中在最顶部的 3 口气井（图 4-39）至 1994 年累计采气 $30.83 \times 10^8 m^3$，占气藏累计采气量的 84.7%。由此可以看出，对于气藏连通好、压力下降均匀的裂缝—孔隙型气藏，采用不规则布井方式，完全可以完成气藏的开发任务，从而实现气藏的高效开发。

整体上说，对于碳酸盐岩气藏，如果气藏储层存在强烈的非均质性，那么采用不规则井网，让低渗区的气补给高渗区；而对于非均质性相对较弱的气藏，一般采用规则井网，对于井网密度要根据储层的物性好坏程度和经济效益综合考虑决定。

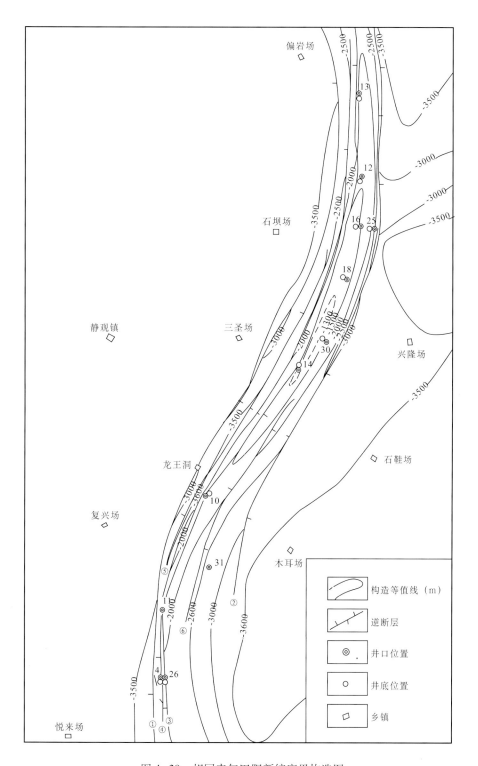

图 4-39　相国寺气田阳新统底界构造图

第四节　碳酸盐岩气藏开发模式及对策

一、碳酸盐岩气藏开发全过程主要特点

（一）开发过程阶段划分方法

碳酸盐岩气藏开发实践表明，气藏开发过程存在着不同的开发阶段。合理地划分出气藏的开发阶段，可以弄清影响气藏开发效果的各种因素在不同开发阶段所起的作用，可以预见气藏未来各个时期产气量、产水量的变化，进而估计气藏的最终开发效果；可以根据不同开发阶段的特点和主要问题，采取相应的调整改造措施以改善开发效果；可以了解不同地质条件和开采方式对碳酸盐岩气藏开发过程的影响，为新气藏的开发设计提供依据。

四川川东石炭系及鄂尔多斯靖边气田在开发部署、采气工艺、集输处理等技术方面积累了大量的资料和经验，但是由于碳酸盐岩气藏类型多样，沉积环境和沉积相复杂，储层变化频繁，以及裂缝、断块等非均质情况严重，因而其开发有着特殊的困难。因此，在碳酸盐岩气藏开发阶段划分的过程中，借鉴砂岩气藏的开发过程阶段划分方法，结合不同类型碳酸盐岩气藏地质开发特征研究和生产情况分析，应用数值模拟技术和经济分析方法，提出气藏开发阶段划分依据，划分开发阶段，总结各个开发阶段的动态特征，分析、研究各个阶段的制约因素，确定出气藏的最佳开发指标，以达到提高不同类型碳酸盐岩气藏开发水平的目的。

（二）开发过程阶段划分依据

划分开发阶段的标准应以最能体现碳酸盐岩气藏的开采规律而定，根据中国碳酸盐岩气藏的开发实践，同时借鉴砂岩气藏开发阶段的划分，提出碳酸盐岩气藏开发阶段的划分应按气藏的开采动态及产量变化来划分。

1. 动态曲线能反映气藏开发全过程的动态特征

由于天然气黏度小、流动性大，同时膨胀系数比石油大得多，因此气藏开采一般不保持地层压力，采用衰竭式开采。在这种开采方式下，气藏生产是靠降低井口压力来实现的。因此，气藏开发全过程在动态上表现为：开发初期，气藏产量不断上升，气藏井数不断增加，达到设计采气规模后，进入稳定生产，地层压力及井口压力不断下降，当井口压力接近输气压力时，靠气藏自然能量再也不能使气藏保持稳产，气藏便开始递减，直至外输不能赢利时，进入地方性用气（图4-40）。这样一个过程是气藏从投产、稳产、递减到枯竭正常的客观过程，也充分展现了气藏开发的不同阶段。

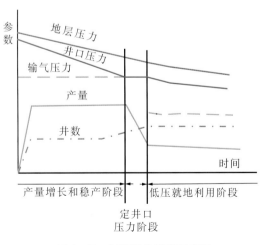

图4-40　气藏开发过程示意图

2. 动态曲线体现了各阶段对气藏的认识以及所采取的一系列工艺措施

动态曲线反映了各个时期气藏生产状况，能够加深气藏工程师对整个气藏的认识，有针对性地加强气藏管理，同时根据气藏动态曲线可以制订更加切合实际的一系列配套的工艺措施，从而实现气藏高效开发。

3. 动态曲线反映了各时期的开发指标

依据动态曲线的变化来划分开发阶段，能够清楚直观地将稳产期长短、稳产期末采出程度、递减期产量递减情况、产水变化以及最终的开发效果等指标反映出来，从而提高对气藏开发指标的定量化认识，评价气藏开发各个阶段效果的好坏，增加开发技术及管理方式的认识，积累该类气藏开发经验。

（三）气藏的开发阶段及各阶段特点

一个气藏开发一般经历试采及产能建设阶段、稳产阶段、递减阶段和低压小产四个阶段（图 4-41）（冈秦林等，1996）。

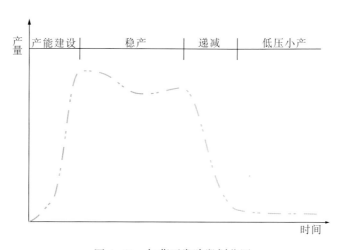

图 4-41　气藏开发阶段划分图

1. 产能建设阶段

该阶段是保证气藏开发方案得以实施的关键阶段，该阶段主要是在气藏前期评价的基础上，核实气藏生产能力，当气藏的产气能力及地面设备不能满足开发设计方案要求时，需要钻开发井和扩建地面设备，其特点是随着生产井的不断投产，整个气藏的采气速度逐渐提高，最终达到开发设计规定的要求。

从国外气田的开发经验来看，该阶段一般需要 1 ~ 5 年，采气速度为 2% ~ 3%，可以采出可采储量的 5% ~ 15%。国内四川盆地碳酸盐岩气藏产能建设相对较短，为 2 ~ 3 年，平均采气速度为 2% ~ 4%，采出程度为 2% ~ 15%。从国内近几年来碳酸盐岩气藏的开发实践可以看出，产能建设阶段存在的主要问题是，碳酸盐岩气藏单井产量往往较高，同时碳酸盐岩气藏储集空间类型多样（裂缝、溶洞系统发育）。因此，应该在加强储层和气水关系认识的基础上，适当控制气井单井产量，避免造成单井超过极限产量以及气井过早水淹。威远震旦系气藏以及龙岗礁滩型气藏的龙岗 2 井就是典型的例子。

2. 稳产阶段

整个气藏的稳产同单一气井的稳产含义是不一样的，气藏的稳产指的是在一段时间内以多大的日产能力（气藏中所有气井产能的总和）平稳供气。气藏稳产期的长短主要取决于气藏储量的大小、后备资源的补充、采气速度的大小及一定数量的补充井。

该阶段开采过程中，应该严格按照开发方案要求配产，同时进行日常动态监测和动态分析，并及时进行气井间产能调整和井间接替。特别是对于一些边底水活跃、裂缝发育的气藏更应该严格监视水动态，适时调整气井产量，控制气井乃至整个气藏边底水的推进，从而延长整个气藏的无水稳产期及最终的采出程度。

该阶段主要表现为以下两个特点：

1）稳产阶段是气藏工业性开采的主要阶段

一个气藏开采经济效益的好坏，在很大程度上取决于稳产阶段的开采效果，一般来说，按照科学合理的气藏开发方案设计，稳产阶段气藏采气规模大、采气速度高、采出程度高、持续时间长。稳产阶段可采出气藏储量的 50% ~ 70%，稳定生产 5 ~ 10 年，地层能量消耗大，井口油套压下降快（表 4-11）。

表 4-11　气藏稳产阶段开发指标

	采气速度 （%）	稳产年限 （年）	采出程度 （%）	累计采气量 （$10^8 m^3$）	地层压力下降率 （%）
阳高寺气田嘉一气藏阳 1 井裂缝系统	19.6	2.5	49.4	3.05	61.6
卧龙河气田嘉五 ^{1} 气藏	5.74	6	58.9	75.44	54.6
相国寺气田石炭系气藏	7.5	8	67.0	26.79	67.4
老翁场阳三气藏	8.35	6	58.2	19.73	62.5
黄家场阳三气藏	4.34	8	53.0	24.38	47.0

2）气藏压力不均衡主要产生于这一阶段

碳酸盐岩气藏由于其储集空间丰富多样、储层岩性复杂、非均质性严重，即使在科学评价气井产能的基础上生产，同一气藏范围内，地层压力也会表现出不平衡。往往在裂缝较发育的顶部、轴部气井产量高、压力低，而在裂缝不发育、渗透性差的边部、端部气井产量低、压力高。这样的结果就是形成一个以高渗区为中心的压降漏斗，这是任何一种气藏开发都会产生的一种现象，但是对于边底水活跃的气藏必须科学面对这一问题。由于气藏压力的不均衡再加上储层的非均质性，边底水活跃的气藏地层水首先沿着裂缝发育、高渗区和压差大的地方窜入，使部分气井出水，产能急剧下降，同时占据了气体的主要渗流通道，对气藏起封堵气流通道作用，影响了气藏的正常开采，降低了采收率。但是对于非均质无水（或者是弱弹性水驱）气藏，如卧龙河气田嘉五 ^{1} 气藏，这样的压降漏斗却有利于气藏的开发。

3. 产量递减阶段

由于气藏是枯竭式开采，随着开采的延续和气藏能量的消耗，气井压力、产量大幅下降，当井口压力接近于管线输气压力，自然能量不能保持气藏稳产时，气藏进入递减阶段。在该阶段，每口气井保持井口压力接近输压生产，产量及采气速度自然下降，时间持续较长，但该阶段采出程度较低。对于特殊气藏（如有水气藏或者是裂缝型气藏），该阶段是整个开发过程中开发面临困难最大的阶段。

该阶段的主要工作是取全取准各种动态资料，分析气藏动态变化，编制气藏调整方案，采取相应的增产措施，减缓产量递减，最大限度地提高气藏的工业采收率。根据气藏开采的实际情况，不同类型的气藏，在递减期内所采取的措施是不一样的。相国寺石炭系气藏在递减期内编制了气藏开发调整方案，实行多次降低输送压力而没有采取不增压的开采方式。卧龙河嘉五¹气藏主要采取的措施，一是老井挖潜，对气藏边部压力较高的气井进行压裂酸化或者是利用其他层井补孔，加速翼部低渗区的开采；二是增压开采，以降低井口生产压力，增加气藏产量。威远震旦系气藏，由于气藏水侵特别严重，大多数主干裂缝通道已被水占据，因此，排水采气是提高采收率的唯一途径。川东石炭系五百梯气田，由于递减期储量动用不均，优质储层与低效储层动用程度差别很大，同时地层水对个别气井生产影响严重。因此，对于五百梯气藏一方面采用打大斜度井及水平井的方法提高低效储量的动用程度，另一方面加强气水监测，实时监控地层水动向，避免个别高效井因地层水突进而产量下降或报废，从而影响整个气藏的采出程度。

4. 低压小产阶段

气藏失去工业性开采价值后，仍有一定生产能力，但压力很低，产能很小，不足以供大型企业使用，为了提高自然资源的利用率，尚可继续小产量生产，供气田附近的地方性小型工厂用户用气，气藏在该阶段的生产为低压小产阶段。低压小产阶段，压力产量下降十分缓慢，开采时间拖得很长。

二、不同开发阶段影响因素分析

气藏的开发一般要经历产能建设阶段、稳产阶段、递减阶段及低压小产阶段，但是实际气藏开发中，各阶段有长有短，采出程度有高有低，它们的控制因素是什么？这些控制因素之间是什么关系？各阶段的合理指标怎么确定？借鉴前人的研究成果，将碳酸盐岩气藏分为气驱气藏和水驱气藏来阐述这些问题。

（一）气驱气藏

气驱气藏并不是完全没有地层水的影响，而是指气藏本身没有活跃性边水或者是气藏主体与边水连通不好从而在开采中未表现出边水影响的气藏。气驱气藏压降储量线基本是直线（图4-42），开采特征与无水气藏相似，可采用无水气藏的方法进行开采。

1. 气驱气藏开发特征

1）产能建设的长短取决于钻开发井和地面工程建设的快慢

气藏产能建设的长短由所需的生产井数、每口井完钻的时间及地面集输设备的建设等因素决定。对于储量规模较大的气藏，一般其采气规模都很大，在气藏完成开发设计后，需要钻一大批开发井，才能满足开发设计的需求，相应的产能建设期较长。而对于一些气藏规模小，采气规模不大的气藏，在气藏评价阶段所钻的评价井转换为开发井就能

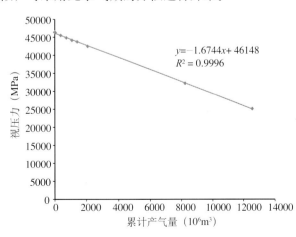

图4-42　五百梯气田压降储量图

满足开发设计的要求，只需进行一些地面集输设备的建设，因此其产能建设阶段一般较短，大致 2 ~ 4 年，平均采气速度为 2% ~ 4%，采出程度为 2% ~ 15%（表 4-12）。

表 4-12　部分气藏产能建设期开发指标

	储量 （$10^8 m^3$）	年限 （年）	平均采气速度 （%）	采出程度 （%）
卧龙河嘉五^{1}气藏	142	3	3.94	11.81
张家场石炭系气藏	66.79	2	2.98	15.36
福成寨气田石炭系气藏	84.59	2	3.63	10.29
中坝须二气藏	100	4	1.20	5.90
邓井关嘉三气藏	31	0.5	4.30	2.06

同时，产能建设的长短可以人为控制，在气藏前期评价基础之上，气藏完成开发设计后，如果能迅速钻开发井，同时完成地面集输设备的建设，气藏的采气规模很快便能达到开发设计的要求，产能建设的时间也相应缩短，这样便可提高气藏的开发效率。但是，另一方面，由于最近几年随着新发现碳酸盐岩气藏复杂程度的增加，产能建设初期是尽可能用少的井更加科学真实的认识气藏，从而为产能建设奠定坚实的基础。但是，气藏工程师对于气藏的认识存在反复性，因此前期评价往往会需要几年时间，产能建设的时间也相应的延长。

2）采气速度是决定气藏稳产期长短、产量递减快慢的重要因素

无论气藏规模是大是小，采气速度对气藏稳产时间的长短，产量递减快慢都有重要影响。气藏开发一般都是采取衰竭开采方式，对于一个气藏来说，储量是个定数，采气速度大，气藏的采出程度高，能量消耗也大，同时采出气量与能量补给之间形成的差值就大，因此气藏稳产时间短，递减快，特别是对于那些存在高、中、低渗透区的气藏更是如此。阳高寺 Tc^1 气藏阳 1 井裂缝系统，日产气 $40 \times 10^4 m^3$，采气速度高达 19.6%，气藏仅稳产 2.6 年，采出程度为 49.4%，之后气藏进入递减期，递减率为 68.4%。而采取适当采气速度进行开采的气藏，一般都有较长的稳产期及较高的采出程度。相国寺石炭系气藏日产气 $90 \times 10^4 m^3$，采气速度 7.5%，气藏稳产时间 8 年，稳产期的采出程度高达 67%，气藏开采表现出长期高产稳产的特征。

3）采气速度、稳产年限和采出程度三者之间的关系

如前所述，气藏储量规模不论大小，采气速度、稳产年限及采出程度之间存在着必然的联系。根据前人统计的四川盆地已经进入递减期、低压小产阶段的 12 个裂缝系统，做出三者之间的关系图（图 4-43）。

从上图可以看出，采气速度和稳产年限呈反比关系。若稳产期为 5 ~ 10 年，采气速度可为 10% ~ 50%；稳产期末采出程度与稳产年限呈指数曲线关系，且在 10 年内，采出程度随稳产年限的增长较快，之后增加速度变缓。

三者之间关系表明，对于气驱气藏，当气藏采气速度过大时，稳产供气年限不但较短，且稳产期采出程度也不高；当气藏采气速度过小时，稳产供气年限虽然较长，但是后期采出程度增加幅度有限，经济上也不够合理。总之，气藏的采气速度直接影响稳产年限的长

短，两者的优化组合，可使稳产期内采出程度较高。

4）裂缝—孔隙型气藏的低压小产阶段延续时间长

裂缝—孔隙型气藏由于裂缝沟通了气藏的大部分储量，开采初期产量很高，在开采后期，低渗透性孔隙基岩中的天然气不断向井底推进，致使压力产量下降都十分缓慢，开采时间拖得很长，在采气曲线上表现为一平缓而拖得很长的线段。邓井关气田嘉三气藏是该类型的典型例子，该气藏 1969 年时井口压力就低于 0.1MPa，单井平均日产气 $1 \times 10^4 m^3$ 左右，相当稳定，低压小产阶段开采长达数十年之久。

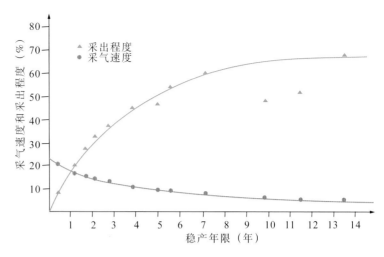

图 4-43　采气速度、采出程度和稳产年限三者之间的关系

5）采气速度对气驱气藏最终采收率没有影响

对于气驱气藏，由于不受地层水影响，采收率大小主要受地层条件的影响。对地层条件相似的气藏，采气速度不同，有的甚至相差一倍以上，但是气藏最终采收率都很高，都很接近（表 4-13）。可以看出，将地质条件相似，而开发过程差异较大的气藏（裂缝系统）做一比较，对采气速度影响不明显。

表 4-13　气驱（或弱边底水）气藏采气速度和采收率关系

气藏	探明储量（$10^8 m^3$）	稳产年限（年）	采气速度（%）	采收率（%）
沈公山 Tc^1 气藏	12.6	2	20.1	90.98
高木顶气田	1.3	6	10.9	82
自流井 P_1^3	55.7	1.4	23.58	92.4
邓井关 Tc^3	21.87	8.5	8.1	94.4
阳 7 井系统	24	9	5.2	97.4
阳 23 井系统	3.1	4	12.4	99.1

2. 气驱气藏的开发指标评价

研究气藏的生产特征、稳产时间及递减规律，其主要目的就是想从中发现各种不同因素对开发效果的影响，从中找出气藏合理的、科学的开发指标。

评价气藏的开发指标是否合理主要遵循两点原则：第一是要保证气藏平稳供气，要有相对长的稳产年限，相对高的稳产期末采出程度；第二就是气藏从生产至工业开采期结束的时间不要太长，经济效益要高。

表 4-14 给出了四川部分气藏数值模拟计算结果，该结果基本上代表了气驱气藏的合

理开发指标。气驱气藏稳产年限一般在 8 年以上，稳产期末采出程度在 50% ～ 60%。渗透性好的气藏，采出程度可达 60% 以上，而对于一些低渗气藏，其采出程度会低一些，在 40% ～ 50%。气藏从生产至工业开采期结束的年限大约为 20 年左右，其采出程度在 70% ～ 80%。由于气驱气藏在开采过程中不会受到地层水的影响，气藏的最终采收率都较高，可达 90%。

表 4-14　四川部分气藏数值模拟计算结果

气藏名称	有效孔隙度 (%)	渗透率 (mD)	储量（10⁸m³）	采气速度 (%)	稳产期		递减期末	
					年限 （年）	累计采出程度 （%）	年限 （年）	采出程度 （%）
相国寺	8.87	105	44.8	8.06	8	66.72	20	89.69
万顺场	8.9	90	61	5.3	11.5	62.81	21.6	81.03
双家坝	5.95	1.5 ～ 9.4	80.03	3.86	13	55.63	22	74.83
沙罐坪	5.8	0.2 ～ 4.58	82.03	3.73	10	51.77	30.25	72.45
张家场	6.02	0.5 ～ 5	66.79	4.46	6.75	55.71	27.75	61.25
卧龙河	6.4	0.2 ～ 6	126.7	4.2	6.6	50.11	27.8	70.79

（二）水驱气藏

1. 水驱气藏开发阶段

水驱气藏由于受地层水影响，其开发阶段的划分同气驱（或弱水侵）气藏开发阶段的划分是有区别的。对于边底水活跃的气藏，地层水的问题是气藏开采的主要问题，在气藏开采初期或者是开采中期，气井开始产水，且产水量随着累计采气量增加而增加，一般气藏大规模出水，气井乃至整个气藏的产气量迅速递减。因此，水驱气藏开发阶段的划分除了依据动态曲线进行划分外，更重要的还是要考虑气藏产水的问题。因此，在动态曲线分析基础上，结合气藏产水情况，将水驱气藏划分为：产能建设阶段、稳产阶段（无水采气；带水采气）、递减阶段、排水采气阶段。

2. 水驱气藏开发特征

1）气井生产的各个开发阶段，都要控制生产压差

地层水对于气藏开发的影响早已经被长期的生产实践以及实验所证实。对于有水气藏无水采气阶段，适当控制气井生产压差，可以延长无水采气期和带水自喷生产期，增加气藏最终累计采气量。控制生产压差从而增加累计采气量的实例不胜枚举。如威 2 井投产后初期采气压差 7.55MPa，1977 年控制压差为 1.67MPa，随后一直控制生产压差在适当的范围内，气井直到 1985 年 10 月才产地层水，气井无水采气期长达 20 年，无水采气量为 $11.14 \times 10^8 m^3$。

2）采气速度对水驱气藏最终采收率有明显的影响

不同于气驱气藏采气速度对气藏最终采收率的影响，水驱气藏采气速度对采收率的影响比较明显。表 4-15 给出了不同采气速度区间内气藏的稳产年限同递减前采出程度及最终采出程度的对应关系。

表 4-15　四川水驱气藏不同采气速度范围内采收率状况表

采气速度范围（%）	气藏个数	稳产年限（年）		递减前采出程度		采收率（预测）	
		范围	平均	范围（%）	平均（%）	范围（%）	平均（%）
2.6 ~ 5.5	4	4 ~ 14	3.25	59.3 ~ 66.5	63.3	78.9 ~ 88.4	85.2
5.6 ~ 10.9	9	3 ~ 7	4.2	26.2 ~ 58.2	42.7	38.5 ~ 94.1	75.7
17.9 ~ 28.8	4	1.5 ~ 2	1.9	35.8 ~ 61.2	48.3	62.2 ~ 73.1	67.4

3）气藏生产没有低压小产阶段

水驱气藏出水主要是地层水沿着裂缝水窜，由于裂缝出水，导致孔隙基岩周围形成水膜。油层物理实验资料表明，随着基岩含水饱和度增加，基岩周围水膜呈直线增加趋势。这使得基岩中的天然气被地层水封隔无法采出，指示出水气井没有低压水产量相对稳定阶段。因此，水驱气藏没有低压小产阶段。

4）排水采气是降低地层水对气藏危害，提高气藏采收率的有效措施

排水采气工艺是指水驱气藏在开发中，地层水波及到某些气井，某些区块，甚至全气藏，这时采用人工举升、助排工艺和自喷的带水采气，排出侵入储集空间及井筒的积液，使水封气变为可动气而被采出。在水驱气藏开采工艺上思路主要有两点，一是采用化学方法进行堵水，主要适用于整个气藏治水，这种方法单井出水量少；二是进行排水采气，分为两种，一是将地层水抽到地面，二是地层水回注。

对遭受水侵同时有水井出水甚至水淹的气藏，采用强排水采气的开采方式，可以减轻水侵向邻井区的蔓延，以延长未出水井的无水采气期，从而达到提高采收率的目的。

三、开发模式的优化和评价

中国在几十年的气藏开发过程中积累了丰富的经验，气藏开发模式的研究能够对新发现气田开发和老气田提高开发水平做出指导。因此，在气藏开发实践的基础上，总结气藏开发模式意义重大。

（一）气藏开发模式主要研究内容

气藏开发模式主要是从气藏的地质特征、流体分布特征、开发动态特征等方面出发，对气藏的开发方式、布井系统、井网密度、采气速度等进行合理优化，优选出一种投资少、开发效果好、经济效益高的方案，以指导该气藏以及类似气藏的合理开发。开发模式研究主要包括：开发方式、开发层系划分、布井系统和井网密度的确定、采气速度优选、采气工艺及采气方式等。

（二）气藏开发模式优化和评价

气藏开发指标的确定是气藏开发的一项重要内容。气藏不同开发阶段基本开发指标的变化特点主要由气藏的采气速度变化来决定。此外，气藏驱动类型对开发指标也有显著的影响。

1. 开发方式的选择

对于某一具体气藏，分析地质因素是否有利于天然能量的发挥，若天然能量不足，则

需人工补充地层能量或是利用地下其他能量开发。若天然能量充足，根据气藏开采理论与经验，气藏应采用衰竭式开采方式，对于存在边水的气藏，可采取以下措施预防边水影响气藏生产：

（1）将开发井部署在气藏高部位，尽可能远离气水界面；

（2）控制低部位气井产量，采用水平井、大斜度井控制气藏生产压差；

（3）生产过程中通过监测井的压力变化和试井分析，分析气藏气水边界的变化，研究边水活动规律。

2. 开发层系的划分

划分开发层系主要考虑以下五个方面因素：

（1）每套层系的构造形态、气水边界、储层性质、天然气性质、压力系统应大体一致，以保证各气层对开发方式和井网有共同的适应性，减少开发过程中的层间矛盾；

（2）单独开采的一套层系应具有一定的储量和单井产能，每个开发层系的储量和产能能满足开采速度和稳产期的需要；

（3）不同层系间有良好的隔层；

（4）同一开发层系跨度不宜过大，上下层的地层压差应控制在合理范围；

（5）开发设计阶段对气层认识有一定局限性，层系划分应便于在开发过程中进行调整。

3. 布井原则与开发井网井距论证

对井网部署现状进行评价，针对目前的布井情况进行分析，确定其开发效果及对储量的控制程度，井网部署要使气井达到最大的泄流面积和最大的控制储量。对于强非均质性碳酸盐岩气藏，在含气面积内，尽可能选择气层有效厚度大、含气饱和度高、渗透性好、裂缝发育的构造高部位布井，以保证气井高产稳产。一般来说，开发井集中部署在高渗透区，通过高渗透区气井采低渗透区天然气是平面非均质气田实现"少井高产、高效开发"的基本布井原则。而对于均质性较强的气藏，其布井原则类似于常规均质砂岩气藏，采用"均匀布井、加密调整"的布井原则。对于开发井的井型，则需要根据气藏地质开发特点，对直井、水平井、丛式井、分支井等井型进行优选。

对于开发井网，要能有效控制气藏储量，具有尽可能高的采收率，井数能保证达到一定的生产规模和稳产期，并为开发后期调整留有余地，井距根据气藏性质、储层参数分布特征，使单井能控制足够多的储量，且具有一定生产能力，并保证气井有足够的供气能力。开发井井位部署除了考虑部署在气藏有利位置外，还应考虑一定数量的观察井、调节井、补充井。

4. 气井开采制度与生产方式

气井开采制度的选择，要在地层能量损失最小的条件下，获得最大的产气量，平衡安全供气。通常采用的气井开采制度主要有定产生产制度和定井口压力生产制度两种。

定产生产制度是气井开采的主要工作制度。随着气藏采出量增加，地层压力不断下降，井底或井口流压将不断下降。气井产量高，则井口压力下降速度快，稳产期短；反之，则井口压力下降速度慢，稳产期长。

定井口压力生产制度指气井定量生产一定时期后，当气井井口压力接近或达到特定的输压要求时，需要维持这个压力生产。气井井口压力的稳定是以产量不断递减来实现的。在气井产量递减生产过程中，随着气量的采出，气藏地层压力仍然在不断下降，这更加速了产量递减。

气井生产方式分自然稳产和增压开采两种。在不能保持自然稳产时，考虑增压开采。根据气藏实际情况，确定气井自然生产时的井口压力下限，气井井口压力高于此压力时，处于自然稳产阶段，气井以稳定产量生产；当气井井口压力降至自然生产时的井口压力下限时，进入增压稳产阶段，采用增压开采，延长稳产期，井口压力达到增压开采最低井口输压时，增压稳产阶段结束，气田进入递减阶段，此时，气井保持增压开采最低井口输压，进入产量递减期。

5. 气井合理产量和配产

所谓气井合理产量，指对一口气井而言，有相对较高的产量且在这个产量上有较长的稳定时间。影响气井合理产量的因素很多，包括气井产能、流体性质、生产系统、生产工程及气藏的开发方式和社会经济效益等。

气井产能试井方法主要有一点法测试、常规回压试井法（又称系统试井法）、等时试井和修正等时试井法。对于碳酸盐岩气藏来说，测试方法与砂岩气藏一样。目前常用的产能方程有三种，即：（1）一点法产能方程；（2）指数方程，又称"简单分析"；（3）二项式方程，又称"层流、惯性—湍流分析"或"LIT分析"。

利用稳定试井和修正等时试井得到的产能方程来评价、分析气井产能，是生产中最常用最准确的方法。根据气井的产能方程和单井产能指示曲线，分析气井在不同配产下地层压力损失的分布特点，当非线性流动损失偏离直线、加速增大时，此点的配产为合理配产。产能指示曲线分析结果显示，一般直井合理配产为无阻流量的 1/5 ~ 1/4，水平井合理配产为无阻流量的 1/10 ~ 1/8。这一初始配产可以作为气藏开发设计和数值模拟的初始配产，气藏各井最终配产应根据气藏开发设计规模和稳产期要求进行适当调整。

目前确定气井合理产量较为成熟的方法有采气指示曲线方法、系统分析曲线方法和数值模拟方法三种，前两种方法均需要以气井产能方程为研究基础。

在确定气井合理产量时，对于产水气井还要考虑临界携液流量，从井内把液体连续带至地面所需要的最小气体流速，应足以把井内可能存在的最大液滴带到地面，该流速被称为临界流速，相应的气产量称为临界产量，临界产量主要由气体相对密度、井口温度、井口流动压力以及生产管柱尺寸四个因素决定。产水气井配产应大于临界流量。

6. 采气速度、生产规模与稳产年限

气藏的合理采气速度受多因素的影响，它的确定应考虑：供求关系、气藏储量和资源接替状况、气藏地质条件和地层水活跃程度、经济效益和社会效益及国内外同类气藏的开发经验等。采气速度的确定还应考虑以下因素：

（1）气藏流体物性及分布；

（2）气藏有可能存在边水、H_2S 和 CO_2 含量高的情况，生产过程中可能出现边水侵入和硫沉积，影响气藏生产，需要控制生产压差；

（3）生产井数：井数的改变对开发指标的影响很大。随生产井数的增加，稳产期和预测期末的采出程度都相应增加，但同时也会造成生产成本大幅上升；

（4）开采年限：对于含硫较高的气藏，对气井的油套管，地面设备和管线的腐蚀性较强，在保证安全开采的前提下，应采取尽量缩短开采年限，提高单井产量，减少环境污染，最大限度地提高工业采收率的开采原则。

合理的采气速度应以气藏储量为基础，以气藏特征为依据，以经济效益为出发点，尽可能满足国家需要，考虑到平稳供气，因此要保持一定时间的稳产期，保证较长期平稳向用户供气，获得较好采收率。在开发方式、开发层系、井网井距研究的基础上，结合气藏实际生产能力和采气速度对开发效果的影响，确定合理的采气速度。

综合以上各方面，针对不同气藏进行部署和评价，在开发实施方案基础上，设计几种不同生产规模，确定一定的生产总井数并考虑一定数量的调节井，对不同方案的稳产期、日产气量、稳产期年产气量、稳产期采气速度等进行预测，优选适合气藏特点的开发指标，针对不同类型气藏，形成适合其特征的开发模式。

四、碳酸盐岩气藏开发技术对策

（一）靖边风化壳型气藏开发技术对策

靖边风化壳型气藏属于低渗、低丰度、强非均质气藏。近年来，气藏地层压力已降至 19.98MPa，53.5% 的气井井口压力低于 10.0MPa。多年钻井资料表明，马五$_{1+2}$ 储层侵蚀沟槽发育，含气面积内有 77 口井主力气层缺失，储层非均质性强，储量动用不均衡，产水气井和间歇井不断增加，气藏规模稳产面临巨大挑战。针对这类气藏目前主要有以下六种开发技术对策。

1. 制定气井合理工作制度，实现气井经济有效开发

对于靖边风化壳类型气藏，要在气藏最大生产能力之内，充分利用气藏的自然能量以达到提高单井产量、气藏最终采收率的目的。针对不同类型气井，优化和调整气井工作制度，控制部分气井的递减率，延长气藏稳产期，提高气田采收率。针对间歇气井等低效气井制定合理的生产制度，最大限度地实现靖边气田低效气井的经济有效开发。

2. 加密调整完善井网与开展扩边评价工作，寻找可靠的建产接替区

由于靖边气田递减较为明显，急需补充建产从而弥补气田递减。一方面寻找有利区优选井位，部署加密调整井，进一步完善气田井网；另一方面，随着井网的完善，主体区加密调整的余地不大，为确保靖边气田长期稳产，提高整体开发效果，每年需新建（6～8）×10^{8}m^3 弥补递减。靖边气田潜台东侧有一定的储量基础和扩边建产潜力。加强评价和研究工作，加深地质认识，寻找可靠的建产接替区块，保证扩边建产弥补递减。

3. 开展增压开发试验，为气田后期实行增压开采提供技术支撑

增压开采是气田开采后期，由于地层压力下降，不能满足地面集输要求而采取的旨在提高采出能力和地面输送能力的采输方法。增压开采应用广泛，大部分气藏在生产后期都要通过实施增压开采技术最大限度地采出天然气。开展增压开采生产试验，掌握气藏动态与增压工艺的匹配关系，确定最佳增压时机，为靖边气田整体增压开采提供技术支撑。

4. 针对产水气井制定合理的开发对策

靖边气田马五$_{1+2}$ 气藏相对富水区是以气水共存形式出现的成藏滞留水。针对不同富水区采取不同开发技术。对于较大的相对富水区，开发技术是"内降外控"，对于单井点产水区，开发技术为"以排为主"。多年的开发实践证实了该方法的有效性。"内降外控"主要使富水区内产水气井全部开井生产，降低相对富水区内压力，外围气井控制产量生产，降低生产压差，抑制水体外侵，保持外围地层压力大于相对富水区内的地层压力。单井点产水区由于其水量少，通过持续、长时间排采，水量逐步减少，直到完全排完，其中小孔、

微孔中的气即可采出。

5. 优选排水采气工艺，改善排液效果

采用排水措施是提高气井及气藏采收率的重要措施。靖边气田存在7个富水区和59个产水单井点，产地层水气井86口，占生产总井数的17.37%，占气田年总产气量的11%，平均单井日产水5.09m³，水气比2.09m³/10⁴m³（表4-16）。产水气井中，17口井因积液关井，日产气量小于2×10⁴m³的气井占开井的43.5%，日产水大于10m³的气井9口，最大日产水42m³（表4-17）。

表4-16　靖边气田下古气藏富水区（产地层水气井）基本数据表

富水区	产水井数 （口）	井均日产气量 （10⁴m³）	井均日产水量 （m³）	水气比 （m³/10⁴m³）
陕170—G8-17井区	18	3.5905	11.091	2.96
陕23—陕20井区	6	2.5101	4.4164	1.80
陕93—陕123井区	8	2.1553	8.361	4.53
陕181井区	5	4.2311	1.871	0.71
陕24井区	7	2.6459	1.802	0.99
陕106井区	8	3.1885	3.436	0.45
陕231井区	5	2.203	10.399	5.2
合计/井均	57	2.4302	5.086	2.09

表4-17　靖边气田产水气井生产情况统计表

产水气井（口）	日产气（10⁴m³）	日产水（m³）	井数（口）	合计（口）
86	< 2	< 1	12	30
		1～5	13	
		5～10	3	
		> 10	2	
	2～5	< 1	8	28
		1～5	13	
		5～10	1	
		> 10	6	
	> 5	< 1	2	11
		1～5	7	
		5～10	1	
		> 10	1	
	积液关井		17	17

针对靖边气田产水井的生产实际，开展了积液停产井复产工艺、弱喷气井助排工艺技

术的研究和试验，形成了复产工艺和助排工艺。（1）复产工艺：套管引流、关放排液、氮气气举、连续油管伴注液氮等。（2）助排工艺：泡沫排水、柱塞气举、井间互连气举、小直径管等技术。已实施排水采气措施气井 46 口、100 余井次，平均年增产气量 $0.7 \times 10^8 m^3$，历年累计增产气量约 $3.7 \times 10^8 m^3$。

6. 对低产井实施增产改造措施提高低产低效井的开发效果

对低渗透气层实施压裂、酸化等增产改造措施可有效改善气井开发效果。靖边气田开发初期，以解除近井地带污染和提高酸蚀裂缝长度为目的，形成了普通酸酸压、稠化酸酸压、多级注入酸压等多项工艺技术。近年来，随着气藏的加密和扩边，储层更加致密、充填矿物成分发生变化，以深度改造为目的，开展了碳酸盐储层加砂压裂和交联酸携砂压裂技术试验，并取得了重要突破。同时，水平井改造工艺试验见到初步效果。

1）碳酸盐储层加砂压裂提高了下古生界致密储层的改造效果

针对部分 II、III 类储层物性逐渐变差、常规酸压改造产量低的问题，提出了通过加砂压裂以提高缝长和导流能力，扩大泄流面积的思路，并针对工艺难点开展了研究。2005 年以来，碳酸盐储层加砂压裂工艺在靖边及榆林地区实施 101 口井，平均单井加砂量 $24m^3$，最大单井加砂量达 $34m^3$，平均试气无阻流量 $8.08 \times 10^4 m^3/d$，最高无阻流量达 $29.73 \times 10^4 m^3/d$。

2）交联酸携砂压裂工艺为高充填致密储层提供了新的改造途径

针对气田潜台东侧白云岩储层充填程度增高，孔隙充填物方解石增加，物性含气性总体变差的问题，为进一步提高单井产量，提出了酸化溶蚀 + 加砂压裂的改造思路，试验形成了交联酸携砂压裂工艺。靖边气田实施 13 口井，最高加砂量 $25m^3$，平均试气无阻流量 $16.4 \times 10^4 m^3/d$，试验表明交联酸携砂压裂井具有较强的稳产能力（表 4-18）。

表 4-18　交联酸携砂压裂数据表

年度	井数	支撑剂量 (m³)	砂地比 (%)	排量 (m³/min)	无阻流量 (10⁴m³/d)
2006	6	12	17.6	3.2	12.45
2007	5	23.2	21.3	3.3	21.15
2008	2	22	22.5	2.9	15.73
总计 / 平均	13	19.1	20.5	3.1	16.4

3）水平井改造工艺见到初步效果

针对靖边气田碳酸盐岩水平井水平段长、储层非均质性强等特点，以实现水平井全井段均匀改造为主体思路，主要开展以下三方面工作。

（1）连续油管均匀布酸 + 酸化改造工艺的研究与现场试验，获得较好的改造效果。试验形成了连续油管均匀布酸 + 酸化工艺，现场应用 4 口井，3 口井测试无阻流量高于 $40 \times 10^4 m^3/d$，其中靖平 01-11 井测试无阻流量 $80 \times 10^4 m^3/d$。已投产井稳产能力强，累计产量是邻近直井 3 倍左右。

（2）自主攻关研发不动管柱水力喷射分段酸压工具，并开展了分段酸压工艺现场试验。2009 年 8 月 31 在靖平 33-13 井开展了水力喷射分段（三段）酸压工艺现场试验。该井水平段长 817m，测井解释气层 175.7m、含气层 245.1m，共 420.8m，气层钻遇率 51.5%。采用三段酸压改造，注入酸液 $525m^3$，测试无阻流量 $10.04 \times 10^4 m^3/d$。

（3）探索试验了裸眼封隔器分段酸压工艺。为了探索下古生界气藏水平井提高单井产量新途径，试验了裸眼分隔器分段酸压技术，该工艺工具和完井管柱一体下入，通过投入大小不同的钢球，控制各级滑套的打开，可实现多段酸压改造。在靖平 2-18 井开展了试验，该井水平段长 1001.6m，储层钻遇率 65%，气层 175.7m、含气层 475.9m，气测峰值 22.37%。采用完井一体化管柱进行分段酸压改造 5 段，总注入地层酸量 517m³，测试无阻流量 $14.04 \times 10^4 m^3/d$。

7. 落实有利区采取水平井开发技术，提高开发效果

水平井开发作为一种提高单井产量和气田综合开发效益的有效手段，越来越受到人们的重视。近年来，靖边气田水平井有效储层钻遇率逐年升高，水平井试气产量逐年攀升，钻井周期进一步缩短，基本控制在 130 天左右，水平井按设计完钻，水平井平均长度达到 1100m 以上。在水平井开发实践中，总结出了水平井的开发思路、原则和方法。

靖边风化壳型气藏水平井部署技术思路：一是地震、地质结合精细预测微沟槽及微幅度构造；二是精细描述地层压力和动储量；三是加强气田周边储层精细描述，研究马五$_1^3$气层分布特征；四是骨架井先行，根据骨架井实施情况，及时调整水平井部署。

靖边风化壳型气藏水平井部署原则：一是马五$_{1+2}$地层厚度不小于20m，马五$_1^3$气层厚度不小于3m，储层为Ⅱ类以上储层；二是井区构造相对平缓，构造变化幅度不大；三是水平井部署区域具有地震测线支持；四是满足井网系统要求。

靖边风化壳型气藏水平井开发技术方法：一是以储层精细描述为核心，加强地质研究和技术攻关，进行井位优选，主要是针对气田本部剩余储量分布复杂，潜台东侧侵蚀沟槽尤其是毛细沟槽发育、储层致密等难点问题。地震地质结合，在岩溶古地貌恢复的基础上，描述侵蚀沟槽和小幅度构造的分布形态，评价气藏压力，采取多种措施和技术方法，进行井位优选。二是地质建模和数值模拟相结合，多种方法进行规迹优化和靶点设计。精细预测小幅度构造和地层厚度变化，根据各小层纵向上的继承性，通过对多个小层构造形态和地层厚度的描述，预测靶点坐标。三是综合研究和现场实施相结合，严格进行水平井地质导向和随钻分析。靖边气田碳酸盐岩储层水平井实施中轨迹控制存在"四难"：（1）马五 1 各小层岩性相近，小层判识难；（2）录井及工程数据不能同步，现场判断难；（3）井底工程数据滞后，井斜控制难；（4）小幅度构造变化繁复，地层倾角预测难。针对这些难题，建立水平井随钻分析流程，有效地进行过程管理和质量控制，利用钻时、气测、自然伽马、岩屑、井斜、方位角等地质、工程数据，通过正确定性、加强对比、精细预测，实时确定层位、预测靶点。

（二）龙岗礁滩型气藏开发技术对策

很多含气盆地为碳酸盐岩沉积盆地，这些盆地聚集着大量的含气圈闭，礁滩型碳酸盐岩气藏是近年来发现的重要碳酸盐岩气藏类型。由于沉积环境的复杂性、纵横向上的非均质性以及多种多样的成岩特征，很多油公司在勘探开发这一类型的气藏过程中一直面临着一些挑战。龙岗气田为礁滩型气藏，尽管礁的生长主要受全球海平面升降的控制，但是礁所处的构造位置对礁的沉积样式及形态影响很大，台地边缘和台地斜坡上礁具有完全不同的特征。由于位于构造活跃区域的礁受天然裂缝的影响强烈，这一类型的礁展现出不同的形态和内部建筑结构。另一方面，由于受不同成岩作用的影响，一些碳酸盐岩储层发生强烈的物性反转，另外一些则受整个盆地流体运移影响而物性有所改变。所有的这些因素决

定了礁滩型碳酸盐岩气藏在开发过程中必须制定科学合理的开发技术对策。

1. 井—震联合多技术、多手段进行储层精细描述，预测储层及流体在平面和纵向上的分布特征

制约礁滩型碳酸盐岩气藏勘探开发取得突破的瓶颈主要有两个方面：一个是有效储层的识别问题，也就是油气在什么地方富集的问题；二是提高采收率的问题，也就是提高开发收益的问题。而这两个方面问题的核心就是储层精细描述。过去若干年中，沉积相的划分在礁滩型气藏的开发过程中发挥着重要的作用。目前，基于地震属性预测基础上的沉积相划分和建模技术广泛应用于井位论证的过程之中，这强有力地指导了这类气藏的开发。为了详细地了解碳酸盐岩的非均质性，通过详细的露头分析和现代沉积的研究所建立起来的沉积和成岩相的划分技术逐渐应用和发展起来。地球物理技术的进步提供了更加可靠的生物礁形态、内部建筑结构及流体在平面上的分布特征。

在未来的研究中，井—震联合多技术、多手段的碳酸盐岩储层精细描述将会实现对于礁滩储层演化的动态化。台地内部不同单元的解剖和组合将会产生新的储层模式；在平面上非均质性的精细描述将会变得越来越重要；井间沉积相和属性的分布得到更加精确的预测。因此，基于现代沉积以及详细的露头分析，通过井—震结合开展多技术、多手段的储层精细描述，研究储层模型、孔隙结构和地震属性之间的关系，开展碳酸盐岩岩石物理结构的分析及成岩演化特征研究，详细预测不同孔隙结构的储层及流体在三维空间的分布特征，从而实现气藏高效开发。

2. 开发布井方式采用不规则井网，先在高、中渗区布井，达到"稀井高产"的目的，缩短投资回收期，后期投入低产井，接替开采，延长稳产期

礁滩型碳酸盐岩气藏开发过程中的复杂性和储层裂缝固有的非均质性对于油公司在技术、经济和管理上提出了更高的要求。为了迎接这些挑战，油公司在这一类型的气藏开发过程中必须应用创新的技术，增强对这礁滩型碳酸盐岩气藏的认识，并且适时调整气藏的开发技术对策。

同时，绝对均质的气藏是不存在的，礁滩型碳酸盐岩气藏更是如此。若进行均匀井网开采，虽然开采过程中地层压力均匀下降，储量动用充分，稳产期较长，采收率较高，但高产区井距大且产能没有得到充分发挥，而低产气区井距相对较小且经济效益差，因此均匀开采井网不适合于低渗透非均质性强的气藏。

开发初期在高—中渗区布井，遵照"高产井—高产井组—高产井区"逐渐布井的原则，达到"稀井高产"的目的。根据数值模拟和分区物质平衡法研究结果，在高、低渗区均匀布井和在高产区加密布井情况下，不同开采方式的开发效果明显不同。在非均衡开采条件下，利用高产区的井采低渗区的气，以减少低产低效井，从而可达到开发初期少投入、多产出的目的。例如，龙岗气藏自 2006 年发现龙岗 1 井测试产量 $160 \times 10^4 m^3/d$ 以来，形成了飞仙关组高产井组，该井组有四口生产井，平均日产气量为 $47 \times 10^4 m^3$，累计产气量占整个气田产气量的 62%，是气田产量的主要贡献者。另外，还建立了龙岗 1 井区长兴组、龙岗 28 井区长兴组等高效井区。因此，气藏开发初期的目的就是通过精细气藏描述，建立尽可能多的高效井组乃至高效井区，提高气藏开发效益，逐步增强对整个气藏特征的认识。

而对于开发中后期来说，要通过变"稀井高产"为"低产井"接替开采，提高气藏控制程度，逐步完善井网。在充分认识气藏特征的基础上，综合评估采收率，结合经济效益分析，在低渗区适当布井，解决经济效益分析，在低渗区适当布井，形成最终合理井网，

使气田最大限度发挥潜能，取得最佳经济效益。

因此对于龙岗礁滩型气藏，应该在井—震联合以及综合地质研究的基础上，在最有利储层发育区和构造主体区布井，采用不规则井网布井方式，优先开采高、中渗区井。初期达到"稀井高产"的目的，同时在综合地质研究及储层预测基础上对次有利区及低渗区布井，采用接替开采，延长整个气藏的稳产期，最大限度发挥整个气藏的潜能。

3. 加强动态监测，科学管理气藏，发挥气井潜能

气藏的管理是一个动态过程，一方面，监测项目的选取要根据整个气藏和生产井面临的问题有针对性地取全取准各种资料。取全取准这些资料对于认识不清的气藏是至关重要的，要有针对性地进行各种资料的监测和获取，科学合理地管理气藏，使现有气井科学合理生产，最大效益发挥气井产能。另一方面，流体分布的复杂性造成部分气井受地层水影响严重；气藏管理不善导致气藏边水或者是底水过早的沿着裂缝或者是高渗条带突进到高渗气井，造成气井水淹而关闭。

目前对于气藏监测有多种技术方法，主要包括：地震技术、地球物理测井监测技术、地球化学监测技术、水动力学分析技术等技术方法。而对于龙岗礁滩型碳酸盐岩气藏，针对这一类型气藏特征，加强动态监测，特别是要加强对于地层水的监测，比如对于地层压力、气水界面、氯离子含量等指标的监测，预测地层能量以及地层水突进情况，时时动态监测气藏流体变化规律。因此，只有通过动态监测和管理，最大限度地延缓地层水进入气井，避免气井过快水淹，才能实现气藏"控水开采，延长无水采气期，提高采收率"的目的。但是，任何单一的监测都不能提高整个气藏的科学化管理水平，特别是对于边、底水型气藏更是如此。气藏的动态监测最终都要落实到动态监测、分析和管理信息系统的建立上，落实到"建设标准化，管理数字化"上来，从而提高气田建设和管理水平，提高气藏开发效益。

气藏科学管理是一个动态过程，任何固有的开发技术不可能适用于所有同类型气藏的开发，因此任何针对整个气藏和生产气井的计划或者是策略都要根据现有技术、商业环境和气藏信息的变化而变化。

4. 坚持"边勘探、边滚动、边建产"的开发思路，降低投资风险

由于碳酸盐岩气藏的复杂性，一个井点不能代表井区特点，少数井点资料无法代表井区特征，一次评价很难评价清楚，开发就等于二次勘探，仓促大规模上开发井，风险极大。因此要在工作模式上打破原有的增储上产模式，变为上产增储模式：一是预探阶段"重在发现"；二是评价阶段重点不是为了交储量，而是落实气藏特征，寻找更多高产井，确定天然气富集区，在此基础上落实商业储量；三是开发在预探发现之后即可跟进，围绕每一个高产井建立高产井组，不同的高产井组组合成高产区，即按勘探寻找高产井，评价开发建立高产井组，开发培育高产区的程序来开展工作。坚持勘探开发一体化来组织工作，不但在方法上互相借鉴，而且要在工作程序上变前后接力为互相渗透，真正做到研究一体化。

另外，开发气藏的最终目的就是获取利润，但是碳酸盐岩气藏由于其沉积、储层、成岩和构造的复杂性，造成储层非均质性极强。离一口日产 $80 \times 10^4 m^3$ 以上气井 2km 的地方有可能就是一口低产井（日产气量在 $10 \times 10^4 m^3$ 以下）或者是干井。同时，龙岗地区目的层段大部分在 5000m 以下，钻井成本较高。因此气藏从预探、试采、开发各个过程中存在着极大的经济成本风险，因此针对这一类型的气藏必须坚持"边勘探、边滚动、边建产"的开发思路，随着资料的丰富程度和对气藏的认识程度，在滚动勘探的基础上加大建产能力，降低投资风险，增加气藏开发利润。

（三）塔中缝洞型气田开发技术对策

1. 井—震结合，动静态相互验证刻画缝洞单元及其性质

针对缝洞系统及缝洞单元的复杂性，采用井—震相互结合，多技术、多手段评价缝洞系统的分布特征，建立缝洞单元的分布模式。在此基础上，利用丰富的动态资料，动静结合对缝洞系统进行划分。而缝洞单元是依据流体及储集体特征，在缝洞系统划分的基础上对储集体进行次一级的划分。划分缝洞单元是根据边界处储集体性质的突变来确定的。在划分过程中综合利用开发静动态资料，在缝洞储集体分布及预测、流体空间分布、天然水体能量分布、产能分布、井间连通性预测的基础上建立缝洞单元的划分指标体系，同时根据连通程度、储量规模、平均单井产能、天然能量及开发效果等对缝洞单元进行评价。

2. 合理优化采气速度，延长无水稳产期

碳酸盐岩储层往往具有双重孔隙结构特征，若采气速度控制不合理，容易水窜，使驱替效率降低，气井提前见水，降低了无水采收率。碳酸盐岩气藏见水后含水上升速度比砂岩气藏快得多，在高速条件下，稳产期几乎与无水期一致，因此无水期短，必然导致稳产期也短。只有在合理的采气速度下使岩块的自吸作用得到充分发挥，使缝洞与岩块的驱替过程协调一致，才能达到较长的无水稳产期。

国内外气田开发实践表明，为保持气田一定的稳产期，通常开发速度应控制在 2% ~ 10%。对于一些中小型气田，为了满足供气需求，开发速度可能超过 10%。对于大型或特大型气田，无论从技术角度还是经济角度考虑，把开发速度应严格控制在 2% ~ 5%。

调研国内外几个典型的碳酸盐岩气藏的合理采气速度，如法国的拉克气田是侏罗系背斜块状白云质碳酸盐岩气藏，该气藏 1958 年投产，其定容衰竭开采速度为 2.3% ~ 2.7%，稳产 12 年。土库曼斯坦 20 世纪 80 年代投产的六个大、中型气田中有四个气田储量大于 $1000 \times 10^8 m^3$，稳产期气田开发速度在 0.66% ~ 8.95% 之间。目前，四川气区累积探明储量开发速度为 2% ~ 3.25%，当前剩余储量的开发速度为 3% ~ 4.25%（表 4-19）。俄罗斯柯罗伯柯夫等四个中、小型气田是 20 世纪 60 至 20 世纪 70 年代气田高速开发（无稳产期）的典型实例，由于天然气需求量大，靠气田投产保持天然气稳定供应，气田开发速度高达 8.38% ~ 10.7%，气田产量急剧递减。从上面几个典型碳酸盐岩气藏开发实践来看，其采气速度普遍在 3% 左右。综合确定塔中 I 号气田采气速度为 3%。

表 4-19　国内外部分气田采气速度

气田名称	气藏类型	地质储量（$10^8 m^3$）	采气速度（%）	稳产期（年）
拉克气田（法国）	块状白云质碳酸盐岩气藏	2540	2.3 ~ 2.7	12
靖边（中国）	碳酸盐岩风化壳气藏	3377.3	1.48	接替稳产
建南气田（中国）	鲕粒、砂屑、泥晶灰岩	98.67	4.1	
奥伦堡气田（俄罗斯）	碳酸盐岩块状凝析气藏	17600	2.84	
威远气田（中国）	裂缝型白云岩气藏	400	3.01	
谢尔秋可夫（俄罗斯）	裂缝型石灰岩块状底水气藏		10.7	无稳产期
自流井（中国）	裂缝型碳酸盐岩气藏	55.7	17.5	无稳产期
阳高寺（中国）	裂缝型碳酸盐岩气藏		6.3	无稳产期

3. 选择科学的开发方式，提高储量动用程度，提高整个气田最终采收率

由于缝洞型碳酸盐岩储层非均质性，同时气井间连通性不确定，需通过井组生产动态变化、干扰试井、示踪剂加以确认。因此，缝洞型碳酸盐岩气藏不同缝洞单元开发方式的选择必须首先确认缝洞体的连通状况，在此基础上选择合适的方式进行保压开采，提高气藏最终采收率。一些国家和石油公司已把水平井技术作为碳酸盐岩油气藏的主要开发技术。据报道，在1994—1998年的四年间，沙特阿拉伯就已在陆地和海上钻了80多口水平井，成功地应用该技术开发新的油藏和提高老油田的采收率。美国和加拿大近年来每年钻水平井的井数都在逐年增长，1997年美国钻水平井超过了1600口。美国已在奥斯汀白垩系碳酸盐岩油藏钻了3000多口水平井。在美国大约有90%的水平井是钻在碳酸盐岩地层内。据2000年美国能源部门统计，水平井的最大作用是穿越多个裂缝（占水平井总数的53%），其次是延迟水锥和气锥的出现（占总数的33%）（胥凤岐，2013）。

塔中Ⅰ号气田东部试验区试采证实Ⅱ类储层区均为中、低产井，该区直井产能低，达不到经济极限产量，只有通过利用水平井提高产能才能动用Ⅱ类储层区的储量。塔中Ⅰ号气田气井动态储量小，为 $(0.45 \sim 3.54) \times 10^8 m^3$。水平井可穿越多个缝洞系统，提高单井控制储量，从而提高开发效果。试采证实塔中气田井区含水类型以沟通定容水为主，水体能量弱，水平井开发基本不用考虑水平井见水问题，适合水平井开发。

4. 优化缝—洞—井组合体系，采用不规则井网，优先动用优质储量

塔中Ⅰ号气田碳酸盐岩储层非均质性较强，利用不规则井网开发，以动用优质储量为主，寻找有利的开发井位，对于裂缝发育，具有明显组系和方向性的气藏，井网方式还需要考虑与裂缝发育方向的配置关系。

（四）四川石炭系层状白云岩型气藏开发技术对策

1. 精细刻画储层，弄清剩余储量控制因素，为气田挖潜提供技术支撑

层状白云岩存在的强烈非均质性导致在开发早期采用"稀井高产"的布井原则。而在开发中后期，高渗区气井连续的高负荷生产，导致地层压力不断下降，随着气井资料的逐渐丰富，有必要开展储层的精细刻画，研究优势层状白云岩的分布特征及其控制因素，研究低渗储量的分布特征，描述低渗储量在平面及纵向的分布特征，为气田挖潜提供技术支撑。

根据五百梯气田石炭系气藏静态和动态特征，其剩余储量影响因素可归纳为四种：

（1）气藏非均质性强，外围低渗致密区造成储量难动用，剩余储量较多，相对富集。外围低渗特征是影响剩余气富集的主要因素。

（2）五百梯气田石炭系气藏构造复杂，起伏大，多断层，多地形高点，导致气藏有多个压力系统，彼此间连通性差，主要为断层隔挡引起，一些区域由于井点少，不能控制全部隔开区域，导致剩余气存在。

（3）气藏开发过程中，无论是高产井还是低产井都不能把控制到的储量全部采出，都会有剩余气存在。这里主要指气藏主体区主力气井，剩余储量较少。

（4）五百梯气田石炭系气藏开发过程中，气井逐渐伴随着出水，随着气井压力衰竭，产量下降，携液能力下降，导致井筒积液，积液增多阻碍气井正常生产，导致剩余气相对富集。

2. 主动、强化排水采气，提高水封闭储量采收率

排水采气是水驱气藏开发到中后期，提高采收率最有效的措施，特别是当气体弹性能量大于水体弹性能量，采水速度大于采气速度时，可使饱和在水中的气体扩散在井中，从而提高采收率。如万顺场石炭系气藏1987年4月投产，1996年1月5日池6井开始产水，1996年12月开始实施排水采气，到2005年9月18日该井淹死时，累计采气$6.327 \times 10^8 m^3$，占该井采出程度的20%，该井成功进行排水采气近9年，由于方案调整中采取了主动排水采气，不但提高了20%水封闭储量的采出程度，而且有效地保护了气藏无水开采。川东石炭系气藏有大量的水淹井和因产水而封闭的井，如果有效地利用这些井或再打替换井主动排水采气，可大量增加气藏可采储量。

3. 科学管理，加强动态监测，提高气藏最终采收率

五百梯气田石炭系气藏共有封闭水、半封闭水、局部封存水和正常边水四种不同的水体。整体上五百梯表现为弱水侵特征，生产多年来位于气藏边部低海拔位置的大部分气井均没有见到地层水活动迹象，但是部分气井产大量地层水，影响气井正常生产。同时由于断层对流体的封隔性不清楚，断层附近流体分布极度复杂。因此，在生产过程中应该增强管理，加强对气井进行动态监测，分析活跃地层水分布及其对气井影响，挖掘产水气井效益，提高气藏的采收率。

第五章　碳酸盐岩气藏开发关键技术

中国碳酸盐岩气藏有效开发面临着诸多的问题，针对这些问题，"十五"以来，国内包括中国石油、中国石化在内的大石油公司以中国不同类型的碳酸盐岩气藏的高效开发和科学开发为目标，针对不同类型碳酸盐岩气藏开发的关键技术和核心问题，进行了长期的攻关和探索实践，取得了缝洞单元划分技术、气藏综合动态评价技术以及老气田稳产技术等一系列关键技术成果。

第一节　缝洞单元划分技术

中国塔河油田的开发是缝洞型碳酸盐岩油气藏开发比较成功的一个实例，其缝洞单元划分与评价技术可以引入到缝洞型碳酸盐岩气藏的开发实践中。因此，本节以塔河缝洞型碳酸盐岩油田为例来阐述缝洞单元划分与评价技术。

油气藏开发的关键在于搞清地下情况，塔河油田奥陶系油藏为岩溶缝—洞型碳酸盐岩油藏，油藏类型十分特殊，非均质性极强，呈现多套缝洞系统、多个压力体系、多类缝洞单元的开发特征。油藏储集体主要以岩溶洞穴为主，伴随着大量裂缝，具有连通程度差异大、发育不均、空间展布复杂等特点。

一、油气藏基本特征

（一）概况

塔河油田发现于 1997 年，其主体位于塔里木盆地北部沙雅隆起中段南翼阿克库勒凸起，包括哈拉哈唐凹陷及草湖凹陷西部。塔河油田是在阿克库勒凸起的背景上，北以轮台断裂为界，东、南、西以中奥陶统顶面 6500m 构造等深线所圈定的范围为界，具有大致相似的成藏特点。

塔河油田主要产层为奥陶系碳酸盐岩岩溶缝洞储层，具有大面积连片整体含油、不均匀富集的特点；其上叠加成带分布的志留系—泥盆系、石炭系及三叠系低幅度背斜圈闭，早期形成的油藏由于复合期构造运动的影响产生破坏调整，并由断裂、不整合等沟通形成次生油藏，纵向上具有"复式"成藏组合特征。

塔河油藏由于储集体发育的复杂性和特殊性，用评价方法无法准确划分储量单元并计算储量，因此必须要对基本的储集单元进行研究和划分，以不断提高油藏开发效果和采收率。

（二）储集空间类型

塔河油田与其他碳酸盐岩储层类型不同之处在于溶洞是塔河奥陶系碳酸盐岩油藏最有效的储集体类型，裂缝是次要储集空间，基质部分不具有储油能力，属于岩溶缝洞型碳酸盐岩油气藏，由于地质条件的复杂特殊性，塔河碳酸盐岩储集空间具有自己的一些特殊性。

1. 基质孔、渗性极差，难以构成有效的储集空间

根据岩心分析资料证实，岩心孔隙度分布在 0.01% ~ 10.8%，平均孔隙度仅为 0.96%，其中孔隙度小于 1% 的样品占 71.52%，孔隙度在 1% ~ 2% 的样品占 22.02%。石灰岩的基岩孔隙度平均在 1% 左右，渗透率小于 0.1mD，说明储层基岩孔隙度和渗透率差的特征，不具有储油能力，不能作为储集空间。总体来说，塔河油田奥陶系石灰岩储层基质物性总体偏差，基质孔渗性对储层孔渗性基本没有贡献。

2. 裂缝是次要储集空间，主要起流动通道作用

塔河油田裂缝主要有两种，一个是构造缝，另一个就是非构造缝。非构造缝又分为溶蚀缝、岩溶垮塌伴生缝合压溶缝。其主要有效缝类型是后期构造缝及溶蚀缝，是区内次要的油气储集空间，虽然对油气储集贡献较小，但是对油气在储集体中的渗流和沟通不同储集体具有至关重要的作用。

3. 溶洞是主要的储集空间

塔河油田奥陶系油藏发育大量大型缝洞型储层，在钻井过程中常发生放空、钻井液漏失、井涌等现象，却因岩心破碎或取不到岩心而缺乏实际测量的物性数据，但是测井、测试动态资料反映出该类储层储集性能极好，已经成为塔河油田的主要产层。在已经完钻的井中，钻遇溶洞的井占 50% 以上（表 5-1）。

表 5-1　塔河河田 4 区单井储层类型及生产特征统计表

储层类型	井数（个）	比例（%）	累计产油（10⁴t）	累计产水（10⁴t）	产液量（10⁴t）	累计产液比例（%）
溶洞型	60	78	598.3	192.6	790.9	99
非溶洞型	17	22	3.5	4	7.5	1
合计	77	100	601.8	196.6	798.4	100

总体上说，塔河油田奥陶系储层基质物性总体较差，基质不含油，决定储层渗透性的主要是裂缝和大型溶蚀孔洞。对塔河油田 4 区单井的钻井、测井和生产动态特征统计，溶洞是塔河油田奥陶系碳酸盐岩油藏的主要储集空间类型，裂缝起主要渗流通道作用。

（三）储集类型及特征

塔河奥陶系碳酸盐岩缝洞型油藏极其复杂，油藏具有埋深大（5300m 以下）、储集体非均质性强、储集空间复杂多样、油水关系复杂的特点。油藏的主要储集空间以构造变形产生的构造裂缝和岩溶作用形成的孔、洞、缝为主，储集空间往往由孔、洞、缝穿层组合，具有储层连通网络多变、裂缝切割、展布规律复杂的特点。概括起来，塔河储集体类型主要包括裂缝型储集体、裂缝—孔洞型储集体、溶洞型储集体以及复合性储集体四类，每类储集体的特征如下：

1. 裂缝型储集体

裂缝型储集体是塔河地区奥陶系石灰岩的次要储集体类型之一，其特征是基质孔隙度和渗透率均较低，而裂缝发育，裂缝既是主要的渗滤通道，又是次要的储集空间，同时发育较少的溶蚀孔洞。如 T402 井，岩心统计发现其发育多条裂缝，成像测井中裂缝最多达 250 条。裂缝型储集体起主要作用的是裂缝和溶蚀孔洞，因此，其分布与裂缝及古岩溶发育带密切相关。

2. 裂缝—孔洞型储集体

裂缝—孔洞型储集体包括裂缝—孔洞型、大型洞穴填充物孔隙型等。其储集空间既有孔洞，又有裂缝，两者对储集性能均有相当的贡献，但孔洞的作用更重要，其中孔洞主要由孔和小—中洞组成，这一类型的储集体储集性能较好，产能较高并且能够保持稳定。

3. 溶洞型储集体

这一类型的储集体是塔河油田最主要的储层类型，其储集空间主要是次生的溶蚀孔洞，以大型洞穴为主，是油气储集的良好空间。这一类型储集体油气产出特点是初产量高，且产量稳定或者是比较稳定，稳产期长。S48、TK407 等井的下奥陶统均是此类储层。由于其初产高、稳产期长，因此，该类储层是塔河油田奥陶系碳酸盐岩油藏最重要的一种储集体类型。

4. 复合型储集体

复合型储集体储集空间由裂缝、溶洞和孔隙组成，这些储集空间以不同形式和数量组合形成复合型空间结构。这一类型的储层的试井曲线表现为三种介质特征。

整体上来说，塔河主体区是继承性发育的古岩溶的高部位，残丘的翼部，受褶皱体系控制，缝洞体发育多呈现出蜂窝状和网状分布，储集体多位于风化壳的浅层部位，缝洞体的展布范围广，不同深度层的溶洞之间连通性较好，连通规模大，油井产能高，底水能量强。主体区岩溶斜坡及沟谷区岩溶缝洞不发育，浅层多以不规则的孤立单体形式存在，平面上呈椭圆形、不规则形，储集体横向连通性较差，开发动态多表现为定容特征。塔河外围区的南部、西北部受岩溶断裂和古地貌发育影响，现存线状构造体系与岩溶洞穴类型、岩溶体系之间有良好的对应关系。缝洞体的发育主要受控于断裂、构造变形，沿断裂带发育的缝洞体控制了油水的分布，平面呈条带状、树枝状分布，沿断裂带的钻井放空、漏失较多，单井产能高。

（四）塔河油田奥陶系油藏特征

塔河油田奥陶系油藏属于碳酸盐岩缝洞型油藏，其主要特征如下（窦之林，2012）。

1. 油藏高度不受局部残丘圈闭的控制

塔河油田奥陶系残丘圈闭幅度很小，只有 20 ~ 50m 左右，个别为 90 ~ 100m，但油藏高度远大于残丘圈闭幅度，可达 200 ~ 300m。如 S48 井所在的残丘圈闭幅度仅有 55m，但是油藏高度却达到了 255m。同时，含油气范围也不受局部残丘圈闭的控制，塔河油田奥陶系残丘圈闭面积很小，一般仅为几平方千米，而油藏面积则远大于残丘圈闭面积。

2. 油藏受储集体发育程度的控制

钻井资料表明，储集体发育则含油或形成油藏，储集体不发育则不含油。因此，就会出现在同一残丘圈闭上高产稳产井与干井交叉分布，高产稳产井与非稳产井同时并存的现象。例如，T403 井 5405 ~ 5409m、5415 ~ 5428m、5434 ~ 5446m 井段测井解释为一类储层，经过酸压获得 170m³/d 的高产油气流，而在以西 1km 处的 TK402 井未解释为一类储层；5408 ~ 5414m 经酸压未获油气流，再向西 1km 处的 TK 455 井 5532 ~ 5539m 测井解释为一类储层，5516 ~ 5540m 井段经过酸压获得 100m³/d 的高产油流。由此可见，油藏分布不受残丘构造的控制，也不受层位的控制，而与储集体的发育程度密切相关。

3. 单井油气分布不连续

例如 S86 井，录井显示 5693 ~ 5734m 为油迹—含油，5770 ~ 5775m，5789 ~ 5791m 为含油，5795 ~ 5798m 为气测异常，5810 ~ 5816m，5820 ~ 5823m，5838 ~ 5838m，5878 ~ 5880m 为含油。生产测井解释结果也显示这种特征，例如 TK647 井，可将产液层位分为两段：5544.5 ~ 5546.4m 产油 $8m^3/d$；5556m 以下产层产油 $64m^3/d$，产水 $2.6m^3/d$。

4. 储集体为岩溶—构造作用所形成的缝洞储集体

单个缝洞储集体周围的基岩基本没有渗透能力，单个缝洞储集体是一个相对独立的油气藏。储集体的分布严格受岩溶—构造旋回控制，平面上叠加，纵向上分层。

另外，油气藏的盖层是上覆分布稳定的泥岩，单个缝洞储集体的外部边界是基本不具储、渗性能的基岩，两者组成特殊的圈闭—岩溶缝洞型圈闭。单个油气藏具有相对独立的油气水系统及油气水界面，整个油气藏整体上不具统一的底水。油藏的流体性质变化较大，密度轻的仅为 $0.82g/cm^3$，重的可达 $1g/cm^3$，平面上密度分布轻重交叉，总体上有东轻西重的特征。

二、缝洞单元的分布模式及划分意义

碳酸盐岩缝洞储集体不仅是油气的主要储集空间，还是油藏成藏动力学的流体输导体系的组成部分。碳酸盐岩缝洞储集体的内部边界及流动单元划分，是认识碳酸盐岩储集体非均质性和内部结构的重要途径，也是研究和认识储集体非均质性的重要内容和方法。缝洞单元的研究是该类储集体非均质性研究的一种重要方法。

（一）缝洞单元

谈到缝洞单元的概念必须首先阐明缝洞系统的概念。缝洞系统是指在缝洞型碳酸盐岩内，在同一岩溶背景条件下，相关联的孔、缝、洞构成的岩溶缝洞发育带或者缝洞集合体。缝洞系统的空间展布受断裂、裂缝、古地貌和古水系的控制，常表现出树枝状管道溶洞、网络状溶洞体等复杂结构。在不同的缝洞系统之间有连续的致密体分隔，缝洞系统边界代表了岩溶作用和与之关联的裂缝边界。

缝洞单元是指一个或若干个由裂缝网络沟通的溶洞所组成的具有统一压力系统的流体动力单元（冈秦林等，1998；窦之林，2012）；也可以定义为相对独立控制油水运动的缝洞储集体。缝洞单元是相对独立控制油水运动的储层单元，具有统一的压力系统，是最小的油藏开发单元。一个缝洞系统可以由若干个缝洞单元组成。

（二）缝洞单元的特征和分布模式

1. 缝洞单元的特征

由缝洞单元的概念可以看出，缝洞单元强调碳酸盐岩储集体的连通性及储集体中流体性质的一致性，缝洞单元有如下特征。

1）缝洞单元是一个封闭体，具有独立的压力系统和油气水界面

同一个缝洞单元在开发初期具有统一的压力系统和油气水界面。在缝洞单元开发过程中，缝洞单元内油气井之间的压力的变化及油水界面的变化具有关联性。

2）缝洞单元内油井开采既有共性又有差异性

同一缝洞单元内油井开采具有相似的流体性质、水体能量，但是在开发动态上随油井

位于缝洞单元位置不同而具有明显的差异。钻遇缝洞单元内缝洞发育区，油井高产稳产，而钻遇缝洞单元发育体的坍塌边缘区，油井产量较低，稳产能力较差。因此，缝洞单元内部仍然是一个非均质体。

2. 缝洞单元的分布模式

同一个缝洞单元就是一个连通的系统，是一个最小尺度上的油藏概念，其分布模式有以下两种。

1）单一缝洞储集体内被改造成一个或多个缝洞单元

对于单个缝洞储集体而言，其自身可以自成体系形成一个独立的缝洞单元，同时也可以通过后期的压实和充填改造分割成两个或多个缝洞单元（图 5-1）。

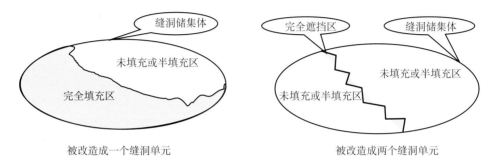

图 5-1　同一缝洞储集体内改造成一个或多个缝洞单元模式

2）不同缝洞储集体组合而成的缝洞单元

多个缝洞储集体组合成一个缝洞单元，有三种模式。

（1）多个缝洞储集体的水平方向的组合。处于同一深度或同一层位上的缝洞储集体之间通过大型断裂系统或裂缝通道等，使不同缝洞储集体之间连通，从而形成一个统一的连通体系，组成一个缝洞单元（图 5-2a）。

（2）多个缝洞储集体的垂向组合。在不同层段或同一层段的不同深度发育多个缝洞储集体，多个缝洞储集体之间通过连接通道实现不同缝洞储集体之间连通，从而形成一个统一的缝洞单元（图 5-2b）。

（3）多个缝洞储集体的复合组合。多个缝洞储集体之间通过裂缝和断裂系统实现水平方向和垂向上的连通，构成一个复合的多缝洞储集体组成的缝洞单元（图 5-2c）。

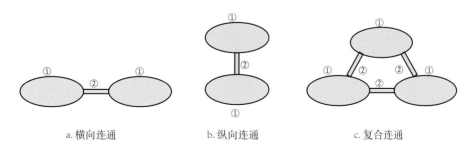

a. 横向连通　　　　　　b. 纵向连通　　　　　　c. 复合连通

图 5-2　不同缝洞储集体组合而成的缝洞单元模式

①缝洞储集体；②断裂系统、溶蚀通道或裂缝形成的连通通道

缝洞储集体是缝洞单元组成的基本单位，只有在弄清缝洞储集体的基础上，进一步细

化缝洞储集体内部或之间的连通性，才能最终确定缝洞单元的空间展布特征。

（三）缝洞单元划分的意义

不同缝洞单元间被致密层隔挡，互不连通，每个缝洞单元就是一个单独的油藏，可以独立进行开发。对于缝洞型碳酸盐岩油藏的开发，划分缝洞单元极为关键，缝洞单元的划分将指导油藏开发的整个过程。以缝洞单元作为油藏开发的基本单位进行研究、管理、开发，更符合油藏实际，缝洞单元划分对油藏的开发及管理具有以下六个方面意义。

（1）有助于认识岩溶储集体的非均质性，深化对不同类型缝洞储集体开发地质特征的认识和不同油藏性质的把握。对于油气开发，了解油、气、水运动的规律及油水运动范围具有特殊的意义。

（2）有助于进行动态分析，实现提高动态预测精度的目的。塔河油田奥陶系油藏天然能量的评价、生产动态的规律性认识及单井合理产量的确定等都是生产中面临的复杂问题，依据区块或单井分析对其规律性的认识十分困难，利用缝洞单元进行分析，突出了各缝洞单元动态生产特征的规律性，有效提高了动态预测精度，制定合理的工作制度也更加符合生产实际。

（3）有助于刻画缝洞网络状油藏的储层流动单元与封隔体的间互分布特征，并以此来描述此类储层的强烈非均质特征和油气藏的复杂性，指导开发、调整方案的制定和对采油工艺的选择。

（4）开发方案以及井网的部署应立足于单元的划分。根据不同的缝洞单元类型及其分布特征和连通程度，调整井距，而不是采用传统的平均井距、井网。

（5）不同的单元类型控制了剩余油的分布形式及存在方式。剩余油的开采应根据缝洞单元的不同类型采取不同的挖潜措施。

（6）实现缝洞型油藏以缝洞单元为开发管理对象的精细化管理，实施针对性的开发技术政策。

三、缝洞单元划分

（一）缝洞单元划分的原则和依据

1. 缝洞单元划分的原则

同一缝洞单元具有如下特征：具有相对一致的压力降落或压力变化趋势；具有相同或者是相似的生产变化特征，且开发生产中具有井间干扰现象；流体性质相近或者是一致。在划分缝洞单元的时候必须遵照这些原则，同时可以依据同一缝洞单元的特征对划分的缝洞单元进行验证，以达到科学合理的对缝洞单元进行划分，从而指导缝洞型碳酸盐岩油藏的开发。

在缝洞单元、缝洞系统、缝洞系统特征及分布模式研究的基础上，综合利用动静态资料，可以对缝洞单元进行划分。在划分的过程中必须遵循以下原则。

1）缝洞储集体是划分缝洞单元的基本地质单元

在岩溶发育模式的控制下，综合开发动静态资料刻画出缝洞型油藏内缝洞储集体的分布，根据缝洞储集体的空间展布，初步划分出缝洞单元的基本框架。

2）已经证实连通和潜在连通可能性大很大的划分为同一缝洞单元

在确定缝洞单元基本框架基础上，借助开发动静态资料细化缝洞储集体内部及之间的连通性，从而确定缝洞单元的规模及分布边界。

3）划分的缝洞单元要有利于油藏开发动态研究

划分缝洞单元的目的就是深化对缝洞储集体分布的认识，掌握不同缝洞单元的开发特征，优化开发技术政策，确定油气藏的开发指标和改善开发效果。所以，针对多井钻遇的缝洞单元开展研究，对于初步认为单井钻遇的定容体暂不作为研究对象。

2. 缝洞单元划分的依据

缝洞单元是依据流体及储集体特征，在缝洞系统划分的基础之上对储集体进行的次一级的划分。缝洞单元内储集体性质具有关联性，内部流体具有相同的流体动力条件，而与单元外储集体无关联性。缝洞单元是通过边界处储集体性质的突变来描述的，缝洞单元的发育分布主要受构造、断裂、裂缝和岩溶作用的控制。划分缝洞单元时主要依据以下三个方面的内容。

（1）不同的缝洞单元具有不同的流体动力系统，缝洞系统内具有同一流体动力特征的储集体即为同一类缝洞单元。

（2）缝洞单元内部与不同缝洞单元之间的连通性有很大差异，在连通性分析研究的基础上，确定缝洞单元的空间分布。

（3）缝洞系统与缝洞单元的异同：缝洞系统为缝洞型碳酸盐岩内，同一岩溶背景条件下，有相关联的孔、缝、洞构成的岩溶缝洞发育带或缝洞集合体。而缝洞单元是缝洞系统内储集体的进一步细分，强调了储集体、流体的连通性。缝洞系统和缝洞单元都具有多期构造、岩溶叠加的穿时现象。

（二）缝洞单元划分的方法及流程

1. 缝洞单元划分的指标体系

根据划分的原则综合利用开发动静态资料，在缝洞储集体分布与预测、流体空间分布、天然水体能量分布、油井产能分布、井间连通性预测的基础上建立划分缝洞单元的四项指标体系。

1）裂缝溶洞分布的指标体系

这一体系包括钻井显示的钻具放空、钻井液漏失、钻时异常等钻遇裂缝溶洞信息的统计分布及地震资料特殊属性特征参数显示的裂缝溶洞分布指标。通过钻井揭示的井点裂缝溶洞信息与地震属性揭示的溶洞的立体展布，获得缝洞储集体的空间展布特征。

2）流体分布指标体系

油藏内流体包括烃类和水体，同一连通体系内烃类流体性质具有同一性，所以同类烃流体的分布是研究连通体分布的重要参考指标之一。按烃类流体的不同性质划分缝洞储集体的平面分布。烃类流体沟通的水体能量规模及水体供应强度同样反应缝洞储集体的发育和连通性。根据油井沟通水体能量的不同级别划分出不同区域，从开发动态角度反映储集体内部的连通性。

3）油井产能分析指标

油井沟通的缝洞储集体模式决定油井的产能特征，所以已投产井的产能分布是反映缝洞储集体分布的重要信息之一，并且高产井聚集区潜在沟通的可能性最大。同一油井产状反映了油井沟通的储集体类型相同或相似，可作为划分同一缝洞单元的依据之一。

4) 井间连通分析指标

井间缝洞储集体连通的精细刻画需要井间干扰信息来证实。井间连通性分析可通过井间的试井干扰、井间的生产干扰、示踪剂的示踪分析以及井间干扰四个方面来分析。

2. 缝洞单元划分的阶段性

由于受油藏开发过程中资料的限制及研究者认识水平的不断提高，缝洞系统的划分也应该是一个由粗到细、由大到小的过程。因此，缝洞型碳酸盐岩油藏对于缝洞单元的划分具有阶段性。借鉴塔河油田勘探开发的历程，缝洞单元划分主要分为以下三个阶段。

（1）开发前期。在该阶段由于油田本身可用的基础资料较少，对于缝洞单元的划分仅仅限于对缝洞系统的划分，解决缝洞储集体的识别问题，为油藏部署评价井做准备。

（2）开发初期。在该阶段除了静态资料之外，伴随油气藏得开发，也会有一些动态资料。因此缝洞单元的划分是在静态划分的基础上，结合有限的动态资料划分缝洞单元。在该阶段侧重缝洞单元边界的刻画。同时利用储层对比及地震属性体等静态资料，刻画有利储集带或缝洞系统的分布。

（3）正式开发期。在该阶段，除了大量的静态资料之外，生产数据、测试等动态数据越来越多，因此在该阶段采用动态法为主，结合静态法进行缝洞单元划分。该阶段侧重单元内部连通性及结构的刻画，主要利用试井、注采关系、示踪剂等动态资料，刻画缝洞单元的分布和特征。

3. 缝洞单元划分方法

缝洞单元划分方法包括静态法和动态法，静态法是缝洞单元边界划分的基础，动态法是缝洞单元划分的主要验证依据，静态连通而动态不连通的井组分别属于不同的单元；动态连通而静态无明显连通显示的井组属于同一个单元。

1) 单元静态划分

单元静态划分主要考虑以下几个方面的因素（窦之林，2012）：

（1）岩溶古地貌。岩溶作用的发育与岩溶区古地貌、水动力条件有关。岩溶低部位，往往是古地表水系的主干河道，碳酸盐岩剥蚀严重，同时裂缝充填严重，溶洞垮塌充填严重，不是储层发育的有利区域；而在岩溶残丘或岩溶相对较高的部位，裂缝、溶洞型储层遭受破坏的程度较小，充填相对较弱，储集体连通性相对较好，是储层发育的有利部位。因此，处于同一岩溶古地貌部位的储集体发育区域为同一个缝洞单元。岩溶冲沟、岩溶洼地等为缝洞单元的边界。

（2）地震振幅变化率。地震振幅变化率与振幅的横向变化有关，而与振幅的绝对值无关。在岩性变化不大的碳酸盐岩中，缝洞发育带在振幅变化率值平面图上表现为"椭圆形、串珠状、线性强振幅变化率异常"。

（3）波阻抗体。对塔河56口钻遇洞穴井的洞穴段与所对应波阻抗值进行对比分析，洞穴发育部位与低阻抗值对应关系较好，两者吻合率达74%。波阻抗体也是储集体静态连通性判断的主要依据之一。

（4）波形分析。将储层测井解释成果标定到地震剖面上，通过调整参数控制使预测结果最大限度的和储层测井解释成果吻合。确定储层发育有效值域范围，也就是确定了缝洞单元边界。利用这种方法，最终预测结果基本可以表达缝洞单元在三维空间的分布特征。

（5）频谱分解。根据标定，塔河油田奥陶系油藏地震反射纵向发育范围与储层发育范围基本是完全对应关系。对研究区184口放空漏失井，224个放空漏失段的高度进行了标定并进行振幅值的统计，振幅变化率高于 40 的区域为储层发育区，低于 20 的区域为缝洞体不发育部位，20 ~ 40 的区域为缝洞储集体振幅变化率的门槛值域。通过生产实践标定，不同地区的储层预测边界值是变化的，需要根据标定结果确定，塔河油田碳酸盐岩缝洞型油藏边界值的振幅变化率范围通常为 40 ~ 60 左右，小于 40 的区域缝洞储集体不发育或发育程度变差，大于 60 的区域，缝洞储集体发育，40 ~ 60 作为缝洞单元划分的边界门限值，在不同区域，边界门限值有所不同（表 5-2）。

表 5-2　缝洞单元的边界地震属性界限值

参数指标	岩溶	振幅变化率	分频（频率 =30Hz）	波形
缝洞单元边界	沟谷	40 ~ 60	20 ~ 40	20 ~ 44
缝洞单元内部	局部残丘高、斜坡	> 60	> 20	< -44
缝洞单元外部	—	< 40	< 40	> -20

同时，缝洞单元边界的确定主要依据以下几点：

（1）岩溶谷底或构造低洼处；

（2）地震振幅变化率、趋势面、分频、波形等表现出的储集体边界；

（3）封闭油藏的供油半径或不渗透边界；

（4）按井距之半作为缝洞单元的边界。

另外，由于缝洞单元划分的阶段性，不同开发阶段进行静态法缝洞单元划分所依据的资料也不同。开发前期主要依据振幅变化率、古地貌和断裂开展缝洞系统的划分；开发初期阶段是在静态法划分的基础上，结合有限的动态连通资料划分缝洞单元；开发阶段采用以动态法为主，结合静态法进行缝洞单元划分。

2）单元动态划分

目前主要可以采取以下方法确定储层井间连通性：油藏压力降落法，干扰试井分析法，类干扰试井分析法、流体性质分析法、生产特征相似法和化学示踪监测等（宋化明等，2011）。

（1）压力降落法。油藏压力系统是指同一油藏范围内任一点处的压力扰动在理论上能波及到油藏的任一处。也就是说，该油气藏内的多孔介质或裂缝是相互连通的，流体流动是连续的，压力分布也是连续的。当油藏投入开发后，如果井间连通，那么该油藏单元的各井处于同一压力系统内，在一定时间内，各井的压降趋势一致。如图 5-3 所示，假设有一连通的油藏单元，在 t_1 时刻钻探 a 井发现该油藏，此时测得的原始地层压力是 p_1；在 t_2 时刻钻井 b，此时测得地层压力为 p_2；在 t_3 时刻又钻 c 井，此时测得地层压力是 p_3。对同一连通油藏单元的井，随着开采时间的延长，油藏单元内越来越多的油被采出，压降漏斗逐渐扩大，该单元

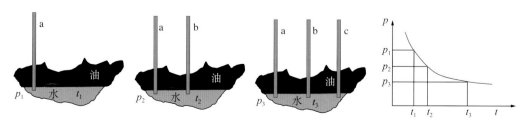

图 5-3　地层压力特征分析法原理示意图

的地层压力值越来越低，因此，后钻的井地层压力要低于早期的井，并呈下降趋势。即同一缝洞单元的油井，如果油藏是连通的，其压力可以相互传递，其压降规律也就相同。

（2）间干扰试井法。同一压力系统中的流体是连续的，井间压力系统中的流体流动是连续的，井间干扰试井是通过激动并改变制度，在另一口或数口观察井中通过高精度压力计接受干扰压力反应，进而研究激动井和观察井之间的地层参数。高分辨率压力计的产生加快了干扰试井，该新技术使干扰试井的时间由原来的 25 天缩短到 10 天。

（3）干扰试井法。由于塔河油田油质较稠，地层压力很难测试，可以利用已有的大量油井动态数据，进行近井组分析，以相邻井为基本单元，利用开发过程中的井间干扰信息，如投产新井，改变工作制度，采取增产措施等，在邻井观察能否收到干扰信息，来研究井间连通性。如果存在井间干扰现象说明井间是连通的，为同一缝洞单元；无井间干扰现象说明井间是不连通的，可能不是同一个缝洞单元。如 T402 井分别在 2002 年 7 月 9 日和 2002 年 12 月 9 日堵水，邻井 TK449H 井都出现了产量上升；T402 井开井生产，TK449H 井出现产量下降，表明两口井之间可能连通。

（4）生产特征相似法。由于同一缝洞单元的油井其流体动力系统的关联性，其在生产过程中具有相似的生产特征。充分利用开发过程中的单井生产动态特征，是邻井间判断是否存在连通性的依据之一，如果相邻井组生产特征存在一致性，则说明井组处于同一水动力系统，是同一个缝洞单元。反之，则为不同的缝洞单元。

（5）流体性质分析法。同一个缝洞单元，长期的运移成藏过程可以消除流体的成分差异，流体的黏度、密度、地层水矿化度等参数具有同步的变化趋势。反之，如果油藏是分隔的，那么油藏的成分差异不会得到消除，流体的性质也不会有同步变化的趋势。

（6）踪剂监测判定方法。对于复杂的碳酸盐岩油藏，还可采用示踪剂检测分析井间连通性，通过一口井把示踪剂注入目的地层，一旦进入地层，它便与流体一起横向运行并能在相邻井中检测到。使用化学示踪剂不仅可以确定储层非均性，而且可以确定流量的大小，即确定了注入井与生产井之间的连通，还确定了连通范围，但是成本相对较高，只有部分井采取了这种方法。

3）缝洞单元边界的确定。对于定容体，由于储集体有限，定容体的划分主要依据是：地层压力、产量快速下降（月递减率大于 8%），一般累计产液量较低。

而对于缝洞单元，其确定边界的原则包括：（1）现今岩溶地貌的岩溶冲沟、断崖、岩溶洼地等自然边界；（2）试井解释的全封闭油藏的供液半径或不渗透边界；（3）振幅变化率图上出现"椭圆形、串珠状、条带状振幅变化率异常"范围；（4）波形、三维可视化雕刻出现变化的界限可以作为缝洞单元的边界。

4. 缝洞单元划分的流程

在缝洞系统划分的基础上，充分利用动静态资料，动静结合进行井间连通性分析及缝洞单元的划分，其技术研究流程如图 5-4 所示。

（三）缝洞单元划分结果

依据缝洞单元的划分原则、依据，采用动静态相结合的方法对塔河油田区块进行缝洞单元的划分，共划分了 152 个缝洞单元。

总体上看，塔河油田北部中—上奥陶统剥蚀区，受多期岩溶作用，缝洞单元规模大，连通性好；南部中—上奥陶统覆盖区，岩溶作用及油气充注能量较北部弱，造成缝洞单元规模偏小，孤立的、不连通的缝洞单元则形成各类定容体。结合缝洞单元特征、展布方向，可分为五个区，具体特征如下。

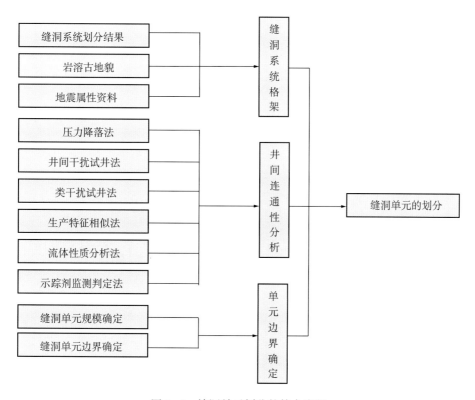

图 5-4 缝洞单元划分的技术流程

1. 中部北北西向缝洞系统

该系统位于塔河油田奥陶系油藏 4 区中部、2 区北部。包括 S48-T402、TK439-TK409、TK404-TK477 等各类单元 35 个。

该系统的缝洞单元主要呈北北西向的条带状展布，位于继承性发育的古岩溶高地，单元的连通方向与古残丘的主轴方向一致，单元主轴方向延伸规模为 500～5000m，宽度在 500～1500m。试采资料证实不同缝洞单元的连通性好，储层规模大，水体能量充足，以溶洞型储集体为主。

2. 东南部近东西向缝洞系统

该系统位于 3 区东部、2 区东南部，包括 TK307-TK317、S77-TK242、TK237-T204 等各类缝洞单元 14 个。

该系统的缝洞单元呈近东西向条带状展布，主要位于继承性发育的古岩溶次一级岩溶残丘部位，主要连通方向为东西方向，单元主轴延伸规模一般为 500～3500m，宽度在 500～1000m。不同缝洞单元之间的连通性较差，缝洞单元的规模较小，天然能量偏弱，储层储集体以裂缝—溶洞为主。

3. 中部南北向缝洞系统

该系统位于塔河油田奥陶系油藏 4 区西部、7 区东部和 2 区西部。包括 S65-TK442、T444-TK714、T403-TK428 和 TK223-TK236 等各类缝洞单元 31 个。

该系统的缝洞单元位于继承性发育的南北向次级古岩溶构造和断裂带上，连通性与古构造主轴一致，单元沿主轴方向延伸规模为 500～3500m，宽度在 500～1000m。不同缝洞单元的连通性和规模一般，水体能量较小，天然能量偏弱，主要是缝洞型储层。

4. 西部北东向缝洞系统

该系统位于塔河油田奥陶系油藏 6 区、7 区西部和 8 区东北部。包括 S74-TK609、S66-TK604、T606-TK611、S80-TK635H 等各类缝洞单元 44 个。

该系统的缝洞单元位于继承性发育的北东向古岩溶残丘上，展布特征与岩溶残丘的延伸方向一致。单元的延伸规模一般为 500～4000m，宽度在 500～2000m。单元连通性较好，规模较大，具有一定的水体规模，天然能量一般，以溶洞型储层为主。

5. 西南部北北西向缝洞系统

该系统位于北北西向 S99-S86 井构造带与阿克库勒凸起北东向轴部交会部位，包括 S86-TK835、TK719-T705、S91-TK725、S76-TK823X 等各类缝洞单元 28 个。

该缝洞系统发育的局部构造大都是呈北北西向、北东向展布，缝洞的连通方向与局部构造走向一致，单元主轴方向延伸规模一般在 5～4000m，宽度在 500～1500m。单元的连通性一般，连通规模较小，水体规模较小，天然能量偏低，主要是缝洞型储层。

四、缝洞单元的内部结构研究

塔河油田奥陶系油藏是经过多期岩溶作用叠加形成的岩溶缝洞型油藏，油藏内有溶洞型储层、裂缝—孔洞型储层和裂缝型储层，为进一步细化单元的内部结构，结合单元内不同单井的生产动态，对单元内的纵向致密段分布进行了研究，致密段的划分为油藏的精细开发及分段注水提供了依据。

（一）致密段划分标准

致密段划分标准的确定，主要依据测井曲线及单井的开发动态特征，同时参考成像测井、录井、岩心等资料。筛选上返酸压后有无水采油期的井，对比储层段和致密段成像测井资料的特征，统计分析隔挡层的测井曲线特征值，最终建立致密段测井划分标准（窦之林，2012）（表 5-3）。

表 5-3　致密段划分标准

钻井显示	井径	自然伽马（API）	双侧向电阻率（Ω·m）	密度（g/m³）	声波时差（μs/ft）	中子（%）	FMI 成像测井特征
无放空漏失，钻时＞20min/m	不扩径	＜10	RD＞1000	＞2.7	＜50	＜1	无裂缝或溶蚀孔、洞，呈均匀浅色背景

（二）致密段的划分及分布特征

塔河油田 4 区缝洞型油藏纵向上电阻率具有"三低两高"的特征，表示有三段储层发育段，称之为 YS1 段、YS2 段、YS3 段；而两高表示两个致密段，称之为 Z1 段、Z2 段。依据致密段划分标准，对塔河油田 4 井区各生产井致密段进行了划分，划分结果表明不同井致密段发育程度有较大差异。

Z1、Z2 段厚度统计表明，两段致密段的厚度分布在 0 ~ 62.5m，但是大部分在 10m 以上，占总数的 65%，厚度小于 10m 的致密段所占比例较小，只占 35%。平面上，塔河油田 4 区致密段分布极不均匀。Z1 段平面分布相对较广，各井整体发育，覆盖面大；Z2 段致密段虽然井点发育，但是结合井间分析表明，其分散分布，连片性差，主要分布在 S48 单元 TK448CX–TK405 井区、TK438 井区、S64 单元 TK413 井区。

五、缝洞单元的分类评价

缝洞单元和致密段的划分还不能实现对缝洞单元的高效开发。因此，必须对缝洞单元进行分类评价，增加不同类型缝洞单元开发规律的认识。目前主要从四方面开展缝洞单元的综合分类评价研究：缝洞单元连通程度评价、缝洞单元储量规模大小评价、缝洞单元平均单井产能和天然能量评价以及开发效果分类评价。

（一）缝洞单元连通程度评价

缝洞单元的连通性是指缝洞单元在纵横向上的沟通程度。根据 I + II 类储地比、断裂密度、单元单井投产初日产油能力等参数进行分缝洞单元连通程度评价描述（窦之林，2012）（表 5–4）。

表 5–4　缝洞单元连通程度评价参数及标准

评价参数	I 类	II 类	III 类
单元断裂密度（条 /km²）	> 2	0.5 ~ 2	< 0.5
投产初日产油能力（t/d）	> 120	40 ~ 120	< 40
I + II 类储集体储地比（m/m）	> 25	12 ~ 25	< 12

根据缝洞单元连通性评价结果，结合示踪剂扩散速度分析结果，可以将塔河油田奥陶系油藏多井缝洞单元按连通程度分为好、一般、差三类。分类原则为：若一个缝洞单元 I + II 类储地比、断裂密度、单元单井投产初日产油能力和示踪剂产出响应状况四项指标中有三项指标属于某一类，则该单元连通程度就属于该类；若一个缝洞单元 I + II 类储地比、断裂密度、单元单井投产初日产油能力和示踪剂响应状况四项指标分属于二类，则主要依据示踪剂产出响应状况进行类型判断。

（二）缝洞单元天然能量分类评价

评价油藏天然驱动能量，可以根据构造、储集体、流体性质和实际的生产动态数据等资料，利用无因次弹性产量比值 N_{pr} 和每采出 1% 地质储量压降值 D_{pr}，对其做出定性评价。N_{pr} 反映的是实际弹性产量与封闭条件下理论产量的比值，该值越大，说明天然能量补充越充足。D_{pr} 反映了油藏天然能量的充足程度，其值越小，说明油藏的天然能量越充足。其计算公式如下：

$$N_{pr} = \frac{N_{pr}B_o}{NB_{oi}C_t(P_i - \bar{P})} \tag{5-1}$$

$$D_{pr} = \frac{N(P_i - \bar{P})}{100 \times N_p} \tag{5-2}$$

式中　N_{pr}——实际弹性产能与理论弹性产率的比值；

$\quad\quad D_{pr}$——每采出 1% 地质储量的地层压降值，MPa；

$\quad\quad P_i$，P——原始地层压力和目前地层压力，MPa；

$\quad\quad N_p$——Δp 时累计产油量，10^4t；

$\quad\quad C_t$——综合压缩系数；

$\quad\quad N$——原始地质储量，10^4t；

$\quad\quad B_o$，B_{oi}——Δp 时和原始条件下原油体积系数。

根据缝洞单元能量分布情况，结合行业标准，天然能量分类评价标准如表 5-5 所示（窦之林，2012）。

表 5-5　缝洞单元天然能量分类标准

级别	分类标准	
	D_{pr}	N_{pr}
天然能量充足	< 0.2	> 30
天然能量较充足	0.2 ~ 0.8	8 ~ 30
具有一定天然能量	0.8 ~ 2	2.5 ~ 8
天然能量不足	> 2	< 2.5

（三）缝洞单元储量分类评价

根据缝洞单元储量分布情况，将缝洞单元分为四类（窦之林，2012）：Ⅰ类，缝洞单元储量不小于 500×10^4t；Ⅱ类，缝洞单元储量介于（100 ~ 500）$\times 10^4$t 之间；Ⅲ类，缝洞单元储量在（10 ~ 100）$\times 10^4$t 之间；Ⅳ类，缝洞单元储量小于 10×10^4t。

（四）缝洞单元开发效果分类评价

在参照中国石油天然气集团公司行业标准的基础上，根据塔河油田缝洞单元开发实际情况，只要针对稳产期采出程度、剩余可采储量采油速度和年产油量综合递减率制定了缝洞单元开发效果评价分类指标（窦之林，2012）（表 5-6）。

表 5-6　缝洞单元开发效果分类评价指标

序号	项目		类别			
			一级	二级	三级	四级
1	稳产期采出程度（%）		≥ 14	9.5 ~ 14	6 ~ 9.5	< 6
2	剩余可采储量采油速度（%）	采出程度 < 50%	≥ 8	1 ~ 8	0.1 ~ 1	< 0.1
		采出程度 ≥ 50%	≥ 33	8.5 ~ 33	3 ~ 8.5	< 3
3	年产油量综合递减率（%）	采出程度 < 50%	≤ 3.6	3.6 ~ 12	12 ~ 36	> 36
		采出程度 ≥ 50%	≤ 3.5	3.5 ~ 19	19 ~ 50	> 50

（五）缝洞单元的综合评价分类

综合缝洞单元连通程度、天然能量大小、储量分类、开发效果等指标分类，对塔河油田 138 个缝洞单元综合分类评价（窦之林，2012）（表 5-7）。

表 5-7　塔河油田缝洞单元综合评价分类表

分类	单元数量		单元储量	
	（个）	（%）	（10⁴t）	（%）
Ⅰ	6	4.350	7084.08	42
Ⅱ	43	31.16	8492.41	50.34
Ⅲ	40	28.99	1090.04	6.46
Ⅳ	49	35.51	202.32	1.20
合计	138	100	16869	100

Ⅰ类单元：该类单元储集体连通性好，地层压力稳定，能量充足，产量稳定，开发效果好；如 S48 单元，该单元 1997 年投产，截至 2008 年 12 月，累计产油 348×10⁴t，平均单井日产液 56t，平均单井日产油 22t，产量递减率 18%，含水 52%，单位压降采出程度 3.5%，地层压力降低 2.35MPa，2005 年注水后地层压力有上升趋势。

Ⅱ类单元：具有一定的连通性，地层能量较充足，工业能力较充足，开发效果较好。

Ⅲ类单元：该单元天然能量一般，连通性差，开发效果较差；该类单元内的井能够连续生产，且具有稳产期，但是地层供液能量一般，产量下降较快。如 T7-615 单元，该单元 2001 年投产，截至 2008 年 12 月，累计产油 21.7×10⁴t，平均单井日产液 34t，平均单井日产油 14t，产量递减率 40%，含水 58%。

Ⅳ类单元：该单元地层能量不足，压力下降快，供液能量弱，产量下降快，没有稳产期，注水驱油效果较好，多为单井控制的定容体。

对于碳酸盐岩气藏缝洞单元的划分和评价可以参照塔河缝洞型油藏缝洞单元的划分及评价方法。这种划分及评价方法对缝洞型和礁滩型碳酸盐岩气藏缝洞单元或储渗单元的研究具有实际意义。

第二节　气藏综合动态评价技术

气藏动态评价贯穿于气藏开发的始终，其目标就是采取各种经济、科学、实用的技术手段，认识气藏特征、合理开发气藏、预测开发动态、调整开发措施，使气藏开发的综合效益最大化。

一、气藏动态分析的特点和意义

（一）气藏动态分析的目的

气藏动态分析是气田开发管理的核心，它贯穿气田开发的始终，涉及面广。只有掌握气藏的开采动态和开发动态，研究分析其动态机理，不断加深对气藏的开采特征和开采规律的认识，才能把握气田开发的主动权，编制出最佳的开发方案、调整方案，提出合理的调整措施和切合实际的生产规划，达到高效、合理和科学开发气田的目的，取得最佳经济效益。气藏动态分析的目的就是开发好气藏，通过一系列气藏动态监测及动态分析方法认识气藏后，就要针对气藏的特征、流体渗流规律选择合理的开发方式，预测动态储量、评价各项开发指标，并随着气藏的开发逐步加深对气藏的认识，调整气藏开发策略，使气藏开发达到最大效益。

（二）气藏动态分析的内容

气井一旦投入开采，气藏动态研究工作也就开始了。气藏动态分析工作做得好，可以少打井，多采气。反之可能会导致气藏被分隔，气井被水淹，从而降低采收率。综合起来，气藏的动态分析主要包括：压力系统分析、储量计算、产能分析、驱动方式和最终采收率、边底水活动等。

1. 压力系统分析

1) 压力系统的概念

压力系统是地层内流体压力传递影响的范围，又称为水动力系统或动力系统。对缝洞型油气藏，又叫缝洞系统。处于同一气藏的若干口气井各井的原始地层压力基本相同，生产过程中地层压力下降是一致的，并且各井之间有压力干扰现象，流体的物理、化学性质相同，即认为这些井处于同一压力系统（金海英，2010）。

2) 压力系统分析的意义

压力系统是影响气田开发方案成功与否的重要因素之一。如果两个气层不属于同一压力系统，就不能将他们划分为同一个开采层系。如果一个气层被断层等分割为不同的压力系统，就必须根据各压力系统特点和驱动方式采取不同的开发方案。

3) 气藏开采过程中井间连通状况的分析

（1）根据地层压力判断：在同一压力系统内，各处压力是平衡的。（2）生产井产量变化：如果气井之间连通，则一口井采气与几口井同时采气时，这口井产量变化很大。（3）流体性质：如果各井气、水性质一致，则可能处于同一压力系统。（4）示踪剂。（5）井间干扰试验。（6）根据气藏压降曲线判断压力系统：在气藏的开采过程中，各井的地层压力、井口工作压力下降有一致性。压降曲线重合或平行的井位属同一压力系统。

2. 储量计算

储量计算是确定气藏规模的基础，最常用的方法主要有容积法、物质平衡法。容积法计算气藏储量，主要用于气藏评价和早期开发阶段。物质平衡法计算气藏动态储量用于开发中后期，最主要的依据是气藏的动态数据，需要一定的开采资料。

3. 产能分析

在气藏的勘探开发过程中，无论是探勘井还是开发井都需要较准确地确定气井的产能，并以此为依据对气井进行合理配产和不同阶段的产量调整，以指导气田的科学合理开发。气井产能试井是预测气井产能、分析气井动态、了解气层和井筒特性最常用和最重要的方法。用于描述气井产能的表达式称为气井的产能方程，产能方程主要描述气井的产量与气井井底压力的关系，一般有两种形式：二项式和指数式产能方程。国内外目前使用较多的产能方程表达式为二项式产能方程，产能评价即通过试井方法确定气井的产能方程系数，并以此计算气井的无阻流量。常用的产能评价方法很多，如一点法、回压试井法、等时试井法、修正等时试井法、压力降落曲线法、压力恢复曲线法等。

4. 气藏驱动类型和最终采收率

气藏的驱动类型分为气驱和水驱两种。在气田开发过程中，不管水的活跃程度如何，气体本身的压能是促使气体流入井底的主要动力之一。大部分气藏，尤其是开采初期，常为气驱方式开发。随着开发的进行，气藏的驱动方式可能会发生变化。了解气藏的驱动类型可以帮助人们预测压力变化、气藏采收率、正确布井等。一般可以根据以下几点分析气藏驱动类型：气藏的水文地质特征、水向气藏的推进监测、观察气藏压力变化和气藏动态分析。

常用来确定气藏采收率的方法有三种：测定法、类比法和计算法。影响采收率的因素有很多，如原始地质储量、气藏压力资料是否准确及气藏枯竭的标准。另外，气藏驱动类型也是影响气藏最终采收率的因素，气驱气藏的采收率普遍高于水驱气藏的采收率。

5. 边、底水活动

边、底水的活动对气藏开采的影响很大，它可以分割气藏，使气井早期水淹，降低气井单井产量甚至停产，从而降低气藏最终采收率。因而必须充分研究地层水的活动规律，采取积极措施，延长稳产、高产时间。研究边、底水的活动规律，可以从以下两个方面进行分析：

（1）通过分层试气、试井、试采，弄清气水的产层，流体性质及活动规律；

（2）研究气藏的气水界面：在气水接触面处，由于毛细管力影响，水沿着孔道上升，水上升的高度取决于毛细管孔道的直径，孔道直径越小，水上升越高，所以气水界面不是一个层面，而是一个过渡带。

气层在开采过程中，由于边、底水的推进，气水界面将不断上升，气藏含气面积将不断缩小，气井有水淹可能。因此，掌握边、底水活动情况和气水界面的位置对于有水气藏的高效开发至关重要。

（三）气藏动态分析的特点

1. 实用性

对气藏储层、流体、生产数据及监测数据进行分析，从气藏开发的实用角度提供认识、分析研究预测气藏特征、流体运动规律的方法，指导气藏的开发，分析预测气田开发中出现的动态变化，提出气田开发调整的措施及意见，提高气田开发的技术与经济效益等各项指标。

2. 尊重实践

气藏动态分析是方法性应用科学，其分析研究的对象是来源于实验室、矿场实际测试、生产等第一手资料，必须符合现场实际生产。

3. 极强的综合性

气藏动态分析方法的主要理论依据是油层物理学、流体渗流力学、数学分析原理等，其分析方法要综合运用各种实验结果、理论计算、数据处理等手段（王怒涛等，2011）。

（四）气藏动态分析在开发中的地位和作用

在气藏开发过程中，所有气田开发工作的方案策略均出自气藏动态分析的结论。气藏开发不同阶段气藏动态分析的侧重点不同，采取的开发策略、原则不同，这些不同策略和开发原则是通过气藏动态分析方法的计算结果来确定的。

1. 气藏开发不同阶段应采用不同的气藏动态分析方法

气藏动态分析方法主要侧重于研究认识气藏的各种技术方法。在气藏的不同开发阶段认识研究气藏的手段不同，气藏动态分析方法的研究内容也就不同。

1) 开发准备阶段

开发准备阶段是指气田发现到探明储量上交获得批准，并编制开发方案的阶段。气藏动态分析在此阶段的主要研究任务和内容是对气藏进行早期评价，为上交探明储量准备编制开发方案录取各种资料，初步确定气田的储量、规模、气井的产能等，初步计算气藏的探明储量。探明储量批准后，准备对气田进行开发，制订气藏开发方案，在此阶段，气藏动态分析的主要目标是制订开发方案，达到在一定的经济、技术、环境条件下，获得气藏开发的最佳效益。这个时候，气藏动态评价的主要任务是进行气藏描述，建立气藏三维地质模型、弄清气藏中的流体在地面及气藏条件下的组分构成、特征参数、化学物理特征、估算气藏的含气面积和储量，以进行气井试井设计和解释以及评价气井产能、预测采气速度、建立气藏数学模型并进行数值模拟研究、划分开发层系、选择开采方式，设计开发井网，选择合理的采气速度，设计选择优化开发方案。

2) 气田建设阶段

气田建设阶段是指气藏开发方案获得批准，进行气藏产能建设，到气藏建设全部完成达到方案设计要求，进入气藏全面生产之前的阶段。由于开发准备阶段对气藏的认识存在一定的不确定性，对气藏开发方案的建设实施一般采用"整体部署，分步实施"的策略。因此在这一个阶段，气藏动态分析具有承上启下的作用。在气井投产初期所表现出的动态特征对气藏的认识具有验证、加深的作用，此阶段要及时跟踪各个气井的动态特征，及时提出调整意见，优化开发方案。在气藏开发建设过程中，气藏动态分析的研究内容是保证气藏开发方案的实施，并及时跟踪，进一步加深对气藏的认识，再根据相应的变化做出开发方案分步实施的相应调整方案。

3) 气田生产阶段

在气田产能建设全部完成，气田全面投产，到气田商业生产期结束，气藏动态分析的主要工作是管理气田，分析掌握气井、区块、气藏的开发生产动态，监测并分析气藏动态变化，预测开发效果，并提出气藏开发调整的相应措施，使气藏开发所采取的开采策略能够达到延长气田商业生产期的目标。

4) 气田废弃阶段

气田废弃阶段是指气藏开发进入后期，因不具有经济效益而废弃的阶段。这个时候要根据气藏的特征及商业环境计算气井的废弃压力、气藏开发的经济效益，确定最终的废弃策略。

2. 气藏动态分析方法在不同开发阶段的工作任务和侧重点不同

气藏数值模拟技术是气藏分析方法中的核心技术之一，在气田开发管理的各个阶段都起着越来越重要的作用。在气田开发准备阶段，气藏数值模拟技术用于辅助制定气藏的开发方案，此时对气藏的描述通常较为有限，因此对气藏开发方案的优化也是极其有限的。在此阶段，气藏评价结果对气藏描述和岩石流体的数据存在许多不确定因素。应用气藏数值模拟技术可以分析这些不确定因素的敏感性。当某些因素对气藏的开发效果不敏感时，可以暂时忽略，而那些对气藏开发十分敏感的因素必须花大力气去获取，使资料录取等工作抓住重点，录取那些对计算结果影响最大的数据。

在开发初期阶段，因为不确定因素的存在，使得模拟研究处于初级阶段。对那些气藏描述及岩石、流体性质已经比较明确的情况下，就可以用数值模拟来规划井位、布井密度等，通过比较布井方案的开发效果来选择最佳开发方案。在气藏开发生产一段时间后，对气藏的数值模拟模型就要从定性改进到定量的水平。在气田废弃阶段，数值模拟技术可以通过模拟进行不同的开发调整和挖潜措施来给出最终确定是否废弃的建议。

综上所述，在气藏开发的每一阶段，气藏动态分析一直处于核心技术地位。气田的开发策略、调整措施等均需要对气藏进行细致的气藏动态分析。气藏动态分析方法在气田的不同阶段工作的侧重点不同，在指导气藏开发时要根据不同阶段的开发目标进行合理的选择使用。

二、气藏动态分析的方法

气藏动态分析方法较多，以下对应用较为广泛的几种方法进行详细说明。

（一）试井技术

试井技术是认识气藏、评价气藏动态特征、完井效率以及措施效果的重要手段，是气藏动态条件下压力波传播过程中对气藏特性进行全方位扫描，真实记录描述信息的技术。其所获取的气藏信息优于静态，探测范围远大于测井，对气藏的精细刻画优于物探，是动态认识气藏特性的重要技术。

庄惠农（2009）提出气藏动态描述的新思路，他明确提出，对于气藏的动态描述研究是以气井产能评价为核心内容。也就是说，对于一个已投入开发的或即将投入开发的气藏，作业者最关心的事情莫过于气井单井日产量是多少、无阻流量是多少、合理产量是多少、能不能稳产、如何随时间衰减等。三种经典的产能试井方法是指20世纪中期产生的现场常用的产能试井方法：回压试井法、等时试井法和修正等时试井法。

1. 回压试井法

回压试井法产生于1929年，并于1936年由Rawlines和Pierce加以完善（Pierce等，1929；Rawlines等，1936）。其具体做法是：用三个以上不同的气嘴连续开井，同时记录气井生产时的井底流动压力。其产量和流压对应关系如图5-5所示，对应数据如表5-8所示。

表5-8　回压试井压力与产量数据表

开关井顺序	开井稳定时间 （h）	地层压力 （MPa）	流动压力 （MPa）	产气量 （10⁴m³/d）
初始关井		30		
开井 1	720		27.9196	2
开井 2	720		25.6037	4
开井 3	720		23.0564	6
开井 4	720		20.2287	8

把数据表5-8中数据绘制在图5-6的产能方程图上，可以用图解法推算出无阻流量。在产能方程图中，纵坐标为以压力平方表示的生产压差，$\Delta p_i^2 = p_R^2 - p_{wfi}^2$。其中，$p_R$ 为

地层压力，p_{wf} 为井底流动压力。正常情况下，四个测点可以回归出一条直线，当取 p_{wf} 为 0.1MPa 时，相当于井底放空为大气压力的情况，此时产气量将达到极限值。这个时候的气井产量为无阻流量，用 q_{AOF} 表示。一般来说，无阻流量是不能直接测量得到的，因为，井底压力不可能放空到大气压力。q_{AOF} 只能通过公式或图解法得以推算。

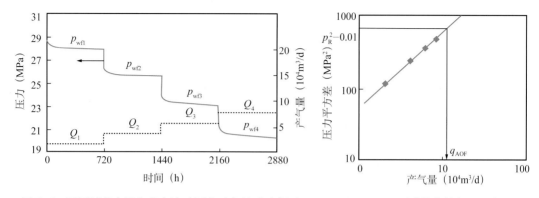

图 5-5 回压试井产量和井底流动压力对应关系示意图   图 5-6 回压试井产能方程示意图

回压试井在测试时的要求是：每个气嘴开井生产时，不但产气量是稳定的，井底流动压力也已基本达到稳定状态，同时应该要求地层压力基本不变。但是，在现场的实际实施过程中，达到稳定的流动压力是很困难的，为了达到稳定，采取长时间开井的方法，而长时间开井，对于某些井，又造成地层压力下降。这就限制了回压试井方法的应用。

2. 等时试井法

针对回压试井存在的不足，1955 年，Cullender 等人提出了一种"等时产能试井法"（Cullender 等，1955）。这种方法仍采用三个以上不同工作制度生产，同时测量流动压力。实施时井不要求流动压力达到稳定，但每个工作制度开井生产前，都必须关井并使地层压力得到恢复，基本达到原始地层压力。在产量和压力不稳定点测试后，再采用一个较小的产量延续生产达到稳定。其产量和压力的对应关系如图 5-7 所示，表 5-9 为对应数据值。

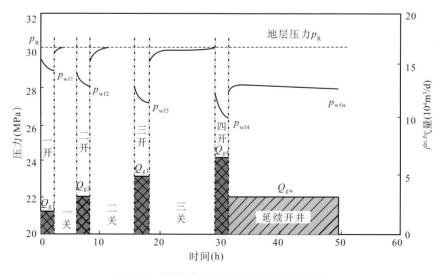

图 5-7 等时试井产量和压力对应关系图

表 5-9 等时试井压力与产量对应关系数据表

开关井顺序	开关井时间间隔 (h)	地层压力 p_R (MPa)	井底流动压力 p_{wf} (MPa)	产气量 q_g ($10^4 m^3/d$)
初始关井		30		
开井 1	2.5		28.1837	2
关井 1	4	30		
开井 2	2.5		26.1575	4
关井 2	7	30		
开井 3	2.5		23.9153	6
关井 3	10	30		
开井 4	2.5		21.4440	8
延时开井	18		25.5044	4

等时试井法的采用大大缩短了开井流动时间，使放空气量大大减少。但是，由于每次开井后都必须关井恢复到地层压力稳定，因此并不能有效减少测试时间。

对于每一个工作制度下的产气量 q_{gi}，对应于生产压差 $\Delta p_i^2 = p_R^2 - p_{wfi}^2$，得到产气量与生产压差对应关系。对于最后一个稳定的产能点，产气量为 q_{gw}，生产压差为 $\Delta p_w^2 = p_R^2 - p_{wfw}^2$。图 5-8 显示了等时试井法测得的产能方程图。图中从四个不稳定产能点，可以回归出一条不稳定的产能方程线。为了找到稳定的产能方程，通过延长生产的稳定产能点，做不稳定方程的平行线，得到稳定的产能方程线，同样可以用图解法推算出无阻流量。

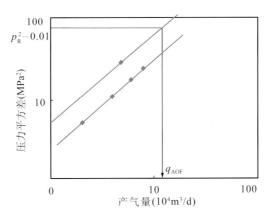

图 5-8 等时试井产能方程示意图

3. 修正等时试井法

Katz 等人在 1959 年提出了修正等时试井法（Katz et al., 1959）。这一方法克服了等时试井的缺点，从理论上证明了可以在每次改换工作制度开井前，不必关井恢复到原始地层压力，从而大大缩短了不稳定测试的时间。它的产量和压力对应关系见图 5-9。对应数据见表 5-10。

表 5-10　修正等时试井压力与产量对应关系数据表

开关井顺序	开关井时间间隔 （h）	关井井底压力 p_{ws} （MPa）	开井流动压力 p_{wf} （MPa）	产气量 q_g （$10^4m^3/d$）
初始关井		30		
开井 1	5		27.9145	2
关井 1	5	29.9139		
开井 2	5		24.7785	4
关井 2	5	29.7887		
开井 3	5		20.3950	6
关井 3	5	29.6372		
开井 4	5		14.0560	8
延时开井	25		19.3545	6

从图 5-9 可以看出，修正等时试井法不但大大减少了开井时间和放空气量，而且总的测试时间也可以减少。这时在用测点数据作图时，对应产气量 q_{gi} 的压差的计算方法是：

$$\Delta p_i^2 = p_{wsi}^2 - p_{wfi}^2 \qquad\qquad (5-3)$$

具体的计算方法是：$\Delta p_1^2 = p_R^2 - p_{wf1}^2$ 对应 q_{g1}；$\Delta p_2^2 = p_{ws1}^2 - p_{wf2}^2$ 对应 q_{g2}；$\Delta p_3^2 = p_{ws2}^2 - p_{wf3}^2$ 对应 q_{g3}；$\Delta p_4^2 = p_{ws3}^2 - p_{wf4}^2$ 对应 q_{g4}；$\Delta p_w^2 = p_R^2 - p_{wfw}^2$ 对应 q_{gw}。应用这些关系，可以做出修正等时试井的产能方程图，图的形式与等时试井的类似，可以推算出无阻流量 q_{AOF}。

庄惠农结合中国的实际情况，在测试程序及无阻流量计算方法上进行了某些改进。与经典方法不同之处是：在第四次开井后，增加了一次关井，可以多取得一个关井压力恢复资料；在延时开井后，增加关井测试，不但可以了解储层的参数及边界分布，而且可以判断地层压力是否下降，用以矫正延时生产压差。得到关井稳定压力 p_{ss}。改进的修正等时试井如图 5-10 所示。

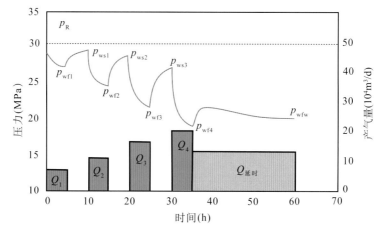

图 5-9　修正等时试井产量和压力对应关系

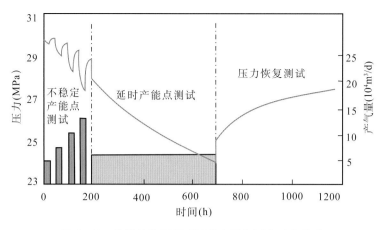

图 5-10　改进的修正等时试井产量和压力对应关系

（二）物质平衡方法

气藏物质平衡理论从 1936 年 Schilthuis 提出以来，在油藏工程中得到了广泛的应用和发展，在气藏动态分析上，也得到了广泛的应用。具体来说，气藏物质平衡理论可以解决以下四类问题：第一，计算气藏的原始储量；第二，对气藏进行水侵识别；第三，计算气藏天然水侵量的大小；第四，预测气藏动态。

1. 气藏物质平衡方程的建立

对于一个统一的水动力学系统的气藏，在建立物质平衡方程时，所做的基本假设是：第一，气藏的储层物性和流体物性是均匀分布的；第二，不同时间内流体性质取决于平均压力；第三，在整个开发过程中，气藏保持热力学平衡；第四，不考虑气藏内毛细管力和重力的影响；第五，气藏各部位的采出量保持均衡。在这些假设的前提下，就可以把储集天然气的多孔介质系统简化为储集气的地下容器。在整个地下容器内，随着气藏的开采，气、水的体积变化服从物质守恒原理，由此原理即可建立气藏的物质平衡方程式。

1）物质平衡方程通式的推导

为了建立气藏的物质平衡方程，考虑一个具有天然水驱作用的气藏。设在气藏的原始条件下，即在原始地层压力 p_i 和地层温度条件下，气藏内天然气的原始地质储量（在标准条件下）为 G，它所占的地下体积为 GB_{gi}；在压力从 p_i 降到 p 的过程中，累计采出气体和水的地面体积为 G_p 和 W_p。在相同的压力、温度下质量守恒转化为体积守恒，根据地下体积平衡的原理可知：在地层压力下降 Δp 的过程中，累计产出天然气和水在压力 p 下的地下体积（$G_pB_g+W_pB_w$）应等于地层压力下降 Δp 而引起地下天然气的膨胀量（A），束缚水的膨胀量和气藏孔隙体积的减少引起的含气孔隙体积的减少量（B）及天然累计水侵量（$C=W_e$）之和，如图 5-11 所示。从而：

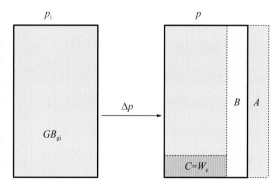

图 5-11　气藏随压力下降发生体积变化

$$地下产出量 =A+B+C \tag{5-4}$$

下面分别讨论 A 和 B 的确定方法。

（1）地下天然气的膨胀量。天然气在 p_i 下的总体积为 GB_{gi}，其地面体积为 G，而在压力 p 下的地下体积为 GB_g。因此，压力下降 Δp 所引起的地下天然气的膨胀量为：

$$A=GB_g-GB_{gi} \tag{5-5}$$

式中 B_g——压力 p 下天然气的体积系数；

　　　B_{gi}——原始压力 p_i 下天然气的体积系数。

（2）含气体积的减小量。含气孔隙体积的减小量应等于压力从原始地层压力 p_i 降至某一地层压力 p 时束缚水的膨胀量（$\mathrm{d}V_w$）和气藏孔隙体积的减小量（$\mathrm{d}V_p$）之和。由于 $\mathrm{d}V_w$ 和 $\mathrm{d}V_p$ 的方向相反，如以减小的方向为参考，可将 B 写成如下形式：

$$B=-\mathrm{d}V_w+\mathrm{d}V_p \tag{5-6}$$

根据水和岩石有效压缩系数的定义，可分别写出如下两式：

$$\mathrm{d}V_w=-V_w C_w \mathrm{d}p \tag{5-7}$$

$$\mathrm{d}V_p=V_p C_p \mathrm{d}p \tag{5-8}$$

式中 C_w——水的压缩系数，1/MPa；

　　　C_p——岩石有效压缩系数，1/MPa；

　　　V_w——束缚水体积，m^3；

　　　V_p——孔隙体积，m^3。

将式（4-7）和式（4-8）代入式（4-6），可得：

$$B=（C_w V_w+C_p V_p）\Delta p \tag{5-9}$$

由原始条件下天然气的地下体积可分别计算出总孔隙体积 V_p 和束缚水体积 V_w，即：

$$V_p = \frac{GB_{gi}}{1-S_{wi}} \tag{5-10}$$

$$V_w=V_p S_{wi} \tag{5-11}$$

因此，将式（5-10）和式（5-11）代入式（5-9）即得压力下降 Δp 束缚水和孔隙体积的减小而引起的含水体积的减小量 B：

$$B = GB_{gi}\left（\frac{C_w S_{wi}+C_p}{1-S_{wi}}\right）\Delta p \tag{5-12}$$

最后，将 A、B、C 和地下采出量的相应表达式代入式（5-4），可以得到气藏的物质平衡通式：

$$GB_g-GB_{gi}+GB_{gi}\left（\frac{C_w S_{wi}+C_p}{1-S_{wi}}\right）\Delta p+W_e=G_p B_g+W_p B_w \tag{5-13}$$

整理得：

$$G = \frac{G_p B_g - (W_e - W_p B_w)}{B_{gi}\left[\left(\dfrac{B_g}{B_{gi}} - 1\right) + \left(\dfrac{W_e S_{wi} + C_p}{1 - S_{wi}}\right)\Delta p\right]} \tag{5-14}$$

式中 W_e——天然气累计水侵量，m³；

$\quad\quad W_p$——累计产出水，m³。

2）无水气藏的物质平衡方程

当气藏没有水驱作用，即 $W_e=0$，$W_p=0$ 时，根据式（5-13）可以得到无水驱气藏的物质平衡方程式：

$$G_p B_g = G(B_g - B_{gi}) + G B_{gi}\frac{C_w S_{wi} + C_p}{1 - S_{wi}}\Delta p \tag{5-15}$$

式（5-15）右端第二项与第一项相比不可忽略时，则认为异常高压无水驱气藏的物质平衡方程式；如果第二项与第一项相比数值很小可忽略不计时，即认为开采过程中含气的孔隙体积保持不变，则可转化为定容封闭气藏的物质平衡方程式：

$$G_p B_g = G（B_g - B_{gi}） \tag{5-16}$$

而天然气当前体积系数和原始体积系数分别为：

$$B_g = \frac{p_{sc} Z T}{p T_{sc}} \tag{5-17}$$

$$B_{gi} = \frac{p_{sc} Z_i T}{p_i T_{sc}} \tag{5-18}$$

式中 T——地层温度，K；

$\quad\quad T_{sc}$——地面标准状态下温度，293.15K；

$\quad\quad p$——当前地层压力，MPa；

$\quad\quad p_{sc}$——地面标准状态下压力，0.101MPa；

$\quad\quad Z$——压力 p 下天然气的压缩系数，小数；

$\quad\quad Z_i$——原始压力 p_i 下天然气偏差系数，小数。

将式（5-17）和式（5-18）代入式（5-16），经整理得：

$$\frac{p}{Z} = \frac{p_i}{Z_i}\left(1 - \frac{G_p}{G}\right) \tag{5-19}$$

式（5-19）为定容封闭气藏的压降方程式。从推导过程可以看出，该压降方程式是在忽略压力下降束缚水膨胀和孔隙体积减小的情况下导出的。因此，在应用式（5-19）解决实际问题时，应特别注意其适用条件。

3）水驱气藏的物质平衡方程式

从物质平衡方程通式的推导条件可以看出，式（5-14）是水驱气藏的物质平衡方程式。同样，对于正常压力系统的气藏，因为式（5-14）分布中的第二项与第一项相比，数值很小，通常可以忽略不计。在这一条件下，式（5-14）可以简化为：

$$G = \frac{G_p B_g - (W_g - W_p B_w)}{B_g - B_{gi}} \quad (5-20)$$

将式（5-17）和式（5-18）代入式（5-20）得：

$$G = \frac{G_p - (W_g - W_p B_w) \dfrac{pZ_{sc}}{p_{sc}ZT}}{1 - \dfrac{p/Z}{p_i/Z_i}} \quad (5-21)$$

由式（5-21）式解得水驱气藏的压降方程式为：

$$\frac{p}{Z} = \frac{p_i}{Z_i} \left[\frac{G - G_p}{G_p - (W_e - W_p B_w) \dfrac{p_i T_{sc}}{p_{sc}Z_i T}} \right] \quad (5-22)$$

如果式（5-14）分母中第二项与第一项相比不可忽略时，则其代表异常高压水驱气藏的物质平衡方程式。

2. 气藏早期水侵识别方法

气藏驱动类型的确定是气藏储量计算、开采方案制定及生产动态预测的前提。大部分水驱气藏在开发的前几年内，并不产水。如果在气井产水前就能够准确的判断该气藏为水驱气藏，就可以为优选开发方案提供依据。因此，早期识别水驱气藏具有重要的意义。

1）判断气藏水侵的传统方法——压降数据判断法

假设条件：气藏的地层系数、流体性质、状态变量等不随空间坐标而变，用空间平均量来描述气藏动态、气藏温度。随着气藏的开采和地层压力下降，会引起边水和底水的入侵。

根据这些假设条件，可建立物质平衡方程：

$$N_g B_{gi} = (N_g - G_p)B_g + GB_{gi} \frac{C_w S_{wi} + C_f}{1 - S_{wi}} \Delta p + (W_e - W_p B_w) \quad (5-23)$$

式中　N_g——气藏原始储量，10^8m^3；

　　　B_{gi}——原始状态下天然气体积系数；

　　　G_p——气藏目前累计采气量，10^3m^3；

　　　B_g——目前状态下天然气体积系数；

　　　C_w——束缚水压缩系数，1/MPa；

　　　S_{wi}——束缚水饱和度，小数；

　　　Δp——目前气藏压力下降值，MPa；

　　　W_e——目前气藏累计水侵量，10^8m^3；

　　　W_p——目前气藏累计产水量，10^8m^3；

　　　B_w——水体积系数。

式（5-23）可以写成：

$$N_g = \frac{G_p B_g - (W_e - W_p B_w)}{B_{gi}\left[\left(\dfrac{B_g}{B_{gi}} - 1\right) + \left(\dfrac{C_w S_{wi} + C_f}{1 - S_w}\right)\Delta p\right]}$$ (5-24)

对于正常压力系统的气藏，式（4-24）可以变成：

$$\frac{p}{Z} = \frac{p_i}{Z_i}\left[\frac{N_g - G_p}{N_g - (W_g - W_p B_w)\dfrac{p_i Z_{SC} T_{SC}}{p_{SC} Z_i T}}\right]$$ (5-25)

式中　p_i——气藏原始压力，MPa；

T_{SC}——标准温度，K；

T——气藏温度，K；

Z_i——原始压力下气体偏差系数。

式（5-25）反映了气藏视压力与累计采气量、累计水侵量之间的关系，由方程可以清楚地看到，具有水侵的气藏，其地层视压力 p/Z 与累计采气量之间不是线性关系，而是随着累计净水侵量（$W_e - W_p B_w$）的增加，地层视压力将不断减小。可以用此来判断气藏是否水侵（图5-12）：

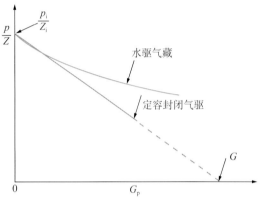

图5-12　气藏压降图

（1）如果气藏不存在水侵，实测气藏平均视压力 p/Z 与气藏累计采气量 G_p 成直线关系；

（2）如果气藏存在水侵，实测气藏平均视压力 p/Z 与气藏累计采气量 G_p 在早期存在直线关系，随着累计采气量 G_p 的增加，p/Z 值偏离直线，即高于直线下降。

2）判断气藏水侵的采出程度方法

判断气藏水侵的采出程度方法是，做出平均视压力 p/Z 与采出程度之间的关系曲线，以此来判断气藏的水侵，其理论依据如下。

设 ω 为气藏水侵体积系数，即水侵气藏的孔隙体积与气藏原始孔隙体积之比，则：

$$\omega = (W_e - W_p B_w)/V_{gi}$$ (5-26)

由式（5-25）和式（5-26）可以看出：

$$\frac{p}{Z} = \frac{p_i}{Z_i}\left(1 - \frac{G_p}{N_g}\right) \times \frac{1}{(1-\omega)}$$ (5-27)

式（5-27）可进一步变换为：

$$\frac{p/Z}{p_i/Z_i} = \left(1 - \frac{G_p}{N_g}\right) \times \frac{1}{(1-\omega)}$$ (5-28)

令：

$$\psi = \frac{p/Z}{p_i/Z_i}, \quad R = \frac{G_p}{N_g} \tag{5-29}$$

则（5-28）变成：

$$\phi = (1-R)/(1-\omega) \tag{5-30}$$

由于水侵体积系数 ω 小于1，故有 $1/(1-\omega)$ 大于1，即 ϕ 与 R 之间的直线倾角大于 45 度，对于封闭性定容气藏，$\omega=1$，则有 $\phi=1-R$，即 ϕ 与 R 之间为 45 度下降的直线关系。

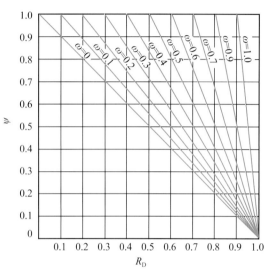

图 5-13　气藏的水侵指示图

由此可见，做出气藏的平均视压力 $(p/Z)/(p_i/Z_i)$ 与采出程度 R 之间的关系曲线，就可以判断气藏是否存在水侵。如果所绘出的数据点落在 45 度下降线上，则该气藏为封闭气藏；若落在 45 度下降线以上，则为水侵气藏（图 5-13）。

该方法存在的问题是：（1）需要事先知道气藏的可采储量 N_g，在开发后期气藏的可采储量确定都很困难，对于开发早期而言，气藏的可采储量就更难确定，从而限制了该方法的使用；（2）存在数据的不敏感问题，尤其是开发早期难以判断。

3）判断气藏水侵的新方法

针对以上两种方法在实际使用中的困难，难以判断气藏的水侵，为此介绍两种新方法。

（1）判断气藏水侵的单位视压差采气量法。存在水侵的气藏，其地层视压力 p/Z 与气藏累计采气量 G_p 之间不是线性关系，随着气藏累计净水量（$W_e-W_pB_w$）的增加，地层视压力下降率不断减少，也就是随着累计采气量 G_p 的增加，单位地层视地层压力采气量将增大，据此可判断气藏是否水侵。其理论依据为：

由水侵气藏的物质平衡方程得：

$$G_p = N_g\left[1 - \frac{(p/Z)(1-\omega)}{p_i/Z_i}\right] \tag{5-31}$$

若设在 $(p/Z)_1$ 下气藏累计采气量为 G_{p1}，在 $(p/Z)_2$ 下气藏累计采气量为 G_{p2}，当采出程度很低时，可近似地把有水气藏看作定容气藏（$\omega=0$），则有：

$$G_{p1} = N_g\left[1 - \frac{(p/Z)_1}{p_i/Z_i}\right] \tag{5-32}$$

$$G_{p2} = N_g\left[1 - \frac{(p/Z)_2}{p_i/Z_i}\right] \tag{5-33}$$

式 (5-33) 减式 (5-32) 得:

$$G_{p2} - G_{p1} = N_g \left[\frac{(p/Z)_1 - (p/Z)_2}{p_i / Z_i} \right] \qquad (5-34)$$

若设 $(p/Z)_1 - (p/Z)_2 = 1$,那么 $G_{p2} - G_{p1}$ 就是单位视压力下的采气量,用 ΔG_{p1} 表示,则:

$$\Delta G_{p1} = N_g \left(\frac{1}{p_i / Z_i} \right) \qquad (5-35)$$

若设在 $(p/Z)_3$ 下累计采气量为 G_{p3},随着累计采气量的增加,此时已发生水侵,设水侵体积系数为 ω_1,$(p/Z)_2 - (p/Z)_3 = 1$,则有:

$$G_{p3} = N_g \left[1 - \frac{(p/Z)_3(1 - \omega_1)}{p_i / Z_i} \right] \qquad (5-36)$$

那么 $G_{p3} - G_{p2}$ 就是单位视压力下的采气量,用 ΔG_{p2} 表示,则:

$$\Delta G_{p2} = N_g \left[1 - \frac{(p/Z)_3(1 - \omega_1)}{p_i / Z_i} \right] \qquad (5-37)$$

进一步整理得:

$$\Delta G_{p2} = N_g \left[\frac{1 + (p/Z)_3 \omega_1}{p_i / Z_i} \right] \qquad (5-38)$$

令式 (5-38) 减去式 (5-35) 得:

$$\Delta G_{p2} - \Delta G_{p1} = N_g \frac{\left[(p/Z)_3 \omega_1 \right]}{p_i / Z_i} \qquad (5-39)$$

由式 (5-39) 分析可得,$\Delta G_{p2} - \Delta G_{p1}$ 大于零,那么必然有 ω 增大。也就是说,对于有水侵的气藏,随着采出程度的增加,单位视压力采气量增加。据此可以判断气藏是否存在水侵。具体做法是根据气田开发早期测压资料,计算各时期单位视压力采气量。如果随着采出程度的增加,单位视压力采气量也增加,则说明可能存在水侵;若随着采出程度的增加,单位视压力采气量为常数,则气藏为定容封闭气藏,不存在水侵。

该方法的优点是只需气藏早期压降数据和相应的累计采气量即可判断气藏是否存在水侵。实际分析表明,该方法具有简单、准确、易于理解和易于计算的特点,且不需要已知气藏的动储量(李治平等,2002)。

(2) 判断气藏水侵的导数方法。若是封闭性气藏,则有 $p/Z - \Delta G_p$ 呈直线关系,即 $\dfrac{\mathrm{d}(p/Z)}{\mathrm{d}G_p}$ 为常数;如果是水侵气藏,随着累计采气量的增加,$p/Z - \Delta G_p$ 图将逐渐变缓,这意味着 $\dfrac{\mathrm{d}(p/Z)}{\mathrm{d}G_p}$ 值逐渐增大。视压力导数具有比视压力更加敏感的特性,为此,提出了用视压力导数来判断气藏水侵。

视压力导数即是单位累计采气量的视压力降低值。其计算公式为：

$$\left[\frac{\mathrm{d}(p/Z)}{\mathrm{d}G_{\mathrm{p}}}\right]_{\mathrm{i}} = \frac{(p/Z)_{\mathrm{i}} - (p/Z)_{\mathrm{i-1}}}{G_{\mathrm{pi}} - G_{\mathrm{pi-1}}} \qquad (5\text{--}40)$$

（三）生产动态分析法

生产动态分析法指以气井试采、生产过程中的压力和产量动态数据为依据，结合静态地质资料认识，对井所处储层进行评价。该方法又称为产量不稳定分析、现代产量递减分析法等。

常用的递减曲线图版法包括 Arps、Fetkovich、Blasingame、Agarwal—Gardner、NPI 及 FMB 方法，不同的方法有其不同的理论基础、适用条件和功能作用，这里不再阐述（王怒涛等，2011）。现代产量递减分析技术的出现，实现了不同类型气井、不同阶段生产曲线的标准化，为利用大量的日常生产动态数据定性和定量分析气井储渗特征提供了手段。与不稳定试井相比，该方法成本低、资料来源广泛，但由于其基于不稳定试井的基本思路发展而来，生产动态数据录取的准确性对分析结果会产生很大影响，因此还不能完全代替不稳定试井分析。

三、气藏综合动态评价技术

碳酸盐岩气藏比砂岩气藏要复杂得多，同时与国外发现的碳酸盐岩气藏相比，中国的碳酸盐岩气藏具有以下明显的特征：埋藏较深、非均质性强、流体类型复杂、开发难度大。因此，单纯采用一种方法认识及描述这类气藏非常困难，需要针对国内碳酸盐岩的复杂性及特点开展相应的动态描述方法及技术研究。

（一）方法原理

针对碳酸盐岩气藏复杂的储层条件，利用气井试井过程中录取到的高精度压力—产量数据及生产数据，综合应用试井技术、物质平衡原理及生产动态分析方法，对储层进行综合评价，其技术路线如图 5-14 所示。

气藏综合动态评价技术能够准确评价储层渗透率、表皮系数，计算动态储量、井控半径等，另外还可以进行水侵分析、地层能量评价等。基于气藏综合动态评价结果建立气藏的动态描述模型，能够对井和气藏指标进行科学预测。

该方法的优点是三种方法有机结合，互相约束，在此基础上的生产动态预测更加符合实际。

1. 试井分析

通过大量碳酸盐岩储层试井曲线动静态成果综合研究发现，试井曲线所反映的储层微观储—渗动态信息同碎屑岩储层是相同的。但是，由于孔缝洞的叠加组合使试井曲线变得更加复杂，碳酸盐岩储层表现出比碎屑岩储层更强的非均质性，这也恰好反映了其复杂的储—渗特性。另外，气藏储—渗条件决定了试井曲线类型，试井曲线类型是气藏储渗条件的动态再现。在采用试井技术进行储层参数评价时，首先通过常规解析试井解释方法对井压力恢复数据进行解释，得到井周围储层的初步动态模型；然后将长期试采、正式投产后的压力、产量数据与井短时不稳定试井数据相结合，进一步采用常规解析试井方法进行解

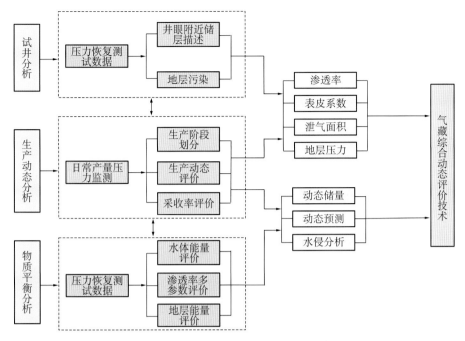

图 5-14　气藏综合动态评价技术路线

释；解释结果与生产分析结果进行对比分析，若两者相差不大，可认为结果准确，若两者相差较大，可进一步建立单井或缝洞单元数值试井模型，从而考虑井间干扰及地质参数影响，对动态模型进行修正、完善。

2. 生产动态分析法

生产动态分析综合考虑了井投产后产量与压力的关系，分析过程中首先采用 Fetkovich、Blasingame 和 Agarwal-Gardner 等典型曲线方法和流动物质平衡方法进行初步分析，然后采用单井解析或数值径向流模型对整个井生产历史进行拟合，从而对井进行评价。该方法不需要关井或测试，大大节约了成本，却可求得不稳定试井分析计算的所有参数结果。

生产动态分析法适用于无水或水体能量较弱情况下的动态储量及储层参数评价。采用生产动态分析进行动态储量评价时，首先需要进行压力折算，即将井口压力折算为井底流压，折算过程中需要测试流压校正或采用流压梯度进行折算（图 5-15a）。利用折算好的流压数据结合测井解释等基础数据及产量数据，可建立单井典型曲线图版进行动态储量的初步评价（图 5-15b），典型曲线方法只能提供一个可参考、借鉴的结果，而最终的分析结果需要采用生产分析中的单井径向流模型对生产历史进行最佳拟合的情况下求得（图 5-15c）。

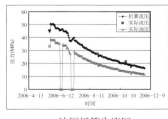

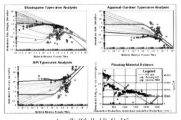

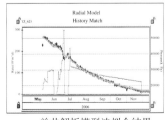

a. 油压折算为流压　　　　　　　b. 典型曲线分析　　　　　　c. 单井解析模型法拟合结果

图 5-15　生产分析法评价动态储量流程

3. 物质平衡分析

对复杂气藏来说，一般情况下，物质平衡方程方法作为一种快速计算气藏储量的方法而被气藏工程师所采用。而对于碳酸盐岩气藏，裂缝的压缩性比岩块要高，而且裂缝和岩块的束缚水饱和度也不相同，所以在碳酸盐岩气藏的物质平衡方程建立过程中，必须考虑双孔隙系统，即考虑裂缝和岩块的压缩系数与束缚水饱和度的差异。同时，物质平衡方程作为一种动态描述的方法前人已经进行了相关的研究，并作为气藏动态描述综合方法中的一种方法，在气藏综合动态评价技术中起着重要的作用。

（二）应用效果

1. 单井评价实例

以塔中 I 号气田塔中 62 区块 TZ623 井为例，具体说明碳酸盐岩凝析气井单井动态描述方法的应用。

1）生产分析

分别采用 Blasingame 法、AG 法、流动物质平衡法（F.M.B）、NPI 法对 TZ623 井进行产量分析，然后根据初拟合结果，采用单井径向流模型对整个生产历史进行终拟合，计算参数结果见表 5-11。最终计算结果以单井径向流模型计算结果为准，即该井动储量为 $0.3165 \times 10^8 m^3$，通过 Aprs 递减计算可采储量为 $0.2639 \times 10^8 m^3$，泄油半径为 308m，渗透率为 37.80mD，表皮系数为 −8.0。因为该井动储量、可采储量均较低，渗透率较高，且由初期压力递减较快可以看出，该井虽然初期日产气量较高，但不具备稳产的条件。

表 5-11 TZ623 井生产分析计算结果

方法		动储量 （$10^8 m^3$）	面积 （$10^4 m^2$）	泄油半径 （m）	渗透率 （mD）	表皮系数
特征曲线法	Blasingame	0.3849	36.24	340	1.0077	−6.65
	Agarwal Gardner	0.3400	32.02	319	3.3778	−6.58
	NPI	0.3543	33.36	326	3.3037	−6.14
流动物质平衡法	F.M.B	0.3556	33.48	326		
单井模型法	径向流模型	0.3165	29.80	308	37.80	−8.0

2）物质平衡分析

采用该井每月测试的地层压力及产量数据分析并计算，回归得到诊断直线，即可求得塔中 623 井控制裂缝气地质储量为 $0.0465 \times 10^8 m^3$，岩块系统气地质储量为 $0.3073 \times 10^8 m^3$。所以通过物质平衡方程计算的该井气总地质储量为 $0.3502 \times 10^8 m^3$，与生产分析法计算的地质储量 $0.316 \times 10^8 m^3$ 相近，两种方法在计算动态储量方面起到相互约束的作用。

3）试井分析

该井于 2006 年 6 月 12 日进行压力恢复试井，测试井段为 4809 ~ 4815m，压力计下深 4790m。将试采期间的油压折算为井底流压，然后将此长期生产数据与短期试井联合起来进行试井分析，采用外围变差的复合模型，解释结果见表 5-12。

表 5-12　TZ623 井压力恢复测试试井解释成果表

模型	表皮	原始地层压力（MPa）	地层系数（mD·m）	渗透率（mD）	复合半径（m）	流度比	扩散比
复合模型	-3.13	50.4494	256	42.7	177	999	836

4）指标预测

基于三种分析方法的结果基础上，建立塔中 623 井的单井动态模型，对该井未来开发指标进行预测，预测该井产气量图如图 5-16 所示。由图可以看出，塔中 623 井单井动态储量较小，预计后期开井后单井产量递减较快，并迅速稳定到较低产量生产，地层压力及井底流压均呈缓慢下降趋势。

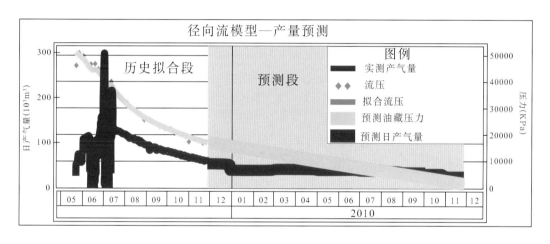

图 5-16　TZ623 井开发指标预测结果

2. 在塔中 1 号气田的应用

气藏综合动态评价技术克服了单项分析方法的局限性，能够科学的评价气藏储层、储量及动态生产特征。基于上述碳酸盐岩气藏动态描述综合方法的思路，综合采用物质平衡法、生产分析法及试井分析法对塔中 I 号气田开发试验区塔中 62、塔中 82 及塔中 26 区块 30 口井进行了动态描述。通过计算结果认为，塔中储层非均质性严重，单井控制储量差异大，动态描述解释渗透率范围为 0.017 ~ 94.90mD。20 口凝析气井平均动态储量为 $1.44 \times 10^8 m^3$，其中 10 口井动态储量大于 $1 \times 10^8 m^3$。

例如塔中缝洞型碳酸盐岩气藏，针对其复杂的孔、缝、洞储渗特点，采用气藏综合动态评价技术方法，多种方法相互约束，可以实现对储集体类型的准确评价。以 TZ243 井为例，诊断曲线显示，随着气井的生产，其井控储量有增加的趋势（图 5-17a），同时生产分析（图 5-17b）及试井分析均显示该井有四套储集体（图 5-17c），而通过该井的试采曲线可以看出，其压力、产量也表现出四期波动，验证了评价的准确性（图 5-17d）。

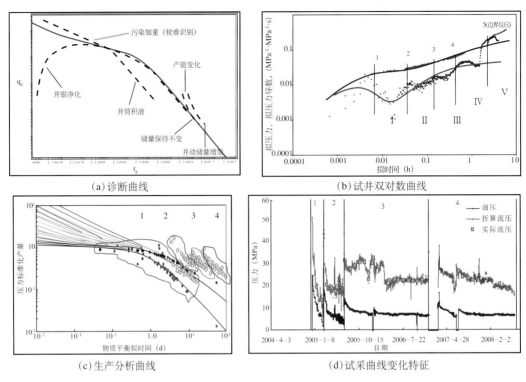

(a) 诊断曲线

(b) 试井双对数曲线

(c) 生产分析曲线

(d) 试采曲线变化特征

图 5-17　气藏综合动态评价法

第三节　老气田稳产技术

碳酸盐岩老气田以川东石炭系以及鄂尔多斯靖边气田为典型代表，随着开发程度的提高，碳酸盐岩气藏面临着科学稳产的问题，以下以靖边气田为例阐述碳酸盐岩老气田的稳产技术。2004 年至今，靖边气田保持年产（50～55）×$10^8 m^3$ 左右的规模，实现了长期平稳供气。但是随着气藏采出程度的增加，同时接替储量品质变得越来越差，气田稳产面临极大问题。

一、靖边气田稳产面临的问题

气藏整个开发阶段中，稳产期是稳定供气的重要阶段，延长稳产期，提高稳产期采出程度是该阶段的主要任务。当气藏进入中后期开发阶段后，随着地层与井底压力的不断降低，稳产难度将越来越大。当井口压力低于最小外输压力时，稳产期结束。目前进入开发中后期的老气田普遍面临以下问题。

（一）储层非均质性强，产能变化大

气藏的非均质性在平面和纵向上表现出较大差异，受储层、构造、埋深的影响，气井产能差异大，在气藏构造轴部和顶部高渗区的气井产能大，稳产能力好，位于气藏边部的气井产量小，递减快，稳产能力差。

（二）部分井初期配产偏高，井口压力下降快

开发初期，受获取资料的限制，对气藏认识程度不足，对一部分井的配产不合理，导

致产量压力下降快，稳产形势越来越严峻。

（三）开采中形成以高渗区为中心的压降漏斗，储量动用不均衡

高渗区产气量多、压降大；低渗区产气量低、压降小，再加上单井控制储量差异大，目前井网、井距不能有效控制并动用储量，致使开采不均衡。

（四）随开发进行，低产井、间歇井和产水井增多，气田稳产面临挑战

随着气田开发程度的加深，气藏地层压力降低，井的产量下降，低产井、间歇井和产水井增多，气井的稳产条件普遍较差。部分气井产量低、携液能力差，造成气井无法连续生产。

（五）气水关系复杂，稳产难度大

由于构造复杂，存在多个压力系统，储层非均质性强，使得气水关系复杂，气井产水，降低了储量动用程度，影响稳产。

（六）低渗透难动用储量开采难度大，动用程度低

如果按储层物性特征、生产特征和储量动用程度的难易，将储量分成一、二、三类，一、二类为优质、较容易动用的储量，三类为难动用储量，则从储量规模来看，不同类型气田均存在一定数量的难动用储量，此类储量有一定的储量规模，但开采难度大，探明动用程度低。

二、靖边气田中后期稳产技术研究现状

气藏的稳产技术是正确认识气田、科学开发气田的重要技术之一。稳产期采出程度的大小，影响气藏的最终采收率。目前，预测气田稳产潜力主要通过数值模拟方法，预测过程较为复杂，王燕等（2009）提出了一种简单预测气田稳产潜力的方法——比产能法，可以快速估算气藏稳产潜力。周守信等（2009）在节点分析的基础上，结合物质平衡方程，对异常高压气藏气井稳产期进行了预测，与传统的类比法和数值模拟方法相比，该方法简单、快速，可为异常高压气藏早期评价提供技术支持。鲁章成等（2005）就文南油田文72断块区气顶气藏稳产技术进行了研究，针对气藏特点，认为为了保持气藏较长时间的稳产，必须在完善管理政策、强化气井挖潜上做文章，以适应气藏的开发，达到气藏较长时间稳产的目的，主要做法有应用压裂工艺技术、发展套损井修井工艺、加强气顶气藏日常管理等。张明文（1996）就川东地区福成寨气田开采后期稳产措施进行了分析，认为保持气藏持续稳产的重要措施主要有开展系统的动态监测工作，提高对气藏的认识程度；加强基础工作，推行现代化生产管理；调整气藏内部管网结构，保证气井正常生产；编制气藏开发调整方案，制订气井合理的生产制度四个方面。孙来喜（2006）等针对靖边气藏开发特征，通过研究提出保证靖边气藏稳产的主要技术对策是：确定气井合理产能、自然稳产结束后采用增压措施接替稳产、合理生产规模和优化单井配产、加大调整开发井对储量的控制、保障良好的采气工艺技术生产措施、产水气井采用合理方式生产六个方面。武棣棠（2015）应用数值模拟的方法对碳酸盐岩有水气藏的稳产潜力进行了预测，并提出稳产对策。

三、靖边气田稳产技术

（一）技术现状与面临问题

在靖边气田开发过程中，坚持技术攻关，采用实用有效的技术措施，以保持气田稳产和提高采收率为目标，立足"低渗、低产、低压"三低特征，先后开展了井网加密调整、水平井开发试验、增压开采试验以及排水采气和优化气井工作制度等工作，经过多年的不懈努力，形成了以气藏精细描述技术、加密调整技术、数值模拟跟踪评价预测技术、动态分析评价技术、动态监测技术、气藏精细管理技术、排水采气工艺技术、喷射引流工艺技术、储层重复改造技术为主要内容的气田稳产技术系列，保证了靖边气田高效开发。

靖边气田已经进入产量递减阶段，如何继续保持气田稳产是目前气田开发面临的新课题。靖边气田开发稳产面临的关键问题，一方面是储层非均质性强，井间产能差异大，气田储量动用程度不均衡，动用程度和采收率均较低；另一方面，目前气田弥补递减主要靠潜台扩边，但随着潜台两侧储层质量变差，依靠潜台扩边产能建设难度增大，同时气田主体区优选平面上相对富集潜力区块或相对高产井位难度越来越大；三是气田储层条件差异大，无论在主体区还是扩边区，都广泛发育差储层，形成低效储量分布区，目前对低效储量的动用状况尚缺乏认识，其储量占总储量的三分之一左右，随着优质资源的减少，这部分储量的重要性将日益凸显，但是该部分储量的有效动用对策不明确。

（二）风化壳型碳酸盐岩气田稳产技术

1. 剩余储量评价技术

针对靖边气田开发面临的关键问题，对剩余储量进行分类评价，明确了靖边气田剩余储量类型、成因与分布规律，同时针对气田稳产具有重要意义的低渗区储量进行评价和可动用性分析（具体内容见本书第六章第一节）。

2. 增压开采技术

增压开采时通过降低废弃地层压力提高采收率。靖边气田属于无边、底水的弹性定容气藏。2007年1月，在陕66井区南3集气站9口井开展增压开采试验，2009年2月在产水气井较集中的西1站增压开采试验，取得了显著效果，提高了气井生产能力、携液能力，延长了气井稳产期。靖边气田目前井口输压2.4MPa，如果废弃产量为$0.1 \times 10^4 m^3/d$，计算得废弃地层压力为9.7MPa。国内外经常用的压缩机的最低吸气压力为0.2MPa，计算废弃地层压力为3.6MPa。由此可以看出，通过增压开采，靖边气田废弃地层压力可以降低到6.1MPa，由于气田储量规模超过$2000 \times 10^8 m^3$，因此气田增压开采潜力巨大。

1）增压开采方式优选

（1）不同增压方式适应性评价。目前国内外采用的增压方式主要有井或集气站为单元的分散增压方式、区域增压方式（多个集气站几种增压）及集中增压方式（在集气总站或净化厂集中增压）。

靖边气田目前投产气井超过700口，集气站90余座。由于属于"三低"气藏，单井产量和控制储量都相对较低。若采用单井增压方式，优点在于无须进行管网改造、不用考虑气田的非均衡开采现状、调度灵活，但是增压点过多、工作量大、维护难度大、开发效益差。

集气站增压方式相对单井增压方式的工作量和管理难度相对较小，但是同样面临站场数目过多的问题，并且由于集气站规模差异大，压缩机选型和管理难度大。另一方面，靖边气田地形地貌复杂，山大沟深、地面破碎，集气站改、扩建难度大。

区域增压可以有效减小站场数量，降低生产运行和管理难度。但是由于靖边气田储层非均质性强，并且采用滚动建产方式，导致气井投产时间差异较大，井间压力下降不同步。如果合理地划分增压单元，保持同一增压单元内气井增压时机和生产动态的一致性是增压开采是否成功的关键。

集中增压方式增压站点少，维护工作量小，但是井网改造费用大，并且运行风险高。因此，目前比较成熟的增压方式对靖边气田均不完全适用。

（2）不同增压方式开发效果分析。张建国等（2013）选择靖边气田典型区块开展不同增压方式下开发效果的研究，并采用数值模拟预测不同增压方式下开发效果，结果表明不同增压方式下气田的开发果基本相同（表5-13）。因此，增压方式的优选主要取决于经济和工程等因素。

表5-13　靖边气田典型区块不同增压方式采出程度预测表（据张建国等，2013）

井口压力（MPa）	预测30年后采出程度（%）		
	单井增压	集气站增压	集中增压
6.4	46.4	46.6	46.6
4.0	52.4	52.3	52.4
3.0	54.4	54.4	54.4
2.0	56.3	56.2	56.3
1.0	57.7	57.7	57.7
0.5	58.2	58.2	58.2
0.2	58.5	58.4	58.4

同时，靖边气田不同增压方式的投资估算表明（图5-18），集气站增压方式和区域增压方式明显优于单井增压方式和集中增压方式。结合靖边气田的地质特点、开发现状，优选以区域增压为主、集气站增压为辅的混合增压方式，以适应靖边气田目前的非均衡开采现状，最大限度发挥气井生产能力。

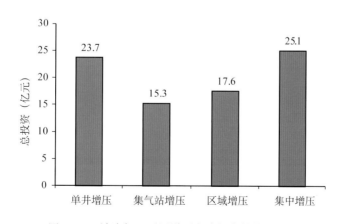

图5-18　靖边气田不同增压方式投资估算柱状图

2）增压开采单元划分

根据靖边气田的开发实际，将开发单元定义为"具有相近的流体性质及储层物性，生产特征相似，相对独立的一个或多个连通体的组合"。开发单元的划分坚持"从大到小"的原则，以沟槽、沉积—成岩相分布特征划分一级单元，综合渗透率、流体性质、气水分布及气井生产动态特征划分二级单元，将一级单元中具有明显生产特征差异的区块进一步细分。

为了降低投资，减少地面管网的改造费用，在开发单元划分的基础上首先考虑优化地面系统的气体流向、集气支干线容量等参数；其次考虑到地貌特征和降低运行风险，单一增压站的规模不宜过大。同时，为了保证气田的调峰能力，开发潜力大的高产气井尽可能晚进增压流程。综合考虑以上因素，划分增压单元 30 个，其中区域增压站点 25 个，集气站增压点 5 个。增压时间 2010—2015 年。划分结果如表 5–14 所示。

表 5–14 靖边气田增压单元机增压时间表

增压时间	增压方式	增压站点
2010 年	集气站增压	B10
	区域增压	B3、Z15
2011 年	区域增压	N10、N9、Z2
2012 年	区域增压	B6、N2、B9、B7
2013 年	集气站增压	Z16、Z10
	区域增压	Z12、Z13、Z14
2014 年	集气站增压	N15
	区域增压	N1、N26、N4、N24、Z8、Z19
2015 年	区域增压	Z4、N21、B11、B15、B14、N19、N30

增压开采是提高气藏采收率的有效措施。2009 年 2 月在产水气井较集中的西 1 站增压开采试验，获得了显著效果：提高了气井生产能力，南 3 站 9 口井单井平均日产气由 $0.84 \times 10^4 m^3$ 上升到 $1.5 \times 10^4 m^3$；提高了携液能力，保持气井连续生产，平均日产水量由 $4.2 m^3$ 提高到 $8.0 m^3$；延长了气井稳产期，按照 $13.56 \times 10^4 m^3/d$ 配产试验，进站压降速率为 0.0072MPa/d，进站压力从 6.4MPa 下降到 1.70MPa，可延长稳产期 1.8 年。

增压开采使井口输压由 6.4MPa 下降到 2.0MPa，预测 30 年后老区采出程度提高 9.73%。增压开采技术提高了气田剩余储量动用程度，解决气田老井低压和产水上升的问题，可获得较好的开发效果。

3. 水平井开发技术

2006 年以来，大力推广水平井开发，努力提高单井产量，降低开发成本，对低渗透薄层碳酸盐岩储层开展水平井开发试验，针对靖边气田碳酸盐岩储层厚度薄、小幅度构造复杂等地质难点，加强技术攻关和质量控制，初步形成水平井开发配套技术，包括：以储层精细描述为核心的井位优选技术与布井流程；地震、地质结合，多方法进行轨迹优化设计；

综合研究和现场实施相结合，建立了水平井地质导向和随钻分析流程；形成了水平井钻井及储层改造的技术雏形。

水平井可有效开发气田薄储层，解决了气田难动用储量的有效动用问题。靖边气田水平井钻遇率逐年提高（图5-19），2010年靖边气田完钻水平井5口，平均气层钻遇率达到63.8%。钻井周期进一步缩短，基本控制在130d左右（表5-15），水平井平均长度达到1100m以上。试气产量逐年攀升，2010年完试的靖平06-8无阻流量113.96×10⁴m³/d。水平井产量一般是周围直井的3～5倍（图5-20），靖平06-9井，于2008年5月9日开钻，2008年8月30日完钻。水平段长度1034m，测井解释气层357.4m，含气层251.9m，目的层钻遇率100%，气层钻遇率58.9%，无阻流量50.88×10⁴m³/d，是周围直井产量的5.8倍。

表5-15　靖边气田2008—2010年完钻水平井参数对比表

年份	井号	完钻井深 (m)	钻井周期 (d)	平均机械钻速 (m/h)	水平段长度 (m)	气层/含气层长度 (m)	有效储层钻遇率 (%)
2008	靖平09-14	4416	106.2	4.15	1011	526.9	52.1
	靖平25-17	4311.4	168.6	3.59	716.3	352.3	54.6
	靖平06-9	4425	123.3	3.92	1034	609.3	58.9
	平均	4384.1	132.7	3.89	920.4	496.2	55.2
2009	靖平12-6	3850	115	4.37	420	167.3	39.8
	靖平01-11	4274	195	3.25	830	426.1	51.3
	靖平33-13	4351	198	3.07	817	420.8	51.5
	靖平2-18	4374	134.5	3.68	1001.6	651.6	65.1
	靖平33-1	4190	161.9	2.65	302	87.3	28.9
	靖平52-16	4618	191.1	2.72	949	768.1	80.9
	靖平34-11	4783	132.9	3.35	1078	755	70
	平均	4348.6	161.2	3.30	771.1	468	55.4
2010	靖平06-8	4706	104.4	4.35	1301	781	60.0
	靖平50-15	4650	160.2	3.21	1000	665	66.5
	靖平011-16	4361	89.4	6.10	1000	481.9	48.2
	靖平51-8	5128	182.5	3.15	1200	896.4	74.8
	靖平47-22	4633	152.3	2.76	1000	683.5	68.4
	平均	4697	137.7	3.9	1100	702	63.6

4. 加密调整技术

靖边气田在长期的开发实践中，针对正常开发区，形成了以储层精细描述为核心的气藏加密调整技术（图5-21）。

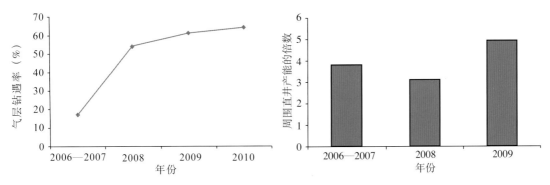

图 5-19　靖边气田历年水平井气层钻遇率统计图　　图 5-20　靖边气田历年水平井试气产能统计图

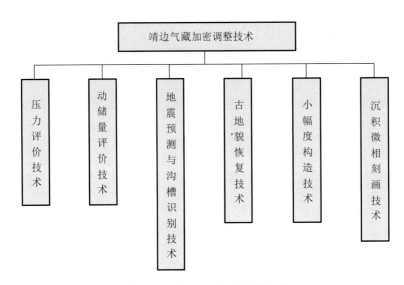

图 5-21　靖边气田加密调整技术

5. 气藏精细管理

靖边气田在开发过程中，立足气藏非均质特征，细分开发单元，实行区块调控采气速度、单井优化工作制度，进行气藏进行管理。根据生产动态、气水分布、储层物性结合动态监测的流体性质、目前地层压力等动静态参数特征进行流动单元精细划分。

1）流动单元分类

动静态结合，建立了靖边气田流动单元分类标准并对靖边气田进行流动单元划分（表 5-16），各流动单元情况如表 5-17 所示。

2）流动单元评价

A 类单元开发特点为"三高一低"：（1）区块动静比、采出程度高：平均动静比 42.10%，平均采出程度 20.49%，陕 245 井块动静比最高 75.17%；（2）产气能力高，具有一定的调峰能力：气井生产能力强，井均日产气 $2.9 \times 10^4 m^3$，井均累计产气 $1.35 \times 10^8 m^3$，均高于气田平均水平；（3）单位压降采气量高：井均单位压降产气量 $1258.5 \times 10^4 m^3$，陕 17 井块最高 $1799.29 \times 10^4 m^3$；（4）气井压力低：井口套压在 7.0 ~ 11.0MPa，平均地层压力 17.72MPa，压力低值区主要集中气田中部，高值区分布在潜台东侧和边部区域。

表 5–16 靖边气田流动单元分类标准及结果

类型	A 类	B 类	C 类
动静比（%）	> 30.0	15 ~ 30	位于 富水区
井均无阻流量（10⁴m³/d）	> 20.0	< 20	
井均单位压降采气量（10⁴m³/MPa）	> 900	< 900	
采出程度（%）	> 10	< 10	
井均合理配产（10⁴m³/d）	> 3.0	2.0 ~ 3.0	
水气比（m³/10⁴m³）	< 0.18	< 0.20	> 0.60
划分结果（个）	13	17	6
包含单元	G19–4、陕 194、陕 227、陕 45、陕 150、陕 245、林 2、陕 17、陕 43、陕 175、陕 62、林 1、陕 130	陕 4、G3–12、 统 5、G1–14、统 17、陕 66、陕 224、陕 72、陕 193、陕 230、陕 95、陕 200、陕 192、G49–19、陕 74、G50–7、陕 81	陕 121、陕 166、陕 24、陕 156、陕 93、陕 170

表 5–17 靖边气田各类流动单元情况统计表

分类	数量	井数口	历年产气（10⁸m³）	采出程度（%）	地层压力（MPa）	动储量（10⁸m³）	占总动储量百分比（%）	地质储量（10⁸m³）	占地质储量百分比（%）
Ⅰ	13	290	391.2744	20.49	17.72	803.88	70.21	1909.62	53.12
Ⅱ	17	157	66.1156	5.11	21.15	166.86	14.57	1294.74	36.02
Ⅲ	6	84	85.559	0.68	17.97	174.15	15.21	390.27	10.86
合计 / 平均	36/	531/	542.949/	/15.10	/18.53	1144.89/	100/	3594.63/	100/

B 类单元开发特点为"一高三低"：（1）井口压力差别较大，地层压力高：平均地层压力 21.15MPa，压力高值区主要集中在陕 230、陕 192、陕 74、陕 200 井块等潜台东侧或低渗区域；（2）区块动静比、采出程度低：平均动静比 12.89%，平均采出程度 5.11%，陕 192 井块动静比最高 40.54%，陕 200 井块动静比最低 4.36%；（3）产气能力低：气井生产能力弱，井均日产气 $1.53 \times 10^4 m^3$，井均累计产气 $0.42 \times 10^8 m^3$，均低于气田平均水平；（4）单位压降采气量低：井均单位压降产气量 $524.44 \times 10^4 m^3$。

C 类单元开发特点为"一高一低"：（1）产水量大，水气比高：井均日产水 $1.4 m^3$，累计产水量 $56.69 \times 10^4 m^3$，占总水量的 47.59%，平均水气比 $0.92 m^3/10^4 m^3$；（2）目前地层压力低：平均地层压力 17.97MPa，陕 166 井块目前地层压力 12MPa；平均油、套压 7.55、9.33MPa，除陕 93 井块，其他开发单元油压均小于 8MPa。

3）开发措施

A 类单元：保护Ⅰ类气井，Ⅱ类气井进行合理配产延长稳产期。

B 类单元：优化气井工作制度，完善开发井网，提高储量动用程度和采收率，同时优选水平井开发，提高单井产量。

C 类单元：严格执行"内排外控，以排为主"的管理制度；加强产水气井渗流机理研究；加强产水井助排及积液井复产工艺研究；产水气井制定合理的生产和助排制度。同时加强产水井助排和积液井复产，提高单元开发效果。

6. 气藏动态监测技术

靖边气田经 2004—2008 年五年的发展和完善，逐步形成了适合靖边气田特点的主要包括流体监测、压力监测、产量监测及腐蚀监测为核心的动态监测技术系列（图 5-22），有效地指导了气田的高效开发。

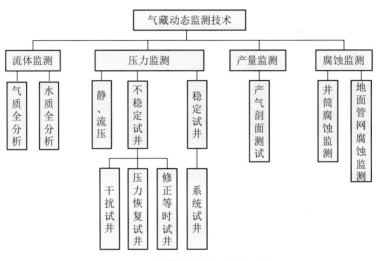

图 5-22　气藏动态监测技术系列

第六章 碳酸盐岩气藏开发关键工程技术

采气工程是以流体渗流力学、气田开发与开采原理为基础，广泛运用现代数学方法以及工程分析方法，研究科学、合理开发与开采气藏配套工艺技术的一项庞大而复杂的综合性系统工程（金忠臣等，2004）。主要研究内容包括：钻井、完井、储层保护及投产工艺、增产工艺、不同类型气藏采气工程、井下作业与修井工艺、气井生产动态监测工艺、气井生产管理与安全环保工艺技术和采气工程方案设计。

第一节 碳酸盐岩气藏采气工程概述

一、采气工程的主要特点

采气工程必须适应气田地质特征，要充分认识碳酸盐岩气藏采气工程的主要特点。研究气藏的基本特征对采气工程的技术要求是有效发展采气工程技术系列，提高采气工程技术经济效益的重要基础和保证。近年来，中国在碳酸盐岩气藏勘探方面取得了重大的突破，随着新发现气藏陆续投入开发，原有的采气工程技术无论在深度和广度上，都与新投入开发气藏的地质特征、储层分布、流体性质难以配合与适应。因此，为了进一步提高采气工程技术的规模效益，必须加强对采气工程主要特点的认识。

（一）地质和储层的特殊性

碳酸盐岩储层与砂岩储层在地质方面有很大的差异。第一，碳酸盐岩储集类型多、非均质性强。中国海相碳酸盐岩储层从震旦系到中生界均有分布，地质时代老、演化历史长，后期改造强烈，形成了多种类型的储层，均有较强的非均质性。主要的储层类型有洞穴型储层、裂缝（风化壳、构造）型储层、溶蚀孔隙型储层及白云岩储层。第二，中国碳酸盐岩层系分布时代偏老、埋藏深一般在 3 ~ 7km，容易导致钻井工艺和井筒技术复杂。

（二）气藏产水的严重性

中国投入开发的气藏中，产水气藏占有相当大的比例。四川盆地 96 个已投入开发的主干气田中，有 85 个产水，占 86.7%。而对于碳酸盐岩气藏，由于裂缝发育程度高以及储层非均质性严重，气藏产水的比例要更高。一般对于纯气驱气藏，其最终采收率可达 90% 以上。对水驱气藏而言，较气驱气藏的开采工程技术难度都要大得多，应采取有效防止水侵的措施，千方百计地避免水侵入气藏形成"水锁"，以尽量延长无水采气期。一旦气藏产水，气水在渗流通道和自喷管柱内形成两相流动，增加了气藏和气井的能量损失，降低了气相渗透率，并分割气藏形成了死气区，从而使气藏采气速度和一次开采的采收率大大降低，有 30% ~ 50% 的储量需要通过排水采气等工艺技术才能开采出来。

（三）酸性天然气的高腐蚀性

相当一部分气井所产天然气中含有高腐蚀性的 H_2S、CO_2 等酸性气体。靖边气田 H_2S 含量为 0.047% ~ 0.06%，为微含硫气藏；西南油气田公司中低含硫气藏产量占 70% 以上，近几年发现的罗家寨（平均含硫 10.44%）、铁山坡（平均含硫 14.28%）以及渡口河气田（平均含硫 15.27%）均为特高含硫气藏。国外也发现了大量的特高含硫气藏，比如法国的拉克气田（含硫量 15.6%）、俄罗斯的阿斯科拉罕凝析气田（含硫量 16.03% ~ 28.3%）、美国的布拉迪气田（含硫量 1.17% ~ 30.11%）。天然气中含有的 H_2S、CO_2 等酸性气体不仅可能严重危及人、畜安全，而且由于 H_2S 气体的电化学腐蚀、氢脆和氢鼓泡及硫化物应力腐蚀破裂作用，会严重腐蚀气井的设备和管线，随时威胁气井的生产，从而给采气工程作业及配套装备提出了苛刻的要求。

（四）天然气的危险

天然气是一种易燃、易爆性气体，与空气的混合物在封闭系统中遇到明火，可发生爆炸。研究表明，在常温常压下，天然气的爆炸极限为 5% ~ 15%，随着压力升高，爆炸极限急剧上升，当压力为 $1.5 \times 10^7 Pa$ 时，其爆炸上限高达 58%。另外，由于天然气的高压缩性，在气藏开采过程中，随着压力的降低，天然气的体积可以成百倍的增大，对气井井口装置的密封性和井下工艺作业的防喷、防火、防爆措施要求更为严格。

（五）采气工程决策的高风险性

鉴于碳酸盐岩气藏储层的特殊性、气藏产水的严重性、流体性质的高腐蚀性等显著特点，决定了碳酸盐岩采气工程技术决策的高风险性。

（1）对于碳酸盐岩气藏储层的特殊性，钻井技术和井筒工艺存在极大挑战。

（2）对于水侵气藏，虽然经过多种人工举升工艺措施排出大量地层水，但是，只要气井未能复产，就存在着无效投入的可能性。

（3）对于含酸性气体气田的开采，为了适应日益严格的健康、安全、环保要求，增加了完井采气工艺技术的难度，同时气藏开发建设费用也相应增大。

（4）对于低渗透碳酸盐岩气藏，由于气藏物性差，改造难度极大，不经过酸化压裂等增产工艺措施增加单井产量，则极难达到工业开采价值。因此，严格保护储层、强化改造，对低渗透碳酸盐岩气藏采气工程技术决策带来极大风险。

二、采气工程的主要任务

（1）根据气藏工程总体部署方案的要求，解决好钻井方式、气层保护方法、完井方法、储层改造、套管程序和开采方式等问题，确保把气藏的储量最大限度地控制和动用起来。

（2）从气井投入开采到气藏枯竭的整个阶段，要通过最经济、最有效的方式，在井筒建立合理的采气生产压差，以获得较高的采气速度和气田开采的最高经济采收率，这是采气工程技术的核心。

（3）要以最低的消耗完成产出天然气的采集、运输和气水分离、净化回收，为用户提供气质合格的商品天然气。

三、采气工程的主要工作内容

（1）根据气藏的地质特征和储层特点，编制科学合理的采气工程方案，对气藏实施高效益、高采收率的开发。

（2）研究、发展适合气藏特点的采气工程技术系列，并配套形成生产能力。

（3）对气井进行生产系统分析，优化采气工艺方式，提高气井的采气速度。

（4）推广、应用各种新技术、新装备，解决气田科学高效开发的各种工程技术问题。

（5）制定完善采气工程方面的有关标准、规程、规范，使采气工程施工操作有章可循，实现标准化、规范化作业，确保安全生产。

第二节　钻完井技术

一、钻井技术

碳酸盐岩气藏钻井不同于砂岩气藏钻井，碳酸盐岩气藏钻井主要存在以下难题。

（1）井漏。井漏是碳酸盐岩钻井遇到的普遍现象。一般来说，砂砾岩地层的漏失以孔隙性渗漏与微裂缝漏失为主，而碳酸盐岩地层常见垂直型、大倾角型裂缝漏失和溶洞漏失等，这种漏失一般封堵困难。如采用水平井高效开发，钻遇的裂缝、溶洞概率更大，压力系统不尽相同，井内液柱难以平衡多压力系统地层，往往出现更为复杂的漏失或井涌状况，钻井往往无法正常继续，这是困扰塔中奥陶系碳酸盐岩气藏水平井开发的一道难题。

（2）钻速慢。海相层系地层岩性多样、非均质强、压力高、地层硬，针对不同岩层条件和工艺条件的破岩工具缺乏，导致钻速慢，这些是制约碳酸盐岩气藏勘探开发进程的突出问题。

（3）固井施工难度大，固井质量差。例如龙岗深井、超深井固井作业面临井下地质情况复杂、温度高、温差大、压力高、多压力系统、高含硫、膏盐层等多种难题。有时几种复杂情况要在一次固井作业中解决，给固井作业带来极大挑战。

（4）深井、超深井常用井身结构层次还不能安全应对多岩性、多压力系统的挑战。例如龙岗西部深层长兴组储层埋藏深，压力不确定性强，同一井段内经常面临塌、漏、喷同层的复杂局面，现有井身结构还不能完全抵御地层压力异常变化带来的风险。

针对这些难题，目前比较常见的钻井技术主要有欠平衡钻井技术、控压钻井技术、密闭循环安全钻井技术、空气钻井技术等（欧阳昌，2004；李洪达等，2010；刘会新等，2010；孙超等，2010；韦海涛等，2011）。

（一）欠平衡钻井技术

欠平衡钻井技术是 20 世纪 90 年代在国际上成熟并迅速发展的钻井新技术。在欠平衡钻井过程中，井筒环空中循环介质的井底压力低于地层孔隙压力，允许地层流体部分有控制地进入井筒，并将其循环到地面进行有效处理。

在传统的钻井作业过程中，由于钻井液密度过大，造成井底压力大于地层压力，从而对油气藏造成严重的伤害。通过降低钻井液的密度，比如采用低密度液相钻井液钻井、空气钻井、泡沫钻井等，减小静液柱压力从而起到保护油气藏的作用，这是欠平衡钻井的基本工作原理之一。欠平衡钻井分为气体钻井、雾化钻井、泡沫钻井、充气钻井液钻井、淡水或卤水钻井液钻井、常规钻井液钻井和泥浆帽钻井等。

欠平衡钻井作为一种较为成熟的先进的钻井技术，有着众多明显的优点：降低地层伤害，提高气井产能；减轻工程复杂，提高机械钻速；延长钻头寿命，降低钻井成本；避免井漏；减少压差卡钻；及时发现油气层。然而欠平衡钻井也有着不可忽视的局限性：井内压力波动大、地层出水等造成井壁失稳、井下燃爆、钻井液污染、井控问题。

但是，任何一种钻井技术都不能解决所有的问题，一口井成功与否的关键在于根据气藏特性，选择与之相适应的钻井方式。选择欠平衡钻井，需要考虑的因素包括：储层伤害的类型、欠平衡技术对伤害减少的程度、井壁稳定性、岩石可钻性、卡钻的可能性、钻速的高低、是否漏失及存在酸性气体，同时要运用井筒水力学模型及经济评价模型，确定容许流入井筒的储层流体的量，确保欠平衡状态的同时可以满足井眼清洁及井下发电机的要求。适合实施欠平衡钻井的地层有：开发后期的压力枯竭储层、低钻速硬地层、漏失层、对地层损害敏感性地层、侧钻和修井地层、高渗透或高孔隙度地层、裂缝和溶洞型地层。不适合实施欠平衡钻井的地层：高渗透率、高孔隙度地层；对储层特点不清楚的地层；未固结地层、塑性地层、盐层、膨胀型页岩层、含 H_2S 地层。

欠平衡钻井按工艺方法可分为两种类型：自然欠平衡钻井和人工诱导的欠平衡钻井。自然欠平衡钻井是指以普通钻井液为循环介质的欠平衡钻井；人工诱导的欠平衡钻井是指由于地层压力太低，必须采用特殊的钻井液和工艺才能建立欠平衡的钻井。人工诱导的欠平衡钻井有以下六种系列：气体钻井、雾化钻井、泡沫钻井液钻井、充气钻井液钻井、液体欠平衡钻井和泥浆帽钻井。应用欠平衡钻井技术的关键是欠压值的确定，目前有两种方法来确定欠平衡钻井钻井液密度：根据环空压力进行计算和欠平衡钻井液密度窗口设计。

目前，随着钻井技术水平的提高和应用范围的拓展，欠平衡钻井工艺和水平井钻井技术得到迅速发展。水平井钻井技术可以使井眼与油藏有更充分的接触，提高单井产量，欠平衡钻井技术能够有效地发现和保护油气层。这两项技术相结合更有利于发现和开发油气资源，已经成为当今钻井行业研究的热点。

（二）控压钻井技术

国际钻井承包商协会（IADC）对控压钻井技术做了以下定义：控压钻井技术是一项改进的钻井程序，可以精确地控制整个井眼的环空压力剖面，其目的在于确定井底压力窗口，从而控制环空液面剖面。控压钻井技术主要特点及核心目标包括：

（1）将工具与工艺相结合，通过预先控制环控压力剖面，可以减少窄安全密度窗口钻井相关的风险和投资；

（2）可以对回压、流体密度、流体流变性、环空液面、循环摩擦力和井眼几何尺寸进行综合分析并加以控制；

（3）可以快速应对，处理观察到的压力变化，能够动态控制环空压力，更经济地完成其他技术不可能完成的钻井作业；

（4）可用于避免地层流体侵入，操作发生的任何流动都是安全的。

控压钻井起源于欠平衡钻井，两者有类似之处，许多欠平衡钻井设备同样适用于控压钻井作业，且控压钻井发展初期主要依靠欠平衡钻井理论和设备，但是这两种工艺从压力控制目标、实现目标的装备配套等方面均有一定区别。

（1）对井底压力控制的区别。控压钻井属于过平衡钻井，通过精确控制钻进、起下钻作业过程中的环空压力剖面，保持井底压力大于或等于地层的孔隙压力。而欠平衡钻井过程中井底压力小于地层的孔隙压力，允许地层流体进入井筒，有效控制循环至地面处理，实施"边喷边钻"，而控压钻井过程中地层没有流体产出。

（2）施工目的的不同。欠平衡钻井主要解决储层伤害问题，提高机械钻速。控压钻井主要是为了解决窄安全密度窗口带来的井漏、井塌、卡钻、井涌等复杂井下问题。因为作业时采用闭式压力控制系统，更适合于控制井涌、井漏，通过动态压力控制或自动节流控制，可以快速控制地层流体侵入井内，安全性高。

（3）装备配套的区别。大多数情况下，欠平衡设备可用于控压钻井，而为控压钻井所设计的分离设备的处理能力较小，但其他配套设备更加复杂。欠平衡钻井中所采用的辅助流动管线、储备罐及地质取样设备在控压钻井中不需要。控压钻井的目标是对井筒压力进行精确控制，以保持钻井作业各个状态井底压力的恒定。实现控压钻井目标，除欠平衡钻井所需要的旋转防喷器之外，还需要一些关键装备的配套才能实现：井底压力随钻测量系统、地面自动节流控制系统、柱塞泵压力补偿系统、地面数据采集以及数据处理、软件支持与信号指令系统等。

（4）地质工程效果方面的区别。欠平衡钻井能够获得地层地质特征参数与综合地质分析，而控压钻井是将地层流体压制在地层中，因此对产层的识别及岩石物性不能直接进行评估，但可以通过随钻测井仪进行储层评估。

目前中国石油钻井工程技术研究院牵头研发的深层碳酸盐岩水平井精细控压钻井技术，填补了国内空白。该项技术以井下动态环空压力变化特征随钻识别求取地层压力窗口，并将井底环空压力波动动态控制在压力窗口内，使井眼处于"不漏不涌"的安全钻井状态下，解决了碳酸盐岩储层裂缝溶洞发育钻井液漏失无法正常钻井的难题。同时，提出了碳酸盐岩储层涌漏早期识别方法，制定了地层压力窗口随钻求取流程，自主研发了井底压力动态控制的精细控压装备，运用"贴头皮"井眼轨道控制模式。精细控压钻井技术在中古105H井6285.29 ~ 6829.28m 井段（水平段496.28m）现场应用，取得明显的效果：

（1）控压精度达到了钻进 ±0.2MPa，起下钻、接单根 ±0.5MPa 的国际先进技术水平；

（2）设备运转可靠，实现了井底压力实时监测和完全自动调节，真正达到井底压力精细控制；

（3）初步实现设备国产化，人员本土化，作业日费降低 50%。

控压钻井技术为压力敏感性碳酸盐岩气藏的勘探开发提供了新的手段。但是，控压钻井技术也具有一定的局限性。首先其应对大裂缝和大溶洞发育地层的能力有限，因为地层流体流动规律不符合达西渗流理论，不存在漏喷平衡点，钻遇大裂缝和大溶洞发育的地层应进行堵漏，并使用常规钻井手段；其次采用气体压力控制钻进时，对常规定向井仪器信号传输有一定影响。

（三）密闭循环安全钻井技术

密闭循环安全钻井技术以双壁钻杆为基础，钻井液从双壁杆环空泵入井内，并从内部钻杆返回，从而实现了钻井液的闭环循环，适用于控制压力钻井、大位移钻井、深水钻井。

与常规钻井技术相比，密闭循环安全钻井技术具有十分明显的优势，主要包括：

（1）实现了井底隔离，提高了钻井的安全性；

（2）采用了双钻杆系统和滑动活塞系统，能更精确地控制井底压力；

（3）通过适当降低钻井液密度提高钻速、合理控制钻压提高钻速、清洁井眼提高钻速和同时进行多项作业等方法提高钻井效率；

（4）可有效降低钻井液成本，采用滑动活塞封隔井底，减少了钻井液的用量；

（5）通过滑动活塞的液压系统对钻头施加钻压，可方便、有效地控制钻压；

（6）RDM 可较方便地使用尾管钻井；

（7）钻杆接头采用了无压接头技术。

（四）空气钻井技术

空气钻井是一种特殊的欠平衡钻井技术，它是将压缩空气作为循环介质携带岩屑，又作为破碎岩石的能量。相对于常规钻井技术，空气钻井技术具有以下四个显著的优点：（1）显著提高机械钻速，缩短钻井周期；（2）井底清洗及冷却条件好，延长了钻头使用寿命；（3）使用空气锤钻头钻压小，转速低，扭矩小，防斜效果好；（4）可有效避免井漏等井下复杂情况的发生，有利于保护环境。

空气钻井也有其自身的缺点：（1）空气钻井是欠平衡钻井，因而当遇到地层出水、油气侵显示时，便不能平衡地层压力，要立即转换成钻井液钻井方式。因此，即使在空气钻井时也要配置好压井钻井液，随时准备转换钻井方式。（2）空气钻井每天耗油量 8 ～ 10t，钻井费用高。

目前，空气钻井主要包括纯气体钻井、雾化钻井、泡沫钻井和充气钻井液钻井四种纯气体钻井。

1. 纯气体钻井

目前普遍应用的有两种，一是纯空气钻井，二是纯惰性气体钻井。（1）纯空气钻井，主要应用在提高非储层段的机械钻速和对付非储层段井漏上，钻遇油气层时井下着火和爆炸的可能性极大，要求钻井的井段没有水层或地层出水较小。（2）纯惰性气体钻井。包括氮气钻井等，应用在油气层段的钻进，目的是为了避免储层伤害，可及时、无遗漏的发现和评价油气层，提高单井油气产量和采收率。

2. 雾化钻井

可进行空气/雾化钻井和惰性气田/雾化钻井。同时通过注入管线向井内注入气体和发泡胶液，利用高速气流将注入的液体雾化，目的是地层出水较小时提高流体的携岩能力，满足井底携砂要求，其注入的气量和压力都比纯气体钻井要大。

3. 泡沫钻井

有稳定泡沫和硬胶泡沫两种，泡沫钻井一般都采用空气作为气基。同时通过注入管线向井内注入较小排量的空气和较大排量的发泡胶液，形成细小稳定的泡沫。其优点是需要气体排量小、密度低、漏失量小、可防止井下爆炸、对油气层伤害小、提高机械钻速、携岩能力强（为常规钻井液的 10 倍）；缺点是泡沫回收难度大，回收率低，发泡材料昂贵，成本较高。

4. 充气钻井液钻井

将空气或是惰性气体和钻井液同时注入井内来降低流体液柱压力，以钻井液为连续相的钻井循环流体。

空气钻井技术在以往的实际应用过程中，产生过一系列的问题，并且主要存在以下技术难点：井斜控制、地层出水、岩石硬度大、地层坍塌、正确选择空压机等设备、岩屑录井、防止井下爆炸、防止排出管线堵塞以及有毒气体泄漏九个方面内容。

空气钻井技术在碳酸盐岩气藏的安全、高效、低成本钻井方面起到了至关重要的作用。例如龙岗 1 井设计井深 6316m，设计勘探层位为二叠系长兴组，勘探目标是龙岗生物礁地震异常区。针对龙岗 1 井井眼尺寸大、裸眼段长、可钻性差、易发生断钻具事故等难点。在 ϕ 311.2 井眼段采用空气锤、牙轮钻头交替钻进，ϕ 215.9 井眼采用氮气钻进，并从井深结构、钻井参数等方面进行优化，达到充分利用气体钻井技术手段大幅度提高本井上部大尺寸井段机械钻速、大大缩短钻井周期、节约钻井成本的目的。

二、完井技术

气井完井工程是指从钻开生产层和探井目的层开始，直到气井投入生产为止的全过程，它既是钻井工程的最终工序，又是采气工程的开始，对钻井工程和采气工程起着承前启后的重要作用。为了满足有效开发各种不同性质气层的需要，目前已有各种类型的气井完井方法。气井完井方法的选择取决于气层的地质情况、钻井技术水平和采气工艺技术的需要。气井完井方法选择是否得当，完井质量是否良好，都制约和影响着气井的整个生产过程，甚至气井的寿命。

（一）选择气井完井方法应考虑的因素

从采气的角度出发，一口井最理想的完井方法应该满足气层和井底之间具有最大的渗透面积，使气流的渗流阻力和气层所受的伤害最小；能有效地分隔油、气、水层，防止气井出水和各产层间的相互干扰；能有效地控制气层出砂，防止井壁坍塌，确保气井修井成本低，能长期稳定生产；具备进行人工举升、压裂酸化等增产措施以及便于修井的条件。具体来说，选择气井完井方法时应主要考虑以下因素。

（1）产层的结构。对碳酸盐岩地层来讲应注意产层的坚韧程度、产层倾角、夹层中泥土或页岩的情况、产层裂缝、节理的发育情况，判断气井在生产过程中是否会发生坍塌、掉块，页岩或黏土膨胀等问题。

（2）应该观察地区气井或邻井的产层压力、井口压力、天然气中 H_2S 和 CO_2 的含量是否对气井井下套管和油管柱有氢脆和严重电化学腐蚀的可能性。对于酸性气体，应采用带封隔器的一次性管柱，以保证油管环形空间能充填防腐液。

（3）邻井或气田上的气井中后期产水的可能性，气井生产后期进行排水产气和修井的可能性。

（4）气田的生产井和邻井的气井完成后，投产和增产措施的施工压力，与生产套管允许应力的关系。

（5）气田已有气井的产气量水平，用以确定气井完成时的油套管尺寸。

（6）有多个产气层的气井在生产时是否要求分层开采。

（7）钻井工程是否采用了如大斜度井、水平井等新工艺。

（二）完井方法

目前国内外常用的完井方法很多，从中国特别是四川气田的地质和采气工艺的特点出发，最常用的气井完井方法有裸眼完井、衬管完井、套管射孔完井和尾管射孔完井四种方法（冈秦林等，1995）。

1. 裸眼完井

裸眼完井是指气井产层井段不下任何管柱，使产层处于充分裸露的完井方法。裸眼完井可分为先期裸眼完井和后期裸眼完井。这种完井方法的优点是完井投产后，不易漏掉产层，气井完善系数高，完井周期短，费用少，但是这种完井方法适应程度极低，易发生井下坍塌、堵塞，甚至埋掉部分产层，增产措施效率低，大段酸化效果差。气井中后期的排水采气由于修井工作的困难而难以进行，甚至在气井生产过程中会导致井下出砂等许多困扰，使气井早期衰亡。裸眼完井方法的缺点是：

（1）适用面狭窄，不适用于非均值、弱胶结的产层，不能克服井壁坍塌、产层出砂对气井生产的影响；

（2）不能克服产层间干扰，如油、气、水的相互影响和不同压力体系的相互干扰；

（3）投产后无法实施酸化、压裂等增产措施；

（4）先期裸眼完井法是在打开产层之前封固地层，但此时尚不了解生产层的真实资料，如果再打开产层的阶段出现特殊情况，会给后一步的生产带来波动；

（5）后期裸眼完井没有避免洗井液和水泥浆对产层的伤害和不利影响。

裸眼完井适用的地质条件为：

（1）岩石坚硬、致密，井壁稳定不易垮塌的储层；

（2）单一厚储层，或压力、岩石基本一致的多层储层；

（3）不准备实施分层试油及大型改造措施的储层。

裸眼完井工艺简单、投资少、建井周期短、能充分暴露产层，减少钻井液和固井水泥对产层的伤害，随着开发时间增长，特别是气井产水和气层压力降低后，地层垮塌严重，使气井不能正常生产，不利于增产措施和气、水分采的实施。

2. 衬管完井

裸眼产层的岩石有可能经不起开采时的井底压差，在开采中会有岩石破碎的可能。为使裸眼井能正常生产，可在井底的产层段下一个衬管来支撑产层岩石，这种完井方法称为裸眼衬管完井，也可以称为衬管完井。

衬管完井法的优点：一方面，它既起到裸眼完井的作用，又起到了防止了裸眼完井井壁坍塌的作用，同时在一定程度上起到防砂的作用。另一方面，这种完井方式的工艺简单、操作方便、成本低，因此在一些出砂不严重的中、粗砂粒气层中不乏使用，特别是在水平井中使用较普遍。

衬管完井可弥补和克服裸眼井段垮塌造成的严重后果，但此方法和裸眼完井一样存在井底沉砂，不利于气层改造，此外，衬管变形会给修井作业带来困难。

3. 射孔完井

射孔完井是指钻穿气层直至设计井深，然后下气层套管至气层底部注水泥固井，最后射孔，射孔弹射穿气层套管、水泥环并穿透气层某深度，建立起气流的通道。这种完井方法使裸眼和衬管完井方法的缺陷都得到克服，并适应于有边、底水气层及需要分层开采的多产层气层，是一种较为理想的完井方法。

1）射孔完井方式

射孔完井方式包括套管固井完井方式及尾管固井射孔完井方式。套管固井完井方式有利于避开夹层水、底水，可实施水平段分段射孔、试气、采气和进行选择性增产措施。尾管固井射孔完井有利于提高固井质量和保护气层，最大限度地降低对气层的伤害，保持油气井产能。

2）射孔完井优缺点

（1）优点：射孔完井可以有效分隔层段，避免不同层段之间窜通和干扰；同时可以进行生产控制、生产检测及任何选择性的增产作业。

(2) 缺点：相对于其他完井方式，射孔完井成本相对较高；储层受水泥浆的伤害严重；同时要求较高的射孔操作技术；加长了钻井周期。

3) 射孔完井的适用条件

(1) 有边、底水层、易塌夹层等复杂地质条件，要求实施分层试气的储层；

(2) 要求实施大规模压裂及酸化的低渗透储层；

(3) 碳酸盐裂缝型储层。

气藏后期射孔完井，可有效防止地层垮塌和井底沉砂问题，减少修井作业。满足分层试气、分层改造工艺的实施，有利于进一步认识储层特征，搞清气水关系，并为分层开采提供条件，有利于修井作业和排水采气工艺的实施。缺点是增加产层污染和完井费用，延长建井周期。

4. 筛管完井

将筛管悬挂在技术套管上，依靠悬挂封隔器封隔管外的环形空间，主要用于碳酸盐岩或者是硬质砂岩储层。

1) 筛管完井的优缺点

(1) 优点：筛管完井成本相对较低；储层不受固井水泥浆伤害；可防止井眼坍塌和产层出砂。

(2) 缺点：不能实施层段分隔，因而不可避免层段之间的窜通和干扰；无法实施选择性增产措施。

2) 筛管完井的使用条件

(1) 井壁不稳定，有可能发生坍塌的储层；

(2) 不要求层段分隔的储层；

(3) 天然裂缝型碳酸盐岩储层或硬质砂岩储层。

5. 气井完井工艺新技术

1) 酸性气井的完井技术

国内高酸性气井完井技术研究相对较少，川东高酸性气井井下完井管柱和完井工具采取综合的防腐措施。如采用抗硫材料、加缓蚀剂保护、采用永久封隔器完井、采取措施减少井下积液等方法。国外含 H_2S、CO_2 酸性气体的气井均采用带井下安全阀的永久式封隔器完井管柱。井下防腐采用材质防腐（耐蚀合金钢）以及缓蚀剂防腐（碳钢＋化学剂注入工艺）两种方案，气层套管和完井管柱采用金属螺纹密封。

2) 大产量气井的完井技术

目前，国外对于大产量气井的完井管柱主要遵循以下原则：

(1) 要实现高压气井管柱的有效密封；

(2) 降低气流冲蚀的影响；

(3) 确保管柱安全可靠，满足长期生产需要；

(4) 有利于简化施工程序和气藏保护，节约施工费用，提高单井产能。

3) 智能完井技术

自 20 世纪 80 年代后期出现了第一口智能井以来，目前已有 130 多口智能井。智能完井是通过各系统在不动井下设备的情况下实时连续监测、采集、处理并反馈井下数据，实时优化生产，提高采收率。现代智能完井技术与常规完井技术相比技术优势比较突出，主要表现在：提高最终采收率、实时监测功能、地面遥控功能、便于气藏管理、节约生产成本等。

智能完井技术在北海、墨西哥湾、西非、阿曼、委内瑞拉及印度尼西亚等地区得到了广泛的应用，包括海下油气井、深水井、多分支井、大位移井等。

4）膨胀式筛管完井技术

1990 年初，Royal Dutch Shell 公司就开始了膨胀式筛管完井可行性研究。膨胀式防砂筛管（ESS）已经显示出强大的生命力，正在逐渐取代应用广泛的裸眼完井和砾石充填完井。

2002 年 9 月第一次成功将可膨胀管技术应用于单一直径井试验，2002 年 6 月 Wearherford 已经对 340 口井进行了 ESS 系统的安装，膨胀总量达到 65000m。C. Jones 等人对已应用的 340 口井进行了统计分析，分析结果表明应用 ESS 技术的井比应用其他技术的井表皮系数小而产能高得多，并且 ESS 保持低表皮系数的时间更长。

壳牌公司认为可膨胀式筛管完井工具有以下几项优势：

（1）与非膨胀式衬管或者是筛管相比具有较大的内径，这样在生产段高液体流速下可降低压降；

（2）膨胀后的筛管可作为裸眼的直接支撑，使地层坍塌造成的防砂筛管堵塞尽可能少；

（3）带有射孔固体基管的筛管具有较高的抗破坏坍塌值；

（4）膨胀筛管可减少堵塞，并减少对筛管未堵部分的冲蚀破坏，可提高筛管防砂效果，延长筛管防砂寿命；

（5）在适宜的储层和地层条件下，可膨胀筛管不需要充填砾石。

第三节　储层改造技术

对于碳酸盐岩气藏来说，气井产量低的主要原因包括近井地带储层受到伤害，导致渗透率严重下降、气层渗透性差、地层压力低、气层剩余能量不足等。碳酸盐岩储层改造主要是通过提高或恢复地层渗透率、保持压力增加地层能量以及降低井底回压等手段实现的。整体来说，目前对于碳酸盐岩气藏储层改造技术主要包括：加砂压裂技术、基质酸处理技术、酸化压裂和裂缝诊断与监测技术。

一、加砂压裂技术

加砂压裂是利用地面高压泵组，以超过地层吸收能力的排量将高黏液体（压裂液）泵入井内，而在井底憋起高压，当该压力克服井壁附近地应力达到岩石抗张强度后，就在井底产生裂缝。然后将带有支撑剂的携砂液注入压裂液，裂缝继续延伸并在裂缝中充填支撑剂。停泵后，由于支撑剂对裂缝的支撑作用，可在地层中形成足够长、有一定导流能力的填砂裂缝。

（一）碳酸盐岩加砂压裂的难点

1. 非均质性强、天然裂缝发育、压裂液漏失量大

碳酸盐岩气藏储层储集空间复杂，主要由原生孔和裂缝组合、纯裂缝储层、溶孔与裂缝组合形成。水平层理、斜交缝异常发育，压裂液使得天然裂缝可能张开，使得压裂液滤

失量大，滤失系数有两个特点：（1）滤失系数是动态变化的；（2）滤失系数比均质介质大很多，通常是数量级增加，这也是碳酸盐岩储层压裂砂堵率高的重要原因。此外，储层中溶洞的存在同样会造成泵注中液体滤失的突变，以致液体造缝效率大大降低，造成砂堵。

2. 压裂难度大，施工压力高

碳酸盐岩的杨氏模量、抗张强度、断裂韧性等均比沉积岩要高，如长庆下古生界碳酸盐岩储层的杨氏模量一般在（4 ~ 5）×10⁴MPa，是砂岩储层的两倍，造成压裂裂缝在破裂、扩张、延伸过程中的压力均较高；钻进过程中，钻井液漏失严重，堵塞了井筒附近储层的渗流通道，地层吸液困难；此外，储层埋藏较深，压裂沿程摩阻高，个别井甚至在现有压裂设备条件下无法压开裂缝。

3. 基质孔低渗、可动流体饱和度低

碳酸盐岩基质渗透率一般小于 1mD，有效孔隙度小于 10%，可动流体饱和度低，反映出气藏基质向裂缝供气能力较差，压裂后初期产量较高，但有效期短。这就要求尽可能造长缝，尽量沟通更多的天然缝洞系统。

4. 缝高控制难

碳酸盐岩不像沉积岩呈层状分布，以及各种纵横交错、极为发育的天然缝洞系统，加上产层与隔层的有效应力差小，缝高的有效控制难度极大。

5. 施工压力对砂浓度敏感

碳酸盐岩储层压裂裂缝的扩展复杂，裂缝可以延伸到目的层以外、形成倾斜的多裂缝、裂缝重新定向、近井裂缝转向或偏移等。长庆碳酸盐岩加砂压裂试验时发现碳酸盐岩形成的人工裂缝为"T"形缝和"X"形缝，以细缝、网缝和浅缝为主。碳酸盐岩加砂压裂时，近井地带人工裂缝异常复杂，多裂缝竞相延伸，降低裂缝有效宽度，使地层吃砂困难，平均砂比在 30% 以下。

6. 深井高温，对设备要求严格

长庆靖边碳酸盐岩气藏储层埋深 3150 ~ 3765m 以上，平均地层温度 105.1℃以上；中国石化塔河油田奥陶系碳酸盐岩储层埋深 5400 ~ 6600m，平均地层温度在 150℃以上。这对压裂液的降摩阻、耐高温、耐剪切性能、携砂能力、压裂管柱和设备等提出了更高的要求。

（二）碳酸盐岩加砂压裂采用的针对性措施

1. 加强储层预测技术研究

碳酸盐岩储层非均质性严重，储集空间裂缝、溶洞发育，压裂液漏失严重、漏失量难以估计。这也是容易造成碳酸盐岩加砂压裂砂堵率高的原因之一。建议利用测井振幅变化率、相干体、Jason 反演等地球物理资料，结合钻进、完井和邻井的钻井、录井、测井、生产动态资料进行对比分析，判断储集体在横向上的分布发育情况。选择缝洞型储层进行加砂压裂，裂缝型储层加砂压裂效果不明显。

2. 降低多裂缝影响，降低压裂漏失

碳酸盐岩储层裂缝、孔洞发育，以及射孔方位等影响因素，压裂过程中在井筒附近易形成复杂得多裂缝系统。多条裂缝相互交叉延伸，降低了有效缝宽，增加了裂缝加砂难度，使得净压力升高，施工压力高、难度大。在压裂之前建议采用相应的小型测试压裂，对各种摩阻、近井地的多裂缝效应和压裂液的综合漏失、渗透性有充分的了解，为判

断多裂缝存在的可能性、降低裂缝延伸压力、指导方案设计、加大施工规模、提高改造效果创造条件。另外，要加强地应力方位预测研究，确定最佳射孔范围，降低多裂缝发生的概率。

3. 降低破裂压力

碳酸盐岩储层天然缝洞系统比较发育，钻进过程中钻井液漏失严重，在井筒附近形成堵塞带，降低了储层的吸液能力。目前，人们采用酸化技术预处理方法改变岩石的力学性质达到降低地层破裂压力的目的。该技术在川中和塔里木盆地碳酸盐岩储层的加砂压裂过程中得到了成功应用。

4. 控制高缝，形成长人工裂缝

碳酸盐岩储层与沉积岩储层不同，储层在纵向上的隔层有效应力差，裂缝在纵向上延伸较远，加上压裂液漏失严重，导致了有效缝长较短，沟通裂缝程度不够，影响压裂效果。因此，需要采取以下三种措施控制缝高。第一，可以采用压前预处理措施控制缝高；第二，可以采用变排量施工控制缝高；第三，转向剂控制缝高。通过向前置液中加入上浮或者是沉降材料能够改变流压在垂向上的分布。

5. 压裂液是改造成功的关键

碳酸盐岩压裂时的深井高温条件对压裂液的耐温和剪切性能也相应地提出了更高的要求。(1) 压裂液耐温性能的改进与完善，如研制或筛选抗温能力好的温度稳定剂等，提高压裂液的剪切性，降低压裂液的漏失，进一步增加压裂液的携砂性能；(2) 为了从根本上解决碳酸盐岩储层加砂压裂困难的问题，需研制新型的酸性交联液体系，即可携带砂粒进入储层，又可对裂缝壁面进行酸蚀，扩大裂缝宽度，降低裂缝壁面对交联酸液的剪切作用，降低施工压力，提高施工规模；(3) 根据储层低基质孔隙型特征，降低入井流体对储层的伤害。防止黏土矿物的膨胀，因为黏度膨胀时，在裂缝内部会产生一个与净压力作用方向相反的力，降低了净压力。

6. 优化压裂工艺

碳酸盐岩加砂压裂时，考虑到地层基质孔隙度小、物性差、对裂缝导流要求不高，压裂设计的原则是造长缝以增加沟通远井缝洞概率和扩大渗滤面积。施工过程中应该适当增加前置液规模，在裂缝高度控制的情况下，增加前置液排量，形成较宽的动态裂缝。考虑到碳酸盐岩储层杨氏模量高，裂缝宽度窄，加砂难，支撑剂特选 40～50 目或 30～50 目小粒径支撑剂，采用低密度高强度小粒径支撑剂可在一定程度上减小各种摩阻，降低施工压力及缝内桥堵的概率。这种粒径的陶粒沉积速率相对较慢，有利于支撑剂在缝内的流动、铺置。泵注程序中采用以限压力不限排量、前置液中支撑剂加段塞，不追求高砂比，砂液比以低起点、小增量、多段、控制最高砂液比为原则。线性台阶以 2.5%～4% 的速度递增，后期砂比台阶递增速度可适量增加到 5%，设计平均砂比 10%～20%，最高砂比 30%。

(三) 加砂压裂应用实例

塔里木油田在塔中和轮南地区先后开展加砂压裂施工 19 井次，塔河油田进行了 3 井次现场式样。平均单井挤入地层液量 440m³，平均单井加砂量 35.4m³，平均加砂浓度 327kg/cm³。塔里木碳酸盐岩加砂压裂总体的施工有效率达到 77.3%。

塔里木油田塔中 622 井奥陶系（4193.52 ~ 4925m）层段先后三次开展小型酸压、大型酸压及加砂压裂工艺对比评价试验，从不同工艺的实施、效果及稳产效果对比评价分析各种工艺措施的有效性。各种工艺措施效果如表 6-1 所示。

表 6-1 塔中 622 井三种工艺措施施工效果对比分析表

措施类型	规模	油嘴（mm）	测试油压（MPa）	日产油量（t）	日产气量（m³）
措施前	—	6	8.852	—	28936
小型酸化	102m³	5	12.463	8.26	44270
酸压后	560m³	5	10 ~ 14	19.3	19906 ~ 51485
加砂后	47m³ 81.5t	6	9.7 ~ 10.1	29.136	40536 ~ 42597

从稳产角度上分析，塔中 622 井在实施小型酸压和大型酸压措施后，都出现明显和快速的产量衰减，为该井进行多次作业提供了条件。通过逐次加大施工规模或改变储层改造工艺技术，在开展加砂压裂措施后该井获得了相对稳产。

通过塔中 622 井加砂压裂分析，取得如下认识。

（1）通过塔中 622 井三次不同工艺的实施，仅从该井施工效果评价初步结论，对于类似塔中 622 井特定的孔隙型碳酸盐岩储层改造，加砂压裂工艺优于酸化压裂工艺。

（2）通过施工分析，碳酸盐岩储层加砂压裂改造，其人工裂缝的形态极为复杂，不仅对支撑剂粒径大小的敏感度较高，对支撑剂浓度的敏感度也较高。

（3）支撑剂的选择一般采用 40 ~ 60 目或 30 ~ 50 目陶粒，有的井采用 40 ~ 60 目和 20 ~ 40 目两种陶粒施工，且采用小陶粒在前，大陶粒尾追在后，在两种陶粒切换时在裂缝中将存在一段大小陶粒的混合段，其导流能力将受到影响，再加上反排是支撑剂在裂缝中的回流作用，混合段可能加大。

（4）从塔中几口井加砂压裂施工砂浓度的对比看，只有塔中 621 井的最高砂浓度达到了 720kg/m³ 以上，其余各井的最高砂浓度都不高，且各井的平均砂浓度也较低，基本都在 350kg/m³ 左右。

二、基质酸处理技术

基质酸处理（Matrix Acidizing）是指用酸做工作液的施工井底压力低于储层的破裂压力，酸液沿孔隙进入气层并与孔壁岩石反应，溶解部分岩石，使孔径扩大，并解除孔隙中的堵塞物，从而提高近井地带的渗透能力。实际上，碳酸盐岩气层大多存在天然裂缝，特别是白云化作用比较强的储层，在地应力作用下，虽然这些裂缝大多呈"闭合"状态，但都会存在着程度不同的流动通道。酸液进入井底以后，当然优选这些阻力较小的通道进入储层。与"蚯孔"酸液穿入并溶蚀的孔隙渗入不同，裂缝穿透有更强的随机方向性，穿透距离也将比"蚯孔"中长得多（伊向芝等，2010；龚蔚等，2010）。

（一）基质酸化增产原理

1. 被伤害气井解除堵塞后的增产

当气井被伤害后，气产量随伤害程度和范围下降，可表达为：

$$\frac{J_s}{J_o} = \frac{F_k \log \frac{r_s}{r_w}}{\log \frac{r_s}{r_w} + F_k \log \frac{r_s}{r_w}} \tag{6-1}$$

$$F_k = \frac{K_s}{K_o} \tag{6-2}$$

式中　J_s/J_o——采气指数下降率，无量纲；

F_k——伤害程度，无量纲；

K_s——伤害区渗透率，D；

K_o——储层渗透率，D；

r_s——伤害半径，cm；

r_w——井眼半径，cm；

r_e——泄流半径，cm。

2. 无伤害气井的增产

气井生产时大部分压力损失都发生在井筒附近，即使气井未受到伤害，通过基质酸化可以大幅度增加井筒附近地层的渗透能力，也可以使气井获得较大增产。实际上，由于碳酸盐岩储层中大多存在天然裂缝，在地层闭合应力的作用下，这些裂缝都很微小，但是其渗透性能都比地层基质高出好几个数量级，这些微小的裂缝都极易被钻井和完井中的各种侵入微粒堵塞，使渗透能力大打折扣，当酸液的溶蚀作用使这些微粒的堵塞解除后，气井的增产效果会很好。

（二）酸岩反应速率的影响因素

酸与岩石反应过程进行的快慢，可用酸与岩石的反应速率来表示。单位时间内酸浓度的降低值或单位时间内岩石单位面积的溶蚀量称为酸岩反应速度。影响酸岩反应速度的因素主要包括以下几个方面。

1. 温度

温度变化对酸岩反应速率影响很大，温度越高，反应速率越快。在低温条件下，温度变化对反应速率变化的影响相对较小，高温条件下，温度变化对反应速率的影响较大。

2. 面容比

面容比越大，一定体积的酸液与岩石接触的分子就越多，发生反应的机会就越大，反应速度就越快。在小直径孔隙和窄的裂缝中，酸岩反应时间是很短的，这是由于面容比大，酸化时挤入的酸液类似于铺在岩面上，盐酸的反应速率接近于表面反应速率，酸岩反应速率很快。在较宽的裂缝和较大的孔隙储层中面容比小，酸岩反应时间较长。

因此，形成的裂缝越宽，裂缝的面容比越小，酸岩反应速率相对越慢，活性酸深入储层的距离越远，酸压处理的效果就越显著。在裸眼井段的酸洗也属于面容比小，反应速率慢的情况，因此酸洗要关井一段时间，让其充分反应。

3. 酸液浓度

盐酸浓度在20%以下时，反应速率随浓度的增加而加快，当盐酸的浓度超过20%，这种趋势变慢。当盐酸浓度达到22%～24%时，酸岩反应速率达到最大值，当浓度超过这个数值时，随浓度增加，反应速率反而下降。

新鲜酸液的反应速率最高，余酸的反应速率较低。浓度的初始反应速率虽然很快，但是当其变为余酸时，其反应速度比同浓度的鲜酸的反应速率慢得多。

4. 酸液流速

酸岩反应速率随着酸液流速增大而加快。在酸压中随着酸液流速的增加，酸岩反应速率增加的倍数小于酸液流速增加的倍数，酸液来不及完全反应，就已经进入储层深处，因此，提高注酸排量可以增加活性酸深入储层的距离。

5. 酸液类型

酸岩反应速率与酸液内部 H^+ 浓度成正比。采用强酸时反应速率快，采用弱酸时反应速率慢。

6. 储层岩石

石灰岩同盐酸的反应速率比白云岩同盐酸的反应速率快；在碳酸盐岩中泥质含量较高时，反应速率相对较慢；Mg—O 键的作用力大，破坏 Mg—O 键比破坏 Ca—O 键所需能量大。

因此，减缓酸岩反应速率主要靠以下几种途径：造宽裂缝降低面容比、采用高浓度盐酸酸化、采用弱酸处理、采用井底降温、提高注酸排量等。

三、酸化压裂技术

控制酸化压裂效果的主要参数是酸蚀裂缝导流能力和酸蚀缝长。为了获得好的酸压效果，提高裂缝导流能力和酸蚀缝长应从降低酸压过程中酸液滤失、降低酸岩反应速度、提高酸蚀裂缝的导流能力等几个方面考虑。

酸压过程中酸液的滤失问题通常考虑从滤失添加剂和工艺两方面着手；降低酸岩反应速度也可以通过缓速剂的使用及工艺上来完成。加入缓速剂，使用凝胶酸、乳化酸、泡沫酸和有机酸并结合有效的酸化工艺可起到较好的缓速效果；提高裂缝导流能力可从选择酸液类型和酸化工艺着手，其原则是有效酸蚀和非均匀刻蚀。

压裂酸化工艺分为普通酸化压裂和深度酸化压裂及特殊酸化压裂工艺。

（一）普通酸化压裂工艺

普通酸化压裂工艺是指以常规酸液直接压开储层的酸化压裂工艺。酸液既是压开储层裂缝的流体，又是与储层反应的流体，由于酸液滤失控制差，反应速度较快，有效作用距离短，只能对近井地带裂缝系统进行改造。一般在储层伤害比较严重、堵塞范围较大，而基质酸化工艺不能实现解堵目标时选用该工艺。

（二）深度酸化压裂工艺

以获得较长的酸蚀裂缝为目的的酸化压裂工艺称为深度酸化压裂工艺。主要包括前置液酸化压裂工艺、缓速酸类酸化压裂工艺以及多级交替注入酸化压裂工艺。

1. 前置液酸压工艺

前置液酸压工艺是先向储层注入高黏非反应性前置压裂液，压开储层形成裂缝，然后注入酸液对裂缝形成溶蚀，从而获得较高的导流能力，使气井增产。

前置液酸化压裂工艺的主要目的是：压裂改造、降低裂缝表面温度、降低裂缝壁面滤失、减缓酸岩反应速度、增加酸液的有效作用距离。前置液的表观黏度比酸液高几十倍到几百倍，当酸液进入充满高黏前置液的裂缝时，由于两种液体的黏度差异，黏度很小的酸液在前置液中形成指进现象，减小了酸液与裂缝壁面的接触面积，增强酸液非均匀刻蚀裂缝的条件。

前置液酸化压裂工艺可以采用多种酸液类型搭配，除了前置液与常规盐酸搭配使用外，前置液还可以与胶凝酸、乳化酸或泡沫酸进行搭配应用。这些搭配有各自的特点和应用范围，现场应用中可根据储层和井的情况进行选择。通常使用的是惰性前置液（多为植物胶水基压裂液）和普通酸液（浓度 15% ~ 28% 的盐酸体系）。

如 GF-8 井 C_2 层白云岩地层，储层有效厚度 5.08m，平均孔隙度 3.4%，渗透率 0.841mD，地层温度 113℃，气层压力 58.715MPa，储层中部井深：5180m，设计施工参数为：施工泵压 86MPa；泵注排量 1.5 ~ 2m³/min；前置液量：80m³；降阻酸液：120m³；后顶替液：38m³；液氮：7m³；施工基本按照设计执行，施工后测试产气量从 0.9×10^4 m³/d 增加到 2.8×10^4 m³/d。

2. 缓速酸类酸化压裂工艺

缓速酸类酸化压裂技术在工艺特点上与普通酸化压裂技术相同，不同之处就是其采用的酸液是胶凝酸、乳化酸、化学缓速酸或泡沫酸等缓速酸，通过缓速酸的缓速性能达到酸液深穿透的目的。

在酸液中加入一定比例的凝胶剂，可大大提高酸液黏度，减少滤失，减缓流动酸液与地层岩石的反应速度，提高酸液的有效穿透距离。成功的凝胶酸压裂可使有效裂缝长度达到 100m 以上。如 MX-111 井凝胶酸压裂施工，施工层位：T_{r1}^1；施工井段：2635.6 ~ 2656m；有效厚度：16.2m；平均渗透率：0.082mD；气层压力：32.38MPa；地层温度：81.2℃。射孔后经小型酸化，解堵效果明显，在 P_s=28.06MPa 下日产气 2.12×10^4 m³，但是产能未达到开发设计要求，因此设计实施凝胶酸压裂增产。按设计注入 17.8% 的凝胶 58.5m³，地层破裂压力 64MPa，施工前后产能指数比为 J_s/J_o=1.8。

在酸液中加入一定量的泡沫剂后，在高压下用机械和水搅拌的方法，使 N_2 或 CO_2 与酸液混合，形成酸膜包气的两相泡沫体系，这种体系除可大幅度提高黏度外，还可因滤失低而大大减缓酸液与岩石的反应速度。泡沫酸应用实例：DX-16 井泡沫酸压施工，该井基本情况为：储层有效厚度 39m，经两次酸化后投产，一直以沟隙方式生产近 10 年，累计采气 1320×10^4 m³，施工前平均产量 0.6×10^4 m³/d。但该井控制储量大，达 4.54×10^8 m³，开采多年气层压力下降很少（从 13.615MPa 下降到 13.11MPa），尚有潜力，设计应用泡沫酸施工。施工时实际注入 18%，HCl 配成的泡沫数 101.3m³，平均泡沫质量 66.64%，井底泡沫流量范围为 0.9 ~ 1.7m³/min，泵回压力为 21.3MPa，施工后初期产量 1.07×10^4 m³/d，残液排净后产量增加到 2.5×10^4 m³/d，增产倍数达到 3.57，生产一年后累计增产 302×10^4 m³。

3. 多级交替注入酸压工艺

Coulter、Crowe 等人（1976）提出前置液与酸液交替注入的一种酸化压裂工艺，类似前置液酸化压裂工艺，但其降滤失性及对储层的不均匀刻蚀程度优于前置液酸化压裂。20世纪 80 年代中期后开始得到较为广泛的应用，20 世纪 90 年代成为实现深度酸化压裂的主流技术。它适用于滤失系数较大、储层压力小、岩性均一的地层。如果能有好的返排技术，可取得较好的效果。为了获得理想的酸液有效作用距离，有时交替次数多达 8 次。这一工艺在中、低渗孔隙性及裂缝不太发育储层，或滤失性大，重复压裂储层均有较好成效。

美国在棉花谷低渗白云岩储层大型重复酸化压裂中应用了该项技术，油藏模拟表明有效酸蚀裂缝长度达 91 ~ 244m，增产效果显著。国内长庆气田、塔河油田、塔里木轮南油田、普光气田和川东等气田等增产改造中使用该技术取得了显著效果。

（三）特殊酸化压裂工艺

针对某些特殊类型储层或为实现特定要求，提出了具有独特理论及工艺特点的一些特殊酸化压裂工艺，如闭合酸化压裂、平衡酸化压裂及复合酸化压裂工艺。下面主要针对闭合酸化压裂工艺技术进行简单介绍。

闭合酸化压裂的原理是指在注入酸液后降压，让裂缝闭合，在低于开启裂缝的必要压力下将酸液注入到已存在的"闭合"裂缝中，酸液在裂缝面之间产生溶蚀孔洞，这些溶蚀孔洞构成了地层流体流入井眼的通道。酸液在裂缝壁面上进一步刻蚀成较深的沟槽，即使在高的闭合应力条件下，酸蚀裂缝也能保持较高的导流能力。闭合酸化压裂工艺的优点在于酸液基本上处于自由流动的状态而不像常规酸压那样被迫流动，所以绝大多数酸液都流入酸蚀能力高或渗透率高的区域，这有利于提高酸液的利用效率。同时也容易在近井地带形成导流能力特别高的酸蚀裂缝，减少未溶蚀颗粒、有机杂质、黏土等阻塞地层的可能性。为了能够获得较大的酸蚀裂缝长度，又能提高裂缝导流能力，在一些地区的低渗透碳酸盐岩气层的改造中，把闭合酸化压裂工艺同前置液—酸液交替注入工艺相结合，即先压裂地层并交替泵注前置液和酸液，然后再降压使裂缝闭合，进行闭合酸压裂。自 1993 年以来，长庆靖边气田马五 1 气藏中采用这种工艺技术，有效率在 80% 以上。如陕 52 井，射孔后测试产气量为 $5.0192 \times 10^4 m^3/d$，产水量为 $29.9 m^3/d$，采用该工艺改造后，在流压为 27.3MPa 的条件下，测得井口产气量为 $36.368 \times 10^4 m^3/d$，而产水量降为 $12.0 m^3/d$。该工艺的典型做法是：$25 m^3$ 前置液（交联液）$+2 m^3$ 隔离液（基液加 pH 调节剂）$+20 m^3$ 酸液 $+2 m^3$ 隔离液 $+20 m^3$ 前置液 $+2 m^3$ 隔离液 $+20 m^3$ 酸液 $+2 m^3$ 隔离液 $+20 m^3$ 前置液 $+2 m^3$ 隔离液 $+20 m^3$ 酸液—关井待裂缝闭合 $+25 m^3$ 酸（低排量注入）$+$ 顶替液。

（四）胶凝酸在五百梯气田压裂酸化中的应用及效果

五百梯气田是西南油气田分公司 20 世纪 90 年代开发的低渗碳酸盐岩气田，其中 6 口井采用胶凝酸、前置液交替注入压裂酸化工艺实施深部改造后，使气井的天然气产能提高了 $90.45 \times 10^4 m^3/d$，单井平均增产 8.76 倍，增产效果十分明显。

1. 酸液配方筛选

根据五百梯气田储层温度高、埋藏深、非均质性强、低渗连通性差的特点，酸化施工以深部改造为主要目的。为达到施工要求，酸液的配方选择主要考虑以下三个方面的因素。

（1）延长活性酸的寿命，提高酸液的作用深度。通过调整酸液胶凝剂的生产工艺，改善凝胶剂的耐温性能，使其在储层温度下能保持较高的黏度进而降低酸岩反应速率。

（2）良好的缓蚀能力，减少施工过程中酸液对套管的腐蚀，保证施工的顺利进行及井身不受破坏，减少酸液中铁含量，防止伤害储层。

（3）残液的返排能力。施工后使残液快速返排，提高返排率，减少储层中残液的滞留，防止二次沉淀造成伤害。

依据以上原则，经过室内的试验评价确定的胶凝酸的配方为：20%HCl+3.5%CTI-9（凝胶剂）+1%CTI-3（缓蚀剂）+1%CTI-7（铁稳定剂）+1%CT5-9（助排剂）+1%IV-93（转相剂）。

2. 酸化施工情况

五百梯气田进行了 6 口井胶凝酸前置液交替注入酸化施工，其中天东 61、天东 64 井进行了重复酸化，施工采用胶凝酸两级交替注入施工工艺，施工规模：胶凝酸 80 ~ 120m³，前置液 60 ~ 100m³，6 口井的施工基本参数如表 6-2 所示。

3. 残酸返排性能

此次施工的 6 口井由于采用交替注入施工工艺，前置液、酸液相互作用降低了残液的黏度，这无疑为残液的返排创造了良好的条件，各井施工后都能顺利返排。部分井收集的残液返排数据见表 6-3。

表 6-2　五百梯酸压施工基本参数

井号	天东 62	天东 61	天东 64	天东 67	天东 63	天东 69
泵压（MPa）	45.0 ~ 90.5	31.0 ~ 89.1	20.5 ~ 88.3	70.2 ~ 89.0	37.7 ~ 89.0	75.0 ~ 88.0
排量（m³/min）	1.30 ~ 2.50	0.21 ~ 1.95	0.32 ~ 2.40	0.44 ~ 2.64	0.37 ~ 2.40	0.77 ~ 2.68
前置液（m³）	60	59.41	35.92	64	64.1	64
酸液（m³）	82.2	101.8	120.2	109.4	114.4	116.8

表 6-3　残酸检测数据

井号	天东 62	天东 61	天东 64
黏度（mPa·s）	3.0	1.5	7.5
酸浓度（%）	2.4	0.6	1.2

4. 施工效果

通过胶凝酸、前置液交替注入施工，6 口井的天然气产量大幅增加。各井施工前后的产能情况见表 6-4。从施工后测试结果来看，6 口井平均增产倍数为 8.76 倍，其中最小为 4.67 倍，最大为 16.27 倍，可增产天然气测试产能 90.45×10⁴m³/d。

表 6-4　施工效果统计表

井号	天东 62	天东 61	天东 64	天东 67	天东 63	天东 69
施工前产量（10⁴m³/d）	0.91	4.50	2.24	1.04	3.03	3.41
施工后产量（10⁴m³/d）	11.58	21.03	10.94	16.92	21.08	24.03
增产倍数	12.73	4.67	4.88	16.27	6.96	7.05

四、裂缝诊断与监测技术

压裂的最终结果是在地层中形成一条延伸足够远、导流能力足够高的水力裂缝，但裂缝参数目前还没有直接的方法准确测量，因此只能采用一些间接方法的测量结果进行判断和分析。

裂缝诊断是指利用一些与裂缝延伸有关的资料（如地应力、压裂等）的特征分析裂缝延伸状况或利用一些人工的方法进行拟合性计算以判断裂缝的可能结果，而监测则是通过测量某些与水利裂缝延伸直接联系的参数（如自然声波、地面倾角等），判断裂缝发生的位置及坐标，从而获得裂缝几何尺寸。

（一）就地应力测试技术

就地应力是指施工井段及上下相邻层在储层状况下的地应力，其大小及其变化特征是裂缝产生和延伸的依据，也是决定裂缝延伸方向和垂向延伸高度的控制性参数，因此是裂缝诊断、监测的基础数据。测量就地应力的方法有很多，最常用的有以下两种。

1. 定向岩心应力恢复法

这是一种实验测定方法，将施工井段及其邻层段所取得的定向岩心支撑正方体试样，在六面分别粘上应变片后，置入密封的岩心室中，施加压力后分别测量 X、Y 和 Z 轴三个方位的地应力应变变化规律，三方位的应变突变点所对应的应力值即是该方位的就地应力。

2. 微型裂缝测试法

这是一种现场测试法，它利用双封隔器卡住测试井段的上下部分，向地层注入少量液体并使地层破裂，依靠井下开关装置和压力计，测试瞬间停泵压力，这时的瞬时停泵压力就是测试层段的最小主应力。上提或者是下放管柱，重复上述步骤又可测出上下邻层的最小主应力。

（二）测井方法

测井方法主要是利用放射性示踪剂和井温变化曲线来测定井下垂直裂缝的延伸高度，即"缝高"。测定缝高是目前应用较广泛也是相对较成熟的裂缝监测技术。

1. 放射性示踪裂缝监测技术

这项技术发展较早，但因为示踪剂的半衰期太长，甚至基于安全考虑而使其应用受到限制，近年来的研究发展了一些半衰期短、使用安全的液态示踪剂，可以很方便地在尾追井筒附近添加支撑剂时从混砂车溶合罐直接加入，使这项技术的扩大应用有了新的转机。

2. 井温测井技术

利用压裂井井底温度变化来判断裂缝高度，又有"梯度井温"和"微差井温"两种方法。为增加测井信息的可靠程度，一般都采用施工后不同时间段试取多条曲线的方法。根据一口井压裂后不同时间的井温变化情况，从井底温度异常的范围可以判断垂直裂缝的延伸高度。

3. 多臂井径仪测井

这种技术可测出井眼水平面三个方向上的井径变化曲线，这种变化是因应力释放地层变形的结果，显然，井径最大的方向就是最小主应力方向。

（三）测试压裂技术

测试压裂可确定施工层的破裂压力、闭合压力、裂缝闭合时间，计算该井层的综合滤失系数和所产生裂缝的几何尺寸，也是一种应用广泛的现场诊断技术。一般来说，测试压裂施工要完成以下三项现场测试试验。

1. 排量分步试验

以自小而大的排量向地层泵注，记录每种排量下的泵注压力并折算成井底施工压力，将其结果标绘在井底压力与施工排量为坐标的曲线上，通过直线交叉点则可找出该层段的破裂压力，这种方法获得的破裂压力值较准确（图6-1）。

2. 泵注 / 排液试验

压裂地层后，以施工排量稳定泵注 10min 后停泵，并以稳定的流量开井排液，记录压力变化曲线，并绘制在以时间和井底压力为坐标的曲线上（图 6-2），即可得出该井层段压裂施工后裂缝闭合应力和闭合时间。

3. 压力降落试验

压裂地层并以稳定排量向地层注入 10min 后停泵关井，记录井口压力变化并将各点压力推算成井底压力，将测得的压力值和对应的时间一一输入计算机进行 Nolte 拟合计算，求得拟合压力 P^*，将 P^* 分别代入不同计算模型，即可计算出该裂缝模型下的综合滤失系数、压裂液效率和所产生裂缝的几何尺寸。

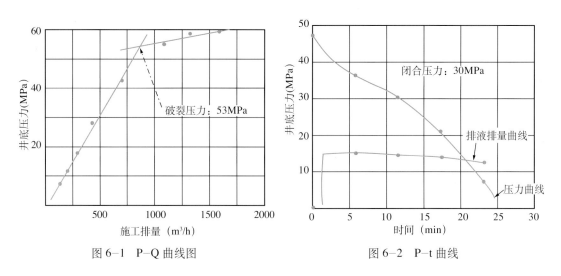

图 6-1 P–Q 曲线图   图 6-2 P–t 曲线

（四）压裂压力拟合分析方法

随着计算机技术广泛应用于压裂领域，安装在仪表车上三维裂缝模拟器可以根据压裂压力的变化实时计算裂缝几何尺寸，从而发展成更为方便快捷的"拟合"计算方法。

这种"拟合"计算方法的理论基础是弹性力学和压裂液流体力学。因为储层岩石性质的非均质特点及裂缝参数变化的多解性，实际应用中会有很多不尽如人意之处，但它毕竟是人们在施工现场判断地下裂缝延伸状况并实时指挥压裂施工的重要方法之一。

第四节　排水采气工艺技术

碳酸盐岩气藏开采初期往往就面临着排水采气的问题，随着开采程度的增加，产水气井将不断增加，严重威胁着气井的稳定生产，使产气量急剧下降，甚至导致气井水淹停产，严重降低气藏的采收率。因此，掌握气井带水生产和排水采气工艺对于提高碳酸盐岩气藏最终采收率是很有必要的。

一、气藏出水的主要因素及其危害性

产水气藏的生产一般可分为四个阶段：无水生产阶段，一般为产能建设期；稳产阶段，产水气藏此阶段时间较短甚至无稳产期；递减阶段，即排水采气阶段，气井一旦见水产量递减较快，常采取多种排水采气工艺缓解气井递减；最后为低压小产阶段。

（一）影响气藏出水的主要因素

实践证明，气井出水早晚主要受以下四个因素影响。

1. 采气速度

过高的采气速度极易导致边底水快速达到井底，使气井无水生产期变短，产量迅速递减，甚至水淹报废。

2. 生产压差

生产压差过大会引起底水锥进或边水舌进。生产压差越大，地层水因锥进或舌进而达到井底的时间越短，引起气井过早出水，甚至造成气井早期突发性水淹。

3. 储层非均质性

储层岩性非均质性越强，井底距气水界面方向渗透性越强或纵向裂缝越发育，底水达到井底的时间越短。

4. 原始气水界面距井底的高度与水体能量

在相同条件下，井底距原始气水界面越近，水体的能量越大、越活跃，则底水达到井底的时间越短。

（二）气藏产水的危害性

（1）地层水沿裂缝窜入，分割气藏，形成了死气区，使最终采收率明显降低。一般纯气区气藏的最终采收率可以达到90%以上，而产水气藏的平均采收率只有40%～60%，也就是说有30%～50%以上的储量因两相流动和水对渗透区的封隔无法采出，这些气必须靠排水采气工艺才能开采出来。

（2）气藏产水后，在毛细管力的作用下，侵入水向主干裂缝两侧支缝网格的孔隙介质中渗吸，降低了主裂缝中补给气流的能力和气的相对渗透率，使气井产量迅速下降，提前进入递减期，降低了气藏的采气速度。例如四川盆地威远震旦系气藏出水前采气速度为3.17%，出水后的影响日益加剧，尽管不断通过增加打开发补充井、修井、降压集输等多种措施，但采气速度还是低于1%。

（3）气藏产水后，由于主要渗流通道和气井自喷管柱内形成气水两相流动，管柱内阻力损失和气藏的能量损失显著增大。从而使气井井筒回压增大，井口压力降低，导致气井自喷带水能力变差后，生产逐渐恶化乃至因严重积液而水淹。

二、排水采气工艺的技术适应条件

排水采气工艺适应的技术特点和适应条件详见表6-5。对给定的一口产水气井，究竟选择何种排水采气方法，需要进行不同排水采气方式技术经济指标论证。排水采气方法对井的开采条件有一定的要求，如果不注意地质、开采及环境因素的敏感性，就会降低排水采气装置的效率，甚至失败。因此，除了井的动态参数外，其他条件如产出流体性质、出砂、结垢，也是考虑的重要因素，而最终考虑因素是经济投入，必须进行综合对比分析，最后确定采用何种排水采气工艺。

表 6-5　六套排水采气工艺技术的特点、适应性及效果

序号	工艺类别		工艺原理	技术特点	适应条件
1	优选管柱排水		通过优选油管管径来提高气流带水能力，排出井底积液	建立和研究了求解气井井筒连续排液合理管柱、天然气偏差系数、多相垂直管流数学模型、软件和诺模图，优化设计和生产方式	$\phi 60.3mm$、SM-80S 油管，安全系数取 1.4 条件下，最大井深不超过 4800m；最大排液量不超过 $100m^3/d$。适用于有一定自喷能力的小产水量气井
2	泡沫排水		从井口加入起泡剂，使井下液体变为轻质泡沫，在气流搅动下带出地面	(1) 非含硫井：8001-8003 配方； (2) 含硫井：84-S 配方； (3) 含凝析油井：8001（b）配方； (4) 产水井快速排液：PB 泡棒； (5) 泡排-酸液解堵：SB 酸棒； (6) 起泡-减堵：JY 滑棒	井深不超过 3500m；井底温度不高于 120℃；产液量不超过 $100m^3/d$。适用于弱自喷及间喷产水井
3	气举排水	连续气举	通过气举阀，从地面将高压天然气注入停喷井中，利用气体的能量举升井筒中液体，使井恢复生产能力	(1) 偏心筒、投捞式气举阀、投捞工具； (2) 气举阀的研制实现国产化； (3) 气举调试车的应用； (4) 连续气举优化设计软件，采用计算机优化设计施工	举升高度不超过 3500m；最大排液不超过 $400m^3/d$。适合于水淹井复产，大产水量气井助喷及气藏强排水
		间歇气举	将柱塞作为气液之间的机械界面，依靠气井原有压力，使活塞在油管内上、下移动，将井筒内液体带出	(1) 井口控制装置，可全自动化也可半自动化； (2) 柱塞气举优化设计软件	举升高度不超过 2050m；最大排量不超过 $50m^3/d$；液态烃含量不大于 30%；矿化度不大于 $50000mg/m^3$；H_2S 含量不超过 $23g/m^3$；CO_2 含量不超过 $86g/m^3$。适合于小产水量间歇自喷井排水
4	机抽排水		由抽油机带动油管内抽油杆下的柱塞不停做往复运动，通过安装在柱塞和泵筒内阀的开与关，将井筒内液体从油管排出地面	(1) 研制相应井口装置，提高其工作压力； (2) 采用整体泵筒和高效井下气水分离器，减少泵漏失和气体干扰，提高泵效； (3) 玻璃钢抽油杆； (4) 对出砂井采用防砂管柱； (5) 机抽排水采气工艺优化设计软件	泵挂不超过 2400m；最大排量不大于 $70m^3/d$；CO_2 含量小于 $115g/m^3$；H_2S 含量小于 $28g/m^3$；地层温度不超过 120℃。适用于水淹井复产、间喷井及低压小产水量气井排水
5	电潜泵排水		采用随油管一起下入井底的多级离心泵装置，将水淹气井中的积液从油管中迅速排出	(1) 选用质量好、耐温等级适合、抗腐蚀强的变频机组代替定频机组； (2) 电缆的改进：选用耐温等级高，隔极式电缆或铅封电缆； (3) 选用高效气体处理器； (4) 对选井、设计、选机组、施工、生产管理进行系统完善、配套	最大泵挂深度不超过 3500m；最大排液量不超过 $800m^3/d$。适用于水淹井复产或气藏强排水
6	射流泵排水		地面泵提供的高压液体通过喷嘴，使井液吸入喉道，经混合进入扩散管，通过流速降低获得压力降，使井液排出地面	使用射流泵装置，结合排水采气特点，对井下射流泵组合井口捕捉器等进行改进，射流泵地面系统	井底流压不低于 6.0MPa；最大泵挂深度不超过 3000m；最大排液量不超过 $300m^3/d$；气中 H_2S 含量不大于 $100g/m^3$；水的矿化度不大于 $5000mg/m^3$；适用于水淹井复产

三、优选管柱排水采气

优选管柱排水采气是针对有水气藏气井开采早期带水生产困难研究的一项自力式气举工艺技术，具有工艺简单、成本低、能最大限度利用气藏能量进行排水采气、稳定生产的特点（杨川东，2000；东宏等，2011）。

优选管柱排水采气，就是缩小油管内径生产，其目的是减小流动截面积，增加气体流速，以便把液体带到地面。该工艺理论成熟，施工容易，管理方便，工作制度可调，免修期长，投资少，除优选与地层流动条件相匹配的油管柱外，无须另外特殊装备和动力装置，是充分利用气井自身能量实现连续排液生产，以延长气井带水自喷期的高效开采的工艺技术。其缺点是：气井排液量不宜过大，下入油管深度受油管强度的限制，因压井后复产启动困难，起下管柱时要求能实现不压井起下作业。优选管柱排水采气是在有水气井开采的中后期，重新调整自喷管柱，减少气流的滑脱损失，以充分利用气井自身能量的一种排水采气方法。

对于排水气井来说，影响其举升能力的主要因素有：（1）油管举升高度。当井底流压一定时，油管举升高度越大，需要的临界流速就越大。（2）油管尺寸。气井连续排液的流量与管柱直径平方成正比。为了获得相同的临界流速，自喷管柱直径越大，气井连续排液所需临界流速也就越大。（3）井底压力。提高井底压力会对气井的举升起反作用，在气体质量速率、自喷管径、油管举升高度相同条件下，压力较高，气体体积较小，就意味着气流速度较小，需要较大的临界流量才能将液体连续排出井口。（4）临界流量。临界流量是判断气井举升能力大小的决定因素之一。当气井自喷管柱及举升高度和井底流压一定时，气井连续排液所需要临界流量也是一定的；当气井自喷管柱和井底流压一定时，如果油管举升高度相差较大，那么气井连续排液所需临界流量较大。由此可知，优选管柱排水采气的核心是确定连续排液所需的最小气量。

同时，精选施工井是优选小油管排水采气工艺获得成功的重要因素之一。应用时的原则是：气井的水气比 WGR 不大于 $40m^3/10^4m^3$；气流的对比参数 v_r（q_r）小于 1；井底积液少；气井产出水须就地分离，并有相应的低压输气系统与水的出路；井深适宜，符合下入油管的强度校核要求；产层的压力系数小于 1，以确保用清水就能压井。

四川盆地蜀南气田开展优选管柱的 13 口井，其中 8 口井增产效果十分显著。8 口井截至 1995 年底增产气量 $1.9 \times 10^8m^3$，增产效果明显。实践证明，优选管柱是在有水气井开采中、后期，重新调整自喷管柱、充分利用气藏自身能量的一种具有显著增产效益的排水采气工艺技术。

四、泡沫排水采气

泡沫排水采气工艺是针对自喷能力不足，气流速度低于临界流速气井，充分利用地层自身能量实现举升、设备配套简单、施工操作容易、不同泡排剂适应不同类型生产井的需要，在出水气井中得到广泛应用。

（一）泡沫排水采气机理

1. 垂直管流中气液混合物的流型

垂直管气液两相流是指游离气体和液体在垂直管中同时流动。在垂直管中气液两相混合物向上流动时，目前公认的典型流态有泡流、段塞流、过渡流和环雾流。

试验研究结果表明，泡流携液能力较弱，气井井筒流体处于这种流态易造成气井水淹；段塞流因为是油管中举升效率高，但滑脱损失大，气井井筒流体处于这种流态同样易造成气井水淹；而过渡流和环雾流携液能力较强，气井井筒流体处于这两种流体易及时排出井底积液，气井能稳定生产。

2. 泡沫排水采气机理

泡沫排水采气就是向井底注入某种遇水产生稳定泡沫的表面活性剂即起泡剂，起泡剂的作用就是降低水的表面张力，水的表面张力随浓度下降的速度体现了起泡剂的效率，当起泡剂浓度大于临界胶束浓度时，表面张力随浓度变化不大。注入井内的起泡剂借助天然气流的搅动，把水分散并生成大量低密度的含水泡沫，从而改变了井筒内气水流态，这样在地层能量不变的情况下，提高了气井的带水能力，把地层水举升到地面。同时，加入起泡剂还可提高起泡流态的鼓泡高度，减少气体滑脱损失。

（二）泡沫排水采气工艺起泡剂

1. 起泡剂的性能

泡沫排水所用起泡剂是表面活性剂。因此，除具有表面活性剂的一般性能之外，还要求具有泡沫携液量大，泡沫的稳定性适中等特殊性能。

2. 起泡剂的类型

在气井泡沫排水采气中所采用的起泡剂有离子型、非离子型、两性表面活性剂和高分子聚合物表面活性剂等。

3. 起泡剂的适用条件

不同井的流体性质不同，对起泡剂的要求也不同，对入井的起泡剂选择不好，将对井底造成严重伤害，如堵塞产层等；不同的起泡剂针对不同性质水的起泡能力、泡沫携液量、泡沫的稳定性也不同。所以选择起泡剂必须进行配伍试验，是否产生沉淀或其他反应，以及起泡剂性能试验评价。

一般气水井主要采用阴离子型起泡剂，如磺酸盐、硫酸脂盐等，单独使用就能获得较好的效果。

含凝析油的气水井中，由于凝析油本身是一种消泡剂，会使起泡剂性能变差，应采用多组分的复合起泡剂，也可采用两性或聚合物表面活性剂。

含 H_2S 的气水井中，要注意防腐用的缓蚀剂与起泡剂互相之间能配伍，使起泡剂不受影响。

（三）泡沫排水采气适用技术条件

（1）气水比大于 $180m^3/m^3$ 的井条件最佳；

（2）工艺井自身必须具有一定的自喷能力；

（3）排液能力一般小于 $100m^3/d$；

（4）不同的注入方法适应的气水比值不同，泵注法气水比一般大于 $170m^3/m^3$，平衡罐加注法气水比一般大于 $300m^3/m^3$，泡排车加注法气水比大于 $200m^3/m^3$，投注法气水比大于 $300m^3/m^3$，且日产水小于 $80m^3$；

（5）工艺井的油管连通性好。

（四）泡沫排水采气应用实例

川南碳酸盐岩气田泡沫排水采气很多井取得了显著的效果。如阳 47 井是一口水淹井，采用气举排水工艺未恢复生产，而采用泡沫排水采气工艺却使其复活，并气水同产。该井探明储量 $3.6 \times 10^8 m^3$，可采储量 $2.8 \times 10^8 m^3$，截至 2009 年底，累计产气 $28179 \times 10^4 m^3$，产水 $241585 m^3$。

该井 1975 年 10 月投产，投产初期产气 $20 \times 10^4 m^3/d$，产水约 $20 m^3/d$，生产至 1996 年 2 月水淹关井。2000 年 5 月，采用车载式压缩机气举，气举生产 20d，产气 $0.85 \times 10^4 m^3/d$，产水 $94 m^3/d$。2005 年 12 月 10 日，利用平衡罐通过人工注泡的方式对阳 47 井进行泡沫加注。12 月 11 日，套压上升，泡沫未返排，油压接近输压，关井复压。12 月 13 日放空排液，开井 15h 后产水 $21 m^3$，产气 $510 m^3$，放喷后油压仍然下降至输压，此后几天间歇开井放喷，不见气，产水 $50 m^3/d$。12 月 25 日将起泡剂增加到 12.5kg，开井放喷，当日生产 17h，产气 $0.5 \times 10^4 m^3/d$，产水 $43 m^3$，26 日产气量降至 $745 \times 10^4 m^3/d$，产水 $47 m^3$，此后几天仍不见气，产水约 $70 m^3/d$。至 2005 年底，累计产气 $25361.7 \times 10^4 m^3$，累计产水 $87671 m^3$。2006 年 1 月 1 日起，将起泡剂加注量增加到 15kg，同时加注消泡剂 15kg，对带泡沫的地层水进行消泡。放喷至 2 月 18 日，期间仍不产气。2 月 19 日见气，产气 $0.9 \times 10^4 m^3/d$，生产至二月底产量逐渐上升，产气约 $0.87 \times 10^4 m^3/d$，产水 $90 m^3/d$。后采用计量泵连续加注起泡剂，套管生产，产气约 $2.2 \times 10^4 m^3/d$，产水约 $126 m^3/d$。从泡沫排水采气以来，增产效果显著（表 6-6），油套压波幅减小，缓慢降低，产气量和产水量增加后，逐渐开始下降。

表 6-6　阳 47 井泡沫排水采气效果统计

时间（年）	产气量（$10^4 m^3$）	产水量（m^3）	加注方式	备注
2005	109.3	3170	平衡罐间歇	—
2006	332.3	30833	平衡罐、计量泵	间歇改为连续加注
2007	662.4	40076	计量泵连续	—
2008	832.1	45948	计量泵连续	—
2009	837.9	40542	计量泵连续	—

五、气举排水采气

（一）机理及特点

气举排水采气是将高压气体注入井内，借助气举阀实现注入气与地层产出流体混合，降低注气点以上的流动压力梯度，减少举升过程中的滑脱损失，排出井底积液，增大生产压差，恢复或提高气井生产能力的一种人工举升工艺。

气举工艺具有以下特点：

（1）适用于不同产水量的气水同产井，适应性强；

（2）满足含腐蚀介质、出砂等气水同产井需要；

（3）举升高度高，在川南气区举升高度最高 4300m；

（4）不受井斜限制，直井、斜井、定向井等皆可运用；

（5）操作管理简单，改变工作制度灵活；

（6）需要高压气源，主要是天然气或氮气。

同时气举排水采气也有其局限性：

（1）不能把气采至枯竭，低压井难以采用；

（2）需要高压气井或高压压缩机作高压气源；

（3）套管必须能够承受注气高压，高压施工对装置的安全可靠性要求高。

（二）气举方式

气举工艺按进气的连续性，分为连续气举和间歇气举两种方式，其中间歇气举又包括常规间歇气举、柱塞气举等。

（1）连续气举。连续气举是气举排水采气最常用的方式，它是将高压气体连续注入井内，使其和地层流入井底的流体一同连续从井口喷出的气举方式，适用于地层渗透性好、供液能力强以及因井深造成井底压力较高的气水同产井。

（2）常规间歇气举。常规间歇气举是将高压气间断性注入井中，通过大孔径气举阀迅速与井筒流体混合，在井筒内形成气塞将液体举升到井口的气举方式。间歇气举主要应用于井底压力低、产液指数低的气井，尤其是低压间歇小产井。采用间歇气举比采用连续气举可以明显降低注气量，提高举升效率。

（3）柱塞气举。柱塞气举是间歇气举的一种特殊气举方式，它是在间歇气举过程中，把柱塞作为液柱和举升气体之间的一个固定界面，起到密封作用，防止气体的上窜和减少液体滑脱。柱塞气举主要适用于产液能力低的井。柱塞气举的地面装置较其他气举方式复杂，生产过程中容易在地面集输管网内造成压力波动。

按进气的通道，气举也可以分为正举和反举两种方式。

（1）正举是指套管注气油管举升，对于广泛应用的 7in 套管和 $2^7/_8$in 油管而言，这种方式使举升过程中的气液混合流速高，滑脱损失小，能最大限度地保护套管，但摩擦阻力大。

（2）反举是指油管注气套管举升，这种方式气液混合流速低，砂等固体杂质易沉积，滑脱损失大，气液混合后对套管有冲蚀、腐蚀影响，但摩擦阻力小。对具体的气举井，举升方式取决于井的基本条件和特殊要求（表6-7）。

表6-7　气举方式优缺点对比

	正举	反举
优点	（1）启动排液阶段所需气量少； （2）出水较均匀，波动小，利于管理； （3）有利于保护套管	（1）垂直管流动压力损失较小； （2）排液量大，建立压差速度快； （3）回压低，对低压、大水量井可建立较大的生产压差
缺点	（1）垂直管流动压力损失较大； （2）通过流量较小，排液速度较慢； （3）建立的生产压差较小	（1）启动排液阶段所需注气量大； （2）波动较大，管理较差； （3）对保护套管不利

（三）管柱结构

气举工艺按下入井中的管柱数分为单管柱气举和多管柱气举。多管柱气举可同时进行多层开采，但其结构复杂，井下作业难度大，施工费用高，气举阀的设计、配置比较困难，一般很少采用。简单又常用的单管气举管柱有开式、半闭式和闭式三种。

1. 开式管柱

开式管柱是油管管柱不带封隔器且被直接悬挂在井筒内，气举阀安装在油管柱一定深度上。开式管柱井下工具简单，施工作业方便，适用于直井、斜井、定向井，对不带单流阀的气举阀还能改变气井的举升方式，但每当气举井关井后再重新启动时，由于液面重新升高，必须将工作阀以上的液体重新排出，不仅延长了开井时间，而且液体反复通过气举阀，容易对气举阀造成冲蚀，降低阀的使用寿命。同时，高压气体直接作用到井底，对地层产生一定回压，不能最大限度降低井底流压。开式管柱只适用于连续气举生产方式。

2. 半闭式管柱

半闭式管柱是在开式油管柱结构的基础上，在最末一级气举阀以下安装一封隔器，将油管和套管空间分割开。半闭式管柱能防止油管下部的液体再次进入套管环空，避免了每次关井后重新开井时的重复排液过程，减少对气举阀的冲蚀。但封隔器下井作业对井斜有一定要求，作业难度大，在井下安装时间较长时，易造成封隔器失效或检阀作业时解封困难，增加修井作业苦难，甚至难以起出，无法继续作业。半闭式管柱既适用于连续气举也适用于间歇气举，是气举井较好的管柱结构。

3. 闭式管柱

闭式管柱是在半闭式管柱结构的基础上，在油管底部装有单流阀。闭式管柱除具有半闭式管柱的特点外，举升过程中无论是注入的高压气体还是进入油管内的地层流体均不会对地层造成回压，能最大限度降低井底流压，增大生产压差。闭式管柱一般应用在间歇气举井上，在气田上应用较少。

从最大限度降低井底流压满足气井生产需要方面，闭式管柱是较好的管柱结构。由于地层流体复杂易在封隔器处堆积、地层水因温度变化结垢等因素，检阀作业时起出封隔器存在一定风险。

（四）气举方式及管柱结构的选择

1. 气举方式的选择

气举井进行气举工艺设计时，需要确定气举方式是正举还是反举，正举是指高压气从套管环形空间注气得举升方式，反举是指从油管注气的举升方式。在相同流量的气体、液体流动时，反举流速低，磨损阻力小，但滑脱损失大。反之，正举流速高，滑脱损失小，摩阻损失大。反举一般适用于产水量较大的气井，反举时被举升的气体、液体对套管有冲刷、腐蚀作用。

2. 井下管柱结构的选择

气举井下管柱结构主要根据气井井身结构、预测的产气量、产水量以及试井需要等因素综合考虑。理论上优先考虑半闭式管柱，其次是开式管柱。

（五）气举排水采气应用实例

气举工艺于 1982 年首次在西南气区威远气田开展试验，1985 年在威远、南井等气田取得突破进展，经历了改进工艺设计、发展工艺技术、形成配套能力、深化工艺研究等阶段，确立了气举工艺在川南气区有水气藏提高采收率的主导地位。川南气区开展气举工艺井 416 口，实施 1548 次，最大增产气量 $21 \times 10^4 m^3/d$。截至 2009 年底累计增产天然气 $61.52 \times 10^8 m^3$，占川南气区同阶段天然气产量的 10.3%，措施增产气量的 46.5%，累计排水 $1516 \times 10^4 m^3$。

威 28 井位于威远震旦系气藏威 2 井区构造顶部，1974 年 11 月 23 日完钻，完井测试

产气量 $42 \times 10^4 m^3/d$。该井于 1975 年 12 月 24 日投产，采取定井口产量 $50 \times 10^4 m^3/d$ 的制度生产，产水量 $20 m^3/d$。1981 年 4 月水淹停产，停产前产气量 $1.5 \times 10^4 m^3/d$，产水量 $50 m^3/d$。1981 年采用威 100 井作高压气源井直接气举，在注气量（$5 \sim 8$）$\times 10^4 m^3$ 情况下，气井恢复生产，产水量上升到 $95 m^3$。1983 年由于威 100 井无法满足气举排水采气气源要求，采用临井威 101 井作高压气源气举。1984 年 4 月再次水淹停产。至此，累计产气 $5.8 \times 10^8 m^3$，产水 $24.2 \times 10^4 m^3$，采出程度 42.5%。

威 28 井 1985 年 4 月首次下入气举阀开展排水采气试验，采用气举采油工艺设计方法进行布阀设计，下入气举阀 4 只，生产中，在注气压力 9MPa，注气量 $3.5 \times 10^4 m^3/d$，产气量 $2 \times 10^4 m^3/d$ 左右，产水量 $200 \sim 300 m^3/d$，气井生产波动大、不连续。1985 年 5 月修井作业，采用连续气举设计方法进行布阀设计，气举初期的 10 多天，气井带水生产波动大，产气量 $3 \times 10^4 m^3/d$，产水 $300 m^3$，连续气举 20d 后，气井生产逐渐趋于稳定。1985 年 9 月气井恢复自喷带水生产，产气 $15 \times 10^4 m^3/d$，产水 $350 m^3/d$。1987 年 10 月气井生产效果逐渐变差，产气量降至 $1.5 \times 10^4 m^3/d$，再次实施检阀作业，作业中发现油管内结垢、气举阀堵塞，作业后气井产气量恢复到 $2.0 \times 10^4 m^3/d$，产水量 $200 m^3/d$。1988 年、1990 年先后进行检阀作业，每次作业后生产效果逐渐变差，1993 年该井停止生产，作为观察井。

威 28 累计产气 $7.1 \times 10^8 m^3$，产水 $67.4 \times 10^4 m^3$，采出程度 51.6%。其中，依靠气举工艺增产气量 $1.24 \times 10^8 m^3$，产水 $43.2 \times 10^4 m^3$，依靠工艺措施采收率提高 9.1%。

六、机抽排水采气

机抽排水采气是气田进入中后期维持气井生产的重要措施之一，具有工艺井不受采出程度的影响。理论上能把天然气采至枯竭、特别适合低压井等特点。

机抽排水采气工艺技术使用范围为：排液量小于 $100 m^3/d$；泵挂深度一般小于 3000m；玻璃抽油杆或超高强度抽油杆，泵挂深度可达 3000m 以上；优化杆机抽工艺的最大泵挂深度可超过 4000m；机抽工艺还可用于大斜度定向井。

（一）机抽排水采气机理

机抽排水采气机理是将杆泵下到井内液面以下一定深度，利用地面抽油机做动力，通过抽油油杆上下往复运动带动抽液泵柱塞运动，使安装在柱塞上的游动阀和泵筒底部的固定阀交替开关，将井内液体不断排出地面，以降低井内流动压力，增大生产压差，实现油管排水、套管产气的一项人工举升工艺。

（二）机抽排水采气优缺点

1. 优点

（1）装备简单、使用广泛，易于实现自动化管理；

（2）设备可靠程度高，零部件易于获取且重复利用率高；

（3）使用范围广，理论上能把天然气采至枯竭；

（4）玻璃钢抽油杆和超高强度抽油杆的应用，可解决深抽的问题；

（5）较大面积的实施，可以提高气藏最终采收率。

2. 缺点

（1）气体对泵效的影响较大；

（2）井下有机械运动件，砂、垢及腐蚀对其影响大；

（3）井口、地面设备庞大，初始投资较大，边远井不便于管理。

3. 机抽排水采气工艺流程及主要设备工具

1）工艺流程

机抽工艺流程分地面和井下部分。地面部分由电动机或其他动力机作为动力来源，通过抽油机带动井下抽油杆做上下往复运动，井下部分由抽油杆带动抽油泵塞做上下往复运动，产层流体经过井下抽液泵之后，地层水通过油管排出井口，天然气通过套管排出井口。

2）主要设备工具

机抽的主要设备由三部分组成：一是地面驱动设备，即抽油机；二是安装在油管柱下部的抽油泵；三是抽油杆柱，它把地面设备的运动和动力传递给井下抽油泵塞做上下往复运动，使油管柱中的液体增压，不断将地层产液抽汲到地面。

为提高机抽运行泵效及实效，除主要设备外，机抽工艺还需要一定的辅助设备：一是用于提高泵效的气液分离器；二是用于提高运行时效的防脱器、扶正器；三是起密封和安全保护作用的井口装置等。

4. 机抽排水采气工艺优化设计程序

机抽工艺的优化设计主要是指抽油杆柱组合设计及冲程及冲次的优化设计。抽油杆柱一般采用耐腐蚀强度高的材料，有利于含腐蚀介质的气井工作，如 K 级抽油杆，对于泵挂深度在 1500m 以上，推荐采用玻璃钢与钢质抽油杆的组合，这样既能发挥玻璃钢抽油杆质量轻的特点，增加下泵深度，还能降低驴头悬点载荷，降低使用能耗，优化的工艺设计还能减小柱塞的冲程损失，甚至实现超冲程，提高泵效。玻璃钢与钢质抽油杆的组合设计的主要步骤包括：

（1）数据准备，包括气井产能预测；

（2）计算最大泵挂深度；

（3）计算柱塞下行程中的液流阻力；

（4）根据输入的钢杆直径，按玻钢不受压原则，计算钢杆的许用长度；

（5）根据钢杆的长度计算玻杆的长度；

（6）计算液柱载荷系数 F_r/S_k，判断其是否在 $0.45 \sim 0.65$，否则调整杆径重新进行计算；

（7）计算频率系数 N/N_o，判断其是否在 $0.5 \sim 0.7$，否则调整抽油机冲程或冲次或增加钢杆的长度；

（8）计算其余参数。

5. 机抽排水采气工艺应用实例

机抽排水采气工艺技术利用其自身的优势解决了其他排水采气手段所不能解决的问题。家 20 井是川南气区茅口组储层的一口典型气井，在地层能量下降到气举、泡排均不能进一步提高采收率的情况下，采用玻璃钢与钢质抽油杆组合，解决了常规机抽工艺泵挂深度不能超过 2000m 的技术难题，采用防砂防气整筒泵解决了常规泵易砂卡、气锁、泵效低的问题，采用全方位新型机抽防脱器解决了深井杆柱附加扭矩释放问题，最终依靠机抽工艺将该井采至枯竭。纳 1 井 1984 年开展机抽工艺运行至今，利用自身产气作为机抽动力，采用天然气发动机代替传统电动机，试验过多种抽油泵、井下工具，是开展时间最长、检泵次数最多、增产气量最大的机抽工艺井，是低压、小产井实施机抽工艺的典型代表。

纳 1 井位于纳溪构造西高点，1958 年 9 月完钻，完钻井深 1359m，完井测试产气量 34.1×10⁴m³/d。该井于 1958 年 12 月 29 日投产，产气量（3～4）×10⁴m³/d，产水量 6～10m³/d。其后间歇生产，后采用泡排工艺维持生产至 1983 年 12 月水淹停产。至此，该井累计产气 2.96×10⁸m³，产水 25760m³，产油 268t，地层压力降至 2.85MPa。1984 年 3 月该井实施机抽排水采气工艺，天然气发动机作动力，泵挂深度 1130m，运行时排水量 15～20m³/d，产气量（2～2.5）×10⁴m³/d。在工艺运行中，因井下杆柱腐蚀、抽油泵砂卡以及设备机构的不适应等原因造成频繁检泵作业，截至 1997 年底，该井累计检泵作业 53 次，平均每年检泵 4 次。1998 年以来，通过对该井抽油杆腐蚀、扭断脱落、抽油泵易气锁、砂卡等问题开展分析与研究，研制出可旋转式捞砂工具，将沉积在井内的砂捞出，采用新型防砂、防气泵，可旋转防脱器等，检泵次数明显减少，年检泵作业 1～2 次，其中最长检泵周期 540d。目前，该井继续依靠机抽工艺维持生产，地层压力 2.1MPa，排水量 8～15m³/d，产气量（1～1.3）×10⁴m³/d。

截至 2009 年底，该井累计产气 3.9×10⁸m³，产水 8.4×10⁴m³，其中实施机抽工艺后累计产气 9316×10⁴m³，产水 5.9×10⁴m³，已完成检泵作业 78 次。

七、电潜泵排水采气

（一）机理

电潜泵排水采气是采用多级离心泵装置，将气水井中的积液从油管中排出，降低井内液面高度，减少液柱对井底的回压，形成生产压差，使水淹停产井迅速恢复产能。它是一种排量大、自动化程度高、适用于有水气田中后期开采的后续工艺技术。

（二）优缺点

优点：电潜泵排水采气工艺排量范围大、扬程高，可从日产几十方到几千立方米，尤其适用于产水量大、地层压力低、剩余储量多的水淹井，是目前举升设备中排量最大的一种。电潜泵排水采气可形成较大的生产压差，理论上可将气井采至枯竭；自动化程度高，具有较强的自我保护能力，操作管理灵活方便，容易实现自我控制；易于安装井下温度、压力传感元件，在地面通过控制屏，随时观测出泵吸入口处温度、压力、运行电流能参数；变频控制器的适用，可根据井况条件适时调节电泵的排量及其他有关参数。

缺点：多级大排量高功率电潜泵机组比较昂贵，使得初期投资大，特别是电缆费用高；由于高温下电缆易损坏，使电潜泵机组的下入深度受到限制；由于气井中地层水腐蚀及结垢等影响，使得井下机组寿命较短，部分设备重复利用率不高，从而使得装备一次性投资较大，采气成本高；选井受套管尺寸限制。

（三）影响因素分析

1. 腐蚀性介质的影响

气井产出的流体中通常含有强腐蚀性的 H_2S、CO_2、Cl^- 等成分，特别是在高温高压下这些强腐蚀剂对电潜泵机组的井下部件的电化学腐蚀十分严重，常以点蚀、穿孔和大小不等侵蚀面出现。另外，腐蚀性介质对电力电缆的铠皮腐蚀也十分严重。针对这种情况，可采用高镍铸铁、耐蚀合金、铁素体不锈钢材料制造的泵和分离器，并采用洛氏硬度小于 22℃的低碳合金钢和中碳合金钢制造的电机、保护器、泵和分离器外壳，或在外壳上喷涂有蒙乃尔涂层，或在外壳喷上高温烤漆。

2. 温度的影响

（1）当温度比电机的额定温度每高出 10℃，电机的使用寿命将缩短一半；（2）当温度比电缆的极限使用温度每高出 8.4℃时，电缆的使用寿命也将降低一半；（3）在腐蚀介质相同的条件下，腐蚀速度与温度的平方成正比。

3. 套压的影响

（1）在满足泵有足够沉没度的条件下，一般保持较高的套压值生产，对减小天然气从套管环空产出时对泵的影响有一定作用，且有利于保护套管。（2）由于套压的存在，会使井下电缆的绝缘层和保护层渗入一小部分高压气体。在电潜泵停机后，要防止套压的下降速度过快，造成电缆鼓泡胀裂而损坏。应使用角式节流阀控制套压下降速度不高于 0.5MPa/h，以保护电缆。

4. 泵挂深度的影响

开始泵抽及纯地层水，随着累计排水量的增加和井筒动液面的降低，形成一定的复产压差后，井中产出的天然气量逐渐增加，泵抽及的介质逐渐变为气水混合物。由于天然气的影响，从动液面到气层中部的气水混合物密度随深度不同，差别范围很大，因此需要确定一个最佳的泵挂深度。

5. 井的流入动态特性的影响

气井的流入动态特征决定着气井的最大产水量，泵排量低于最大排水量时的吸入口压力值。

6. 套管承压能力的影响

套管的抗挤压强度必须满足电潜泵排水后所建立的大生产压差，保证套管不变形，否则由于腐蚀介质的长期腐蚀，当生产套管的抗挤压强度小于地层压力时，会出现套管变形，使电潜泵机组起下过程中遇卡。

（四）应用实例

1. 采用电潜泵复活水淹停产井

1989 年井 9 井水淹前，自喷带水正常生产时产气量 $5.0 \times 10^4 m^3/d$，产水量 150m³/d。水淹后，通过多次长时间采用常规气举均未能使该井复活。1989 年 11 月采用电潜泵机组，设计排水量 300m³/d，通过长达三个月的连续强排水，平均日排水量达到 295m³/d，在累计排水 21209m³ 后终于使该井一举复活而恢复生产，最高产气量达 $1.8 \times 10^5 m^3/d$，累计产天然气近 $5.2 \times 10^8 m^3$。

2. 发挥最大排量优势，开展气藏整体排水

桐 8 井位于桐梓园构造顶部，产层茅三段，产层中部井深 2482.48m。水淹停产时地层压力 13.73MPa。该井渗透性好，投产初期产气量达 $360 \times 10^4 m^3/d$。水淹后采用气举工艺排水时，在产水量达 190m³/d 时，地层生产压差仅为 0.2MPa。

1996 年 7 月该井开始实施电潜泵工艺，选择机组的最大排水量为 500m³/d。但在排水量达 400m³/d 时，从电潜泵机组井下压力检测仪所显示的数据来看，井底形成的生产压差小，累计排水量达 $17 \times 10^4 m^3/d$ 后气井并不能复产。很显然所采用机组排水量小，满足不了气井排水要求，需换更大排水量的电潜泵。最后采用排水量达 800m³/d，最高排水量达 1000m³/d 的电潜泵，井底生产压差 3MPa，经一段时间排水后气井开始产气，产气量 $1 \times 10^4 m^3/d$，最

高达 $2 \times 10^4 m^3/d$。在桐 8 井排水采气的过程中，与其同一裂缝系统的长期水淹停产井桐 13 井，恢复生产，产气量 $3 \times 10^4 m^3/d$。

桐 8 井井深 2482.48m，地层压力 13.73MPa，在此条件下采用气举工艺是不可能达到如此高的产水量。桐 8 井电潜泵排水采气实例充分显示了其排水量大的优点。

八、射流泵排水采气工艺

（一）机理

射流泵的工作件是喷嘴、吼道和扩散管，喷嘴是引擎，吼道是泵。地面泵提供的高压动力流体通过喷嘴喷出，形成高速射流，动力液总压头几乎全部转换为速度头，使混合室内压力下降。地层液体在沉没压力作用下进入混合室高速射流周围。由于射流质点的横向紊动，两种液体发生混掺作用，地层液不断地被卷入射流中一起流入吼道，并逐渐与之充分混合获得能量。此时总压头仍主要以速度头存在。随着扩散管的逐渐扩大，混合液的流速不断降低，而压力则随之升高，即随着压力升高速度头逐渐转换为压头，最后克服混合流静液柱压力，地层液和动力液一起被举升至地面。

（二）优缺点

1. 优点

（1）井下管柱没有运动件，设备工具有较高的可靠性，维修费用低；

（2）由于喷嘴和吼道使用了抗磨材料，泵体使用了抗磨材料，因而能在高温、高气液比、出砂和腐蚀等复杂条件下工作；

（3）检泵时不需起出油管，只要使动力液后反循环即可将泵冲出，从而大大减少了维修工作量和起下管柱的作业次数；

（4）可用于斜井；

（5）排量比活塞泵高，深度和排量变化范围大，通过更换不同的喷嘴—吼道组合调节流量，可以满足不同的生产要求；

（6）地面设备可与活塞泵共用一套，并且可以整体撬装，具有较高的灵活机动性。

2. 缺点

（1）泵效较低，比活塞泵需要更高的地面功率；

（2）为了避免气蚀，要求较高的吸入压力和一定的沉没度；

（3）设备投资较大，高耗能，运行、维护费用高，要求要有稳定的动力电；

（4）地面泵噪声大，对周边环境影响较大。

（三）应用实例

牟 14 井 1991 年实施气举排水采气工艺，1991 年 10 月上 JG-4 型车载式压缩机气举，气举初期排水量最高达到 450m³/d，产气量最高可达 $4 \times 10^4 m^3/d$，至 1994 年底，气举实效降低，气井水淹停产，1994 年 11 月决定对该井实施射流泵排水采气工艺。从 1995 年 1 月 5 日开始对牟 14 井实施射流泵采气工艺，至 2000 年 6 月 6 日共进行射流泵工艺检泵作业 8 次。射流泵排水采气工艺第一次作业时间为 1995 年 1 月 5 日～18 日。

牟 14 井 1995 年 1 月改为喷射泵工艺，初期产量 $2 \times 10^4 m^3/d$，产水 200m³/d，效果良好。由于该井水型及工艺特殊性，油管内易结垢，泵不能返出地面，导致检泵困难，需进行井下作业才能完成。1998 年 10 月 10 日牟 14 井采用新安装的地面高压动力泵试机启泵生产，日产气 $1.2 \times 10^4 m^3$，日排水 $50 m^3$，由于高压动力泵属于国内厂家试验产品，故障频繁，因而间断生产，后改为电潜泵试验。

九、组合排水采气工艺

不同类型排水采气工艺的应用大幅度延长了气水同产井的生产周期，取得了很好的增产效果。但是当气藏进入开发中后期，随着地层压力逐步衰竭，应用单一的人工举升工艺难以维持正常生产，其中多数井难以复活，单项排水采气工艺的应用受到了挑战。这些使得从事气田开发的工作者们一方面努力寻求新的接替工艺，另一方面将前述单项工艺组合应用。各种单项人工举升方法都有其突出的优点，但同时也存在不可避免的缺点。若将不同的举升方法组合起来，便可发挥组合工艺的综合优势，以满足复杂条件下气井的开采需要。组合排水采气工艺技术的应用使一些水淹多年的井重新恢复了生产，一些气水井延长了生产周期、增加了产量、延缓了递减速率，在提高气藏采收率方面取得了显著成效。

〔一〕泡沫 + 优选管柱组合

泡沫 + 优选管柱排水采气工艺是在优选管柱的基础上发展起来的一种组合排水采气工艺，即气水同产井在实施优选管柱工艺以后，随着开采时间的延长，地层能量有所下降，气井已不能恢复自喷带水生产，转入间歇生产，对这样的优选管柱工艺措施井开展泡沫排水采气工艺，使气井恢复自喷带水生产的能力。

1. 工艺特点

泡沫 + 优选管柱排水采气工艺是两种单项排水采气工艺的组合，因此也具备了泡排和优选管柱这两种工艺的特点。当优选管柱排水采气工艺井井筒开始重新积液时，辅之以泡沫排水，可以进一步改善气液两相垂直管流的流态，延长自喷期。因此，优选管柱工艺与泡排工艺组合应用，可增强工艺的排水增产效果，延长工艺的应用时间。

2. 工艺的适用性

适用于泡沫 + 优选管柱组合工艺的气水同产井一般应满足以下条件：

（1）有一定的自喷能力、小水量，产水量不大于 $100 m^3/d$。当油管公称直径不大于 62mm 时，产水量不大于 $50 m^3/d$；

（2）WGR（气水比）不大于 $40 m^3/10^4 m^3$，V_r（对比流速）等于 Q_r（对比流量）小于 1，有积液；

（3）油管公称直径不大于 60mm 时，井深不大于 4000m。

〔二〕泡沫 + 气举组合排水采气工艺

1. 工艺特点

泡沫 + 气举组合工艺能有效地增大气井的生产压差，提高举升效率，气井带水连续生产稳定，优于单一的排水采气工艺，增产效果好。其特点是：从地面向井内注入高压气的同时注入一定量的起泡剂，流入井底的起泡剂在高压气流的搅动下，将使井底气水混合气泡能力更强，从而减小液体在垂直管流动中的混合密度，减小流动中的滑脱损失，降低井底流压，增大生产压差，达到有效排水和增产的目的。

2. 工艺应用成效

该工艺的适用范围不受井深状况的影响，即适用于直井，也适用于斜井，具有设计简单、便于维修管理、投资成本较低等特点。该组合工艺具有以下几个方面应用效果：

（1）增产效果明显。川南气区从开展泡沫＋气举组合工艺气井的生产情况得到两个规律：一是注气量基本不变的情况下，加注起泡剂，天然气日产气量增大（表6-8），而不加注起泡剂，天然气日产气量下降；二是地面到井下深度一般都在2000m以上，在地面加注或停注起泡剂时，气井产量的变化具有滞后现象，表现在加注起泡剂后产量逐渐上升。

表6-8 阳72井应用泡沫＋气举组合工艺前后情况对比表

	时间	套压 （MPa）	油压 （MPa）	产气量 （10⁴m³/d）	产水量 （m³/d）	注气量 （10⁴m³/d）
应用前	2007.3.1—2007.3.31	4.70	1.47	1.53	33.5	2.5
应用后	2007.4.1—2007.5.9	4.59	1.53	2.15	36	2.5
停注后	2007.5.10—2007.5.30	4.55	1.60	1.88	30	2.5

（2）排水效果好。能排出井下漏失的修井液，井筒中的积液及气井产水等，当工艺实际排水量大于上述产量时，才能达到增产的目的。推广中组合工艺加快了排液速度。在常规气举与组合工艺的对比中，组合工艺的日产水量明显大于常规气举日产气量（表6-9）。

表6-9 合16井应用泡沫＋气举组合工艺前后情况对比表

	时间	套压 （MPa）	油压 （MPa）	产气量 （10⁴m³/d）	产水量 （m³/d）	注气量 （10⁴m³/d）
应用前	2007.5.1—2007.5.22	9.80	2.60	1.43	70	3
应用后	2007.7.5—2007.8.24	8.87	2.88	1.80	105	3

（3）增大生产压差效果显著。在组合工艺的应用中，产气量、产水量上升明显，关键是达到了降低井底回压，增大生产压差的目的。主要表现在组合工艺有效地改善了气液两相在垂直管内的流动状态，减少了滑脱损失和井下积液。

（三）泡沫＋气举＋增压组合排水采气工艺

1. 工艺特点

气举＋泡沫＋增压组合排水采气工艺的特点和气举＋泡沫组合工艺的特点相似，其最大的优点在于通过地面增压设备增压后能有效降低井口回压，增大采气压差，提高气井的产气量和产水量，对于地层压力低、产气量和产水量比较大的气水同产井尤为适用。

2. 工艺适应性

气举＋泡沫＋增压组合排水采气工艺的适用性相对于前两种组合工艺，具有更强的适用性，适用于地层压力低、产水量大的气井，不受井深状况的限制，既适用于直井，也适用于斜井。

十、排水采气新工艺

（一）气体加速泵排水采气

1. 机理

气体加速泵是利用常规气举装置和射流泵装置的优点而开发出来的一种新型排水采气工艺装置。气体加速泵设计利用了文丘里管原理。它与射流泵的区别在于举升介质不同：射流泵举升介质为水，而气体加速泵的举升介质为气体。

通过两种流体间的动量交换实现能量传递，举升高压气体通过狭窄的收缩通道后，大部分势能转化为动能，使气体流速急剧上升，加速泵吸入口形成大的压差，导致井筒两相流体大量涌入加速泵吸入口，高速动力举升气体与低速产液混合，进行动量交换，进入加速泵扩散管后，混合流体流速逐渐降低，部分动能转化为势能，压力升高，举升气体充分携带地层液至地面，从而提高气举排水效率。

2. 气体加速泵的动态特性

气体加速泵的动态特性是指压力和排量的关系。根据所需举升压力和所需不同的排液量可设计不同的喷嘴孔径，每个喷嘴又有五个以上的喉管与之组合，使气体加速泵的结构不同，而且流体性质和工作条件不同，其动态特性也就不同。

3. 气体加速泵的选择

选择气体加速泵时必须考虑：满足排量要求，与气井的产能协调，使泵产生足够的举升压力并保持所需的井口剩余压力（气藏流入动态特性资料要求准确可靠）。

选择加速泵的方法有两种：第一种是对所有喷嘴和喉管组合都进行计算，找出最佳工作参数的组合；第二种是利用最佳设计动态曲线。

4. 气体加速泵的优缺点

气体加速泵的优点：（1）利用气举和喷射泵两者的优点，使被举升的液体流态稳定，能充分携带地层水至地面；（2）没有运动部件，适合于处理腐蚀和含砂流体；结构紧凑，适用于斜井、水平井，也适用于高含气流体、高温深井。

气体加速泵的缺点：泵设计计算复杂，而且生产厂家较少，使用单位需利用伯努利方程、动量方程和气举设计结合。

（二）球塞气举排水采气工艺

1. 原理

球塞气举工艺是常规气举和柱塞气举相结合的工艺。为降低举升气体的压力或井筒静液面，可在球塞气举井下工艺管串上安装气举卸载阀，同时在注入气流中投入气举球塞作为气液相间的固体界面，以实现稳定的段塞流状态，可有效地防止液体回落，从而降低气液相间的滑脱损失，减小注气量，提高举升效率。目前，国内外有两种举升方式：一是双管球塞气举，二是单管球塞气举。

2. 工艺特点

（1）它是一种连续气举方式，漏失量小，排液量范围大，能显著降低液体滑脱，提高举升效率；

（2）对低压低产井具有很强的适应性，能适应高气液比、出砂、高腐蚀性、深井等复杂的油气井条件；

（3）便于调整工艺参数（注气量、注气压力、发球频率等），易于实现自动化管理，易适应地层产能的变化。在井况和产能发生变化时，装置的举升能力和性能可在较大范围内进行调节；

（4）便于注入化学剂，有利于防腐和防垢；

（5）利用原连续气举的注气设备，便于运输和安装。

（三）螺杆泵排水采气

螺杆泵在采油工程上作为稠油开采工艺设备已得到广泛应用。该工艺在油田运用也较为普遍，但在气田作为排水采气工艺还处于试验阶段。

1. 机理

按螺杆泵的驱动方式不同，可分为地面驱动和井下驱动两类。

地面驱动螺杆泵是利用地面单螺杆泵的原理，通过地面驱动装置转动，使扭矩传递给井下抽油杆，抽油杆带动井下螺杆泵螺杆的螺纹转动和泵筒的螺纹槽啮合，密封空间在泵的吸入端不断形成，使井液自吸入密封室，并沿螺杆轴向连续地推移至排出端，将封闭在各空间中的井液不断排出。

电潜螺杆泵装置的驱动方式为电动，它是另一种形式的电潜泵，其井下部分与离心泵的电潜泵类似，由电动机、保护器和螺杆泵组成。地面电能通过电缆传递给井下电动机，带动螺杆泵旋转，将井液排出地面。

2. 工艺特点

（1）螺杆泵能量损失小，经济性能好。扬程高，流速均匀，转速高，能与原动机直联。因工作原理为啮合，密封空间推动流体介质，所以可以输送高气液比、高黏度的流体介质或含一定杂质的流体，其使用范围广；

（2）井下螺杆是一种特制螺杆泵，具备承受一定温度和压力的能力；

（3）井下螺杆泵的排量和扬程的选择应根据气井正常生产的产水量、地层压力及井深结构综合考虑；

（4）定子满足在气井排水采气井的适用性，具备抗 H_2S 腐蚀、抗气侵和抗溶胀的性能。

第七章　中国碳酸盐岩气藏开发

中国碳酸盐岩气藏开发理论、开发关键技术以及工艺技术有效地指导了中国长庆靖边气田、塔里木塔中Ⅰ号气田、四川龙岗礁滩气田以及石炭系层状白云岩气藏的有效开发。下面以四个气藏为例介绍中国碳酸盐岩气藏开发的研究进展。

第一节　靖边风化壳型气藏

长庆气区处于全国供气管网枢纽位置，作为中国重要的天然气能源基地，承担着天然气生产、储备、调节与应急的重要作用。截至 2009 年 8 月，靖边气田累计生产天然气 $436.72 \times 10^8 m^3$，外输和销售天然气 $391.2 \times 10^8 m^3$，分别占长庆气区总产气量和外输量的 57.07% 和 56.4%。靖边气田是长庆气区的主要气田。靖边气田为典型的风化壳型碳酸盐岩气藏，属古地貌（地层）—岩性复合圈闭的定容气藏，裂缝、溶蚀孔洞发育的膏斑白云岩构成气田主力储层。气藏无边底水，弹性气驱，压力正常，具有低渗、低丰度的特征。靖边气田从 1999 年开始进入规模开发阶段，至 2003 年底具备 $55 \times 10^8 m^3$ 的年生产能力，到目前一直保持每年 $50 \times 10^8 m^3$ 以上稳产。

一、勘探开发历程

靖边气田横跨陕西、内蒙古两省区。东与榆林气田接壤，西部、北部与苏里格气田相邻，南部与安塞油田相连。目前已经建成的陕京、靖西、长宁、长呼、西气东输等多条管线，开发条件便利。靖边气田北部主要是沙漠、草原和丘陵，地势相对平坦，海拔 $1200 \sim 1350m$；气田南部为黄土塬区，沟壑纵横、梁峁交错，黄土层厚 $100 \sim 300m$，海拔 $1100 \sim 1400m$。

（一）勘探历程

靖边气田的勘探经历了勘探发现、重大突破和重大发展三个阶段，最终发现了这个上千亿立方米储量的整装气田。

1. 勘探发现阶段（1989 年）

1989 年，随着陕参 1 井和榆 3 井的完钻，在奥陶系顶面风化壳马家沟组获得绝对无阻流量 $28.3 \times 10^4 m^3/d$ 和 $13.6 \times 10^4 m^3/d$，拉开了长庆地区天然气勘探的序幕，标志着靖边气田勘探获得重大发现。

2. 重大突破阶段（1990 年）

1990 年，沿含膏云坪相带向南、北展开勘探，重点解剖中区 $1200km^2$，发现了靖边古潜台。林 1、林 2、陕 5、陕 6 等 8 口井均在奥陶系风化壳获得工业气流，平均日产量超过 $20 \times 10^4 m^3$。特别是陕 5、陕 6 井试气日产量突破百万立方米，标志着靖边气田勘探获得重大突破。

3. 重大发展阶段 (1991—1994年)

1991—1994年,天然气勘探以靖边气田为中心向南、北延伸,1999年提交探明地质储量 2345.75×10⁸m³,勘探获得重大发展。2000年复算后探明地质储量增加到 2870.78×10⁸m³。2006年在古潜台东侧新增探明地质储量 1288.95×10⁸m³(图7-1)。

至2008年底,靖边气田下古生界气藏累计探明天然气地质储量 4159.73×10⁸m³。

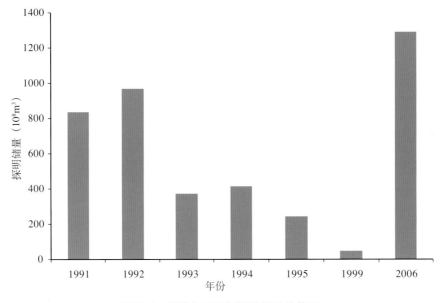

图 7-1 靖边气田历年探明储量柱状图

(二)开发历程

靖边气田开发历程可以分为前期综合评价和开发试验阶段、探井试采阶段、规模开发阶段和气田稳产四个阶段。

1. 前期综合评价和开发试验阶段 (1991—1996年)

这一阶段主要是开展储层综合评价、地震横向预测、气田产能评价、开发先导试验和初步开发方案的编制等几项内容。(1)先后对26口气井实施了修正等时试井,进一步落实了气井产能,同时完善、发展了修正等时试井技术。为靖边气田探明储量申报、方案编制等重大决策提供了可靠依据;(2)开辟了陕81井组先导试验区,掌握气井生产动态特征,进一步落实了气井稳产能力,评价了探井"稀井高产"的合理压差界限。与此同时,地面工艺开展了高压集气、集中注醇等多项工艺技术试验,为制定开发技术对策提供了依据;(3)开展了林5井组和陕17井组井间干扰试验,从动态角度进一步认识储层的连通状况及非均质性,对井网优化部署和提高钻井成功率起到了重要作用。这些研究工作为靖边气田科学、高效开发提供了可靠的依据。

针对实施开发评价井,1993—1995年在北、中区实施评价井10口(表7-1),5口井发现工业气流。评价井实施,揭示了剥蚀沟槽的复杂性和储层强烈的非均质性,为气田优化布井技术的形成奠定了基础,为指导气田后期规模开发起到了重要作用。

表 7-1 靖边气田 10 口开发评价井钻探结果

井号	顶部出露层位	马五$_{1+2}$残留厚度(m)			气层情况			无阻流量(10⁴m³/d)	日产水(m³)
		地震预测	设计	实钻	有效厚度(m)	孔隙度(%)	渗透率(mD)		
G17—13	马五$_1^3$	20~25	29	16.2	5.6	4.37	1.60	90.95	
G16—9	马五$_1^1$	25~30	34	31.0	9.2	5.62	1.13	39.95	
G11—14	马五$_1^2$	>30	30.6	22.3	4.5	6.69	4.20	35.34	
G19—11	马五$_1^2$	>35	31	19.1	6.8	4.48	0.11	13.9	
G24—17	马五$_1^3$		34	15.2	7.4	5.46	2.75	9.26	
G27—17	马五$_1^3$	>30	31.5	15.5	5.7	5.6	2.07	1.56	
G25—14	马五$_1^1$	>30	27	29.7	5.2	4.43	0.75	1.56	
G22—5	马五$_1^2$	>30	31	17.4	3.5	7.60	0.77	3.29	36.12
G26—7	马五$_2^2$	20—25	31	3.2	1.6	5.60	0.82	气显示	4.35
G24—7	马六	>30	29.6	33.6	6.6	3.10	4.61	气显示	21.9

针对地震储层的横向预测,1993—2005 年先后采集地震测线 350 条共 7033.8km;处理 350 条合计 7125.0km;老资料重处理 658 条合计 12923.5km;特殊处理 819 条合计 15015.6km。为提高储层预测精度,利用地震—地质层位标定技术,波形特征归纳、模型正演和侵蚀点段追踪平面组合技术,发展了高分辨率地震反演技术,建立了侵蚀沟槽解释模式,将储层厚度及侵蚀沟、坑预测精度提高到 15m 左右,为提高钻井成功率提供了保证。

针对储层综合评价,通过沉积相研究、前石炭纪岩溶古地貌恢复、小幅度构造等多学科联合研究,揭示了储层发育与气井相对高产富集的控制因素。总结了布井"六要素",形成了"十五图一表"井位优选方法,开发井钻井成功率达到 80% 以上。"布井六要素"包括:前石炭纪岩溶古地貌、小幅度构造、马五$_1$储层沉积相、波形特征和波阻抗、加里东末期古构造和生产动态与压力系统。"十五图一表"是指前石炭纪岩溶古地貌图、小幅度构造图、马五$_1^3$沉积微相图、前石炭纪古地质图、马五$_{1+2}$地层厚度图、马五$_1$有效厚度图、马五$_1$孔隙度图、马五$_1$储层丰度图、马五$_1$地层系数图、马五$_1$地层压力分布平面图、马五$_1$地震储层剖面图、石炭系泥岩欠压实平面图、区块单井开采曲线图、加里东末期古构造图和优选井位综合参数图。

2. 探井试采阶段(1997—1998 年)

这一阶段主要是建成产能 12×10⁸m³ 及 30 亿骨架配套工程,明确高产稳产的主控因素,形成了优化布井技术,为气田的大规模高效开发提供了保证。

经过 1997—1998 年产能建设阶段,共建探井 51 口、集气站 22 座,年生产能力 12.0×10⁸m³,平均单井日配产 7.0×10⁴m³。

通过探井试采阶段开展的工作进一步落实气井的稳产能力,明确储层有效连通范围是气井稳产的基础,裂缝发育是气井高产的保证,形成了优化布井、方案优化设计及工艺改造技术,为靖边气田高效开发提供了科学有效的技术保障。

3. 规模开发阶段（1999—2003 年）

经过六年的综合评价、两年的探井生产，对靖边下古生界气藏的认识进一步加深，同时各项技术趋于成熟，1999 年气田进入规模开发，至 2003 年底，共钻开发井 276 口，建井 339 口，其中建探井 93 口，动用地质储量 $2695 \times 10^8 m^3$，形成了 $55 \times 10^8 m^3/a$ 生产能力。

在靖边气田开发过程中，坚持技术攻关，采用实用有效的技术措施，经过多年的不懈努力，形成了靖边气田开发主体技术。这些主体开发配套技术主要包括储层综合评价技术、储层地震横向预测技术、优化布井技术、气井产能评价技术、气田开发优化设计技术、采气工艺技术和地面集输工艺等。这些主体开发配套技术保证了靖边气田的有效开发。

同时，在气田规模开发阶段实现向陕、宁、蒙、京、津及华东地区的供气。

4. 气田稳产阶段（2004 至今）

这一阶段主要是进行周边评价及有利区筛选，在气田内部加密调整及潜台东侧滚动建产，同时进行了水平井及侧钻井开发试验。2004 年靖边气田下古生界气藏年产天然气达到 $55.1 \times 10^8 m^3$，2004 年至今，保持年产气（50 ~ 55）$\times 10^8 m^3$ 左右的规模，实现了长期平稳供气目标。

（三）气田开发现状

截至 2009 年 8 月靖边气田动用地质储量 $3393.45 \times 10^8 m^3$（复核），可采储量 $2347.1 \times 10^8 m^3$；投产井 524 口，开井 424 口；日产气 $1095 \times 10^4 m^3$，月产气 $3.39 \times 10^8 m^3$，累计产气 $421.9 \times 10^8 m^3$；产水气井 86 口，日产水 $294.2 m^3$，水气比 0.21 ~ $0.23 m^3/10^4 m^3$；天然气组分：CH_4：94.32%，CO_2：5.42%，H_2S 含量 $1489.57 mg/m^3$；地层水矿化度为 50.27g/L。

地层压力 7.58 ~ 32.3MPa，平均 19.98MPa，年压降 0.88MPa。有 73 口井地层压力小于 15MPa：Ⅰ类井 25 口、Ⅱ类井 45 口、Ⅲ类井 3 口。有 92 口井地层压力高于 26MPa：Ⅰ类井 14 口、Ⅱ类井 44 口、Ⅲ类井 34 口。这部分井中Ⅰ、Ⅱ类井投产时间晚，Ⅲ类井则多是间歇生产。井口压力 4.8 ~ 24.2MPa，主体区已有 33 口井油压低于 6.4MPa，井口压力在 10.0MPa 以下的井累计 196 口，其中Ⅰ类井 48 口、Ⅱ类井 128 口、Ⅲ类井 20 口。

目前靖边气田面临最重要的问题就是如何在地层压力严重亏空的条件下保持气田产量稳定，提高整个气田采收率。

二、剩余储量分类及分布规律

经过多年开发，如何继续保持气田稳产是目前气田开发面临的新形势，靖边气田储层非均质性较强，储量动用程度不均衡，需要进一步评价储量动用状况；气田储层条件差异大，无论在主体区还是扩边区，都广泛发育差储层，形成低效储量分布区，目前对低效储量的动用状况尚缺乏认识，其储量占总储量的三分之一左右，是靖边气田潜在的接替资源，随着优质资源的减少，这部分储量的重要性将日益凸显。

对于油田开发，剩余油挖潜具有相对明确的阶段划分和研究方法。但是，对天然气开发而言，剩余天然气目前还缺乏明确的概念、阶段划分和评价方法。依据天然气的开发特点，当气田井网完善、气井产量逐渐下降、气田整体进入产量递减阶段就进入剩余天然气挖潜阶段。通过对靖边气田储层条件和生产动态特征分析，对靖边气田剩余天然气储量进行分类评价，明确剩余储量的分布规律，为剩余储量挖潜奠定资源基础。

（一）靖边气田剩余储量分类

从储层条件看，结合靖边气田储层分类方案，总体上可以把气田储层划分为三种类型，具体见表7-2，其物性逐渐变差。这三种类型的储层受相对稳定的潮坪沉积环境控制，储层在横向分布上具有一定的连续性，但是由于后期的侵蚀沟槽发育，将其分割成形状各异的孤岛状连通体。从气井生产特征看，以Ⅰ、Ⅱ类储层为主的气井生产效果较好，稳产能力强，而以Ⅲ类储层为主的气井，产量低，稳产难度大。同时受气藏内地层水的影响，部分井产水，间歇性生产。

表7-2　靖边气田储层和生产特征分类表

	分类参数	Ⅰ类	Ⅱ类	Ⅲ类
储层静态特征	孔隙度 ϕ（%）	> 7	5 ~ 7	< 5
	测井渗透率（mD）	> 0.2	0.2 ~ 0.04	0.04 ~ 0.01
	测井含气饱和度 S_g（%）	75 ~ 90	80 ~ 70	75 ~ 60
	声波时差（μs/m）	165 ~ 188	165 ~ 160	160 ~ 155
单井动态特征	无阻流量（$10^4 m^3/d$）	> 20	20 ~ 5	< 5
	生产压差 Δp（MPa）	< 2	2 ~ 5	> 5
	单井测试产量 q_g（$10^4 m^3/d$）	5	5 ~ 0.5	< 0.5
	分层测试压差 Δp（MPa）	< 2	2 ~ 10	> 10
	储能系数（m）	> 0.32	0.15 ~ 0.32	< 0.15
	KH（mD·m）	> 5.0	1.8 ~ 5.0	< 1.8
	日产量（$10^4 m^3$）	> 4	2 ~ 4	< 2
	动储量（$10^8 m^3/MPa$）	> 3	0.4 ~ 3	< 0.4

研究表明，气田稳产资源基础好，但接替资源品质变差（图7-2）。结合这些特征，对比不同区块生产特征，依据剩余天然气类型及生产效果将靖边气田剩余储量划分为开发正动用型、动用不彻底型、井网不完善型和低效未动用型四种类型（图7-3）。气田剩余储量的研究可为气藏稳产提供资源保障。

（二）不同类型剩余储量特点

下面以靖边气田南部六个区块（南区、南二区、陕100井区、陕227井区、陕230井区以及陕106井区）为例来阐述剩余储量特点。

1. 开发正动用型

开发正动用型剩余储量是指随着生产的进行，地层压力下降平缓，目前正常生产的气井尚未采出的剩余储量。这种类型剩余储量主要分布在气田开发井网较为完善、储层物性较好的区域，气井以Ⅰ类、Ⅱ类气井为主，具有单井累产气量大、水气比低、储量动用程度高的特点。以南区为例，从井控半径图来看（图7-4），区块内井网基本完善，剩余储量主要为开发正动用型；从有效储层对比剖面来看（图7-5），南区主力层以Ⅰ、Ⅱ类层为主，分布连片，厚度稳定，储层物性好。这一类型的剩余储量开采效果较好，依靠气井正常生产即可达到较高的采出程度。

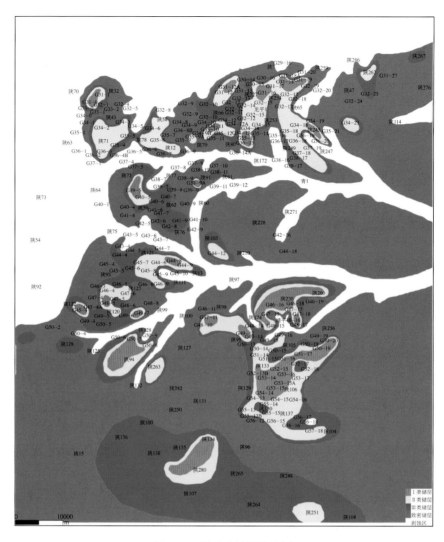

图7-2 马五₁² 储量分布图

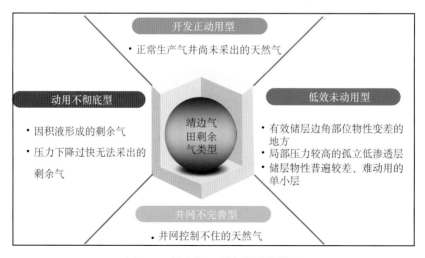

图7-3 靖边气田剩余储量分类图

图7-4 南区井控半径图

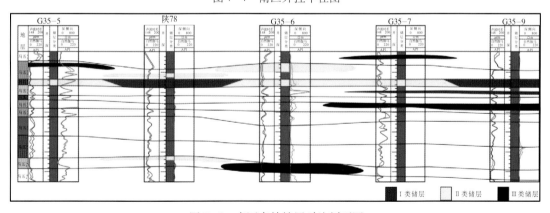

图7-5 南区有效储层对比剖面图

区内开发正动用型气井62口，占总井数比例的31.79%；平均单井产量$7.47 \times 10^4 m^3/d$；累计产气量$81 \times 10^8 m^3$，占总累计产气比例的58.98%，平均单井累计产气量$1.31 \times 10^8 m^3$；动态储量$295.78 \times 10^8 m^3$，占总动态储量比例的59.97%，平均单井控制动储量$4.77 \times 10^8 m^3$；目前油套压分别为13.02MPa、14.02MPa；单位压降产气量$1545.73 \times 10^4 m^3/MPa$。

典型井G39-7井投产日期2002年12月19日，无阻流量$22.98 \times 10^4 m^3/d$，初期产量

$4.9 \times 10^4 m^3/d$，套压 18.8MPa；目前产量 $4.2 \times 10^4 m^3/d$，套压 9MPa，累计产量 $1.29 \times 10^8 m^3$；产气量平均年递减 2.2%，套压平均年下降 1.48MPa。初期压降速率 0.007MPa/d，后期压降速率 0.0015MPa/d（图 7-6）。

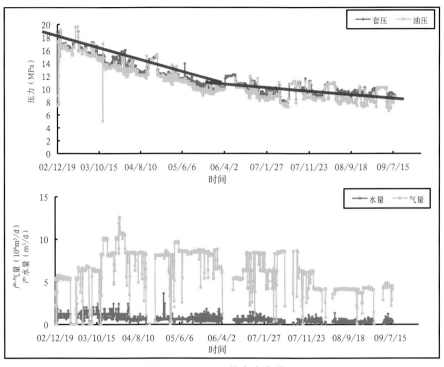

图 7-6　G39-7 井生产曲线图

2. 动用不彻底型

动用不彻底型剩余储量主要是因积液或压力下降过快间歇生产而形成的，大部分是针对靖边气田产水井而言的。靖边气田不发育边底水，区内主要为成藏滞留水，零散分布，产水井在各区都有出现，其中以北二区和南二区产水最多。

区内动用不彻底型气井 39 口，占总井数比例的 20%；平均单井产量 $4.44 \times 10^4 m^3/d$；累计产气量 $29.04 \times 10^8 m^3$，占总累产气比例的 21.15%，平均单井累计产气量 $0.74 \times 10^8 m^3$；动态储量 $93.45 \times 10^8 m^3$，占总动态储量比例的 18.95%，平均单井控制动储量 $2.4 \times 10^8 m^3$；目前油套压分别为 12.34MPa、12.31MPa；单位压降产气量 $674.49 \times 10^4 m^3/MPa$。

典型井如 G46-3 井，该井初期日产气量 $10 \times 10^4 m^3$，日产水量 15m^3，产气量和产水量逐年降低，至 2006 年底井筒积液关井（图 7-7）。

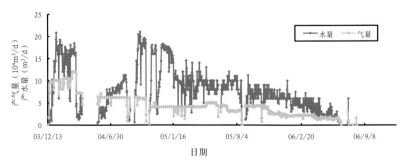

图 7-7　G46-3 井生产曲线图

3. 井网不完善型

靖边气田本部井网已经比较完善，目前井网不完善区主要是扩边区和南部未动用区，以及军事用地、地方油矿区等。井网完善区井距在 2km 左右，局部地区达到 1km，基本没有继续加密的空间。探明但动用程度低的区块井距在 7km 左右，储层条件相对较差，目前具有较大的加密空间，如陕 100 区块，是气田提高产量、弥补递减的一个重点区域。

4. 低效未动用型

低效未动用型剩余储量主要是针对储层物性条件差、气井产量低、稳产难度大的Ⅲ类储层中富存的天然气。这类储量分布广泛，在气田本部和扩边区普遍发育。总的来说在气田本部低效储量相对分散，多呈条带状分布在优质储量边部，而扩边区低效储量分布相对集中。以区内的有效储层分布范围为基础，采用容积法计算不同类型储层中的储量分布。计算结果表明，低效储量占有较大比例，达到总储量的 26%，也主要分布在马五$_1^3$和马五$_4^{1a}$小层，挖潜空间较大（表 7-3）。

表 7-3 不同类型储层储量计算结果表

层位	Ⅰ类储层		Ⅱ类储层		Ⅲ类储层		储量合计 (10^{8}m^3)
	面积 (km^2)	储量 (10^{8}m^3)	面积 (km^2)	储量 (10^{8}m^3)	面积 (km^2)	储量 (10^{8}m^3)	
马五$_1^1$	181.5	52.7312	247	49.0864	276.9	26.6856	128.5032
马五$_1^2$	203.2	65.683	491	119.3692	514.9	75.5348	260.587
马五$_1^3$	748.3	308.8835	684.8	195.0037	638.4	114.0344	617.9216
马五$_1^4$	218.3	64.6602	163.9	27.6448	254.1	18.8881	111.1931
马五$_2^1$	5.5	0.736	8.5	0.5476	80.7	3.1694	4.453
马五$_2^2$	49.9	21.6402	373.2	108.1154	640	75.1581	204.9137
马五$_4^{1a}$	272	97.9408	728.5	222.9441	847.5	145.3974	466.2823
合计储量	612.2749		722.7112		458.8678		1793.854

低效未动用型储量主要分布在Ⅲ类储层（低效层）中，因此依据Ⅲ类储层的发育特点，低效未动用型剩余储量可以划分为两种分布形式。一种是以Ⅲ类储层为主，Ⅰ、Ⅱ类储层不发育，单井产量低，稳产能力差，间歇生产。该类低效储量主要分布在Ⅰ、Ⅱ类储层的边部区和沟槽分布区；气田南部和东部有效层物性变差，该类低效储量相对集中。另一种是主力层（Ⅰ、Ⅱ类储层）与低效层（Ⅲ类储层）均发育，气井单井生产状况较好，产量较高，稳产能力较强，产气量主要来自主力气层，低效层贡献率不大，储量动用程度偏低。

（三）靖边气田剩余储量分布规律

1. 剩余储量分布

在研究区内，从平面分布上看，开发正动用型主要分布在南区以及陕 227 井区东部，动用不彻底型主要分布在储层条件较好、发育层间水的南二区以及陕 106 井区中部和南部，井网不完善型主要分布在军事用地、地方矿权等区域，低效未动用型主要分布在外围地区，主体区分布较零散。不同类型储量分布如图 7-8 所示。

为了进一步对剩余储量做出定量评价，通过数值模拟方法分小层模拟了剩余储量的分布。结果表明，主力气层剩余储量分布相对集中，马五$_1^2$层生产井 120 口，陕 100 井区北部、陕 227 井区南部剩余储量富集（图 7-9a）；马五$_1^3$层生产井 189 口，剩余储量连片分布，南区、陕 100 井区北部、陕 227 井区剩余储量富集（图 7-9b）。

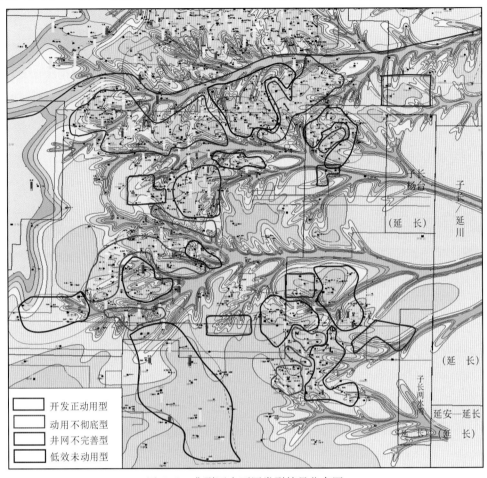

图 7-8　典型区内不同类型储量分布图

非主力层剩余储量分布相对分散，马五$_1^1$层陕 100 井区和陕 106 井区的 G51-14 井西部剩余储量富集，马五$_1^4$层陕 230 井区东部、南部和南区西北部剩余储量富集；马五$_2^2$层陕 227 井区东部和南区西南部剩余储量富集。马五$_2^1$层剩余储量小，孤立分布，仅占总剩余储量的 0.62%，该层不具备剩余储量开发潜力。马五$_4^1$层，多数井在该层未射孔投产，该层压力较高，剩余储量总量和比例均较大，但是多为气水同层，因此储量挖潜难度大。南区西北部、中部、南二区中部、陕 227 井区中部、陕 106 井区西北剩余储量富集（图 7-10）。

主力层剩余储量大面积分布，主体区以开发正动用型为主，是气田稳产的基础；外围区以低效未动用型为主，是气田后续接替的主力资源。非主力层剩余储量分布零散，以低效未动用型为主，挖潜难度大。区块上，剩余储量主要分布在南区、227 井区和南二区，占总量的 73.7%；层位上，剩余储量主要分布在主力层马五$_1^3$层和马五$_4^1$层，占总剩余储量 59.6%（图 7-11、图 7-12）。从各类储量规模来看，开发正动用型剩余动态储量比例较大，占 60.39%，动用不彻底型和低效未动用型剩余动态储量比例分别占 18.08% 和 21.53%。

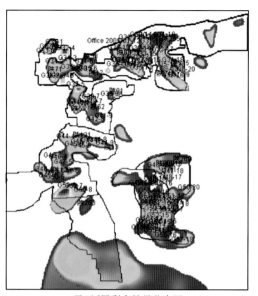

a. 马五$_1^2$层剩余储量分布图

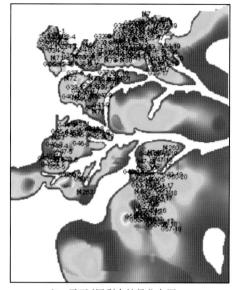

b. 马五$_1^3$层剩余储量分布图

FIP Gas （Mscf）

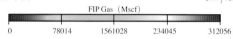

0   78014   1561028   234045   312056

图 7-9　主力层剩余储量分布图

  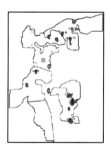  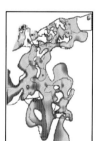

FIP Gas （Mscf）

0   78014   156028   234042   312056

马五$_1^1$　　　　　马五$_1^4$　　　　　马五$_2^1$　　　　　马五$_2^2$　　　　　马五$_4^1$

图 7-10　非主力层剩余储量分布图

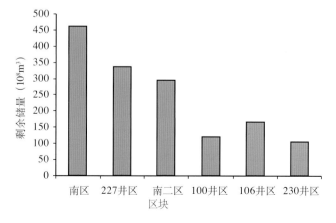

图 7-11　典型区各区块剩余储量图

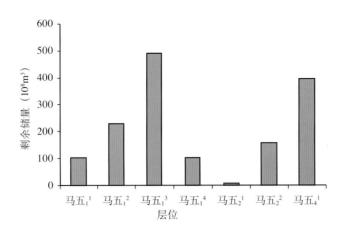

图 7-12 典型区各小层剩余储量图

根据 2000—2006 年间 71 口井、368 层次分层测试资料统计，马五$_1^3$ 主力层厚度动用达到 96.8%，马五$_1^1$、马五$_1^2$、马五$_1^4$ 非主力层厚度动用比例仅为 65% ~ 79%，而马五$_2$ 动用比例只有 62.2%，说明非主力气层储量动用程度低，存在一定规模的低效未动用储量（表 7-4）。研究区内低效未动用型气井 94 口，占总井数比例的 48.21%；平均单井产量 2.36×10^{4}m^3/d；累计产气量 27.29×10^{8}m^3，占总累计产气比例的 19.87%，平均单井累计产气量 0.2904×10^{8}m^3；动态储量 103.96×10^{8}m^3，占总动态储量比例的 21.08%，平均单井控制动储量 1.12×10^{8}m^3；目前油套压分别为 11.5MPa、12.27MPa；单位压降产气量 249.63×10^{4}m^3/MPa。

表 7-4　靖边气田各小层动用状况统计表

层位	层数	有效厚度 (m)	动用				未动用		
			层数	气量 (10^{4}m^3/d)	有效厚度 (m)	有效厚度 比例 (%)	层数	有效厚度 (m)	有效厚度 比例 (%)
马五$_1^1$	36	73.2	27	9.3	57.8	79	9	15.4	21
马五$_1^2$	95	232.4	72	63.6	183.5	79	23	48.9	21
马五$_1^3$	109	393.7	106	539.6	381.2	96.8	3	12.5	3.2
马五$_1^4$	46	76.3	29	12.6	49.4	64.7	17	26.9	35.3
马五$_1$ 小计	286	775.6	234	625.1	671.9	86.6	52	104	13.4
马五$_2$ 小计	82	223.2	48	14.5	138.9	62.2	34	84.3	37.8
合计	368	998.8	282	639.6	810.8	81.2	86	188	18.8

开发正动用型和井网不完善型开发对策明确：保持生产或通过完善井网即可；动用不彻底型潜力有限；低效未动用型潜力很大，是气田未来稳产的重要资源。在剩余储量分布规律研究的基础上，对低效储量可动用性进行了分析，低效储层渗透率、低效储层布井方式（井距）、低效储层气井配产是影响低效储量动用程度的主要因素。

三、低效储量可动用性分析

剩余储量分析结果表明，目前气田开发正动用型剩余储量所占比例最大，是气田保持正常生产和稳产的基础，但随着生产的进行这部分储量将越来越少，因此需要不断提供新的储量基础。低效未动用型储量占总储量的近三分之一，采出程度较低，将是气田后期弥补产量递减的主要资源，因此重点对这种类型剩余储量的控制因素、可动用性和潜力进行评价。首先从低效储层的控制因素和分布规律分析入手，分析建立低效储量的分布模式，再对低效储量的可动用性做出评价。

（一）低效储层主控因素

低效储层的分布决定了低效储量的分布规律。沉积作用、成岩作用和岩溶作用是影响区内储层发育情况的主要因素，白云岩化、溶蚀作用和充填作用是有效储层形成的主要因素。低效储层主要受溶蚀程度和充填程度的控制。

1. 沉积微相对储层的控制

马五段沉积期为稳定发育的蒸发潮坪相，呈北东南西向条带状分布。发育的岩石类型以深灰、灰色含膏云岩、粉晶白云岩、细粉晶白云岩和角砾状白云岩为主，夹泥质云岩、云质泥岩、硬石膏岩和凝灰岩等。

多井对比分析表明，区内整体相带展布稳定，单层内相变不明显，垂向上岩相组合规律性强。划分为潮上带含膏云坪和潮间带（泥）云坪两种亚相类型。潮上带含膏云坪以溶斑云岩为主，溶蚀孔洞及网状裂缝发育，普遍含气；潮间带（泥）云坪主要为泥质白云岩、白云质泥岩、泥岩及含藻云岩，局部夹膏斑白云岩，溶孔相对不发育。

低效储量储层主要发育在潮上带和潮间带的含膏云坪和云坪微相中。含膏云坪微相膏斑发育少，可溶物质少，溶孔不发育，为相对较致密的溶斑云岩或针孔云岩；云坪微相中粗粉晶云岩晶间溶孔发育，也是构成低效储层的重要类型。

2. 成岩作用对储层的控制

成岩作用是储层物性好坏的重要影响因素。鄂尔多斯古岩溶气藏风化壳储层早奥陶世末期至中石炭世一直遭受风化剥蚀，中石炭世后再度下沉接受沉积，至今埋深超过3000m。受多期构造变动和成岩环境改变的影响，客观上造就了该区储层成岩作用类型多样、成岩演化复杂的特点，既有明显的早期成岩作用，又有大气淡水和埋藏成岩作用。主要成岩作用包括白云岩化作用、压实压溶作用、溶解作用、交代作用、自生矿物充填作用、重结晶作用、角砾化作用、破裂作用。其中建设性成岩作用包括白云岩化作用、多期次的岩溶作用和破碎作用，能够形成各种溶蚀孔洞、裂缝，改善储层物性。粗粉晶云岩能够形成低效储层，主要是受溶蚀作用影响，发育晶间溶孔。破坏性成岩作用包括压实作用、充填作用，其中自生矿物充填是区内储层物性变差的主要因素，导致储集空间减少，物性变差。含膏云岩一般发育膏斑溶孔，但受充填作用影响，孔洞缩小，物性变差，形成低效储层。

3. 古岩溶地貌对储层的控制

加里东运动使本区抬升，马五段地层遭受了1.3亿年的风化剥蚀、雨水冲刷及化学溶蚀、淋滤作用，雕琢出该区特有的古岩溶地貌景观。主要特点是槽台并存、沟壑林立，在台丘内发育局部浅凹。区内气层平面分布明显受控于槽台分布。

通过马五 $_{1+2}$ 层残余厚度恢复古地貌，气井无阻流量高的地区与残余厚度大的地区对应较好；低效储层主要发育在残余厚度小的低洼地区。地貌单元统计表明，无阻流量低于 $5 \times 10^4 m^3/d$ 的井在各地貌单元均有分布，说明低效储量分布范围较广，其中台内浅凹、剥蚀区和沟槽区比例较大，斜坡区低效井的比例也超过三分之一。

（二）低效储层分布特征

靖边气田受稳定分布的潮坪相控制，储层分布具有较好的稳定性和连续性，后期的构造抬升，造就了沟壑林立的地貌格局，使储层形成分区分块的特点。通过对靖边气田不同类型的储层进行对比分析表明，低效储层的分布具有如下特征。

从对比剖面上看（图 7−13），区内有效储层整体具有较好的连续性，井间可对比性强，优质储层和低效储层相互连接，呈渐变过渡关系。主力层和非主力层均有低效储层发育，但是，由于储层物性差异较大，造成二者相间发育的格局，增加了储层的非均质性。

从平面图上看（图 7−14），低效储层以分布在优质储层边部和孤立分布为主，受沟槽发育控制，使储层的分布呈孤岛状，具有中间物性好，向边部变差的特点。总结低效储层的分布形式，可以划分为三种类型：（1）分布在优质储量内部，被优质储量包围或半包围；（2）分布在优质储量边部，与优质储量相通，呈条带状；（3）孤立分布，发育相对较少。

（三）低效储量分布模式

为了进一步对低效储量的可动用性进行评价，结合低效储层的分布特征，总结低效储量的分布模式。从低效储层在剖面上和平面上分布的非均质性方面看，低效储量的分布与优质储量之间具有如下三种分布模式：（1）垂向上与优质储量互层发育的低效储量，在气田的主体区这种模式的低效储量发育较多（图 7−15a）；（2）与优质储量相连通的低效储量，这种类型的低效储量在全区都有分布（图 7−15b）；（3）孤立分布的低效储量，主要发育在气田扩边区，主体区相对较少（图 7−15c）。这三种抽象出来的低效储量分布模式，通常在空间上是组合在一起的，构建出靖边气田低效储量分布的复杂情况。

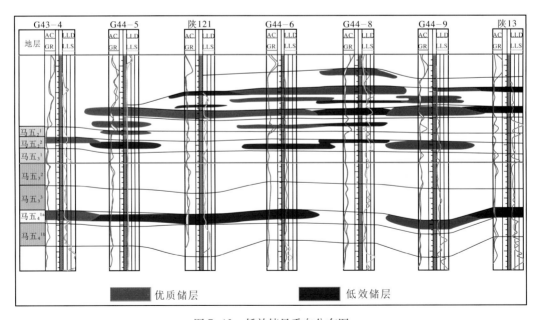

图 7−13　低效储量垂向分布图

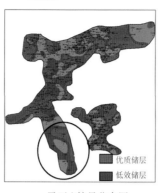

| 马五₁³储量分布图 | 马五₁¹ᵃ储量分布图 | 马五₁⁴储量分布图 |

图 7-14　低效储量在平面上三种分布形式图

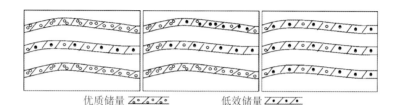

优质储量　低效储量

图 7-15　低效储量分布形式示意图

（四）低效储量可动用性评价

由于气田内孤立分布的低效储量较少，大部分低效储量与优质储量并存，或者相互连通，或者垂向互层发育，因此主要针对前两种分布形式，建立数值模拟模型，模拟开采过程中低效储量的动用情况（贾爱林等，2012）。

1. 与优质储层垂向叠加型模型设计

1）模型参数设计

对于垂向受优质储层影响的低效储量的动用性模拟，模型设计思路是基于无边底水平面均质气藏模型，单井生产。井上发育两个有效储层（图 7-16），上部有效层段物性好（相当于Ⅰ、Ⅱ类储层），下部有效层段物性差（相当于Ⅲ类储层，对应低效储量），中间发育隔层。目的是分析好储层与差储层同时开采与差储层单独开采时低效储量的动用情况。

模型设计为均质模型，网格步长 dx=50m，dy=50m；网格数为 41×41×3=5043 个；模拟面积为 2.05km×2.05km=4.2km²。模型计算中的物性参数见表 7-5。

表 7-5　模型参数表

储层	优质储层	低效储层
有效厚度（m）	5	3
孔隙度（%）	6.8	3.5
含气饱和度（%）	77	70
渗透率（mD）	2.0	0.1 ~ 0.4
配产（10⁴m³/d）	3.20	0.28 ~ 0.80

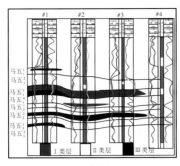
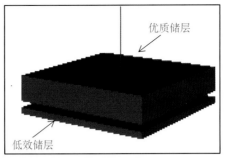

地质特征 三维模型

图 7-16　垂向受优质储层影响的低效储量的动用性模型示意图

2）模拟过程

设计三组（表 7-6）从 5～20 不同渗透率级差的数模模型，每组共包括三个模型，即优质储层单采模型、低效储层单采模型、优质储层低效储层合采模型。

表 7-6　模型渗透率与配产参数表

模拟组次	NO.1	NO.2	NO.3
渗透率级差	5	10	20
优质储层渗透率（mD）	2	2	2
低效储层渗透率（mD）	0.4	0.2	0.1
优质储层配产（$10^4 m^3/d$）	3.2	3.2	3.2
低效储层配产（$10^4 m^3/d$）	0.60、0.65、0.70、0.75、0.80	0.40、0.45、0.50、0.55、0.60	0.28、0.31、0.34、0.37、0.40

2. 与优质储层侧向连通型模型设计

对于与优质储量相通的低效储量的动用性模拟，重点考虑布井方式对低效储量动用情况的影响。设计的模型是基于平面均质气藏模型，中部为优质储层，有 6 口气井生产，井距 3km。优质储层外围 6km 范围为低效储层，对应低效储量区。在此模型基础上，通过改变低效储层渗透率、含气饱和度、有效厚度、布井方式、低效储层气井配产以及优质储层渗透率、优质储层配产等参数模拟了优质储层气井生产时，不同参数变化对外围低效储量动用程度的影响（图 7-17）。

基础模型设计为，网格步长 dx=50m，dy=50m；网格数 361×361×1=130321 个；模拟面积为 18.05km×18.05km=325.8km²。模型参数见表 7-7。

表 7-7　基础模型参数设计表

储层	优质储层	低效储层
有效厚度（m）	5	4
孔隙度（%）	6.8	4.6
含气饱和度（%）	77	70
渗透率（mD）	2.00	0.01～1.50
配产（$10^4 m^3/d$）	6	1

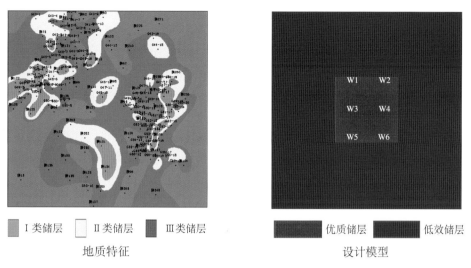

| I 类储层 | II 类储层 | III 类储层 | | 优质储层 | 低效储层 |

地质特征　　　　　　　　　　　　　　设计模型

图 7-17　与优质储量相通的低效储量的动用性模型示意图

3. 低效储量可动用性分析

根据设计的模型，对于与优质储量侧向连通型低效储量，模拟了以下七种不同因素对低效储量采出程度的影响：（1）低效储层布井方式（井距）；（2）低效储层渗透率；（3）低效储层含气饱和度；（4）低效储层有效厚度；（5）低效储层气井配产；（6）优质储层渗透率；（7）优质储层配产。

1）低效储层布井方式（井距）对低效储量动用程度的影响

考虑到气藏的非均质性和开采中的不均衡性，在生产中，低渗区的气可以补给高渗区，高渗区的气井不仅可以采出本井区的储量，而且可以采出邻区的部分储量，因此在研究低效储层布井方式对低效储量动用程度的影响时，设计了三种布井方式（图 7-18）：（1）低效储层不布井，中部优质储层井距 3km，有 6 口气井生产，外围低效储量区无生产井；（2）低效储层均匀布井，中部优质储层井距 3km，有 6 口气井生产，外围低效储量区均匀布 35口井；（3）距优质储层 2km 外均匀布井，中部优质储层井距 3km，有 6 口气井生产，在距离优质储层 2km 外的低效储量区均匀布 35 口井。

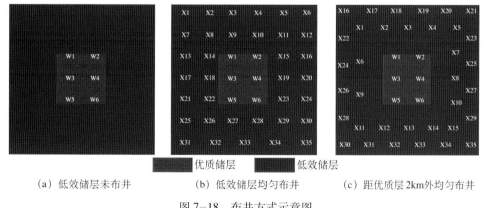

| 优质储层 | 低效储层 |

（a）低效储层未布井　　　　（b）低效储层均匀布井　　　（c）距优质储层 2km 外均匀布井

图 7-18　布井方式示意图

模拟结果表明，低效层不布井时，随着与优质储层距离的增加，低效储量动用程度急剧下降，但在距离优质储层 2km 范围内，低效储量动用程度能达到 20% 以上，2km 以外储量难以动用，需进一步钻井才能有效动用；低效层布井时，在距离优质储层 2km 范围外均匀布井的效果好于整个低效储层均匀布井，低效储层储量动用程度要提高 1.3% 左右（图 7-19）。在距优质储层 2km 外均匀布井，井数在 4 口、8 口、14 口、21 口、28 口、35 口、56 口变化，对应井距在 7.50km、5.30km、4.01km、3.27km、2.83km、2.53km、2.00km 变化，最大井距与最小井距对应的优质储量采出程度变化范围不到 3%，而低效储量采出程度从 14.23% 变化到 52.29%，变化范围近 40%（图 7-20）。

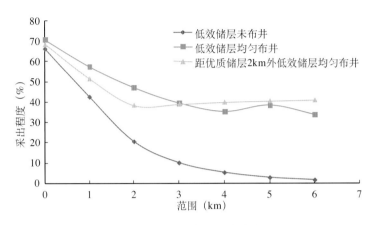

图 7-19 采出程度随距离变化图

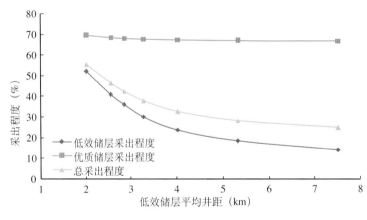

图 7-20 井距对采出程度的影响图

2）低效储层渗透率与含气饱和度对低效储量采出程度的影响

渗透率是影响低效储层动用能力的主要因素，渗透率在 0.01 ~ 1.5mD 变化时，低效储量采出程度在 2.72% ~ 53.48% 间变化，变化范围达 50%。渗透率在 0.3 ~ 1.5mD 变化时，对低效储量采出程度影响较小，低效储量采出程度变化在 7.5% 左右，渗透率小于 0.3mD 时，低效储量采出程度急剧降低，低效储量采出程度变化达到 43%（图 7-21）。

低效储层含气饱和度在 45% ~ 77% 变化时，低效储量采出程度在 22.75% ~ 42.58% 间变化，变化范围在 20% 左右（图 7-22）。

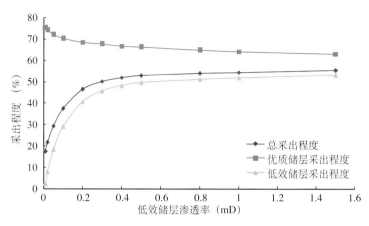

图 7-21　渗透率对采出程度的影响图

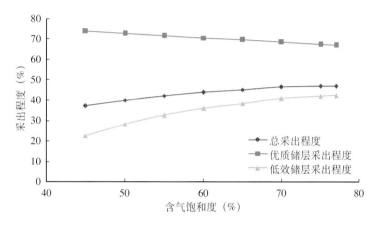

图 7-22　含气饱和度对采出程度的影响图

3）低效储层有效厚度与气井配产对低效储量采出程度的影响

低效储层厚度在 2 ~ 8m 变化时，低效储量采出程度在 43.45% ~ 27.20% 间变化，变化范围在 16% 左右（图 7-23）。

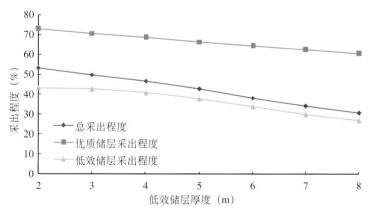

图 7-23　低效储层有效厚度对低效储层
采出程度的影响图

低效储层配产主要影响气井的稳产期，保持优质储层配产不变，低效储层配产在 $(0.8 \sim 2) \times 10^4 m^3/d$ 变化时，稳产期从 20 年减小到 0.33 年，对低效储量采出程度影响较小，影响程度在 4.3% 以内（图 7—24）。

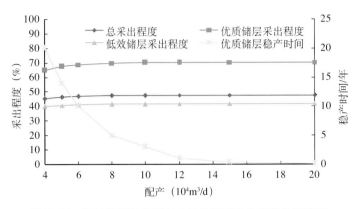

图 7—24　低效储层气井配产对低效储层采出程度的影响图

4）优质储层渗透率与配产对低效储量采出程度的影响

优质储层渗透率主要影响优质储层采出程度，优质储层渗透率在 1 ~ 10mD 变化时，优质储层采出程度变化范围在 20% 左右，对低效储层采出程度影响很小，低效储层采出程度变化在 2.3% 左右（图 7—25）。

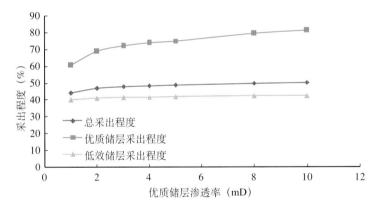

图 7—25　渗透率对低效储层采出程度的影响图

优质储层配产主要影响优质储层稳产期，优质储层配产从 $(4 \sim 20) \times 10^4 m^3/d$ 变化，优质储层稳产期从 20 年降至 0.04 年，对低效储层采出程度影响不大，影响范围在 1.8% 以内（图 7—26）。

通过以上分析，对于与优质储量侧向连通型低效储量，其采出程度的影响因素由强到弱依次为：低效储层渗透率；低效储层布井方式（井距）；低效储层含气饱和度；低效储层有效厚度；低效储层气井配产；优质储层渗透率；优质储层配产。

5）渗透率级差与低效储层配产对低效储量采出程度的影响

对于与优质储量垂向叠加型低效储量，模拟了不同渗透率级差与低效储层配产对低效储量的影响（图 7—27、图 7—28）。

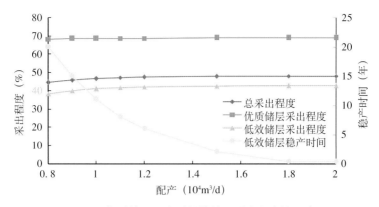

图 7-26 优质储层配产对低效储层采出程度的影响图

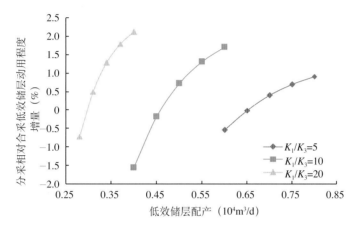

图 7-27 渗透率与配产对采出程度的影响图

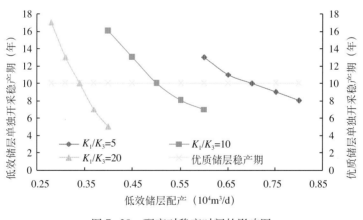

图 7-28 配产对稳产时间的影响图

结果表明，低效储量采出程度受气井配产影响人。优质储层与低效储层分采与合采时低效储量采出程度的差异主要受气井配产影响，低效储层单独生产配产的稳产期不高于优质储层稳产期时，分采采出程度高。渗透率级差越大，优质储层与低效储层分采与合采时储量采出程度的差异越大。因此，选择与低效层相匹配的产量可提高低效储层采出程度。

低效储量可动用性的评价为低效储量的有效开发提供了指导。

四、水平井技术及应用

水平井技术是提高气井单井产量和气田采收率的重要技术之一。近年来，水平井在我国各大油气田得到了广泛的应用，但水平井开发投资高、风险大，并非所有的油气田都能取得理想的效果。靖边气田 2006 年开始水平井开发试验，在水平井轨迹优化设计及现场导向技术方面开展了大量研究与实践，取得了一些成果。由于马五 $_{1+2}$ 储层侵蚀沟槽分布复杂、主力气层厚度薄、小幅度构造变化快以及非均质性强的问题，水平井整体开发效果欠佳。从 2009 年起，靖边气田加强了水平井井位部署论证，通过开展水平井适应性评价、储层横向预测、岩溶古地貌恢复、小幅度构造精细描述等地质研究，建立并深化了井位优选技术及部署原则。靖边气田水平井应用开发效果显著提高。同时水平井地质导向技术是水平井开发技术的重要环节和组成部分，地质导向技术的优劣是决定一口水平井是否成功的关键，对进一步提高经济效益起到决定性作用。

（一）靖边气田水平井开发难点和优势

1. 水平井开发难点

靖边气田马五 $_{1+2}$ 储层水平井开发的难点有如下几点。

（1）前沟槽发育。石炭纪古地貌侵蚀沟槽发育，古沟槽沟宽 1 ～ 3.5km，沟长 15 ～ 55km，最大切割深度为 20 ～ 40m，实施水平井开发存在主力层缺失风险。

（2）储层薄。主力储层马五 $_1^3$ 气层厚度较薄，马五 $_1^3$ 气层 54% 以上的完钻井厚度小于 3m，水平井轨迹设计和地质导向难度大。

（3）埋藏深。马五 $_{1+2}$ 储层埋深介于 3150 ～ 3765m 之间，平均约 3500m。

（4）构造复杂。局部小幅度构造发育复杂，构造起伏大，最大处可达 40m/km，水平井极易脱靶或出层。

（5）储层非均质性强。储层孔隙度为 4%，渗透率为 0.001 ～ 88.9mD，平均渗透率为 0.72mD，水平井部署存在一定难度。

2. 水平井开发优势

靖边气田马五 $_{1+2}$ 储层具有水平井开发的优势：

（1）主力储层分布稳定，能提供水平井较大的泄流面积和控制储量；

（2）主力储层马五 $_1^3$ 小层优势明显，储量占整个储量的近 50%；

（3）马五 $_{1+2}$ 储层微裂缝发育，对气井增产十分有利；

（4）气田整体构造相对平缓，平均坡降为 16m/km，有利于水平井轨迹优化设计和现场实施。

（二）水平井适应性评价

1. 水平井经济极限渗透率

水平井经济极限渗透率是评价储层水平井适应性的重要指标，可通过对比不同渗透率与不同井控储量下的财务净现值确定（蔡鹏展，1997；谢培功等，1997；刘华勇，2002）。

评价表明，渗透率对财务净现值的影响由井控储量控制，在相同的井控储量条件下，财务净现值随着渗透率的增加而增加，但后期增加速率逐渐变缓。靖边气田水平井水平段长度一般设计为 1000 ～ 1200m，其井控储量大约为（3 ～ 5）×10⁸m³，对应经济界限渗透率为 0.1 ～ 0.5mD。原则上渗透率大于 0.1mD 的井区均适合进行水平井开发。

2. 水平井适应性评价标准

根据靖边气田储层水平井开发难点和开发优势，结合水平井经济极限渗透率论证，根据风化壳碳酸盐岩储层天然气富集规律，建立了水平井适应性评价标准（刘海峰等，2012）。

定性标准：（1）侵蚀沟槽相对落实；（2）岩溶古地貌为台地或斜坡；（3）局部构造高部位且构造相对平缓；（4）储层综合评价为有利区。

定量标准：（1）马五$_{1+2}$ 地层残余厚度大于 20m，主力储层马五$_1^3$ 层保存齐全；（2）马五$_1^3$ 气层厚度大于 2m；（3）马五$_1^3$ 气层渗透率大于 0.1mD；（4）水平井单井可采储量大于 3×10^8m³。依据该标准，可初步筛选水平井优势开发区。

（三）水平井地质导向技术

长庆油田在靖边气田水平井开发实施过程中，逐渐形成了"三优"一体化水平井开发地质导向方法，即地震勘探和地质学等多学科相结合的优化水平井井位优选方法，保证水平井构造落实、储层落实和产能较落实，尽可能降低水平井实施风险；精细地质建模，优化水平井地质设计方法，以 K_1 构造为基础，以马五储层各小层地层厚度和有效厚度为依据，以 K_2 构造和奥陶系顶部构造为参考，同时考虑地层厚度与倾角，较准确预测水平井入靶点和入靶后其他各靶点位置，保证水平井轨迹设计的可靠性；地质录井与地质综合分析相结合的优化地质导向跟踪分析方法，以钻遇 9 号煤层和下古生界奥陶系顶位置为依据，确保准确入靶，并以岩屑、钻时、气测、随钻自然伽马曲线、地层厚度与倾角地质建模综合分析预测后续靶点位置。

"三优"一体化水平井地质导向方法的综合运用，确保了水平井试验的成功。

1. 水平井井位优选方法

水平井井位优选遵循以下两个原则。

一是地质认识程度较高、地质风险较小的区块，为保证水平井成功实施，要求做到以下三个方面的内容：（1）周围有邻井控制，K_1 构造落实，水平井段钻进方向水平或向下，且构造变化幅度不大；（2）主力储层保存齐全，预测水平井出露层位较可信；（3）地震预测 K_2 构造也落实，且与地质分析 K_1 构造较吻合。

二是针对储层发育较好，邻井产能较高的区块，为保证水平井尽量高产，要求做到：（1）邻井主力储层发育连续，有效厚度大于 3m，物性较好；（2）邻井试气结果较好，无阻流量最好大于 10×10^4m³/d；（3）马五$_{1+2}$ 储层的其他层位储层也相对发育，从而降低水平井开发风险。

2. 水平井地质设计优化方法

根据储层类型的不同，优化设计水平段轨迹。靖边气田主要根据地质、地震和动态资料，综合考虑储层层段横向分布、地应力分布与裂缝发育情况、邻井生产情况，确定水平井方向。

针对特定储层确定合理的水平段长度是水平井设计的基础。根据气藏工程论证结果，考虑目前水平井钻井工艺技术，成本与效益的关系，确定靖边气田水平井段长度在 1000m 左右。

为了便于工程施工和现场录井需要，在水平井设计水平段井轨迹时，以标志层 K_1 构造为基础，以马五$_1$储层各小层地层厚度和有效厚度为依据，以K_2构造和奥陶系顶部构造为参考，并考虑地层厚度，建立水平井储层精细三维地质模型，用以预测水平井入靶点和入靶后其他靶点位置，这是水平井设计最重要的一步。另外，设计中，还对入靶点前盒8段底、山$_2^3$段煤层顶、太原组石灰岩顶与底、9号煤顶等标志层及相应标志层间厚度进行较准确预测，以辅助判断入靶点位置。

3. 地质跟踪目标优化分析方法

高水平的跟踪分析对水平井实施具有决定性作用。地质跟踪的重要内容包括录井跟踪分析、地质综合研究、三维地质模型修正和靶点调整设计。高水平的跟踪分析确保了水平井准确入靶和入靶后提高储层钻遇率。在靖边气田的跟踪中，主要加强以下两点：

（1）利用岩屑、钻时、气测和随钻自然伽马曲线等资料，经过深度校正，准确确定钻遇目的层以上标志层位置，该标志层对水平井入靶起到很好的导向作用。

（2）考虑地层厚度与构造，根据入靶点位置调整水平段后续靶点。实施中，主要依靠岩屑、钻时、随钻自然伽马曲线变化等基础录井方法，综合地层厚度与倾角、构造幅度变化等分析，及时调整水平段轨迹。

（四）水平井开发效果

2006年以来，大力推广水平井开发、努力提高单井产量、降低开发成本，针对低渗薄层碳酸盐岩储层开展水平井开发试验。2006年至2009年共部署水平井14口，完钻10口。通过技术攻关，储层钻遇率由18%提高到52%，钻井周期由180天缩短到130天，靖平25-17井目前配产达到$7.63×10^4m^3/d$，靖平06-9井配产达到$13.52×10^4m^3/d$，分别是其相邻直井产量的4倍左右，凸显了低渗气藏水平井开发的优势（表7-8）。

表7-8 2008—2009年完钻水平井实施效果

井号	目的层	完钻井深（m）	水平段长度（m）	气层长度（m）	气层钻遇率（%）	无阻流量（$10^4m^3/d$）	初期产量（$10^4m^3/d$）	目前产量（$10^4m^3/d$）	是周围直井产量的倍数
靖平09-14	马家沟组	4416.0	1011.0	526.9	52.1	6.5630	6.1483	2.9453	2
靖平25-17	马家沟组	4311.4	716.3	352.3	54.6	19.4549	9.0174	7.6314	3.5
靖平06-9	马家沟组	4425.0	1034.0	609.3	58.9	50.8839	9.1463	13.5241	4
靖平12-6	马家沟组	3850.0	420.0	167.3	39.8	41.1674			3
靖平01-11	马家沟组	4274.0	830.0	426.1	51.3	80.5900			5
靖平33-13	马家沟组	4351.0	817.0	420.8	51.5	10.1300			3
靖平2-18	马家沟组	4374.0	1001.6	483.0	48.2	14.0300			5

例如靖平06-9，该井于2008年5月9日开钻，2008年8月30日完钻。水平段长度1034m，测井解释气层357.4m，含气层251.9m，目的层钻遇率100%，气层钻遇率58.9%（图7-29）。该井于2008年12月16日投产，初期投产无阻流量$50.88×10^4m^3/d$，储层厚度609.3m（气层357.4m，含气层251.9m），初期配产$9×10^4m^3/d$，投产前油压22.22MPa，套压22.22MPa。至2009年9月累计产量$1912×10^4m^3$，油压17.4MPa，套压17.4MPa（图7-30）。

2010—2011 年，靖边气田应用水平井井位优选技术于筛选水平井优势开发区 24 块，部署并完钻水平井 16 口，平均无阻流量为 $87.19 \times 10^4 m^3/d$，达到邻近直井的 7.3 倍。其中，在靖平 ××−8 水平井开发示范区完钻水平井 6 口，有效储层钻遇率为 66.3%，试气无阻流量为 $98 \times 10^4 m^3/d$，达到周围直井的 8 倍以上。同时，低渗区水平井开发效果显著。在潜台东侧的陕 ×× 井区完钻直井 4 口，平均孔隙度 6.1%，平均渗透率为 0.25mD，平均无阻流量为 $3.07 \times 10^4 m^3/d$，为典型的低产低渗区块。2012 年在该区部署的靖平 ××−17 井，试气无阻流量达到 $55.58 \times 10^4 m^3/d$，试气产量达到邻井的 10 倍左右。

近几年来，靖边气田水平井开发在气田产能建设比重越来越大，水平井产能已达到靖边气田新增产能的 60%，水平井开发技术已经成为气田主题稳产的配套技术。

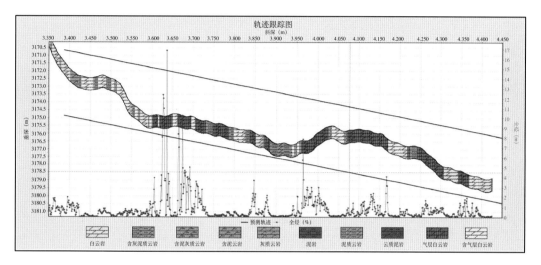

图 7−29　靖平 06−9 井轨迹跟踪图

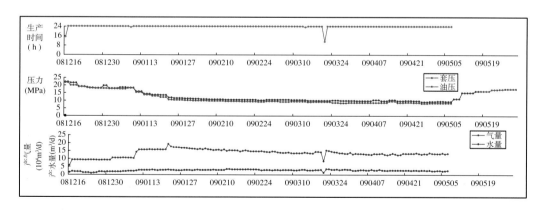

图 7−30　靖平 06−9 生产曲线

第二节　塔中Ⅰ号缝洞型气藏

塔中Ⅰ号气田为酸性凝析气田，碳酸盐岩储层非均质性强，缝、洞预测难度大，流体分布复杂，含 H_2S、CO_2，腐蚀环境复杂，气藏高效开发面临极大挑战。

一、气藏概况

（一）勘探历程

塔中鹰山组缝洞型油气田勘探历程分为勘探发现阶段、评价顺利推进阶段和择优探明阶段。

1. 积极探索，勘探发现阶段（1992—2006 年）

1992—2002 年间，塔中地区钻遇碳酸盐岩潜山井 29 口，仅发现塔中 1 凝析气藏、塔中 16 油藏，其余钻探相继失利。2006 年通过对塔中 12 井、塔中 162 井、塔中 69 井等钻遇下奥陶统老井复查，加强塔中奥陶系碳酸盐岩不整合面与勘探潜力的攻关研究，实现了勘探思路的转变，勘探方向从潜山高部位转向低部位斜坡区。

2006 年，北斜坡区塔中 83 井下奥陶统风化壳取得重大突破。塔中 83 井 2006 年 3 月 27 日开钻，5598m 进入下奥陶统鹰山组，同年 8 月 29 日—9 月 13 日对下奥陶统鹰山组 5666.1 ~ 5684.7m 井段酸压测试，11mm 油嘴求产，日产油 10.6m³，日产气 639177m³。同年 10 月 18 日，塔中 721 井对奥陶系 5355.5 ~ 5505m 井段测试，获高产工业油气流，油嘴 12mm 求产，油压 39.16MPa，日产油 126.48m³，日产气 720352m³。塔中 83 井区在探索下奥陶统鹰山组油气的战略突破，使塔中下奥陶统由潜山构造勘探向不整合层间岩溶斜坡勘探转变。

2. 勘探持续突破，评价顺利推进阶段（2006—2008 年）

随着勘探评价力度的加大，塔中北斜坡下奥陶统鹰山组岩溶勘探持续突破。在塔中 83 井区获得突破的基础上，向西的中古 5 井、中古 7 井在下奥陶统不整合风化壳岩溶储层获得了高产油气流，2008 年向西中古 8 井、中古 21 井也相继在该套岩溶储层中获得了高产油气流。

此阶段勘探的持续突破，证实了塔中下奥陶统岩溶风化壳整体含油气的认识，大大扩大了塔中下奥陶统风化壳的勘探范围，塔中北斜坡下奥陶统岩溶斜坡带呈现整体连片含油气特征，成为继塔中 I 号坡折带上奥陶统礁滩体之后又一个上产增储新领域。

3. 整体部署，择优探明阶段（2008 年至今）

中古 5、中古 8 井区取得发现之后，按照"整体部署、择优探明"的思路，积极展开评价勘探，北斜坡连片满覆盖三维采集面积达 5031km²，多口钻井获得工业油气流，连片控制岩溶斜坡，千亿方大型岩溶油气田已经明朗。

中古 5、中古 8 井区取得发现之后，在中古 5 井区部署了中古 6、中古 501、中古 9、中古 601、中古 701 等 5 口井，在中古 8 井区部署了中古 10、中古 11、中古 111、中古 12、中古 13、中古 14、中古 22、中古 23 等一批井位，钻探成效显著，除中古 9 井工程报废，中古 701、中古 601 失利外，其余 10 口井均获得工业油气流。2009 年，探明中古 8 井区亿吨级整装大气田，面积 251km²，探明储量天然气 1365.73×10⁸m³，石油 4961.74×10⁴t。

至此，塔中北斜坡鹰山组岩溶斜坡呈现整体连片含油气态势，有利勘探面积 1866km²，估算天然气资源量 4000×10⁸m³，石油 1.75×10⁸t。

（二）试采状况

1. 试采区范围和动用储量状况

塔中 I 号缝洞型油气田选择塔中 83 区块作为试采区，计划动用 I 类面积 34.93km²，其中凝析气藏 30.5km²，油藏 4.43km²。计划动用 I 类储量区石油储量 131.13×10⁴t，其中凝析气藏 131.13×10⁴t，油藏 300×10⁴t。计划动用 I 类储量区天然气储量 140.03×10⁸m³，其中凝析气藏天然气储量 134.93×10⁸m³，油藏中天然气储量 5.1×10⁸m³（表 7-9）。

表 7-9　塔中 I 号气田试采方案动用储量表

油气藏	气层组	地震异常体内 计划动用 I 类储量			地震异常体内 计划动用 II 类储量			合计	
		面积 (km²)	石油 (10⁴t)	天然气 (10⁸m³)	面积 (km²)	石油 (10⁴t)	天然气 (10⁸m³)	石油 (10⁴t)	天然气 (10⁸m³)
凝析气藏	O III	30.50	131.13	134.93	0	0	0	131.13	134.93
油藏	O III	4.43	300.00	5.10	0	0	0	300.00	5.10
合计		34.93	431.13	140.03	0	0	0	431.13	140.03

2. 试采区状况

1）东部试采区

塔中 83 区块 O III 气层组有 1 口探井（TZ83）、3 口评价井（TZ721、TZ84、TZ722），其中 TZ83、TZ721、TZ722 井获得高产油气流。

该区块单井产量高，生产压差小。日产气量 35.0842×10⁴m³ 左右，生产压差 0.735MPa。塔中 83 井区 TZ83 井试油气油比为 27930m³/m³，塔中 721 井区的 TZ721 井为 5717～6168m³/m³。说明储层内部流体性质有差异。

TZ83 井是该区的重大突破井，2006 年 3 月 27 日开钻，5600m 进入下奥陶统鹰山组，同年 8 月 29 日—9 月 13 日对 5666.1～5684.7m 酸压中测，7mm 油嘴求产，日产油 12.56m³，气 350842m³；11mm 油嘴求产，日产油 10.6m³，日产气 639177m³。

TZ721 井 2006 年 2 月 27 日开钻，5462m 钻遇鹰山组，油气显示十分活跃，同年 10 月 18 日，对 5355.5～5505m 井段进行测试，未经任何措施，即获高产工业油气流，6mm 油嘴放喷求产，油压 50.22MPa，日产油 43.2m³，日产气 266480m³；用 8mm 油嘴放喷求产，油压 45.39MPa，日产油 54.72m³，日产气 381336m³；油嘴 12mm 求产，油压 39.16MPa，日产油 126.48m³，日产气 720352m³。

TZ722 井于 2007 年 5 月 13—5 月 19 日试油，射开 O III 气层组 5356.70～5750m，8mm 油嘴求产，日产油 154.87～265.59m³，日产气 28202～49915m³，日产水 75.79～115.6m³，气油比 170m³/m³。

2）西部试采区

西部试采区主要包括中古 5 区块、中古 8 区块以及中古 10 区块。

中古 5 井区有三口预探井（ZG5、ZG6、ZG7）获得工业油气流（表 6-10）。对 ZG6 井进行了试采。

中古 8 井区有四口预探井（ZG8、ZG21、ZG11、ZG10）获得工业油气流（表 7-10）。

对 ZG8 和 ZG11 井进行了试采。

中古 10 区块只有 ZG10 一口预探井，该井试油获工业油气流，且进行了试采。

表 7-10　塔中 I 号气田西部井区试油获油气流井统计结果表

井区	井号	测试日期	测试井段（m）	工作制度（mm）	日产油（m³）	日产气（m³）	气油比	日产水（m³）
中古 5-7 井区	中古 5	2008.01.10—2008.02.08	6351.64 ～ 6460.00	6	44.8	130518	2913.35	液 45.7
				5	21.8	82298	3775.14	液 22.2
	中古 7	2007.11.11—2008.12.20	5865.00 ～ 5880.00	8	80	156544	1956.80	106
	中古 6	2009.02.09—2009.04.02	5934.50 ～ 6172.73	8	80.5			
				6	64.18	15114	235.49	2.54
中古 8 井区	中古 8	2008.09.05—2008.09.10	5893 ～ 6145.58	6	156	144844	928.49	0
	中古 21	2008.04.08—2008.04.18	5753 ～ 5874.16	5	37.68	146082	3876.91	0
				6	42.63	162555	3813.16	0
				7	55.41	177363	3200.92	0

二、储集体类型划分及开发特征研究

（一）储集体类型与试井曲线关系图版建立

试井技术是认识油气藏、评价油气藏动态、提升完井效率以及措施效果的重要手段，包括常规解析试井分析技术和数值试井分析技术。通过数值试井方法建立不同碳酸盐岩储集体地质模型，通过正演方式建立不同储集体类型与试井典型曲线的对应关系。在地震、地质、测井和钻井资料的基础上通过真实的试井曲线反演缝洞形态（图 7-31）。

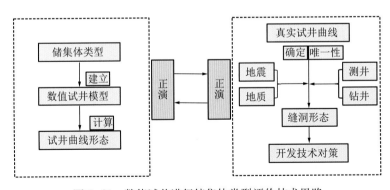

图 7-31　数值试井进行储集体类型评价技术思路

以塔里木塔中 I 号碳酸盐岩凝析气田塔中 A 井储层参数及流体性质参数为基础，建立了串珠状（包括一个串珠、两个串珠、三个串珠情况）、裂缝孔隙型、裂缝溶洞型及裂缝溶洞孔隙型碳酸盐岩储集体的地质模型，对压力恢复段试井曲线进行分析（图 7-32）。从曲线特征来看：

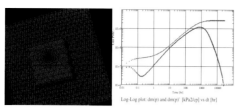
一个串珠储集体模型图及双对数曲线图

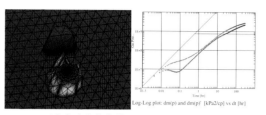
两个串珠储集体模型图及双对数曲线图

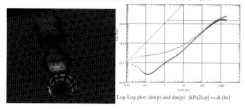
三个串珠储集体模型图及双对数曲线图

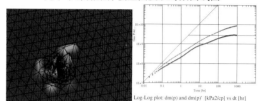
裂缝—孔隙储集体模型图及双对数曲线图

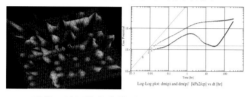
裂缝—溶洞储集体模型图及双对数曲线图

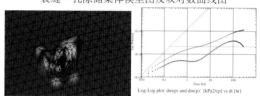
裂缝—溶洞—孔隙储集体模型图及双对数曲线图

图7-32　不同类型储集体概念图及对应试井双对数曲线

（1）对于单个串珠地层，表现为出现过渡段后，很快进入边界控制流动段（如果串珠储集体够大，可出现径向流段），导数曲线斜率逐渐向1靠拢，当边界控制段结束后，井进入封闭气藏特征段即导数曲线往0线回落，之所以迅速跌落，是因为对于封闭的区块，一旦关井后，区块内压力很快趋于平衡，压降漏斗消失，达到区块的平均压力。对于一个趋于恒定的压力值求导数，导数值接近0，在对数坐标上将迅速下落。

（2）两个串珠相连的储集体试井曲线首先表现为第一个串珠压力恢复特征，过渡段后若储集体够大，可出现径向流，然后进入边界控制阶段，压力及压力导数曲线斜率往1靠拢，然后当压力波及第二个储集体后出现反映第二个储集体的曲线特征，压力及压力导数曲线分开，分开的程度受第二个储集体大小的影响。

（3）对于三个串珠的情况，试井曲线受压力波及三个储集体的时间及三个储集体的发育情况等影响。

（4）裂缝—孔隙型储层试井曲线首先表现出裂缝线性流动特征段，之后表现为无污染地层的水平径向流段，该情况多发生在井底沟通大裂缝或者井压裂投产时。

（5）裂缝—溶洞型储层的试井曲线首先表现出裂缝的线性流动特征段，之后为裂缝与溶洞储层窜流反映的过渡的下凹段，之后可表现为两者共同作用的径向流反映段，最后进入边界控制段。

（6）裂缝—溶洞—孔隙型储层的试井曲线有类似三重介质的曲线特征，即出现了两个下凹段。

通过数值试井方法以正演方式建立不同储集体类型试井典型曲线，在后期结合地质认识并针对实际井试井典型曲线特征，对储集体进行划分。

以中古16井为例，通过试井分析认为该井井底属于复合模型的内好外差情况，通过拟合发现后期曲线形态拟合较差（图7-33）。

结合该井缝洞雕刻结果及单井生产动态（图7-34），重新对该井的解释结果进行了审核。通过该井试井双对数曲线与图版对应关系、缝洞雕刻结果及动态分析认识，都认为该井具有两个储集体相连的特征，因此重新采用数值试井模型建立了两个缝洞相连的储集体进行解释，拟合效果较好（图7-34）。

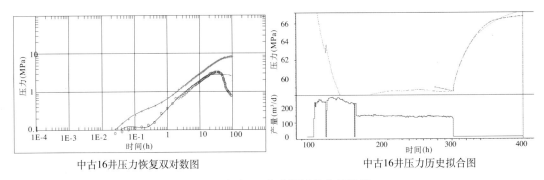

中古16井压力恢复双对数图　　　　　　中古16井压力历史拟合图

图7-33　中古16井常规试井分析结果

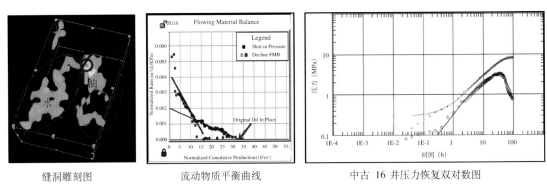

缝洞雕刻图　　　　　流动物质平衡曲线　　　　　中古16井压力恢复双对数图

图7-34　中古16井数值试井分析结果

（二）塔中储集体类型划分

基于地震属性预测对储集体类型的划分结果，结合建立的不同碳酸盐岩储集体的数值试井模型分析结果，对塔里木塔中Ⅰ号碳酸盐岩凝析气田开发试验区的四个井区进行过的35井次压力恢复测试资料及22口试采井的生产动态数据进行Blasingame典型曲线分析，根据典型曲线类型及生产动态验证，建立了试井及生产分析典型曲线与储集体类型的对应关系，包括视均质型、复合型（径向复合内好外差型、径向复合内差外好型、洞—缝型、洞缝＋基质型）、组合型（双缝洞系统、多缝洞系统型）三大类七小类储集体模式，如图7-35所示。由于压力恢复测试资料均为井试采前测试所得，故反凝析对试井曲线无影响。

（1）视均质型：流体的渗流介质为微裂缝或高渗孔洞，受渗流介质不同，生产特征各有不同，其试井及生产分析典型曲线表现方式上同均质砂岩地层一样，开采曲线呈现缓慢递减特征，如塔中A井（图7-36）。该井整个试采过程中，产量、压力一直呈现缓慢递减趋势，气油比逐渐上升，表现出视均质地层的生产特点。

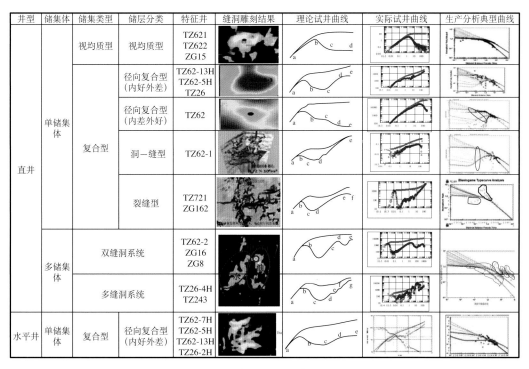

井型	储集体	储集类型	储层分类	特征井	缝洞雕刻结果	理论试井曲线	实际试井曲线	生产分析典型曲线
直井	单储集体	视均质型	视均质型	TZ621 TZ622 ZG15				
		复合型	径向复合型（内好外差）	TZ62-13H TZ62-5H TZ26				
			径向复合型（内差外好）	TZ62				
			洞—缝型	TZ62-1				
			裂缝型	TZ721 ZG162				
	多储集体		双缝洞系统	TZ62-2 ZG16 ZG8				
			多缝洞系统	TZ26-4H TZ243				
水平井	单储集体	复合型	径向复合型（内好外差）	TZ62-7H TZ62-5H TZ62-13H TZ26-2H				

图7-35　塔中 I 号气田开发试验区储层类型划分

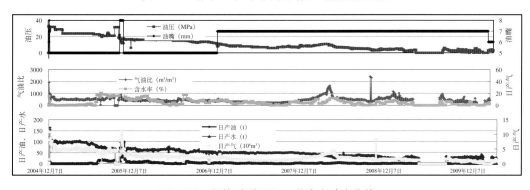

图7-36　视均质型 TZ-A 井生产动态曲线

（2）径向复合型（内好外差及内差外好型）：由于碳酸盐岩气藏储层内部的非均质性较强，储层周围由渗透率不同的高渗区和低渗区组成，典型曲线上表现为不同渗透率的视均质储层的组合，试井典型曲线与砂岩气藏复合模型类似，生产分析典型曲线表现为曲线中间部分生产数据点波动而偏离典型曲线。复合型开采特征较为复杂，开采呈现多段性的特征，各阶段递减率不同。如内好外差型代表井 TZ B 井（图7-37），初期压力、产量较高，但递减较大，之后产量稳定；又如内差外好型代表井 TZ C 井（图7-38），初期该井产量较稳定，压力缓慢下降，到2007年3月后，该井产气量明显上升，呈现出外围供气较好特征。而这两口井的试井及生产分析曲线均表现出径向复合型特征。

（3）洞—缝型：地层局部发育有高储渗能力的缝洞，缝洞单元外与渗透性极低的非储层连接。试井压力导数曲线后期上翘，生产分析典型曲线表现为曲线中间部分生产数据点波动异常。该类型井生产动态多呈现与内好外差型相似的特点。

（4）洞—缝＋基质型：储集层内除了有较大缝洞外，细微裂缝和溶蚀孔隙组成的基质组成了双重孔隙介质的储层，并且还连通有渗透率更低的似均质储层。试井压力导数曲线表现为前期下凹而后期上翘的特征，生产分析典型曲线表现为曲线中间部分生产数据点波动异常。该类型井生产动态也多呈现与内好外差型相似的特点。

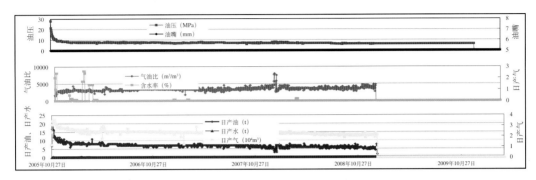

图 7-37　径向复合（内好外差）TZ-B 井生产动态曲线

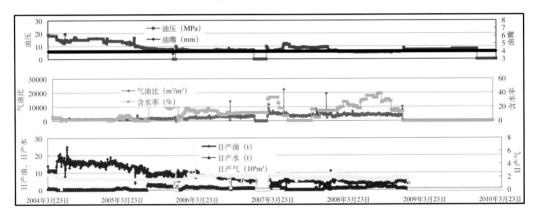

图 7-38　径向复合（内差外好）TZ-C 井生产动态曲线

（5）双缝洞系统型：井底发育一个缝洞储集体，而该储集体又通过裂缝连通了另外一个储集体，试井压力导数曲线表现为前期下凹而后期有另一个下凹的特征，生产分析典型曲线表现为曲线后期出现两组平行且斜率为 -1 的直线段。井生产动态多可明显划分为两个生产阶段。

（6）多缝洞系统型：井底发育着多个互相连通的缝洞储集体，井生产初期只有一个储集体供应，后期随着井底储集体压力降低，其他储集体及能量逐渐补充过来。试井压力导数曲线表现为不规则的下凹波动；生产分析典型曲线表现为后期出现多组平行且斜率为 -1 的直线段，组数与储集体个数有关。多缝洞系统型开采特征最为复杂，开采特征受各个储集体间连通程度、各储集体储量大小及储集体内流体性质差异等控制，井产量压力呈现多期波动的特点，如 TZ D 井（图 7-39）。该井初期产量较高，压力缓慢下降，气油比逐渐上升，在 2008 年 1 月左右产量有所上升后压力也有所增加，表现出第二个储集体供应的特点，2009 年 7 月该井气油比明显下降，产油量上升，表现出第三个储集体供应的特点。

对塔中 I 号油气田开发试验区 22 口井进行了评价分析，结果如表 7-11 所示，由结果可以看出塔中 I 号油气田储集体主要以复合型储集体为主，多缝洞系统型（含双缝洞系统）次之，视均质型最少，由此也可以看出塔中 I 号碳酸盐岩气田的复杂性。

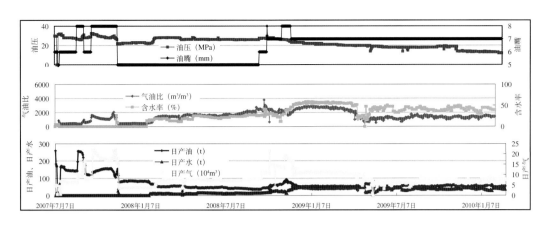

图 7-39　多缝洞系统 TZ-D 井生产动态曲线

表 7-11　塔中 I 号油气田储集体划分结果表

类型	视均质	径向复合内好外差	径向复合内差外好	洞—缝	洞缝+基质	双缝洞系统	多缝洞系统	合计
井数（口）	4	5	2	2	2	4	3	22
比例（%）	18.2	22.7	9.1	9.1	9.1	18.2	13.6	100

（三）塔中储集体连通性评价

储集体类型的划分是油气井开发动态特征研究的地质基础。储集体之间的连通性、规模以及天然能量大小不同决定了将采用不同的开发方式，因此储集体连通性评价对井型选择、后期能量补充方式制定等来说至关重要。储集体连通性评价主要参考静态资料连通性初步评价结果，然后通过压力一致法、试井分析法、流体性质分析法、邻井生产干扰法、邻井见水动态法等方法进行综合评价，确定储集体间连通性。综合多种方法对塔中井间连通性进行了评价，评价认为东部试验区仅有四个井组可确认连通（表 7-12），井间连通性差。

表 7-12　塔中试验区连通井组列表

井区	井组	连通性
塔中 62	TZ62-1 ~ TZ621 ~ TZ62-2	TZ62-1 与 TZ621 连通
	TZ62-2 ~ TZ62-11H	连通
	TZ62 ~ TZ62-13H ~ TZ623	均连通
塔中 26	TZ243 ~ TZ26-2H	连通

三、开发模式研究

通过对塔中 I 号油气田开发井研究形成了井型选择的依据：大的缝洞型单元用直井开发，如 TZ621；缝洞型—缝洞型单元组合用多底井开发；裂缝—孔洞型单元组合用水平井开发；纯裂缝—孔洞型单元用水平井开发，如图7-40所示。

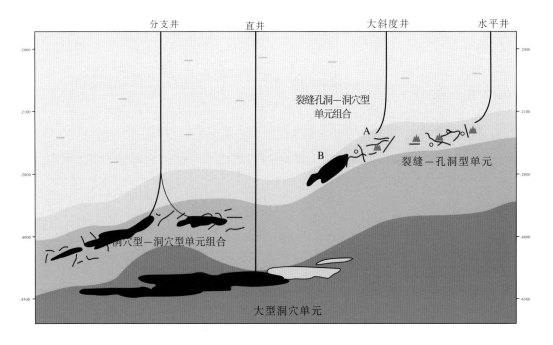

图7-40　塔中Ⅰ号油气田井型选择

根据直井、水平井部署原则，针对各个井区的特点及储层类型，不同井区选择了不同的井型进行了开发，实施效果较好，如表7-13所示。

表7-13　塔中Ⅰ号油气藏适合井型

代表区块	油水分布	直井控制半径	适合井型	措施	典型成功代表井
塔中24-26	无底水	200～250	水平井	分段压裂	TZ26-2H井：日产（25-28）×10⁴m³
					TZ26-4H井：日产23.21×10⁴m³
TZ62	无底水	250	水平井	分段压裂	TZ62-7H井：日产气13×10⁴m³
TZ83	大型洞穴	—	直井	—	TZ83-1井：日产气18.6×10⁴m³

截至2010年12月底，塔中Ⅰ号开发试验区实施新井22口，完钻18口井，均获工业油气流，高产比例61.1%，试油期平均单井日产油43.12t，日产气16×10⁴m³。2010年塔中Ⅰ号气田全年共完成原油产量23.99×10⁴t，气产量3.87×10⁸m³，完成年度计划23×10⁴t的104.3%，超额完成年初制定的产量目标。

第三节　龙岗礁滩型气藏开发早期评价

由于复杂的成岩、沉积及构造作用，龙岗礁滩型碳酸盐岩气藏开发面临极大困难。目前，龙岗礁滩型碳酸盐岩气藏开发面临的关键问题是气藏开发早期评价、刻画储层的非均质性、弄清流体分布特征。

一、气藏概况

（一）勘探历程

该区勘探工作始于 1929 年，开展了地质调查，石油地质普查、构造细测、地震勘探和浅层钻井勘探。1969 年原地矿部第二物探大队在川北地区进行地震勘探，1988 年原四川石油地调处在川中东北部进行了地震连片普查，有多条测线通过本区。1996 年四川石油地调处在仪陇—平昌地区进行地震概查、普查工作，对 1996 年采集的 23 条测线、1989 年采集的两条测线共计 1349.28km 二维测线进行了地震资料重新处理解释，2005 年在该区东部采集地震测线 32 条，剖面长 1134km，2006 年针对龙岗地区生物礁岩隆带部署了六条二维地震测线，剖面长度 127.17km。根据 2004—2005 年新一轮"开江—梁平"海槽地区地震老资料处理，发现了龙岗生物礁岩隆并进一步描述，发现了龙岗长兴生物礁（岩隆）呈北西南东向展布，长约 40km，宽约 4～6km，面积为 184.28km²；其上飞仙关组鲕滩亮点特征较清楚，岩性—构造复合圈闭面积 253km²。

2006 年，经过风险勘探目标论证，决定钻探风险探井龙岗 1 井，发现了长兴生物礁、飞仙关组鲕滩两套孔隙型储层，且测试均获高产工业气流，龙岗地区礁滩气藏勘探获重大发现。龙岗 1 井获气后，随即开展二维地震老资料重新处理解释，初步预测飞仙关组鲕滩有利分布区（主体）面积 750km²，礁前、礁后飞仙关组不连续中强振幅相区面积 1500 km²，礁前、礁后飞仙关组连续强振幅相区面积 4600 km²。在此基础上，按照"整体部署、整体控制、分步实施、动态调整"的思路，部署二维地震 800km，三维地震 2600km² 和 10 口探井。随后龙岗 2 井完井，龙岗 2 井长兴组测试产气 71.2×10⁴m³/d，飞仙关组测试产气 100.8×10⁴m³/d；龙岗 11 井长兴组试油测试获气 102.95×10⁴m³/d。根据地震及钻探取得的成果，展示出龙岗地区礁滩气藏为单斜背景上礁滩叠置连片、大面积含气的岩性气藏。

2009 年 7 月龙岗礁滩气藏开始试采，试采过程表明龙岗礁滩气藏内部情况比我们想象的要复杂得多。

（二）试采现状

1. 试采目的

尽早获取龙岗气田飞仙关组、长兴组的静、动态资料，认识气田开发特征，寻找实用的开发配套技术，探索气田开发管理最优方式，为气田全面开发创造条件。同时缓解四川油气田天然气供需矛盾突出的紧张形势。

2. 试采井生产情况

截至 2010 年 8 月，龙岗礁滩型生产井 16 口，其中开发试采井 10 口，探井 6 口。气藏最高日产气 518×10⁴m³，目前平均日产气 465×10⁴m³，日产水 413m³。累计产天然气 17.36×10⁸m³，累计产水 11.79×10⁴m³。

总体上说，龙岗气田试采区生产基本保持稳定（图 7-41）。

二、气藏气水分布特征及分布模式

（一）各区块流体分布差异性

依据试气资料，在单井测井解释基础上对所有井进行统计分析表明，龙岗主体区、东区气层和差气层厚度较厚，其余地区气层和差气层发育程度较差，同时发现各个区块均不同程度的发育水层（图7-42）。

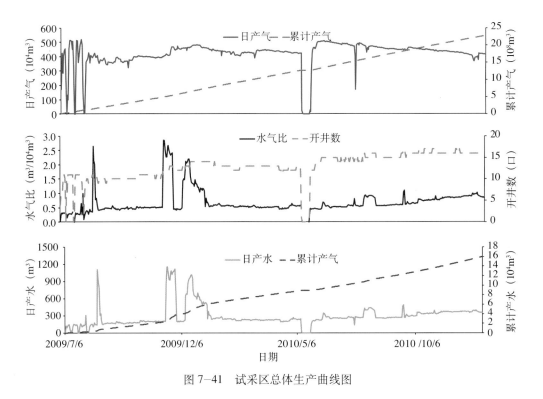

图7-41 试采区总体生产曲线图

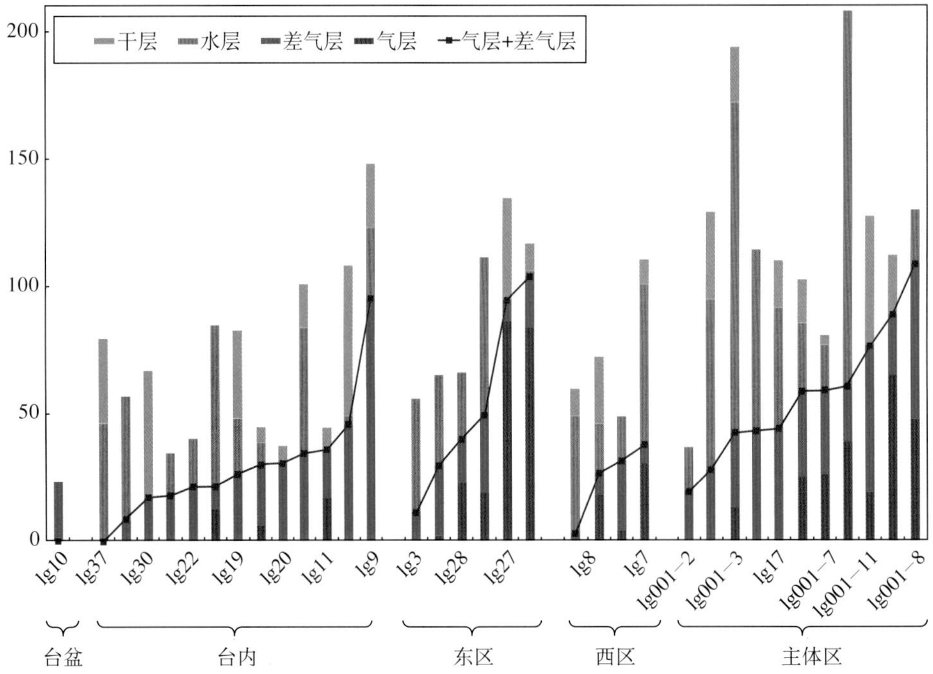

图7-42 龙岗地区流体单井统计分析柱状图

（二）流体纵向分布特征

在储层研究的基础上发现龙岗地区流体分布表现为如下特征：储层发育不同，井间差异较大，各个井均不同程度发育水层；龙岗主体区飞仙关组储层连续性好，为一个统一的流体系统；龙岗西区构造低部位可能发育大面积的水体，飞仙关组基本不发育成规模的气藏，长兴组在龙岗 8 井区发育相对规模的气藏；东区龙岗 28– 龙岗 13 井区长兴组和飞仙关组发育规模尺度较大的边水型气藏，龙岗 6– 龙岗 001–29 井区长兴组和飞仙关组发育储层厚度较厚的气藏（图 7–43、图 7–44）。整体上来说，龙岗礁滩型气藏流体分布表现出极其复杂的特征。

龙岗地区储层的非均质性和流体分布的复杂性势必增加开发过程中风险和不确定性。因此在储层非均质性研究以及储层气水分布的基础上，依据丰富的开发动态及测试资料开展气藏气水系统的研究至关重要。

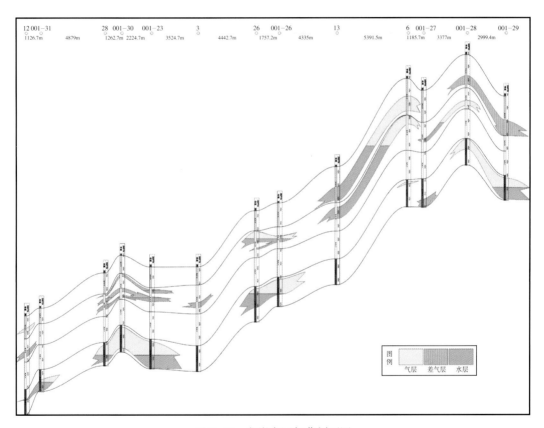

图 7–43 龙岗东区气藏剖面图

（三）气水系统与分布模式

1. 气水系统划分

礁滩型碳酸盐岩气藏气水系统的划分，类似于缝洞型碳酸盐岩气藏缝洞单元的划分（闫海军等，2012）。在综合地质研究的基础上依据气井生产资料和测试资料，初步认定飞仙关组存在 11 个气水系统，其中六个边水型气藏，五个纯水藏，飞仙关组气水系统均含水；长兴组存在 19 个气水系统，其中八个纯气藏，五个边底水型气藏，六个纯水藏（图 7–45）。

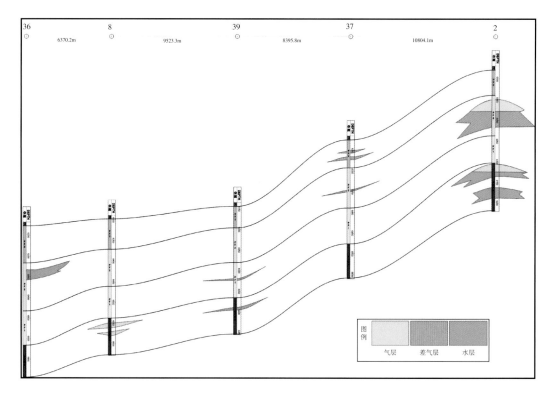

图 7-44　龙岗西区气藏剖面图

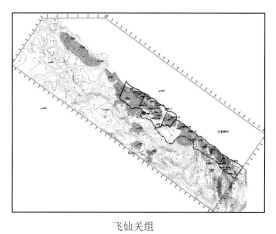

飞仙关组

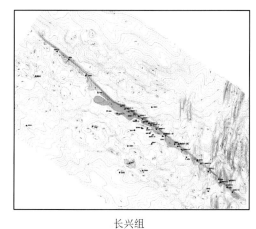

长兴组

图 7-45　龙岗礁滩气藏气水系统平面分布

　　初步研究结果表明龙岗地区压力系统分布极为复杂，同一层不同井区、同一井不同层位存在多个压力系统，平面上表现为相互叠置的特征。龙岗主体井区飞仙关组存在一个统一的压力系统，其余各井"一井一层一系统"，长兴组各井"一井一层一系统"，气水系统分布非常复杂。

　　2. 单一气水系统特征

　　气水系统规模、流体分布等特征决定单一气水系统动态特征。同时，决定单一气水系统内气井的生产特征。

1）龙岗 1 井区飞仙关组气水系统动态特征

动、静态资料综合显示为单一气水系统，气藏物性好、储层厚、面积大。

地震和测井研究表明储层连片分布、厚度较厚、物性较好、横向连通性较好；龙岗 001-3、001-7、001-1、龙岗 1 井折算压力数据显示几口井为同一气水系统（表 7-14）；龙岗 2 气水界面为 -5510m，龙岗 1 井区气水界面为 -5469m（图 7-46）。

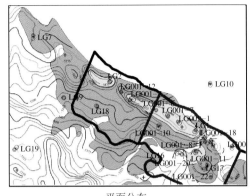

平面分布

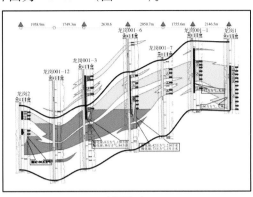

剖面分布

图 7-46　龙岗 1 井区飞仙关组气水系统分布特征

在该气水系统中，气水界面附近气井开发效果较差，构造高部位气藏开发效果较好。

表 7-14　龙岗 1 井区各井地层压力统计表

井号	折算地层压力（折算埋深 5475m）		
	投产前	2010.5	2011.5
龙岗 001-3	60.89	52.906（外推）	45.390（外推）
龙岗 001-6	60.93	—	—
龙岗 001-7	61.17	52.421	44.075
龙岗 001-1	60.93	52.853	—
龙岗 1	60.96	52.969	44.949
龙岗 001-10	61.12		

由于受裂缝影响，地层水暴性突进井筒，龙岗 2 井停产，受地层水影响，龙岗 001-3 井开发效果较差（图 7-47）。

龙岗 001-7、龙岗 001-1、龙岗 1 井基本保持产量、压力以及水气比的稳定，龙岗 001-6 井水气比上升较快，四口井累计产气量占整个气田产气量的 61.54%（截至 2012 年 8 月），是气田产量的主要贡献者（表 7-15）。

表 7-15　龙岗 1 井区飞仙关组生产数据统计表

气井	龙岗 001-6	龙岗 001-7	龙岗 001-1	龙岗 1
初期日产气量（$10^4 m^3$）	49	60	80	83
目前日产气量（$10^4 m^3$）	31.8	37.5	54.5	66
水气比	3.02	0.19	0.19	0.15
累计产气量（$10^8 m^3$）	4.69	5.75	7.48	8.16
百分比（%）	11.06	13.56	17.66	19.26

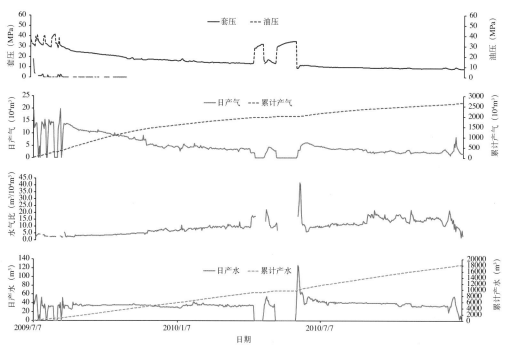

图 7-47　龙岗 001-3 井采气曲线

2）龙岗 28 井区气水系统动态特征

地震和测井对比研究表明，该气水系统储层连片分布，横向连通性较好；先期压降资料显示：长兴组 28 井和 001-23 井为同一压力系统；气水对比显示该气水系统具有统一的气水界面，海拔为 −5432m（图 7-48）。

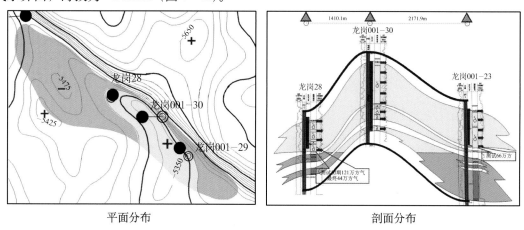

平面分布　　　　　　　　　　　　　　　剖面分布

图 7-48　龙岗 28 井区气水系统分布特征

动、静态分析研究表明，该气水系统为边水型气藏，气藏南北水体能量不同，气藏物性较差，产量递减较快。气藏西部水体较薄，物性差；东部水体较厚，物性较好。28 井垂厚 26m，测试产量 $120.57 \times 10^4 m^3$，初期日产气 $35 \times 10^4 m^3$，目前日产气 $13 \times 10^4 m^3$，产水 $50m^3$，水气比高中趋稳；001-23 井垂厚 40m，测试产量 $64.6 \times 10^4 m^3$，初期日产气 $25 \times 10^4 m^3$，目前日产气 $6.3 \times 10^4 m^3$，产水 $0.5m^3$，水气比稳定（图 7-49、图 7-50），虽然处于构造高部位，但是产量递减较快，生产效果较差；001-23 井生产效果较差的原因可能因为存在井筒堵塞。

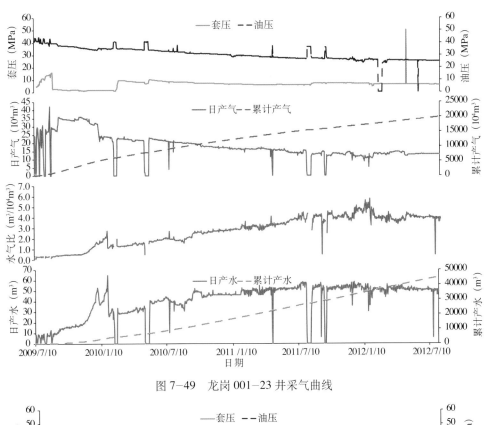

图 7-49　龙岗 001-23 井采气曲线

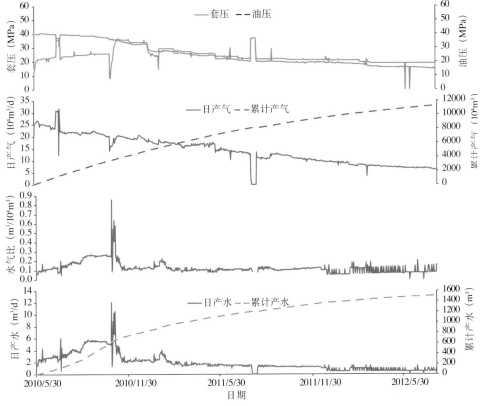

图 7-50　龙岗 28 井采气曲线

3. 流体分布模式

在流体分布特征研究基础上，研究发现龙岗礁滩型碳酸盐岩气藏存在四种气水分布模式：薄层状边水型、厚层块状底水型、层状纯气型以及孤立水型（图7-51）。四种气水分布模式为气井科学管理、生产井防水治水以及制定科学合理的开发技术对策提供决策支持。薄层状边水型主要为主体区飞仙关组台地边缘储集体流体分布模式；厚层块状底水型主要为主体区台地边缘储集体流体分布模式；孤立水型主要为台地内部和西部储集体流体分布模式；层状纯气型主要为东部储集体流体分布模式。

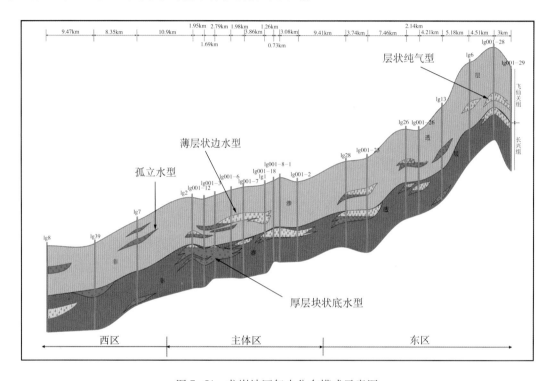

图7-51 龙岗地区气水分布模式示意图

三、气藏开发潜力评价

（一）有效储层控制因素分析

碳酸盐岩气藏有效储层控制因素离不开构造、沉积及成岩作用的影响。概括起来龙岗礁滩型碳酸盐岩气藏表现出"构造控气、储层控藏"的特征。

1. 沉积作用对有效储层的控制作用

沉积环境决定储集体宏观规模以及发育为优质储层的潜力。虽然各种环境中沉积的碳酸盐岩都有可能因沉积和成岩的影响而成为储集岩，但不同相带的碳酸盐岩成为储集岩的潜力却不相同，储层孔隙特征也不一样（图7-52）。龙岗礁滩其优质储层主要为云质鲕粒滩和高能生屑滩，这两类沉积微相储层占总体的58.65%。

另外，介质的水动力条件决定原生孔隙的发育程度，也控制不同孔隙特征的岩相分布（图7-53）。

另外，统计资料显示：Ⅰ类储层主要是白云岩和石灰质云岩；Ⅱ类储层主要是白云岩、灰质云岩以及石灰岩；Ⅲ类储层主要是石灰岩和白云岩。所有储层中云岩占比69.15%，灰质云岩占比6.75%，白云质灰岩占比5.48%，石灰岩占比18.62%（图7-54）。

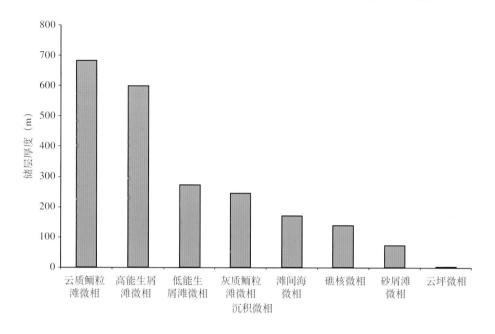

图7-52　不同类型沉积微相储层厚度柱状图

成因	沉积相	岩相类型	孔隙类型	典型井	岩心照片	薄片
机械	粒屑滩	粒间孔	白云岩	001-3	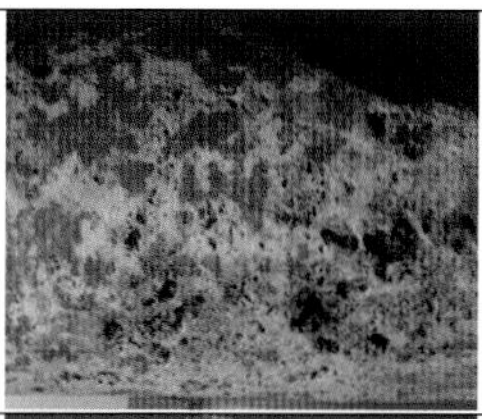	
		粒间孔	白云岩	001-1	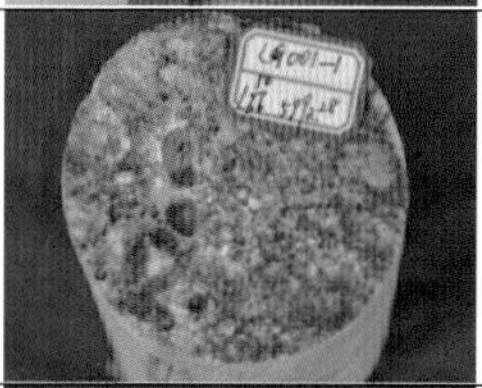	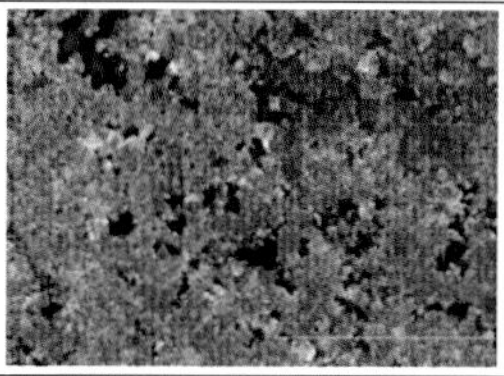
生物	生物礁	骨架孔、体腔孔	石灰岩	11	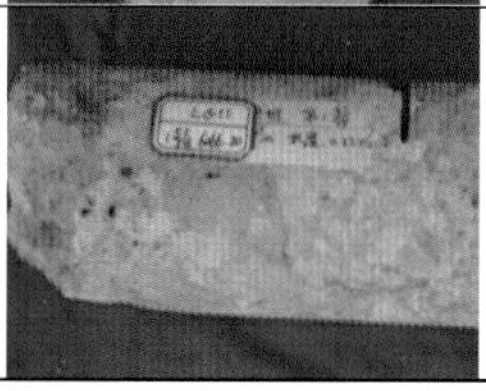	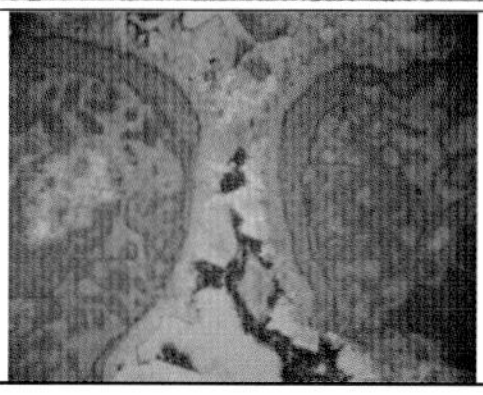

图7-53　不同沉积成因岩性储层差异分析表

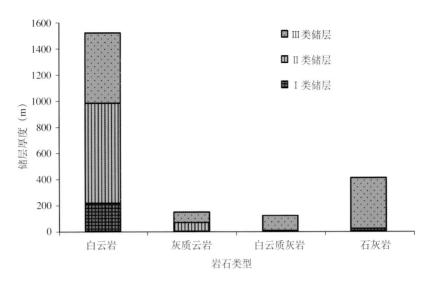

图 7-54 岩性对储层控制作用统计柱状图

2. 成岩作用对有效储层的控制作用

岩心、薄片及测井解释资料研究表明，建设性成岩作用（白云化作用和岩溶作用）是优质储层发育的关键因素。

测井解释成果可以看出，白云岩厚度和储层厚度具有较好的对应关系，白云岩厚度较厚的部位也是储层发育最有利的部位（图 7-55），另外，溶蚀强度也决定着有效储层的好坏（图 7-56）。

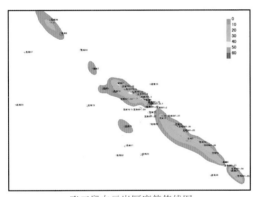
飞二段白云岩厚度等值线图

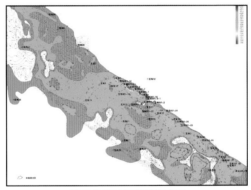
飞二段储层厚度等值线图

图 7-55 云化作用对优质储层的控制作用

初级溶蚀，有残余
龙岗2，6123.6m，晶粒云岩，晶间孔，晶间溶孔、溶洞发育，沥青充填

中级溶蚀
龙岗26，5855m，中—细晶云岩，晶间溶孔很发育

强烈溶蚀
龙岗26，5855m，中—细晶云岩，溶孔极发育

图 7-56 溶蚀强度对储层物性的控制作用

3. 构造作用对有效储层的控制作用

构造对于碳酸盐岩有效储层的控制表现在两个方面：

1）构造作用所产生的裂缝和断层改善有效储层的质量

碳酸盐岩储层中构造作用对其影响和改造是显而易见的，受构造运动的影响碳酸盐岩储层常伴生大量的裂缝，裂缝和断层为建设性成岩作用提供便利条件（图7-57）。

龙岗2，长兴，灰白色溶孔白云岩中的缝洞系统　　　　宣城公路百里峡二叠系长兴组剖面展示的断层

图 7-57　裂缝和断层对于储层质量的改善

2）构造背景对于流体的控制作用

从流体分布特征可以看出，龙岗礁滩型碳酸盐岩气藏表现出"构造控气、储层控藏"的特征。储集体及构造高低控制气体的充满程度。受整个成藏过程中气源不足的影响，处于构造低部位的储集体往往被水充填，没有足够的气体将原生的孔间水排驱；而处在斜坡区的储集体在储集体的构造高部位为气，低部位为水；在转折区的气体往往在成藏过程中只在储集体内部做短暂停留，该储集体内缺乏气体长期聚集的条件；在整个气藏的构造绝对高部位，气体在成藏过程中最早在此聚集，由于在该构造部位气源相对充足，往往形成纯气藏（图7-58）。

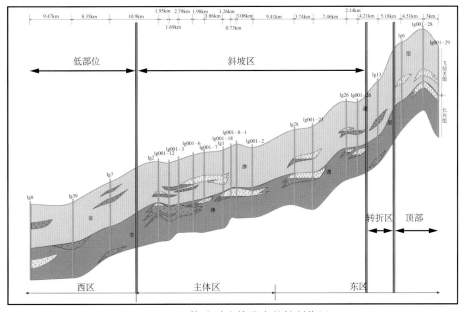

图 7-58　构造对流体分布的控制作用

（二）气藏开发潜力评价

1. 单一气水系统内部气藏开发潜力评价

在单一气水系统内部，根据气藏面积、储量规模、井控程度、单井产能以及采气速度等参数评价单一气水系统内部是否具备打开发井的潜力。例如龙岗 27 井区长兴组气水系统，储层平均厚度 39m，物性较好（表 7-16），含气面积 6.85km²，计算静态储量 $43.98 \times 10^8 m^3$，储量丰富，井控程度低，具有进一步打开发井的潜力（图 7-59）。

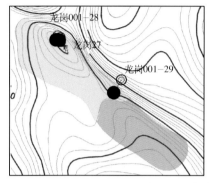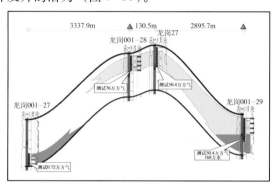

图 7-59　龙岗 27 井区气水系统分布特征

表 7-16　龙岗 27 井区长兴组各井物性统计

井名	厚度（m）	平均孔隙度（%）	平均饱和度（%）
龙岗 27 井	32.92	5.19	98.04
龙岗 001-28 井	33.09	7.38	96.63
龙岗 001-29 井	51.32	4.64	77.75
平均	39.11	5.57	88.77

2. 外围区潜力评价

根据有效储层控制因素分析，在龙岗礁滩型碳酸盐岩气藏布井时，要避免在构造低部位及转折区布井，要尽量在斜坡区的构造高部位及构造顶部布井。同时结合沉积及成岩分析结果，通过综合研究分析，指出五处地区可以作为未来的开发潜力区（图 7-60）。

需要说明的是，潜力区的评价是一项综合性工作，一旦评价有误将会造成严重的经济损失，因此潜力区的分析还需要其他方面工作的支撑，主要包括物性预测、含气性检测等研究，另外还需要进行扎实的原始资料分析以及基础研究工作。

四、气藏开发研究应用实效

龙岗气藏目前研究主要是气藏的早期评价阶段，气藏的早期评价主要集中在对礁滩体进行刻画、研究储层的非均质性、描述储层流体以及气水系统的分布特征、评价气藏规模等。同时研究对低效储层进行改造的措施，对出水井进行防水治水，探索出一套实现礁滩科学开发的配套技术，实现气田的高效开发。研究成果取得了良好的应用实效。

（一）针对龙岗礁滩气藏复杂地质特征，初步确定了气藏开采方式

1. 开发层系划分

气水关系研究表明飞仙关相对稳定，长兴组多为各自独立的气藏，而气藏水侵较为明

显，目前两层合采的龙岗 2 井、龙岗 26 井开发效果不理想，因此推荐将飞仙关组和长兴组划分为两套开发层系。

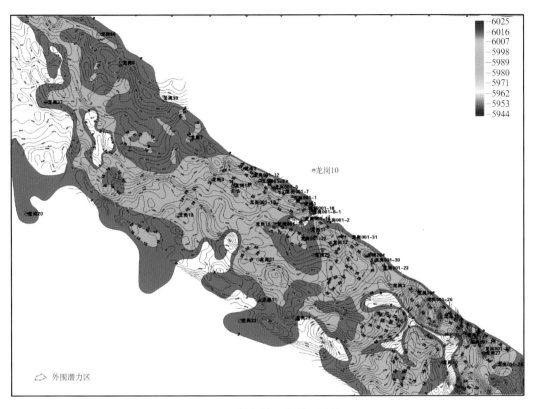

图 7-60   龙岗外围有利区评价图

2. 开发单元划分

针对飞仙关组气藏，龙岗 1 井区属于同一个压力系统，作为一个单元开发；而龙岗 6 井和龙岗 27 井可能是一个压力系统，可以作为一个开发单元开发；其他区域分别属于不同的压力系统，各自可单独做一个单元开发。

对长兴组来说，龙岗 1、龙岗 001-8 井属于同一个压力系统，暂时作为一个开发单元进行开发；其他区域分别属于不同的压力系统，各自单独作为一个开发单元。

3. 选定开采方式选取原则，确定试采井的开采方式

针对龙岗礁滩气藏气水分布特征及其试采状况，制定了龙岗气田开采方式选取的原则（表 7-17）。

表 7-17   龙岗礁滩气藏开采方式选取原则

类型			开采方式
单层获气			单采
两层获气	两层都获干气		合采
	两层中有产水层	高于携液临界流量　产能相近，出水均匀	合采
		高于携液临界流量　产能差异大，出水不均匀	分采
		低于携液临界流量	分采

长兴组气藏并非大面积连续分布，因此两层合采必然局限在少数区域。龙岗礁滩气藏开发以分采为主，只有在少数条件下可以合采。两层各自受水侵影响导致出水的可能性很小，或者两层的产能组合可以达到携液临界流量，且不存在一层大量出水抑制另一层产能的情况。

（二）基本掌握了礁滩气藏水侵模式，制定了初步的治水对策

在气水分布模式研究的基础上认为储层存在三种水侵模式：边水水侵模式、底水水侵模式和边水＋底水水侵模式。依据水侵模式，制定了受水侵气井治水对策。

生产井距气水边界越近，早期水侵危害不显著阶段越短，水侵启动时间越早。可在早期适度高效生产，水侵效应启动后合理控制产量生产。对于底水层距离气层近且厚度大的气井，建议射开水层，避免底水串入气层。

1. 龙岗 1 井区飞仙关组治水对策

该气水系统水侵特征为：龙岗 001-3 井、龙岗 001-6 井方向水侵能量较强，龙岗 001-10 井方向水侵能量较弱。对于该气水系统开展治水的目的是防止地层水沿龙岗 001-3、龙岗 001-6 井方向侵入气藏。因此该气水系统的治水对策是龙岗 001-3、龙岗 001-6 井排水保护气藏，其中龙岗 001-3 井停产后主动排水，龙岗 001-6 井维持稳定水气比生产，高产井适当控制产量生产。

龙岗 001-3 井 2013 年 3 月 4 日开展排水采气，目前日排水量 83m³，日产气量 $3.84 \times 10^4 m^3$，该井油压、产气量和排水量总体比较稳定。

2. 龙岗 1 井区长兴组治水对策

该气水系统龙岗 001-18 井区域底水侵严重，影响整体气水系统的生产。对于该气水系统开展治水的目的是动用龙岗 1 井和龙岗 001-18 井储量，抑制水侵对龙岗 001-18-1 井生产的影响。其治水对策为龙岗 001-18 井水淹停产后主动排水保护气藏，而对龙岗 001-18-1 井实施解堵酸化，解除井筒堵塞。

龙岗 001-18 井 2012 年 3 月 24 日开始排水采气，目前日排水量 180m³，日产气量 $2.5 \times 10^4 m^3$，油压、产气量和排水量总体保持稳定。

3. 储层分布规律的研究为低效气井进行储层改造奠定基础，取得了良好的现场应用效果

在综合地质研究的基础上对气井进行生产改造，施工后比施工前气井产期量平均增加 80%，取得了良好的应用效果（表 7-18）。

表 7-18 龙岗气藏储层改造效果表

井名	施工时间	施工前油压 (MPa)	施工后油压 (MPa)	施工前产气 (10^4m^3)	施工后产气 (10^4m^3)	产期量增加百分比（%）
龙岗 001-1	2009.10.4	14	36	57	82	44
龙岗 001-8-1	2010.3.12	21	38	33	55	67
龙岗 001-2	2010.5.27	12	38	11	32	191
龙岗 001-7	2010.7.15	21	33	64	74	16

第四节　五百梯层状白云岩气藏挖潜

一、气藏概况

五百梯气田是川东地区发现的第一个大型整装气田，其区域构造位于四川盆地川东高陡构造带中部，是大天池构造带北段东翼断层下盘的潜伏构造，处于开江古隆起东侧斜坡。

（一）勘探历程

1. 川东相18井首获工业气流，勘探重点转向孔隙型储层

1977年4月在川东相国寺构造相8井钻遇石炭系白云岩溶孔型储层，引起地质学家的重视，1977年10月加钻相18井，在石炭系取心并分析化验，确定溶孔白云岩为石炭系黄龙组，测试产气量为$85.05 \times 10^4 m^3/d$。由此四川勘探重点从裂缝型储层转向孔隙型储层。

2. 高陡构造勘探相继失利，石炭系勘探裹足不前

由于构造及储层方面存在认识上的误区，1979—1988年在大池干井、南门场、大天池等一批高陡构造的勘探中相继失利，大天池构造带的勘探停顿了将近八年时间。

3. 建立川东高陡构造带构造模式，勘探获得重大突破

针对川东高陡构造勘探上的失利，地震上采用F-K偏移技术成功解决构造形态的正确归位问题。在此基础上在大池干井的龙头构造——吊钟坝主体高带的池11井、磨盘场—老湾陡翼外侧潜高带的池22井取得重大突破。

4. 五百梯天东1井、天东2井取得突破，揭开石炭系勘探新领域

根据地震处理解释成果及综合地质分析研究，1989年1月在重新解释的五百梯潜伏构造高点附近部署了天东1井、天东2井，在龙门潜伏构造部署了天东4井，1989年9月完成天东1井，石炭系钻厚30.5m，主要岩性为砂屑溶孔白云岩，有效储层厚度25.46m，平均有效孔隙度8.02%，该井酸后测试产气$111.82 \times 10^4 m^3/d$，天东2井产气$88.78 \times 10^4 m^3/d$，均获得高产工业气流。这些勘探发现正式揭开了大天池构造带石炭系气藏勘探新领域，使川东地区天然气勘探进入新的高速发展时期。

5. 高时效获取商业储量，合理布井网完成气田评价勘探

五百梯气田是川东地区发现的首个大型气田，随后确定以迅速高效获取商业储量、并为构造带的整体勘探摸索经验的指导思想去进行早期的气藏描述。1993年对五百梯气田开展精细描述，在五百梯潜伏构造及大天池构造北段的义和场高点共完成探井16口，探井成功率75%，以合适的井网，高效、省时地完成了五百梯气田石炭系的勘探。描述结果认为，五百梯石炭系气田属于地层—构造复合圈闭气藏，储集岩主要是颗粒砂屑溶孔云岩、角砾溶孔白云岩，储集类型为裂缝—孔隙型，探明的含气面积为$140.45 km^2$，探明储量$539.88 \times 10^8 m^3$。

6. 发现构造整体含气，勘探成果不断深化

五百梯石炭系气藏的勘探发现揭示出大天池—明月峡构造带具有良好的勘探前景。与此同时，油气田勘探工作组织了包括地震、地质、钻井、测井方面技术人员对大天池—明月峡构造带开展整体评价研究，按照先大后小、先易后难的原则进行整体勘探部署。截至2009年，大天池—明月峡构造带共发现含气构造9个，获天然气探明储量$1263.87 \times 10^8 m^3$，

获控制储量 $102.33 \times 10^8 m^3$，获预测储量 $26.5 \times 10^8 m^3$（沈平等，2009）。

（二）开发历程

1979 年 4 月，原四川石油管理局在五百梯潜伏构造首钻邓 1 井，钻遇断层凹陷区，石炭系产水 $6.5 m^3/d$。由于没有寻找到有效的构造解释及评价方法，致使针对五百梯构造带的勘探停滞将近十年时间。1989 年 1 月，在五百梯潜伏构造高点附近钻探天东 1 井，主探目的层石炭系，同年 8 月完钻，石炭系测试获得高产工业气流。到 1993 年底，五百梯气田石炭系气藏勘探阶段基本结束，一共完钻探井 16 口，其中获得工业气井 12 口、水井 2 口、干井 2 口，探井成功率 75%，获天然气探明储量 $539.88 \times 10^8 m^3$。五百梯气田自 1992 年 12 月天东 2 井投入开发以来至今共钻开发和滚动井 34 口，获工业气井 31 口，是川东地区主力气田之一，其基本参数表如表 7-19 所示（沈平等，2009；陈淑芳等，2009）。

表 7-19　五百梯气田基本参数表（据沈平，2009）

气藏特征	圈闭类型	构造—地层复合圈闭
	圈闭形成时间	燕山期
	含气面积	$140.45 km^2$（1993 年）
	圈闭高度	1230m
	气藏埋深	$4020 \sim 5100m$
气藏特征	气藏厚度	最大含气高度为 1270m
	天然气来源	志留系
	地层压力	60.05MPa
	压力系数	1.33
	盖层时代与岩性	二叠系梁山组铝土质泥页岩
储集层	层位	石炭系黄龙组
	主要岩性	细粉晶角砾溶孔白云岩
	沉积环境	海湾潟湖浅滩与潟湖潮坪沉积
	总厚度	$25 \sim 42m$
	有效厚度	$8.47 \sim 27.15m$
	孔隙类型	裂缝—孔隙型
	孔隙度	$0.15\% \sim 26.39\%$，平均 6.21%
	渗透率	一般为 $1.0 \sim 2.5mD$，平均 0.77mD
	含气饱和度	80.77%

五百梯气田石炭系气藏自 1992 年 12 月投产以来，已经有 20 多年的生产历史，按照不同时期生产性质可以将五百梯石炭系的开发历程划分为试采（1992—1995 年）、产能建设（1996—2001 年）和稳产（2002 年至今）三个阶段。

1. 试采阶段（1992—1995 年）

天东 2 井于 1992 年 12 月 16 日首先投入试采，到 1993 年，天东 11、1、15 井又先后投入试采，1994 年天东 16 井和大天 2 井加入试采，气藏生产井数增至 6 口，并稳定生产至 1995 年。在 3 年的试采期间内，气藏日产气量由 0 上升至 $1 \times 10^6 m^3$，年产气量达到 $3.4 \times 10^8 m^3$。该阶段是气藏生产形势发展最快的阶段，初步掌握了石炭系气藏主力气井的生产动态特征。

2. 产能建设阶段（1996—2001 年）

1995 年编制了石炭系气藏年产 $13 \times 10^8 m^3$，采气速度 2.9%，稳产 11.5 年的开发方案。该方案提供了 25 口开发井井位，分两批实施。在已有的九口生产井基础上，1997 年前实施七口开发井并投产，之后再陆续实施 11 口开发补充井，使石炭系气藏生产井总数达到 27 口，日产天然气 $394 \times 10^4 m^3$。

1997 年部署了第一批九口开发井（天东 59、60、61、62、63、64、65、67、69 井）；1999—2000 年实施第二批五口开发井（天东 71、72、73、75、76 井）和科探井五科 1 井。此后针对低渗气井开展了大规模的增产措施，部分井取得了较好的增产效果。

2000—2001 年，随着天东 60、61、62、63、64、65、67、69 井的先后投产，气藏生产井数上升到 18 口，日产气量最高达 $274 \times 10^4 m^3$ 以上，年产气量已上升到 $8.5 \times 10^8 m^3$，生产形势趋好，但仍与开发方案的日产天然气量 $394 \times 10^4 m^3$ 相差太远。

3. 稳产阶段（2002 年至今）

因后期的动静态认识与原开发方案的地质模式存在极大的差异，石炭系气藏无法达到原开发方案的各项指标要求。2001 年 10 月编制了《五百梯气田整体开发方案》，将石炭系气藏的生产规模调整为日产 $292 \times 10^4 m^3$、年产 $9.5 \times 10^8 m^3$，生产井 24 口，稳产 8.75 年，采气速度按复算后的容积法储量计算为 2.59%。

2002 年，石炭系气藏共投入生产气井 20 口，日产气量达到 $290 \times 10^4 m^3$、年产气量 $9.48 \times 10^8 m^3$，基本上达到了《五百梯气田整体开发方案》的生产规模，标志着石炭系气藏全面转入正式稳产开发阶段。

五百梯石炭系气藏共有工业气井 26 口。2005 年气藏开井数 21 口，平均日产 $255 \times 10^4 m^3$，年产气 $9.27 \times 10^8 m^3$，年产水 $7930 m^3$；2006 年 1～4 月开井数 22 口，平均日产 $262 \times 10^4 m^3$，至 4 月底历年累计产气 $82.24 \times 10^8 m^3$，历年产水 $55950 m^3$。目前全气藏不能达到《五百梯气田整体开发方案》的规模要求。

2006 年 4 月已封闭石炭系气井 2 口（天东 61、71 井），正在实施地面配套建设 1 口（天东 98 井），目前作为观察井的气水同产井 1 口（天东 107 井）。2006 年制定五百梯气田开发调整方案日产 $230 \times 10^4 m^3$，年产 $7.6 \times 10^8 m^3$，该方案气藏采气速度 2.88%，稳产 5.5 年，稳产期末累计采气 $122.24 \times 10^8 m^3$，方案期末累计采气 $201.61 \times 10^8 m^3$，采出程度 76.56%。

（三）气田开发现状

五百梯气田石炭系气藏为该气田主力气藏，天东 2 井作为气藏第一口井于 1992 年 12 月 16 日投产，至 2010 年 9 月，气藏共完钻 48 口井，其中八口水井，四口大斜度井和两口水平井。已累计产气 $125.48 \times 10^8 m^3$，占探明储量的 38.4%、动态储量的 45.87%。目前气藏有正常生产资料井 33 口，日产气 $251.71 \times 10^4 m^3$。最高为天东 107 井，日产气 $25.65 \times 10^4 m^3$，日产水 $24 m^3$，见表 7-20、图 7-61、图 7-62。

表 7−20　五百梯气田石炭系气藏气井生产情况（2010 年 9 月 30 日）

井名	套压 （MPa）	油压 （MPa）	日产气 （10⁴m³）	累计产气 （10⁸m³）	日产水 （m³）	累计产水 （m³）
DT2	13.05	12.08	5.92	5.96	3.44	12118.05
TD1	7.12	7.66	15.94	19.28	1.00	8051.10
TD2	7.31	5.04	13.25	15.04	1.29	9135.11
TD16	9.88	6.84	10.61	11.64	0	7824.71
TD60	10.07	4.76	3.45	3.82	0.16	3340.24
TD62	5.71	5.04	10.92	3.54	1.20	3868.61
TD63	8.89	5.02	21.68	10.89	1.76	6563.54
TD65	8.65	4.64	10.98	9.69	1.40	7617.10
TD68	6.77	5.04	15.54	3.12	1.40	2772.44
TD69	8.94	7.09	15.00	6.71	1.85	5847.21
TD98	8.23	7.36	3.33	0.90	0.43	1115.41
TD107	13.08	6.24	25.65	2.73	23.5	25712.74
DT002−1	5.60	5.20	3.86	0.50	0.46	411.60
DT002−2	9.40	7.90	11.99	1.80	1.30	1157.94
TD67	7.00	5.69	12.38	7.18	1.60	6384.12
TD11	8.33	4.81	8.82	9.74	0.65	5529.37
TD64	5.67	4.82	7.08	3.26	0.82	3375.39
TD21	6.85	4.92	2.32	1.04	0.20	726.01
TD76	11.20	6.83	2.50	0.90	0	1348.00
TD15	5.92	5.18	1.00	2.02	0.60	1945.31
TD52	5.38	4.97	2.16	0.81	0.77	1859.68
TD99	7.20	5.20	3.05	0.43	0.85	521.62
TD017−X2	6.40	5.60	4.56	1.06	1.64	1502.88
TD017−X3	5.08	2.71	1.10	0.07	6.50	5973.00
TD016−1	8.40	7.00	0.33	0.06	1.00	81.72
TD017−H4	9.30	6.40	11.02	0.18	10.58	1467.77
TD97X	14.9	10.30	1.72	0.21	0	185.06
WK1	7.19	5.66	1.20	0.29	0	794.37
TD7	9.09	4.82	1.29	0.21	0	233.00
TD73	11.20	6.83	0.44	0.14	0	433.00
TD51	8.70	6.80	1.91	1.54	0.01	1848.75
TD007−X2	12.2	7.90	20.62	0.28	0.50	101.86

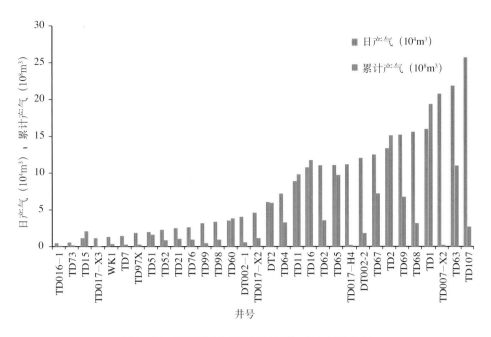

图 7-61 五百梯气田石炭系气藏气井产气柱状图

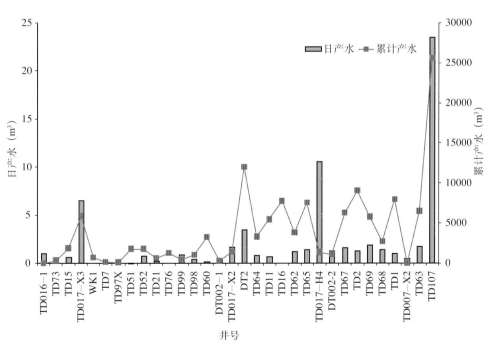

图 7-62 五百梯气田石炭系气藏气井产水柱状图

目前，气藏开发存在不均衡状况，中、高产井主要分布在构造轴部主体区，外围动用程度有限。生产井均开始产水，多数井产凝析水，外围少数井产地层水，总体产水较低且较稳定，累计产水 $12.4 \times 10^4 m^3$（图 7-63）。

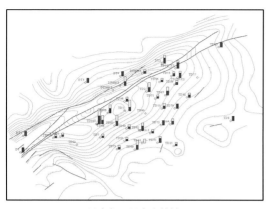 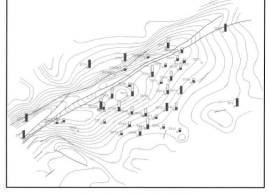

日产气、日产水统计　　　　　　　　　累计产气、累计产水统计

图 7-63　五百梯气田产水统计

二、气藏生产特征

（一）气井类型划分及分布特征

按照气井目前日产气量状况，将气井分为三类：高产井，中产井，低产井（表 7-21、图 7-64）。不同类型气井之间产能差异巨大。

表 7-21　五百梯气田气井分类统计表

分类	标准（$10^4 m^3/d$）	井号	比例（%）
高产井（13 口）	> 10	TD1、TD2、TD16、TD62、TD63、TD65、TD67、TD68、TD69、TD107、TD002-2、TD017-H4、TD007-X2	38.2
中产井（3 口）	5 ~ 10	DT2、TD11、TD64	8.8
低产井（18 口）	< 5	TD60、TD98、DT002-1、TD21、TD61、TD71、TD76、TD15、TD52、TD99、TD017-X2、TD017-X3、TD016-1、TD97X、WK1、TD7、TD73、TD51	52.9

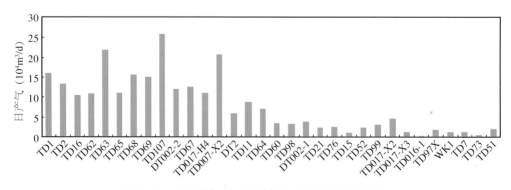

图 7-64　五百梯气田石炭系气井分类井产量柱状图

按照产量将气井分类与高低渗区的划分吻合很好，中、高产井均位于主、次高渗区，低产井位于南北低渗区，目前产量的 78% 和累计产气量的 92% 来自主、次高渗区，与中高产井 87% 累计产气量贡献非常匹配。这从动态生产资料验证了气藏地质认识的可靠性。同

时，低渗区、低产井贡献极小，气藏开采 18 年主要依靠了高渗区，高产井，目前亟待解决增加低渗区储量动用的问题，减缓气田递减，稳定气田生产（表 7–22、表 7–23）。

表 7–22　不同类型气井日产气及累计产气统计表

	日产气（10^4m^3）	比例	累计产气（10^8m^3）	比例
高产井	195.67	0.78	92.1	0.73
中产井	21.82	0.09	18.96	0.15
低产井	34.22	0.14	14.42	0.11
合计	251.71	—	125.48	—

表 7–23　高、低渗透区日产气及累计产气统计表

	日产气（10^4m^3）	比例	累计产气（10^8m^3）	比例
主高渗区	168.12	0.67	95.64	0.76
次高渗区	28.37	0.11	20.18	0.16
北低渗区	28.04	0.11	6.99	0.06
南低渗区	27.18	0.11	2.67	0.02
合计	251.71	—	125.48	—

（二）不同类型气井生产特征

1. 高产气井生产特征

以天东 1 井为例，该井于 1993 年 10 月投产，投产初期产量 $40 \times 10^4m^3/d$，到 1997 年 4 年间以（$30 \sim 50$）$\times 10^4m^3/d$ 的产量波动生产。1997 年 10 月之后进入稳产期，平均日产 $36.6 \times 10^4m^3$，稳产 8 年，稳产期套压降 18.86MPa，平均套压降 0.00714MPa/d。稳产期单位压降产气 $4782.6 \times 10^4m^3$/MPa。2005 年 7 月进入递减期，2008 年 8 月采取措施，后进入二次递减期，目前产气量 $25 \times 10^4m^3/d$ 左右（图 7–65）。

2. 中产气井生产特征

以天东 11 井为例，该井 1997 年 10 月之后进入稳产期，平均日产 $23.27 \times 10^4m^3$，稳产 6 年，稳产期套压降 20MPa，平均套压降 0.01MPa/d。稳产期单位压降产气 $2033.7 \times 10^4m^3$/MPa。2004 年 8 月进入递减期，目前产气量 $9 \times 10^4m^3/d$ 左右（图 7–66）。

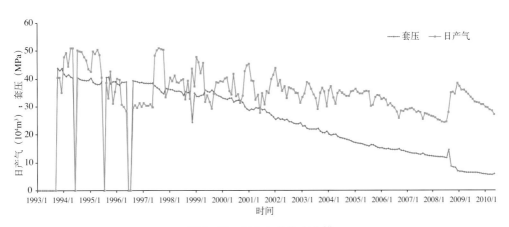

图 7–65　天东 1 井生产曲线

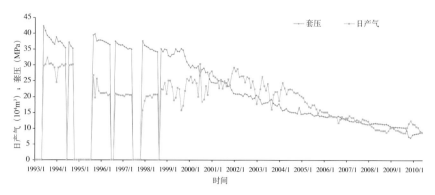

图 7-66　天东 11 井生产曲线

3. 低产气井生产特征

以天东 51 井为例，该井 1998 年 6 月投产，初期日产量 $6.2 \times 10^4 m^3$，气井无稳产期，1999 年 10 月气井开始持续递减，生产至今套压下降 23.15MPa，累计产气 $1.516 \times 10^8 m^3$。天东 51 井目前日产气量 $2.2 \times 10^4 m^3$ 左右（图 7-67）。

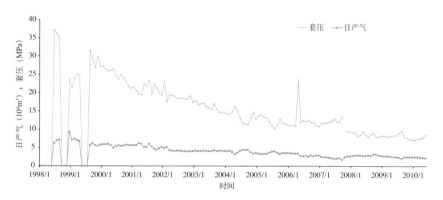

图 7-67　天东 51 井生产曲线

3. 气藏产水特征

五百梯石炭系气藏全部气井均已产水，对气藏月产水进行统计，其产水过程呈现缓慢上升趋势。直到 2007 年 10 月，TD107 井投产，导致气藏产水量剧增，之后气藏产水又进入相对平稳状态，除个别气井如 DT2、TD107 井，气藏总体产水仍处于较低水平（图 7-68）。

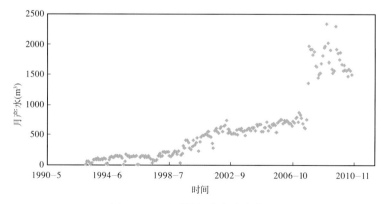

图 7-68　五百梯气藏产水变化图

三、气藏剩余储量分布及潜力区分析

（一）气藏储量动用评价

五百梯气田石炭系气藏从 1992 年 12 月 16 日天东 2 井投入试采开始，截至 2010 年 9 月气藏已陆续投产 34 口井，累计产气 $125.48 \times 10^8 m^3$，累计产水 $12.4 \times 10^4 m^3$。目前生产井 32 口（天东 61、71 井已封闭），日产气 $251.71 \times 10^4 m^3$ 左右，日产水 $54 m^3$ 左右，按本次计算的容积法储量为 $349.96 \times 10^8 m^3$、动态储量 $273.58 \times 10^8 m^3$，采出程度分别为 35.85%、45.87%，采出程度仍较低，气藏于 2008 年进入递减阶段。为研究气藏剩余储量分布及低渗已难动用储量挖潜，下面从气藏高低渗区分类方面对五百梯气田石炭系气藏储量的动用情况进行分析，见表 7-24。

表 7-24 五百梯气田石炭系气藏储量动用情况表

	累计产气 $（10^8 m^3）$	静储量 $（10^8 m^3）$	采出程度（%）	剩余静储量 $（10^8 m^3）$	动储量 $（10^8 m^3）$	采出/动储量（%）	剩余动储量 $（10^8 m^3）$
主高渗区	95.64	132.46	72.2	36.82	180.28	0.45	84.64
次高渗区	20.18	24.29	83.1	4.11	34.68	0.08	14.50
北低渗区	6.99	145.86	4.8	138.87	19.19	0.29	12.20
南低渗区	2.67	47.36	5.6	44.69	7.77	0.17	5.10
合计	125.48	349.97		224.49	241.92		116.44

目前气藏采气量主要由高渗区贡献，主、次高渗区采出程度分别达到 72.2% 和 83.1%，南北低渗区采出程度均低于 10%。气藏剩余静储量 $224.49 \times 10^8 m^3$，其中低渗区占 81.3%，剩余动储量 $116.44 \times 10^8 m^3$，低渗区仅占 14.9%，说明低渗区动用困难（图 7-69，图 7-70）。结合高渗区动储量均大于其静储量，说明目前正在通过气藏的连通性对低渗区进行动用，但动用有限，低渗区仍需加密布井或增产措施来增加储量动用。

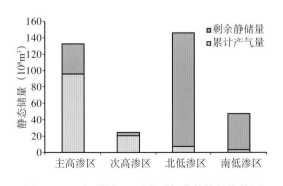

图 7-69 五百梯气田石炭系气藏静储量柱状图

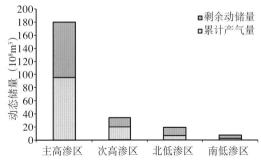

图 7-70 五百梯气田石炭系气藏动储量柱状图

（二）剩余储量分布特征

1. 剩余储量影响因素分析

根据五百梯气田石炭系气藏静态和动态特征，其剩余储量影响因素可归纳为四种（陈

淑芳等，2009）：

（1）气藏非均质性强，外围低渗致密区造成储量难动用，剩余储量较多，相对富集。外围低渗特征是影响剩余气富集的主要因素。

（2）五百梯气田石炭系气藏构造复杂、起伏大、多断层、多地形高点，导致气藏有多个压力系统，彼此间连通性差，主要为断层隔挡引起，一些区域由于井点少，不能控制全部隔开区域，导致剩余气存在。

（3）气藏开发过程中，无论是高产井还是低产井都不能把控制到的储量全部采出，都会有剩余气存在。此主要指气藏主体区主力气井，剩余储量较少。

（4）五百梯气田石炭系气藏气井开发过程中，气井逐渐伴随着出水，随着气井压力衰竭，产量下降，携液能力下降，导致气井井筒积液，积液增多阻碍气井正常生产，导致剩余气相对富集。

2. 剩余储量分类及分布特征

根据影响气藏剩余储量的四种因素，可将气藏剩余储量划分为对应的四类：（1）正常生产型；（2）动用不彻底型；（3）断层封堵型；（4）低渗未（低）动用型。

根据数值模拟剩余储量分布图成果，剩余储量在气藏各区域均有分布。

（1）正常生产型剩余储量主要是目前正常开发的主力区块的剩余储量。如天东65井—天东63井—天东60井—天东62井—天东16井区尽管开采密集，仍富集大量剩余气，在一段时间内仍将作为气藏主力气井贡献产量（图7-71）。

（2）动用不彻底型剩余储量，主要因为气井压力下降过快，产量很小，井筒积液造成，因此此类剩余气主要分布在一些低产井、井筒积液井井点处，如WK1井、天东7井、天东73井、天东15井、天东99井等（图7-71）。

（3）断层隔挡型剩余储量，主要为①号、②号所夹义和场区及②号、③号所夹断堑东段区域，可见此两区域均有剩余储量富集，且两区均分别只有一口井生产，即天东002-2井和天东002-1井（图7-71）。

（4）低渗透未动用型剩余储量，主要是南部和北部低渗透区剩余储量。南部低渗区域剩余储量多，天东007-X2井点周围存有大量剩余储量，天东007-X2井2010年5月投产，目前产量$20 \times 10^4 m^3/d$，此井未来很长时间将在开发低渗区储量发挥很大作用；北部低渗区相对南部，剩余储量显示相对小，天东99井—天东15井—天东017井 -X2—天东017-X3井井区有少量剩余气，天东017-X2井和天东017-X3井两口大斜度井目前产量并不高，分别为$4.5 \times 10^4 m^3/d$和$1.1 \times 10^4 m^3/d$。而天东017-X2井和天东52井之间有明显的剩余储量富集。另外天东017-H4井点周围存在较多的剩余储量，且目前该井产量较大，为$11 \times 10^4 m^3/$ d，该井将在很长一段时间内对开发北部低渗储量起到重要作用（图7-72）。

计算主高渗、次高渗、北低渗、南低渗四区静储量占有比例分别为：38%、7%、42%和14%。而四区采气量对总累计产气量贡献分别为76%、16%、6%和2%。可见低渗区有较大的剩余储量，挖潜空间较大。而主、次高渗区采出程度分别达到了72.2%和83.1%，且目前井网基本控制了整个区域，挖潜潜力相对较小。因此，气藏稳产挖潜的潜力集中在对南北低渗透区储量的有效动用上。

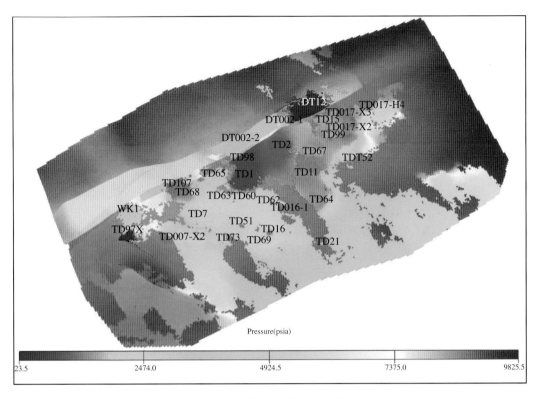

图 7-71 五百梯气田剩余储量分布图

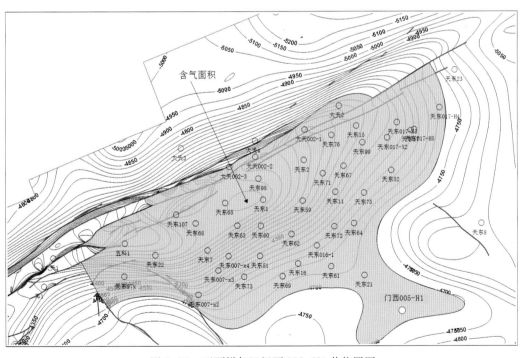

图 7-72 五百梯气田门西 005-H1 井位置图

（三）各类剩余储量开发措施

（1）正常生产型，主要指气藏主体区、高渗区气井开发过程中的剩余储量，此种剩余储量较小。

气藏主体中、高渗区储层孔渗性较好、气井产能高、井间连通性好，生产井较为集中，整体开采强度较大，能量消耗较多，目前多数主产气井生产压力已接近输压，长时间继续生产，气井产量势必会不断下降，因此对于压力降落很大的气井，尤其是气藏主力生产井，应实施增压措施，保证主力气井高效稳定持续生产，减缓气藏递减。另外由于储层非均质性和井网密度的差异，部分井区间地层压力仍较高，仍有一定的天然气剩余储量，依靠四周井对采出程度的提高有限。因此，对该区部分高产气井应采取适当降低产量，减小生产压差的措施，以减缓气藏的递减达到平衡合理开采。同时在剩余储量较多、压力较高的井区可采用老井改造和增加少量补充开发井的方法，以提高气藏的采收率。主要区域有天东68井以西的中兴场高点、天东63井以南、天东65井—天东76井之间等。

（2）动用不彻底型，主要针对一些低产井。

一些气井连续生产过程中，出现油、套压差逐渐扩大现象，并且普遍有高产气井伴随着高产水的规律，为此气井可能存在井筒积液，随着产量的变化，积液量变化，产量下降，气井携液能力下降，如果不采取措施，气井井筒积液将越来越严重，导致气井生产受阻，恶性循环，直至气井无法生产。尤其对于产量原本就很低的低产井，将严重影响其生产。因此井筒积液井将有一定剩余储量富集。对于这类积液井，应及时进行检测并采取工艺措施，排除井底积液，提高单井产量，采出相对富集剩余储量。

（3）断层封堵型剩余储量主要位于断层间隔断区域，一般这些区域开发井点较少，不能控制完全整个辖区，存有一定的剩余储量。

根据数值模拟研究，发现大天002-2井东部区域压力较高，剩余储量较多。例如义和场区域共计算静储量 $26.54 \times 10^8 m^3$，目前区域内两口井大天2井和天东002-2井累计产气 $7.76 \times 10^8 m^3$，剩余储量较多。因此，在此区域建议部署开发井，提高储量动用程度。

（4）低渗未（低）动用型剩余储量主要分布在气藏低渗区及高渗区边部储层变差部位，为气藏主要剩余储量，主要挖潜潜力区。

外围低渗区具有含气面积大、储量多、采出程度低、储层发育较差、边水不活跃、直井开采效果不好的特点。区域内储层发育欠佳，孔、渗性能差，单井控制范围有限，现有直井产能低。建议在该区进行高产井培育试验，采用水平井或大斜度井钻井技术，以增大单井产层段长度和井控范围，以达到气井主产稳定和提高气藏采收率的目的。同时，可对部分老井进行采取酸化或压裂酸化的增产改造措施，以提高老井产能。

四、气藏挖潜应用实效

（一）水平井技术对石炭系低渗储量动用效果显著

以气藏的主产区实现稳产，南、北低渗区提高采速为目的，在五百梯南、北两低渗区部署水平井16口，预计气藏可增产（30～50）$\times 10^4 m^3/d$，规模达到 $290 \times 10^4 m^3/d$ 以上或稳产期延长3～4年，2030年气藏比目前井网多采气 $20.837 \times 10^8 m^3$，采收率提高7.91%。

目前已完成3口，获测试产能 $186.25 \times 10^4 m^3/d$，正钻井1口。充分挖掘了气藏潜力，进一步延长了气藏稳产时间，提高了气藏采收率。

（二）精细描述基础上，精细解释微构造，拓展了气藏规模

五百梯南端五里灯潜伏构造高点部署水平井门西 005–H1 井（图 7–72）。目的层采取随钻测井方式，加深了对低渗区储层及含流体性质的认识。该井石炭系水平段钻达 624m，有效储层达 591.2m，有效储层钻遇率达 94.7%，测试获气 $91.84 \times 10^4 m^3/d$，无阻流量达到 $278.06 \times 10^4 m^3/d$。进一步拓宽了五百梯石炭系气藏的规模。

（三）治水效果

采用多种排水采气手段对整个石炭系出水气藏进行科学治水，气藏整体治水效果明显（表 7–25），达到了保护气藏储量和产能的目的。对川东地区石炭系高峰场、双家坝、磨盘老湾、五百梯、龙门和万顺场六个气藏治水，维护气藏产能 $429 \times 10^4 m^3/d$。

表 7–25　川东地区四个气藏排水治水效果统计表

气田（区块）	主要排水井	回注井	实施工艺	实施时间	排水量 (m³/d)	维护气藏产能 (10⁴m³/d)
高峰场	峰 7 井	峰 2 井	增压 + 气举	2008 年 11 月	25	45
双家坝	七里 7 井	蒲 2 井	增压 + 气举	2008 年 11 月	70	9
磨盘老湾	池 37、61 井	池 1、池 55 井	增压 + 气举	2009 年 4 月	370	60
五百梯	天东 017–X3 井	天东 71 井	增压 + 气举	2009 年 8 月	20	265
龙门	天东 12 井	门浅 1 井	增压 + 气举 + 泡排	2010 年 10 月	70	20
万顺场	池 7 井	池 24 井	增压 + 气举	2010 年 3 月	15	30
合计					570	429

第八章　碳酸盐岩气藏开发技术发展趋势

资源状况研究表明无论是国内还是国外，碳酸盐岩油气在全球油气市场上占有重要的地位。碳酸盐岩气藏本身的复杂性和特殊性造成该类气藏开发完全不同于碎屑岩气藏的开发，使碳酸盐岩气藏在开发过程中面临着一些特殊的技术难题。因此，碳酸盐岩气藏的高效开发主要基于这些关键技术的突破和发展（戴金星等，2000；马永生，2000；夏新宇等，2000；吕修祥等，2000；徐永昌等，2000；邹才能等，2007；江怀友等，2008）。

（一）基质孔隙型碳酸盐岩储层预测技术

利用均方根振幅等常规地震属性预测以缝洞为主要储集空间的碳酸盐岩储层，是一项比较成熟的碳酸盐岩储层预测技术。但对以基质孔隙为主要储集空间的碳酸盐岩储层，至今还没有一套相应成熟的预测技术。对于这种储层，只有综合运用各种方法进行储层预测，才能最大限度地提高预测结果的可信度，进而总结出以基质孔隙为主要储集空间的碳酸盐岩储层预测方法。其发展方向是基于测井、录井资料确定目的层段，建立目标储层发育模式，应用地震属性和反演技术开展储层分析研究（陈治华译，1996；姚秋明，2010）。

（二）测井技术对碳酸盐岩储集空间的识别技术

由于碳酸盐岩气藏储集空间复杂，非均质性强，用常规测井技术很难对储层进行准确描述。利用核磁共振测井，可以直接划分储层，而且能提供几乎不受岩性影响的孔隙度和渗透率等参数，同时核磁共振测井 T2 谱分布代表了岩石的孔隙结构，可以根据 T2 谱分布形态判断有效裂缝和溶蚀孔洞。

成像测井不仅能直观地显示各种裂缝、溶洞等地质特征，而且还能定量计算裂缝的各种参数，以及研究孔隙结构。成像测井使测井资料的应用变得更加直观，测量结果拉近了与地层之间的"距离"，与常规测井技术相结合，能更精细地描述地质特性，为复杂油气藏储层评价提供了大量先进的有用信息和分析手段。尤其在评价裂缝类型及产状，为储量计算提供储层参数方面具有独特的优势（谭茂金等，2006；杨邦伟等，2007；张敏等，2008；李竞好，2008）。

（三）碳酸盐岩气藏缝洞识别技术

溶洞是三维网络系统，具有复杂的几何形态，如何描述溶洞的几何形态、规模、孔隙网络和空间复杂性是世界性难题，国内外对于缝洞型储层描述方法主要有地球物理储层预测方法、地质研究方法和随机建模方法，近年来又发展利用频谱分析刻画技术、波形特征分析刻画技术对缝洞体系进行三维空间雕刻。要研究碳酸盐岩溶洞，需要以岩溶发育模式为出发点，研究测井响应特征与溶洞发育模式的对应关系，建立溶洞系统的测井识别模式，在此基础上研究溶洞三维空间发育展布情况，建立半定量—定量缝洞体地质模型。把溶洞作为一个有机体，采用系统研究方法，结合溶洞的结构特征、形成和发育规律，建立溶洞体系的测井识别模式，再结合地球物理、生产动态特征，建立溶洞综合识别模式，按古岩溶发育特征结合地球物理特征，绘制溶洞剖面、平面分布图，在此基础上建立溶洞三维地质模型（伍家和等，2010）。

（四）缝洞型碳酸盐岩气藏数值模拟技术

碳酸盐岩储层储集空间与砂岩气藏的差异性，使其生产动态特征与砂岩气藏有较大差别，常用的达西流动气藏数值模拟技术难以合理的描述地下油水动力学特征。为了充分了解地下不同介质组合的流动特征，开展洞穴、裂缝、溶孔等复杂介质数值模拟研究。应用流动力学（N–S方程）与渗流力学（达西方程）耦合计算两相流气藏数值模拟方法，介质边界处理方法是根据方法边界的对称性质，提出了力学与流量的平衡关系方程，使气藏模拟结果更加符合生产动态特征（康志江，2010）。

（五）碳酸盐岩气藏酸化技术

酸化分两种：基质酸化和酸化解堵。基质酸化用于恢复和改善地层近井地带的渗透性。为了改善地层的渗透性，可用酸溶解地层的岩石，扩大孔隙结构的喉部。这种酸化的注酸压力低于地层的破裂压力，除了为控制酸与地层的反应速度而用到稠化酸外，一般用不稠化酸。解堵酸化是溶蚀解除造成储层活集的堵塞物（李月丽等译，2008）。

（六）复合射孔、超正压射孔及压裂联作技术

复合射孔是目前发展最快的射孔增产技术，机理是导爆索在引爆射孔弹的同时引燃推进剂，由于射孔弹的爆轰和推进剂的燃烧存在时间差，所以射孔弹先在套管和地层间形成一个通道，推进剂燃烧释放的高压气体随即对射孔孔道进行冲刷、压裂，破坏射孔压实带，并使孔眼周围和顶部形成多道裂缝，达到改善近井地带导流能力的目的。

超正压射孔技术基本原理是由于射孔弹在发射时所产生压力，超过了地层岩石的应力和强度，使射流在岩石中形成孔道的同时产生一个非常高的聚应力，此应力释放时对射孔孔道产生压力并形成裂缝，在形成裂缝的同时，立即施加一个大于地层破裂值的压力，对孔道进行压裂和冲刷，使裂缝增大延长，以达到改善流动通道的目的。其典型的作业方法是：将射孔枪、起爆装置、封隔器利用油管下入井内，校深、调整管柱，连接高压注入管线，注氮车在地面向井筒内施加大于储层岩石的破裂压力，当压力加到一定值后，点火射孔，使射孔和压裂同时进行。

压裂技术是碳酸盐岩气藏开发过程中的关键技术，目前国外针对不同储层采用的压裂技术主要有交联凝胶压裂、加砂水力压裂、不加砂水力压裂和氮气泡沫压裂。在生产实践中还可采用了多次压裂。

（七）多分支井技术

多分支井是在水平井、定向井基础上发展起来的，指在一口主井眼（直井、定向井、水平井）中钻出若干进入气藏的分支井眼。分支井可以从一个井眼中获得最大的总水平位移，在相同或者不同方向上钻穿不同程度的多套气层。

多分支井在气藏开发中可以解决如下问题：一是通过提高井眼与储层的接触长度，增加泄气面积来提高井的生产能力；二是降低井数，并且减少打井时的地面设备，对于海上平台来说可以减少平台尺寸重量；三是降低钻井和生产的单位成本，从而降低气藏的整体开发成本；四是高效应用有限的空间；五是减少岩屑和钻井液的排放，减少对环境的污染。

（八）水平井定向射孔技术

水平井射孔最理想的方向是在地层最大应力方向上。水平井定向射孔技术可以保证枪

身在复杂情况下射孔弹的发射方位正确；射孔枪与枪之间采用隧道传播及导爆索加传爆管逐级接力方式传爆，满足长井段射孔的要求。

（九）碳酸盐岩气藏储层保护技术发展趋势

关于碳酸盐岩储层保护技术还需在以下几个方面进行深入研究：碳酸盐岩储层的伤害程度及其与碎屑岩储层伤害机理存在的严重差异，碳酸盐岩气藏非均质性强，应加强碳酸盐岩气层地质工程研究，包括储层裂缝及微裂缝的发育展布特征及微观孔隙结构等；深化碳酸盐岩储层岩石力学性质对储层应力敏感的影响和碳酸盐岩气藏毛细管自吸力学规律研究；碳酸盐岩储层中常有沥青沉积现象，因此需要加强对碳酸盐岩储层中沥青含量、产状、分布规律及物理性质的研究，模拟储层条件研究沥青可能带来的潜在伤害；对于碳酸盐岩储层屏蔽暂堵技术在实验的基础上应进一步深化理论研究（刘静等，2006）。

（十）其他技术

近年来，成像测井和随钻测井技术的发展及扫描系列仪器的问世，推动了碳酸盐岩地层评价技术的进步，改善了碳酸盐岩地层的天然裂缝评价、内部结构研究和含气饱和度评价。

1. 评价裸眼井天然裂缝的声波扫描器

对于低孔隙度、致密的碳酸盐岩，开启的天然裂缝是重要的油气流动通道。因此，为了优化生产、注水泥、完井设计、井位确定及气藏模拟，需要全面了解裂缝属性，包括开度和渗透率。声波扫描器是最新一代全波列声波采集仪器，可以测量斯通利波，改善带宽频率响应，具有更高的波形保真度。对于高角度裂缝，斯通利波反射最小，因此采集波形衰减数据即可评价渗透率。

2. 精细探测碳酸盐岩性质的新型井眼成像仪器

在碳酸盐岩地层中，成像测井能够显著改善地层层序描述的准确性，提供类似于岩心的关于岩石组构、孔隙度、渗透率的描述。哈里伯顿公司推出的大范围微成像仪器(XRMI)，优于常规电成像测井仪。新型的图像刻蚀软件技术能够生成井壁上裂缝和孔洞的高分辨率图像，通过量化孔隙空间计算产能指数，并揭示渗透性通道的复杂网络。

3. 低阻碳酸盐岩产层含气饱和度评价的突破

可靠的含气饱和度信息对于提高碳酸盐岩气藏的产量和采收率是极其重要的。目前，随钻测井中引入了体积热中子地层俘获截面测量，用于评价低阻碳酸盐岩气藏的含气饱和度。随钻测井的俘获截面测量非常靠近钻头，在发生严重钻井液侵入之前即可完成测量，这非常有利于俘获截面测量在地层含气饱和度评价中的应用。

参 考 文 献

白国平. 2006. 世界碳酸盐岩大油气田分布特征 [J]. 古地理学报, 8 (2): 242-250.

陈凤喜, 艾芳, 王勇, 等. 2009. 靖边气田优化布井技术及应用 [J]. 低渗透油气田, 14 (1): 55-60.

陈金勇. 2010. 碳酸盐岩储层的主要影响因素 [J]. 海洋地质动态, 126 (4): 19-25.

陈淑芳, 张娜, 刘健, 等. 2009. 川东石炭系气藏后期开发提高采收率探讨 [J]. 天然气工业, 29 (5): 92-94.

蔡鹏展. 1997. 油田开发经济评价 [M]. 北京: 石油工业出版社: 91-92.

窦之林. 2012. 塔河油田碳酸盐岩缝洞型油藏开发技术 [M]. 北京: 石油工业出版社: 61-70.

戴金星, 王延栋, 等. 2000. 中国碳酸盐岩大型气田的气源 [J]. 海相油气地质, 5 (1-2).

冈秦麟, 等. 1995. 中国五类气藏开发模式 [M]. 北京: 石油工业出版社: 161-195.

冈秦麟, 等. 1996. 气藏开发应用基础技术方法 [M]. 北京: 石油工业出版社: 66-76.

高继按, 等. 1997. 鄂尔多斯盆地西北部地区奥陶纪马五段的白云岩 [J]. 低渗透油气田, 2 (2): 5-12.

顾岱鸿, 等. 2007. 靖边气田沟槽高精度综合识别技术 [J]. 石油勘探与开发, 34 (1): 60-64.

龚蔚, 方泽本, 欧维宇, 等. 2010. 低固相胶凝酸对川东北地区碳酸盐储层改造技术研究 [J]. 钻采工艺, 33 (3): 106-108.

郝玉鸿, 杜孝华, 等. 2007. 低渗透气田加密调整技术研究 [J]. 低渗透油气田, 12 (3): 77-80.

贾爱林, 郭建林, 何东波. 2007. 精细油藏描述技术与发展方向 [J]. 石油勘探与开发, 34 (6): 691-695.

贾爱林, 程立华. 2010. 数字化精细油藏描述程序方法 [J]. 石油勘探与开发, 37 (6): 709-715.

贾爱林. 2011. 中国储层地质模型 20 年 [J]. 石油学报, 32 (1): 181-188.

贾爱林, 等. 2012. 靖边气田低效储量评级与可动用性分析 [J]. 石油学报, 33 (2): 160-165.

江怀友, 宋新民, 等. 2008. 世界海相碳酸盐岩油气勘探开发现状与展望 [J]. 海洋地质, 28 (4): 6-13.

焦方正, 窦之林. 2008. 塔河碳酸盐岩缝洞型油藏开发研究与实践 [M]. 北京: 石油工业出版社.

金海英. 2010. 油气井生产动态分析 [M]. 北京: 石油工业出版社: 457-499.

金忠臣, 杨川东, 张守良, 等. 2004. 采气工程 [M]. 北京: 石油工业出版社: 1-3.

康志江. 2010. 缝洞型碳酸盐岩油藏耦合数值模拟新方法 [J]. 新疆石油地质, 31 (5): 514-516.

李海平, 贾爱林, 等. 2010. 中国石油的天然气开发技术进展及展望 [J]. 天然气工业, 30 (1): 5-7.

乐宏, 唐建荣, 葛有琰, 等. 2011. 川南碳酸盐岩有水气藏开采丛书——排水采气工艺技术 [M]. 北京: 石油工业出版社: 64-215.

李洪达, 许廷生, 张晓明, 等. 2010. 冀东油田古潜山油藏特征及完井工艺探索与实践 [J]. 特种油气藏, 17 (2): 116-119.

李竞好. 2008. 潜山碳酸盐岩油藏储集空间识别方法——以塔河油田 4 区 S65 井区为例 [J]. 中国石油大学胜利学院学报, 22 (4): 1-3.

李培廉, 张希明, 陈志海. 2003. 塔河油田奥陶系缝洞型碳酸盐岩油藏开发 [M]. 北京: 石油工业出版社: 19-112.

李月丽, 宋毅编译. 2008. 酸化压裂: 历史、现状和对未来的展望 [J]. 国外油田工程, 24 (8): 14-27.

李治平, 等. 2002. 气藏动态分析与预测方法 [M]. 北京: 石油工业出版社: 100-133.

刘传虎. 2006. 碳酸盐岩储层特征与油气成藏——以济阳坳陷和川东地区为例 [M]. 北京: 石油工业出版社: 204-246.

刘海峰，陈凤喜，夏勇，等．2012. 靖边气田水平井井位优选技术及其应用 [J]．天然气技术与经济，6
　　（4）：34－35.

刘华勇．2002. 特稠油水平井热采技术经济评价方法及应用 [J]．江汉石油学院学报：社会科学版，4
　　（1）：26－28.

刘绘新，查磊，王书琪，等．2010. 塔中高含硫碳酸盐岩储层密闭循环安全钻井技术 [J]．钻井工程，30
　　（8）：45－47.

刘静，康毅力，陈锐，等．2006. 碳酸盐岩储层损害机理及保护技术研究现状与发展趋势 [J]．油气地质
　　与采收率，13（1）：99－101.

鲁章成，吴小邦，程玉群，等．2005. 文南油田文 72 断块区气顶气藏稳产技术 [J]．断块油气田，12
　　（2）：46－47.

罗平，张静，刘伟．2008. 中国海相碳酸盐岩油气储层基本特征 [J]．地学前缘（中国地质大学（北京）；
　　北京大学）．15（1）：36－50.

吕修祥，金之钧．2000. 碳酸盐岩油气田分布规律 [J]．石油学报，21（3）：8－12.

马强．1996. 压恢测试直线断层与探测半径的计算 [J]．试采技术，17（4）：10－16.

马永生，等．1999. 碳酸盐岩储层沉积学 [M]．北京：地质出版社：25－69.

马永生．2000. 中国海相碳酸盐岩油气资源、勘探重大科技问题及对策 [J]．世界石油工业，7（3）：13－
　　14.

马振芳，等．1998. 鄂尔多斯盆地中部古风化壳气藏成藏条件研究 [J]．天然气工业，18（1）：9－13.

莫午零，吴朝东．2006. 碳酸盐岩风化壳储层的地球物理预测方法 [J]．北京大学学报（自然科学版），42
　　（6）：704－707.

欧阳昌．2004. 浅谈定向井空气钻井及测量技术 [J]．石油科技论坛，24（1）：57－60.

裴怿楠，贾爱林．2000. 储层地质模型 10 年 [J]．石油学报，21（4）：101－104.

强子同．2007. 碳酸盐岩储层地质学 [M]．山东：中国石油大学出版社：52－77.

沈平，徐人芬，党禄瑞，等．2009. 中国海相油气田勘探实例之十一四川五百梯石炭系气田的勘探与发现
　　[J]．海相油气地质，14（2）：71－78.

宋化明，刘建军．2011. 塔河油田 4 区缝洞型油藏缝洞单元划分方法研究 [J]．石油地质与工程，25（3）：
　　61－65.

孙超，李根生，康延军，等．2010. 控压钻井技术在塔中区块的应用及效果分析 [J]．石油机械，38（5）：
　　27－29.

孙来喜，李允，陈明强，等．2006. 靖边气藏开发特征及中后期稳产技术对策研究 [J]．天然气工业，
　　2006. 26（7）：82－84.

谭茂金，赵文杰．2006. 用核磁共振测井资料评价碳酸盐岩等复杂岩性储集层 [J]．地球物理学进展，21
　　（2）：489－493.

唐玉林，唐光平，等．2001. 川东石炭系气藏合理井网密度的探讨 [J]．天然气工业，20（5）：57－60.

王怒涛，黄炳光．2011. 实用气藏动态分析方法 [M]．北京：石油工业出版社：149－182.

王燕，唐海，吕栋梁，等．2009. 比产能法确定气田稳产潜力 [J]．油气井测试，18（3）：5－7.

韦海涛，周英操，翟小强，等．2011. 欠平衡钻井与控压钻井技术的异与同 [J]．钻采工艺，34（1）：25－
　　27.

胥凤歧．2013. 国内外水平井在油气田开发中应用调研 [J]．中国石油和化工标准与质量，（9）：335－341.

吴红珍，赵玉萍，等．2003. 油气田开发生产中加密井边际成本分析及应用 [J]．江汉石油学院学报，25

（4）：100-101.

伍家和，李宗宇．2010.缝洞型碳酸盐岩油藏溶洞描述技术研究［J］．石油地质与工程，24（4）：34-39.

武椹棠．2005.碳酸盐岩有水气藏稳产对策研究——以靖边古生界气藏为例［J］．博士学位论文.

韦海涛，周英操，翟小强，等．2011.欠平衡钻井与控压钻井技术的异与同［J］．钻采工艺，34（1）：25-27.

胥凤歧，2013.国内外水平井在油气田开发中应用调研［J］．中国石油和化工标准与质量，（9）：335-341.

徐文，郝玉鸿．1999.低渗透非均质气藏布井方式及井网密度研究［J］．低渗透油气田，4（3）：42-46.

谢锦龙，黄冲，王晓星．2009.中国碳酸盐岩油气藏探明储量分布特征［J］．海相油气地质，14（2）：24-30.

谢培功，杨丽．1997.已开发稠油油藏水平井热采经济评价［J］．特种油气藏，4（2）：19-213.

夏新宇，陶士振，戴金星．2000.中国海相碳酸盐岩油气田的现状和若干特征［J］．海相油气地质，5（1-2）.

徐向华，周庆凡，张玲．2004.塔里木盆地油气储量及其分布特征［J］．石油与天然气地质，25（3）：300-313.

徐永昌，沈平．2000.海相碳酸盐岩与天然气［J］．海相油气地质，2000.5（1-2）.

闫海军，贾爱林，等．2012.龙岗礁滩型碳酸盐岩气藏气水控制因素及分布模式［J］．天然气工业，32（1）：67-70.

杨川东．2000.天然气开采工程丛书——采气工程［M］．北京：石油工业出版社：1-8.

杨邦伟，谭茂金，陈莹．2007.用成像测井资料描述碳酸盐岩储集层－以车古20潜山为例［J］．物探化探计算技术，29（3）：234-238.

姚秋明．2010.碳酸盐岩储层地震预测技术的新突破［J］．科技，27（5）：32-33.

伊向艺，卢渊，李沁，等．2010.碳酸盐岩储层交联酸携砂酸压改造新技术［J］．中国科技论文在线，5（11）：837-839.

易小燕，陈青．2010.缝洞型碳酸盐岩储层井间连通性研究［M］．试采技术，31（1）：9-11.

张厚福，等．1989.石油地质学［M］．北京：石油工业出版社：114-125.

张宝民．2009.礁滩体与建设性成岩作用［J］．地学前缘（中国地质大学（北京）；北京大学），16（1）：270-289.

张海勇，等．2013.靖边气田难动用储量区水平井布井优化研究［J］．科学技术与工程，13（1）：140-144.

张建国，等．2013.靖边气田增压开采方式优化研究［J］．钻采工艺，36（1）：31-35.

张箭．2002.洛带气田蓬莱镇气藏开发部署优化研究［J］．矿物岩石，22（4）：83-86.

张敏，王正允，张紫光，等．2008.碳酸盐岩宏观储集空间研究——以冀北坳陷中元古界蓟县系雾迷山组和铁岭组为例［J］．石油地质与工程，22（5）：37-40.

张明文．1996.强化福成寨石炭系气藏后期生产管理延续气井稳产期［J］．天然气工业，16（6）：81.

张希明，等．2007.塔河油田碳酸盐岩缝洞型油气藏的特征及缝洞单元划分［J］．海相油气地质，12（1）：21-24.

中国标准局．2005.DZ/T 0217-2005 石油天然气储量计算规范［S］．北京：中国标准出版社.

周守信，孙福街，张金庆，等．2009.节点分析与物质平衡方程相结合预测异常高压气井稳产期［J］．中国海上油气，21（5）：313-315.

庄惠农．2009.气藏动态描述和试井（第二版）［M］．北京：石油工业出版社：59-63.

邹才能，陶士振. 2007. 海相碳酸盐岩大中型岩性地层油气田形成的主要控制因素 [J]. 科学通报，52 (1)：32—39.

Cullender, M H. 1955 The Isochronal Performance Method of Determining the Flow Characteristics of Gas Wells [J]. Trans, AIME, 204：137—142.

Katz，D L，D Cornell，R Kobayashi，FHPoettmann，J A Vary，J R Elenbaas and C F Weinaug. Handbook of Natural Gas Engineering [M]. 1959. McGraw— Hill Book Co，Inc，New York.

Pierce，H R，E L Rawlins.1929.The study of a fundamental basis for controlling and Gauging natural—gas wells [J].U S Dept of Commerce—Bureau of Mines，Serial 2929.

Rawlins，E L，M A Schellhardt. Backpressure data on Natural Gas Wells and Their Application to Production Practices [J]. U S Bureau of Mines, Monograph 7，1936.